MILITARY AIRCRAFT ALMANAC

KODEF 군용기 연감

2014~2015

KB142972

일러두기

본서는 현대 공군력의 핵심전력인 세계 각국의 주요 군용기에 대한 정보를 사진과 함께 정리한 자료집이다. 2014~2015년 개정판에서는 대한민국 공군의 분류법을 차용하여 고정익 군용기를 전투임무기, 공중기동기, 감시통제기, 훈련기로 분류했다. 또한 회전익기에서 기동헬기와 공격헬기를 같이 기술하고, 무인기 부분을 신설했다.
기체의 배열은 제작사를 기준으로 하고, 원 제작사가 아닌 현 제작사나 판매사를 우선했다. 부록에는 이해를 돕기 위해 용어해설 등 여러 참고자료를 일목요연하게 정리했다.
제 군용기에 대한 설명은 5개 항목으로 나누어 서술했다. 우선 "개발배경"에서는 각 기종을 개발한 역사적 배경과 교체기종을 소개하고, 두 번째 항목 "특징"에서는 기체의 설계상 특징이나 독특한 항전장비 등을 소개했다. 세 번째 항목인 "운용현황"에서는 현재 각 기종을 운용 중인 국가와 운용대수 등을 소개했으며, 네 번째 항목 "변형 및 파생기종"에서는 각 기종을 바탕으로 한 개량형 또는 발전형 기체나 파생기체 등을 소개하고, 마지막으로 해당 기종 가운데 가장 특징적인 기체를 골라 구체적인 "제원"을 소개했다. 가급적 제조사나 각 수요군에서 발표한 내용을 바탕으로 했으며 상충하는 부분은 취사선택했다.

MILITARY AIRCRAFT ALMANAC

KODEF 군용기 연감

2014~2015

양욱 지음

PART 1 전투임무기

PART 2 공중기동기

PART 3 감시통제기

PART 4 훈련기

PART 5 무인기

PART 6 헬리콥터

부록

PART 1

COMBAT AIRCRAFT

전투임무기

지금은 세계 각국이 대대적으로 전투임무기를 교체하려는 시점이다. 과거 냉전시대에 생산한 비경제적인 기체들을 수명연장과 개수사업을 통해 지금껏 운용해왔지만, 이제는 수명연장 대신 기종교체를 선택하고 있다. 이에 따라 전 세계적으로 새로 도입할 전투임무기는 4,000대 이상으로 추정한다.

특히 21세기 항공기술의 총집합이랄 수 있는 스텔스 기능을 전투임무기에 본격적으로 도입하면서 5세대 전투기가 등장하고 있다. 기존의 4세대 전투기도 AESA 레이더를 장착하고 부분적인 스텔스 성능을 구현하여 4.5세대 전투기로 진화했다. 이런 차세대 전투기 시장에는 미국의 F-35를 필두로 러시아의 T-50 파크파, 중국의 J-20 등 다양한 도전자들이 속속 등장하고 있다. 한편 스텔스 기술이 아직 보편화하지 않은 틈새시장을 유로파이터 타이푼이 주도하는 가운데 보잉 F-15SE나 F/A-18E/F 등 베테랑 기체들이 공략하고 있다. 한편 5세대나 4.5세대 전투기를 도입하기 어려운 실정에 있는 국가들은 훈련기를 기반으로 성능을 강화한 전투임무기를 선호하고 있다.

최근의 전투임무기는 과거와는 달리 다목적 전투기가 대세를 이루고 있다. 폭격기를 운용하는 국가는 미국, 러시아, 중국, 북한 등 소수에 불과하여, 폭격기 전력을 제대로 운용하는 것은 미국과 러시아로 한정되어 있다. 제공전투기, 지원전투기, 공격기 등으로 세분하던 냉전시대와는 달리, 이제는 최대의 경제성과 작전능력을 갖춘 다목적 전투기가 아니라면 전투기 시장에서 거론조차 어려운 것이 현실이다.

FA-50 골든이글

Korea Aerospace Industries (KAI) **FA-50 Golden Eagle**

FA-50

형식 단발 터보팬 초음속 경공격기
전폭 9.45m
전장 13.14m
전고 4.94m
주익면적 21.37㎡
자체중량 6,441kg
최대이륙중량 11,985kg
엔진 GE F404-GE-102 터보팬 (17,775파운드) x 1
최대속도 마하 1.5
실용상승한도 48,500피트
최대항속거리 2,592km
항전장비 사격통제 레이더, 전자전 장비 등
승무원 2명
초도비행 2011년 5월 4일 (FA-50 시제1호기)

개발배경

국산 고등훈련기인 T-50은 단순히 훈련기에 그치는 것이 아니라, 경공격기 겸용으로 만들어졌다. 개념설계에 따라 T-50은 초음속 고등훈련기 KTX-2A(T-50)와 기종 전환(FLI)훈련기 및 경공격기 기능을 보유한 KTX-2B(A-50)가 계획되었다. 이에 따라 T-50 골든이글이 2001년에 개발되었고, A-50은 2003년에 초도비행을 했다. 이후 공군이 운용 중인 A-37 공격기와 F-5E/F 전투기의 대체기로 FA-50이 개발되었다. 2006년 A-50은 FA-50으로 명칭이 변경되었고, 2011년 5월 초도비행에 성공했다.

특징

FA-50은 전술입문훈련기인 TA-50의 공대공·공대지 작전능력을 향상시킨 기체로 로우(Low)급 전투기에 해당한다. TA-50에 사용되었던 APG-67 레이더를 엘타사의 EL/M-2032 레이더로 교체했다. EL/M-2032 레이더는 다양한 공대공·공대지 모드를 갖추고 있어서 전천후 공격임무에 적합하다. 특히 합성개구레이더(SAR) 모드는 정밀유도무기의 정확도를 높여준다. 또한 링크-16 전술데이터링크를 탑재해서 실시간으로 전장 정보를 공유하는 것이 가능해졌다. 적 방공망 하에서 생존성 향상을 위해, 레이더경보수신기(RWR)와 채프, 플레어를 투발할 수 있는 디스펜서(CMDS)도 장착했다. 이 밖에 야간공격임무 수행이 가능하도록 야간투시경(NVG)과 같은 야간투시장치(NVIS)도 도입했다.

주요 무장으로는 원거리에서 지상의 목표물을 공격할 수 있는 매버릭 공대지미사일과 다수의 적 전차를 한 번에 파괴하는 SFW를 장착할 계획이다. 이 밖에 스마트폭탄인 JDAM과 각종 일반 폭탄, 로켓을 운용할 예정이다. 자위용 공대공 무장으로는 AIM-9 사이드 와인더 미사일을 장착한다.

운용현황

T-50은 2005년에 양산 1호기가 대한민국 공군에 인도되었으며, 현재 공군은 순수 훈련기체인 T-50 50대(+블랙이글용 10대), 전술입문훈련기인 TA-50 22대를 보유하고 있다. FA-50은 1조 8,000억 원의 예산으로 공군에 60대가 납품될 예정이며, 2013년 8월 20일에 1호기가 공군에 인도되었다. 또한 스카보러 섬의 영유권 분쟁이 심화하면서 필리핀 공군이 FA-50 도입을 추진하고 있다. 한편 이라크 정부는 2013년 12월 12일 FA-50(이라크 모델명 T-50IQ) 24대를 도입하기로 계약을 체결했다.

변형 및 파생기종

FA-50	경공격기.
T-50	순수 고등훈련기. 기체 성능은 유지하되 레이더와 무장은 제외한 염가판이다.
TA-50	전술입문훈련기. 레이더와 고정무장 등을 장착하여 전술훈련 능력을 보유하고 있다.

KA-1

KA-1

형식 단발 터보프롭 저속통제기
전폭 10.60m
전장 10.26m
주익면적 16.01㎡
자체중량 1,910kg
최대이륙중량 2,540kg
엔진 PT6A-62 터보프롭(950shp) x 1
최대속도 574km/h 이상
실용상승한도 60,000피트
최대항속거리 925km
무장 4개의 파일런에 2.75인치 로켓 최대 14발 및 12.7mm 기관포
승무원 2명
초도비행 2000년 8월 9일

개발배경

KA-1 저속통제기는 공군에서 전술통제기로 운용하던 O-2 항공기를 교체하기 위해 개발한 항공기다. 공군은 그동안 근접지원작전을 효율적으로 수행하기 위해 O-2를 운용해 왔다. 1960년대에 개발되어 공군에 도입된 지 30년이 넘은 O-2는 기체가 노후화되어 신기종으로 대체가 매우 시급했다. 이에 따라 KT-1 기본 훈련기 개발을 주도했던 국방과학연구소는 1999년 4월부터 KT-1 기본훈련기 후속사업으로 KA-1 저속통제기 개발에 착수했다.

특징

KA-1은 KT-1을 기본 형상으로 외부장착물(무장 및 외부연료탱크)과 무장제어장치, 개량된 항공전자장비를 탑재함으로써 전술통제임무를 효과적으로 수행할 수 있게 되었다. 특히 조종석에는 전방시현기(HUD)와 다기능 시현기(MFD)를 장착하여 전투능력을 배가했고, 야시계기판을 장착하여 야간 비행성능을 향상했다.

KA-1은 주익 아래에 파일런 4개를 장착하여 기관포와 로켓탄 등 무장을 장착할 수 있으며, 이들 무장은 임무컴퓨터로 제어할 수 있다. 뿐만 아니라 자동러더트림 장치(ARTS)를 탑재하여 무장을 투발할 때 효과적으로 비행을 제어할 수 있다.

운용현황

KA-1은 2003년 7월 국방부로부터 'KO-1' 저속통제기로서 "전투용 사용가" 판정을 받았고, 2005년 7월 양산 1호기를 출고했다. 2006년 12월 20기를 출고함으로써 사업은 종료되었다. 이후 공격임무를 강조함에 따라 2007년 10월 1일 'KA-1'으로 명칭을 변경했다. 공군은 KA-1에 목표조준장치와 데이터링크 체계를 추가하는 개량사업을 진행할 계획이다. 또한 북한군의 공기부양정에 대비하기 위해 스마트 로켓탄인 로거(LOGIR)를 장착할 예정이다.

2012년 11월 페루가 KA-1 10대를 주문하여 최초의 해외 수출을 기록했다.

KF-16

KAI/LM **KF-16**

KF-16

형식 단발 터보팬 경량 전투기
전폭 10m
전장 15.03m
주익면적 27.87㎡
자체중량 7,618kg
최대이륙중량 21,733kg
엔진 PW F100-PW-229 터보팬 (29,000파운드) x 1
최대속도 마하 2.0 이상
실용상승한도 60,000피트
최대항속거리 925km
무장 20mm M61A1 기관포 1문, AIM-9 사이드와인더, AIM-120 암람, AGM-65 매버릭, AGM-88 함, 하드 포인트 9개소에 6,895kg 탑재 가능
항전장비 APG-68(V)3 레이더, ASPJ, LANTIRN
승무원 1명(D형은 2명)
초도비행 1995년 4월 20일

개발배경

대한민국 정부는 공군력 증강과 국내 항공우주산업 발전이라는 두 가지 목표를 동시에 달성하고자 KFP(Korean Fighter Program), 즉 한국형 전투기 사업을 추진했다. KFP 기종으로는 초기에 GD(현 록히드마틴)사의 F-16, 맥도넬더글러스(현 보잉)사의 F/A-18, 노스럽(현 노스럽그러먼)사의 F-20 3개 기종이 경쟁했다. 1984년 10월과 1985년 5월 F-20이 두 차례에 걸쳐 추락하면서 경쟁 기종은 2개로 압축되었다. 치열한 경쟁 결과, 1989년에 결국 KFP 기종으로 F/A-18이 결정되었다. 그러나 맥도넬더글러스사가 25% 가격인상을 요구해오자, 대한민국 정부는 1990년 11월에 전면 재검토를 발표하고, 1991년 3월에 F-16을 사업기종으로 재선정했다. 이후 F-16을 공군이 도입하면서 KF-16이라는 제식명칭을 부여했다. KF-16은 1992~2000년 KFP-1 사업, 2003~2004년 KFP-2 사업을 통해 도입되었다.

특징

KF-16은 기종 선정 당시 가장 최신형 F-16인 F-16C/D 블록50/52를 기반으로 공군의 요구조건에 맞게 개량된 한국형 F-16이다. 특히 무장운용능력이 강화되었다. 도입 당시 국외에 판매된 F-16 중 최초로 암람(AMRAAM) 운용능력을 보유했고, 대함미사일인 하푼과 대레이더 미사일인 함(HARM)을 사용할 수 있었다. 이 밖에 항전장비도 강화되어 저고도 야간 침투 장비인 랜턴(LANTIRN)도 운용할 수 있었다. KFP-2 사업으로 도입된 KF-16에는 AN/APG-68(v)7 레이더와 ASPJ(자체 방어용 전파방해장비) 등 새로운 항전장비가 추가 장착되었다.

운용현황

공군은 KFP-1 사업을 통해 120대를 도입하고 KFP-2 사업을 통해 20대를 추가해 총 140대의 KF-16을 도입했다. 사고로 손실한 6대를 제외하고 현재 134대를 운용 중이다. 공군은 KF-16을 2038년까지 운용할 예정이며, 이에 따라 개량사업을 진행하고 있다. 북한군의 장사정포 공격에 대비해 JDAM 운용능력을 부여했고, 지난 2011년 4월 직도 사격장에서 실사격에 성공했다. 한편, 1조 8,000억 원이 투입되는 KF-16 성능개량사업에서 2012년 BAE 시스템즈가 사업자로 선정되었다. 2021년까지 KF-16 전 기종은 신형 AESA 레이더 및 신형 임무컴퓨터와 링크 16을 갖추고, AIM-120C, AIM-9X 등 다양한 신형 무장운용능력을 부여받게 된다.

변형 및 파생기종

KF-16C/D KFP-1 | KFP-1 도입 기종.
KF-16C/D KFP-2 | KFP-2 도입 기종, ASPJ 장착

대만 | AIDC | F-CK-1 징궈(經國)

AIDC F-CK-1 CHING-KUO

F-CK-1
형식 쌍발 터보팬 경량 전투기
전폭 8.53m
전장 14.48m
주익면적 24.2㎡
자체중량 6,500kg
최대이륙중량 9,072kg
엔진 ITEC TFE1042-70 터보팬 (9,500파운드) x 2
최대속도 마하 1.7
실용상승한도 55,000피트
최대항속거리 1,100km
무장 20mm M61A1 기관포 1문
天劍 I / II 공대공미사일
雄風 II 공대함미사일
항전장비 GD-53 X밴드 도플러레이더
승무원 1명(B형은 2명)
초도비행 1989년 5월 28일

개발배경

대만 공군은 70여 대의 F-104 스타파이터와 360여 대의 F-5를 교체하기 위해 미국으로부터 F-16이나 F-20 같은 신형 전투기를 도입하려고 했다. 그러나 중국의 방해로 구입이 좌절되자, 대만 정부는 1982년 전투기 자력개발 방침을 결정하고 대만 국산 전투기(Indigenous Defensive Fighter: IDF) 사업을 시작했다. IDF 사업의 결과 등장한 징궈(經國) 전투기는 대만의 국영 항공기업인 AIDC가 제너럴 다이내믹스(GD)사를 비롯한 여러 회사의 기술협력을 받아 개발했다. 1985년경부터 프로토타입(단좌 3기, 복좌 1기) 제작에 들어갔으며, 1호기가 1989년 5월에 첫 비행에 성공했다.
개발 후 부시 행정부 시절에 F-16의 수입이 허가되고 미라주 2000-5의 도입이 결정되자 당초 256대였던 생산 계획은 130대(그중 복좌 28대)로 축소되었으며, 현재 생산이 끝났다.

특징

징궈 전투기는 미국 정부 차원의 공식적인 지원 없이 제작사가 여러 민간 제작사들과 기술제휴를 맺어 개발했으며, 전체적인 설계는 GD사의 영향으로 F-16과 비슷하다. 블렌디드 윙 바디(blended wing body: 날개-동체 혼합형), 대형 스트레이크, 단절형 델타 주익(clipped delta wing)을 채용하고 있으며, 조종계통은 디지털 플라이-바이-와이어 방식으로서 F-16과 같은 사이드 스틱 방식을 채택하고 있다. 또한 풀 스팬(full span) 앞전 플랩, 대형 플래퍼론, 스태빌레이터를 사용하여 운동성을 높인 점도 F-16과 같다.
조종석 시현기는 벤딕스/킹(Bendix/King)에서 담당하며 HUD와 MFD 2대를 장비하고 있다. 사출 좌석은 마틴-베이커(Martin-Baker)제 Mk 12를 사용한다. 레이더 FCS는 F-20용으로 개발된 APG-67(V)를 개량한 멀티모드 펄스도플러 타입의 진룽(金龍) 53형(GD-53)으로 룩다운/슛다운이 가능하고 수색거리는 150km급으로 추정된다. 엔진은 개럿(Garret)과 AIDC가 공동 설립한 ITEC에서 비즈니스 제트기용으로 많이 사용 중인 ITE731을 기반으로 애프터버너(after burner: 후부연소기)를 추가하고 FADEC 기능을 겸비한 TFE1042-70(군용 명칭 F125) 터보팬 엔진을 사용한다.
공기 흡입구는 타프로토타입의 고정타입으로 F/A-18처럼 스트레이크의 아래쪽에 배치하여 고받음각에서도 흡입 효율이 좋게 하고 있다. TFE1042 엔진은 현대 전투기에 사용하기에는 추력이 부족하지만 미국 정부의 압력으로 추력이 큰 고성능 엔진을 채택하지 못했다.

운용현황

대만은 원래 250대를 획득할 예정이었으나, F-16 블록20과 미라주 2000-5를 구매하면서 대수를 130대로 줄였다. 이에 따라 1999년에 최종기를 인수함으로써 도입을 완료했다. 징궈의 실전비행대는 2003년 처음 창설되었다.

변형 및 파생기종

F-CK-1A	징궈 전투기의 기본형.
F-CK-1B	복좌형
F-CK-1C/D	징궈 전투기의 개량형. 연료 및 무장탑재량을 증가하고, 전자전 장비와 IFF 장비를 개선했으며, 지형추적 레이더도 장착했다. 프로토타입 2대를 생산했다. 2010년부터 A/B형 71대가 C/D형으로 개수되고 있다.

AMX

AMX International **AMX**

AMX

형식 단발 터보팬 경공격기
전폭 8.87m
전장 13.23m
전고 4.55m
주익면적 21㎡
자체중량 6,730kg
최대이륙중량 13,000kg
엔진 롤스로이스 RB168-807 스페이 터보팬 (11,030파운드) x 1
최대속도 914km/h
실용상승한도 42,650피트
작전행동반경 520km
무장 M61A1 20mm 1문(이탈리아)/ DEFA 554 30mm 2문(브라질) AIM-9 사이드와인더(이탈리아)/ MAA-1 피라냐(브라질) AAM 엑조세/ 마르텔 미사일 레이저 유도폭탄 등 하드포인트 7개소에 총 3,800kg 탑재
항전장비 EL/M-20001B 레이더
승무원 1명
초도비행 1984년 5월 15일

개발배경

AMX는 F-104G와 G91을 대체할 근접지원기를 획득하는 사업으로 시작했다. 사업에는 G91과 G91Y를 개발한 알레니아(Alenia)와 MB326시리즈를 개발한 아에르마키(Aermacchi), 그리고 개발 도중에 참가한 브라질의 엠브라에르(Embraer)가 참가했다. AMX는 반도국가인 이탈리아의 지정학적 위치와 항공기술력이 결합된 독특한 대지/대함 공격기로서, 동급 기체 중 보기 드문 독특한 모델이다.

G91의 후계기 개발계획은 1977년경부터 시작되었는데, 예전부터 스웨덴의 사브사와 함께 B3LA를 개발하는 등 아에르마키는 충분한 개발 경험을 쌓아왔다. 개발 계획에서 스웨덴이 탈퇴한 후 B3LA의 개발 데이터는 AMX에 유용하게 활용되었다. 기체의 외형은 별다른 특징이 없고, 기체의 규모는 프랑스의 쉬페르 에탕다르와 비슷하나 주익 면적은 육상기인 관계로 4분의 3에 불과하다. 이탈리아 공군이 200대, 브라질 공군이 100대를 조달할 예정이다. 해외 수출에도 적극적으로 나서고 있으나, 아직까지 발주는 없는 상태다.

특징

AMX는 실전에서 중요한 요소인 단거리이착륙 성능을 위해 앞전에는 슬레이트, 뒷전에는 대형 2중 간극 플랩을 설치했다. 따라서 에일러론의 크기가 작아 롤제어에는 스포일러를 같이 사용한다. 스포일러와 방향타는 플라이-바이-와이어, 수평미익과 보조익은 기계/유압방식을 사용한다. 수평미익은 승강타와 일체형인 스태빌라이저로 되어 있다. 유압은 2중 계통이며 단발기인 관계로 램 에어 터빈을 비상동력 장치로 사용한다.

외부무장은 하드포인트 5개소에 3.8t의 무장을 장착할 수 있다. 무장으로는 각종 폭탄류 및 엑조세 대함미사일을 운용한다. AMX의 항법공격시스템의 핵심은 기수에 장착된 소형 레이더와 디지털 관성항법유도 시스템이다.

전자장비는 기수와 조종석 뒤쪽에 수납한다. 조종실 아래에는 기관포를 장착하는데, 이탈리아 공군형은 20mm 발칸포를 장비하나 브라질 공군형(A-1)에는 30mm DEFA 기관포를 2문 장비한다.

한편 AMX는 공격임무 이외에 정찰임무에도 사용하는 경우를 고려하여 팔레트형 정찰장비 팩을 동체 하면에 장착하도록 되어 있다. 단좌형 이외에 복좌훈련형인 AMX-T도 제작되었다. 복좌형도 단좌형과 같은 공격능력을 갖추고 있으며 전선통제기로 사용할 수도 있다.

운용현황

AMX는 이탈리아 공군에 238대, 브라질 공군에 79대가 인도되었다. 이탈리아 공군은 1999년 AMX를 코소보에 투입하여, 1대의 손실도 없이 전투임무비행을 252회 수행했다. 2005년 이탈리아 공군은 ACOL 사업을 통해 AMX 55대의 조종석에 새로운 디스플레이 장비를 설치했고, 신형 레이저 관성항법장치도 추가했다. 개량된 AMX는 JDAM의 운용도 가능해졌다. 2009년 4대의 AMX가 토네이도 IDS를 대신하여 아프간에서 정찰임무에 투입되었으며, 2011년에는 NATO군의 리비아 공습에 참여하여 라이트닝3 타게팅포드로 페이브웨이와 JDAM 유도폭탄을 명중시키기도 했다.

변형 및 파생기종

AMX-T | AMX의 복좌훈련형. 1990년 초도비행 후 현재 이탈리아와 브라질 공군에서 운용 중이다.

AMX-ATA | 전환훈련 및 공격기 겸용 복좌형. ATA는 Advanced Trainer Attack의 약자로, AMX에 멀티모드 레이더, FLIR, 헬멧조준장비 등을 장착한 발전형이다. 베네수엘라 공군과 판매 상담을 했지만, 미국이 AMX-ATA에 탑재된 자국산 통신장비의 수출을 허락하지 않아 판매가 무산되었다.

AMX-R (RA-1) | 브라질 공군이 운용하는 정찰기. 팔레트형 정찰장비 팩을 동체 하면에 장착한다.

영국 | BAE 시스템즈 |

호크 200

BAE Systems **Hawk 200**

Hawk 200

형식 단발 터보팬 다목적 경량 전투기
전폭 9.39m
전장 11.35m
전고 3.98m
주익면적 16.70㎡
자체중량 4,480kg
최대이륙중량 9,100kg
엔진 롤스로이스 아도르 Mk 871 (6,030파운드) x 1
최대속도 마하 1.2
실용상승한도 45,000피트
최대항속거리 2,390km
무장 30mm 아덴 기관포 센터라인 포드 AIM-9 공대공미사일 최대 4발 하드포인트 5개소에 최대 3,495kg 탑재
항전장비 APG-66 레이더
승무원 1명
초도비행 1986년 5월 19일

개발배경

고등훈련기인 복좌 호크기를 기본으로 본격적인 단좌 공격기/경전투기로 다시 태어난 호크 200은 국방예산이 제한되어 있는 국가들을 겨냥한 새로운 기종이다. 호크 200은 호크 복좌훈련기와 80%의 부품공통화를 이루고 있어 기존의 호크 운용국들에게는 매력적인 기체가 아닐 수 없다. 라이벌 기체로는 AMX, 알파젯이 있으나 호크 200의 경우 멀티모드 레이더를 장비하고 있어 F-5에 버금가는 성능을 지녔다.

특징

호크 200은 복좌형의 후방석을 남겨놓고 전방석 부분을 단축하는 방식을 사용하여 후방 시계가 우수하다는 장점이 있다. 기수에는 F-16A 전투기급의 APG-66 레이더가 창작되며, 레이저 거리측정기와 FLIR를 장착할 수 있다. 고정무장으로는 노즈랜딩기어 양쪽으로 25mm 기관포를 탑재한다. 엔진은 아도어 871이며, 설계 최대속도는 해면상에서 마하 0.87, 고공에서 마하 1.2에 이른다.

하드포인트는 주익에 각 2개소와 동체에 1개소, 총 5개소이며, 주익에는 최대 907kg까지 탑재가 가능하다. 또한 주익 끝에는 AIM-9급 공대공미사일도 장착할 수 있다.

조종석에는 최신 다기능 시현기를 설치했으며, 레이저 INS를 장비하고 있다. 구조적으로는 복좌형인 호크 100과 80%의 공통성이 있으며 설계하중한도는 +8G, -4G로 높은 수준이다.

BAE는 1984년 호크 200의 개발을 발표했고, 1986년 5월 19일에 호크 200의 첫 비행이 이루어졌다. 그러나 개발이 순탄치만은 않아서 2개월 후 순간하중에 의한 조종사의 실신(G-LOC현상)으로 1호기가 추락하고 말았다. 2호기는 1987년 4월에 첫 비행을 실시했으며, 레이더를 포함한 모든 장비를 탑재하고 1991년에 시험비행을 실시했다.

운용현황

현재 호크 200은 인도네시아, 말레이시아, 오만 공군이 62대를 발주하여 인수했다. 말레이시아의 경우 가장 집중적인 개수가 이루어져 날개 끝에 공대공미사일을 장착하고 공중급유장비를 장착했다.

변형 및 파생기종

호크 203 | 오만 공군 수출형. 12대 인도.
호크 205 | 사우디아라비아 공군 수출 제안형.
호크 208 | 말레이시아 공군 수출형. 18대 인도.
호크 209 | 인도네시아 공군 수출형. 32대 인도.

AV-8B+ 해리어 II

Boeing **AV-8B+ Harrier II**

AV-8B+

형식 단발 터보팬 수직이착륙 전천후 공격기
전폭 9.25m
전장 14.55m
전고 3.55m
주익면적 22.18㎡
자체중량 6,336kg
최대이륙중량 14,515kg (수직이륙시 8,595kg)
엔진 롤스로이스 F402-RR-408 추력편향 터보팬 (23,800파운드) x 1
최대속도 마하 0.88
실용상승한도 50,000피트
작전행동반경 1,161km (요격임무, 외장연료탱크 2개)
무장 GAU-12U 25mm 기관포 1문 (이퀄라이저 팩)
AIM-9 / AIM-120 공대공미사일
범용폭탄
AGM-65 매버릭 등 공대지 무장
하드포인트 7개소에 최대 6,003kg 탑재 가능
항전장비 APG-65 레이더(해리어 II+)
승무원 1명
초도비행 1983년 8월 29일(AV-8B 양산형)

개발배경

미국과 영국은 해리어를 바탕으로 개량 기체를 공동으로 개발하기로 하고, 영국은 시해리어(Sea Harrier)를, 미국은 AV-8A를 제작했다. 미국의 AV-8A 해리어는 미 해병대의 요구사항을 기본으로 보잉(구 MD)과 BAE가 공동개발했다. 미 해병대는 해리어의 능력에 주목하고 AV-8A를 100대나 도입했지만, 제1세대 해리어의 성능에 한계를 느끼고 있었다. 해리어 II의 프로토타입인 YAV-8B는 기존의 AV-8A를 개조하여 항공역학 테스트를 실시한 뒤 1978년 11월 9일에 첫 비행을 했고, 이어서 본격적인 개발형 4대를 제작하여 1번기가 1981년 11월 5일에 첫 비행을 했다. 1982년부터 양산하기 시작하여 모두 300대를 생산했다. 복좌 훈련형인 TAV-8B는 1986년 10월 21일에 첫 비행을 했으며, 28대를 생산했다.

특징

해리어의 성공에 가장 크게 기여한 것은 RR페가서스 추력 편향 엔진이었다. 하지만 시리즈의 발전에 큰 제약으로 작용한 것도 역시 엔진이었기 때문에 더 이상 대폭적인 성능 향상을 기대하기는 어려웠다. 따라서 해리어 II의 개발은 한정된 추력에서 최대한의 성능을 이끌어내는 데 주안점을 두고 진행되었다. 이에 따라 복합재료를 최대한 사용하여 기체 중량을 경감시키고 세부 개량을 실시하여 수직·단거리 이착륙(V/STOL) 성능을 크게 향상시키는 것이 개발의 목적이었다.

해리어 II의 주익은 완전히 새로 설계되었으며, 주익 스파(spa)에 그래파이트(카본)/에폭시 복합재료를 사용하고, 같은 복합재료로 외판을 결합시켜 획기적으로 중량을 경감시켰다. 주익 단면은 슈퍼 크리티컬 익형이며 앞전 후퇴각은 해리어보다 10° 감소한 24°다. 반면에 주익 면적은 10% 증가했으며 애스펙트비는 20% 커져 순항능력이 좋아졌다. 또한 주익 두께를 증가시킴과 동시에 일체형 탱크의 용량도 증가시켰으며, 주익 근부의 앞전을 연장한 렉스(LERX)의 면적도 크게 늘어 실속 특성이 개선되었다. 동체는 시해리어와 같이 조종석을 높게 올려놓았으며 캐노피도 시계가 좋은 대형의 물방울형 캐노피를 채택했다. 동체의 대부분과 수직미익은 종전과 같은 금속구조이며 기수와 수평미익은 새로 설계된 복합재료를 사용했다.

해리어 II의 엔진은 페가서스 11-21(Mk 105)로, 미군 명칭은 F402-RR-406이며, 추력은 9,703kg이다. 이 엔진은 해리어의 Mk 103보다 추력이 2.3% 증가했으며, 수직이착륙(VTOL)시 양력이 550kg으로 5.6% 증가했다.

해리어 II는 최대 4.2t의 무장탑재가 가능하며, 동체 아랫면에는 실질적인 고정무장인 25mm 이퀄라이저 기관포 팩을 장착한다. GAU-12/U 기관포는 좌측 팩에, 기관포탄(300발)은 우측 팩에 수납한다.

항법공격 시스템은 1세대 해리어보다 한 단계 수준이 높아졌다. AYK-14 임무컴퓨터를 중심으로 ASN-130A 관성항법 시스템, Su-128/U 헤드업 디스플레이, IP-1318/A CRT 디스플레이 등의 시스템을 조합하여 구성하고 있다. 또한 기수에 설치된 TV와 레이저로 목표를 추적하는 ASB-19 각도 폭격 시스템(ARBS)이 공격의 핵심장비다.

AV-8B는 생산된 이후에도 나이트 어택형과 해리어Ⅱ+ 등의 개수를 거치면서 업그레이드를 계속하고 있다.

운용현황

미 해병대는 훈련기를 포함하여 모두 280여 대의 해리어Ⅱ를 도입하여 2013년 기준 125대를 보유하고 있으나, F-35B가 도입되면 신속하게 교체할 예정이다. 해외 운용국으로는 스페인이 13대, 이탈리아가 15대의 해리어Ⅱ+를 운용 중이다.

해리어Ⅱ는 걸프전에서 작전지역에 최초로 도착한 전술기로서 다양한 기지에서 작전을 수행했다. 해리어Ⅱ는 1990~1991년 1차 걸프전에서 총 3,380소티를 비행하며 임무가동률 90%를 기록했다. 또한 2003년 2차 걸프전에서는 약 85%의 임무가동률을 기록하며 2,000소티 이상 비행했다. 특히 라이트닝Ⅱ 타게팅포드를 사용했을 시해리어Ⅱ는 75%의 유효공격을 기록했다.

변형 및 파생기종

AV-8B 나이트 어택 | 야간공격능력 강화형. 야간공격장비를 장착한 167호기부터가 나이트 어택 해리어에 해당한다. 적외선 항법카메라(NAVFLIR), 광각 HUD, 컬러 HDD, 디지털 무빙 맵, 암시 고글 등을 장비하여 주야간 작전이 가능해졌다. 엔진도 추력 10,795kg의 F402-RR-408(페가서스 11-61)로 강화되었다. 미 해병대 보유기 중 약 100대가 나이트 어택형이다.

AV-8B+ 해리어Ⅱ+ | AV-8B의 개수형. APG-65 레이더와 암람을 탑재하여 BVR 교전이 가능해졌다. 레이더의 탑재로 기수가 43㎝ 연장되었고 중량도 771kg이 늘어났다. 이에 더해 앞전 뿌리 확장장치(렉스)를 설치하여 선회율을 높였다. 해리어Ⅱ + 양산형은 1993년 3월 17일에 첫 비행을 했으며, 미 해병대는 1994년 중반부터 2003년 12월까지 해리어Ⅱ 74대를 해리어Ⅱ + 사양으로 재생산하고, 27대를 신규 생산했다.

B-1B 랜서

Boeing(Rockwell) B-1B Lancer

B-1B

형식 4발 터보팬 가변익 폭격기

전폭 41.67m (23.84m)

전장 44.81m

전고 10.36m

주익면적 181.2㎡

자체중량 86,183kg

최대이륙중량 216,634kg

엔진 GE F101-GE-102(30,780파운드) x 4

최대속도 마하 1.2

실용상승한도 60,000피트

최대항속거리 11,998km

무장 AGM-154 JSOW 12발
AGM-158 JASSM 24발
GBU-38 JDAM 17발
2000파운드급 GBU-31 JDAM 24발
CBU-103/104/105 WCMD 30발
500파운드급 Mk82 범용폭탄 84발
GBU-39 SDB 96발(4팩) 또는 144발(6팩
외부 하드포인트 6개소에 27,000kg
내부 무장격실 3개소에 34,000kg

항전장비 APQ-164 멀티모드 공격레이더, ALQ-161 후방경계 레이더, ASQ-184 방어관리 시스템 등

승무원 4명(정/부조종사 + 무장관제사 2명)

초도비행 1985년 7월 7일

개발배경

B-1A는 B-52를 대체할 미국 전략공군사령부(SAC)의 주력 폭격기로 개발하기 시작했다. 마하 3으로 고공순항을 할 수 있었던 B-70 발키리 사업이 1972년에 취소된 이후, SAC는 오랜 기간의 연구 끝에 고아음속으로 초저공비행하여 침투하는 전술을 채택하고, 1970년 6월 사업자로 록웰(현 보잉)을 선정했다. 그러나 1977년 6월 카터 행정부에 의해 생산계획이 중단되었다가 4대가 시제기로 제작되면서 개발이 계속되어 1981년 10월 레이건 행정부에 의해 B-1B로 부활했다. B-1B는 제한적인 스텔스성을 가진 폭격기로 100대(당초 240대 예정)가 생산되었다.

특징

B-1은 저공침입시 하중문제를 해결하고 고속성능과 이착륙 성능을 모두 만족시키기 위해 가변익(VG)을 채택, 주익의 앞전 후퇴각을 15°에서 67.5°까지 변하도록 설계했다. 실전형 B-1B 1호기는 1984년에 초도비행을 했으며, 다음해 7월부터 미 공군에 인도되기 시작했다. B-1B와 B-1A의 가장 큰 차이점은 구조강화와 기내 연료탑재량의 증가로 총중량이 20%가량 늘어났고, 폭탄창을 공중발사 순항미사일(ALCM)을 탑재할 수 있도록 바꾼 것이다. 공기흡입구도 속도를 희생하는 대신 스텔스성을 높이기 위해 고정식으로 개량했으며, 이에 따라 RCS(Radar Cross Section: 레이더 반사면적)가 B-52(2.4m²)에 비해 5분의 1 정도로 줄어들었다.

전자장비는 공격시스템(OAS)과 방어시스템(DAS)으로 통합되어 있는데, 방어시스템(이튼/AIL사의 ALQ-161A)의 경우 취역 후에도 성능 및 신뢰성, 서브시스템과의 적합성 등의 문제로 어려움이 많았다. OAS의 중심은 APQ-164 멀티모드 레이더로 전술기 최초로 위상배열 레이더를 채택했다. 또한 전방감시 레이더와 자동조종장치를 결합한 지형추적방식 덕분에 고도 60m의 저공침투비행이 가능하다. 조종계통은 플라이-바이-와이어 방식이며, 캡슐식 탈출 시스템 대신 개별 사출좌석을 장착했다.

B-1B의 최대무장 탑재량은 기내에 34,019kg, 외부에 26,762kg이며 앞뒤로 3개소에 설치된 폭탄창에 3개 회전식 발사대가 부착되어 있다. 핵무기 공격시에는 AGM-69A SRAM 24발, AGM-86A ALCM 8발(기외에도 12발 탑재 가능), B28 자유낙하 핵폭탄 12발, B61이나 B83 핵폭탄 24발을 기내에 탑재한다.

냉전시대가 끝나면서 B-1B도 현재는 재래식 폭격임무에 중점을 두고 있다. B-1B는 Mk 82 폭탄을 기내에 84발, 기외에 44발 탑재할 수 있으며, Mk 84 폭탄의 경우는 기내에 24발, 기외에 14발 탑재할 수 있다. 현재는 클러스터 폭탄(CBU), JDAM(Joint Direct Attack Munition), JSOW(Joint Stand-off Weapon) 등 정밀 유도무기의 탑재도 가능하도록 성능을 향상시켰다. 최근에는 스나이퍼-XR(Sniper-XR) 목표지시포드를 장착해 12,000m 상공에서도 정밀유도폭탄 운용이 가능해졌다.

운용현황

SAC가 1985년부터 인수하기 시작하여 1986년도에 초도작전능력을 인증했다. 미 공군은 100번째 최종 양산기를 1988년 인수했고, 1990년 "랜서"라는 명칭을 부여했다.

냉전 이후 전략/전술공군의 구분이 폐지되면서 B-1B는 통상폭격임무에 투입되었는데, 걸프전에는 투입되지 않았다. 최초로 실전에 투입된 것은 1998년 '사막의 여우' 작전 때로, 당시 B-1B는 범용폭탄을 사용한 폭격임무를 수행했다. 이후 코소보 항공전, 아프간 대테러전쟁, 2차 걸프전에서는 다양한 정밀유도폭탄을 사용하면서 활약했다. 또한 2011년 3월에는 리비아 공습에 참여하여 성공적인 정밀타격임무를 수행했다. 현재 B-1B는 폭격기 삼총사 가운데 가장 운용비가 저렴한 기종으로, 미 공군은 성능개량을 통하여 2038년까지 이 기종을 운용할 예정으로 알려지고 있다.

변형 및 파생기종

블록A | Mk82 500파운드 범용폭탄의 운용능력을 부여한 개수사양

블록B | 합성개구레이더 및 방어책을 개선한 개수사양.

블록C | 소티당 집속폭탄 30발 투하를 위한 성능향상 개수사양

블록D | 정밀폭격능력 부여를 위한 개수사양. ECM 개선 이후에 JDAM 운용능력과 ALE-50 견인 디코이 시스템 등이 포함되었다.

블록E | 항전장비 개수사양. 2006년 9월에 종료되었으며, 이 업그레이드에는 JSOW, JASSM 등의 운용능력 부여가 포함되었다.

블록F | 방어장비 업그레이드와 견인식 디코이를 장착하는 사업으로 비용 문제 때문에 2002년 12월 업그레이드 사업이 취소되었다.

미국 | 보잉 | # B-52H 스트래토포트레스

Boeing **B-52H Stratofortress**

B-52H

형식 8발 터보팬 중폭격기

전폭 56.39m

전장 49.05m

전고 12.40m

주익면적 370㎡

자체중량 83,250kg

최대이륙중량 220,000kg

엔진 PW TF33-P-3/103 (17,000파운드) x 8

최대속도 957km/h

순항속도 819km/h

실용상승한도 55,000피트

최대항속거리 14,080km

무장 JDAM, JSOW 등 각종 공대지/공대함 무장 최대 31,500kg 탑재

항전장비 APQ-156 레이더, ANS-136 INS, APN-224, ALQ-117 PAVE MINT, ALQ-122,/153/155, ALQ-172(V)2, ALR-20A, ALR-46, ALT-32 등

승무원 5명(지휘관, 조종사, 레이더항법사, 항법사, 전자전 담당관)

초도비행 1955년 6월(B-52B)

개발배경

B-52는 콘베어 B-36과 보잉 B-47을 교체하는 대형 전략 폭격기다. B-52는 오랜 기간 핵보복 3원체제(triad)의 한 구성요소로서 미국의 국가안전보장에 일익을 담당해왔다.

B-52는 냉전시절부터 미 공군의 주력폭격기로서 미 전략공군사령부(SAC)의 핵심전력이었지만, 1991년부터 항공전투사령부(ACC)로 이관되었다. 미 공군은 B-52를 대체할 전력으로 XB-70 발키리, B-1B 랜서, B-2A 스피릿 등 다양한 사업을 진행해왔지만, 결국 B-52를 대체할 만한 전력을 언지는 못했다.

특징

1970년대에 B-52H에 FLIR, LLLTV로 구성된 EVS(전자/광학식별 시스템)을 추가했으며 기체구조강화를 통해 저공침입능력을 부여했다. 그 후로도 ECM 시스템의 신형화, 위성통신장비, GPS 및 RWR 장비의 강화, 폭격/항법 컴퓨터의 디지털화 및 INS, TERCOM(지형조합 시스템) 등을 순차적으로 장비하여 각종 장거리 폭격 무기를 운용할 수 있게 되었으며, 지금까지도 뛰어난 작전능력을 보유하고 있다.

1985년 B-1B의 배치 이후 B-52는 ALCM 발사 플랫폼으로 바뀌어 12~20발의 AGM-86B를 탑재할 수 있게 되었다. 1992년부터는 신형 AGM-129를 탑재하고 있다. 걸프전 당시 범용/클러스터 폭탄 및 비핵탄두를 장착한 AGM-86C를 사용하여 중요 목표물 공격에 위력을 발휘한 G형이 퇴역한 후 H형도 재래식 공격 임무용으로 사용할 수 있도록 개조 작업을 실시했다. 최근에는 스나이퍼-XR과 라이트닝 II(LITENING II) 타게팅포드를 장착하도록 개수했다.

운용현황

B-52A가 1954년에 초도비행을 한 이후 B형이 1955년에 배치되었으며, 모두 744대가 생산되었다. F형까지의 전기형은 1987년까지 모두 퇴역했으며, G형도 1994년에 모두 퇴역했다. 1961년에 취역하여 102대가 인도되었던 H형은 2013년 1월까지 78대가 남아 있었다. 미 공군은 현재 2개 비행단(2.5BW)을 유지하고 있으며 2040년까지 B-52H를 운용할 계획이다.

B-52 편대는 걸프전에서 총 1,624회의 임무 출격을 통해 25,700톤에 달하는 72,000발의 무장을 쿠웨이트 내의 지역 표적, 이라크의 비행장, 산업시설, 병력 집결지 및 각종 저장 시설에 투하했는데, 이는 미국이 투하한 폭탄의 29%, 다국적군의 경우 38%에 달한다. 또한 이후 아프간 대테러전쟁에서 B-52는 정밀유도폭탄을 활용한 근접지원임무를 수행하면서 근접항공지원의 새로운 영역을 개척했다.

B-52 폭격기는 2013년 3월 한미연합사령부의 키리졸브 훈련에 수차례 참가하여 정밀타격연습을 수행했으며, 이때 북한은 공습경보를 발령하고 지휘부가 벙커로 숨어들었다.

미국 | 보잉 |

EA-18G 그라울러

Boeing **EA-18G Growler**

EA-18G

형식 쌍발 터보팬 전자전 함상 공격기
전폭 13.7m
전장 18.3m
전고 4.9m
주익면적 46.45㎡
자체중량 15,011kg
최대이륙중량 29,900kg
엔진 GE F414-GE-400 터보팬 (22,000파운드) x 2
최대속도 마하 1.8
실용상승한도 50,000피트
전투행동반경 1,095km (슈퍼 호넷 Hi-Hi-Hi)
무장 AGM-88 HARM, AGM-88E AARGM
AIM-120 AMRAAM 공대공미사일
20mm 기관포 제거(전자전 제어장비 장착)
윙팁 런처 제거(ALQ-218 윙팁 리시버 장착)
하드포인트 9개소에 8,050kg 탑재 가능
항전장비 APG-79 AESA 레이더 등
승무원 2명
초도비행 2006년 8월 15일

개발배경

미국은 장거리 전자전 공격기인 EF-111 레이븐이 1998년 퇴역한 데 이어 EA-6B마저 높은 기체수명으로 유지보수가 어려워지자, 새로운 전자전 기체를 필요로 하고 있었다. 이에 따라 F/A-18F 슈퍼 호넷을 바탕으로 한 신세대 전자전 공격기 EA-18G 그라울러가 탄생했다.

특징

EF-111이나 EA-6B는 내부 배선을 새로 설치하고 기골을 변경하고 심지어는 외부 포드까지 장착했지만, 언제나 비용 문제 때문에 요구된 성능이나 무장장착능력에 못 미쳐 점차 업그레이드를 계속해야 했다. 게다가 이들의 레이더 피탐지 면적은 플랫폼이 된 기본 항공기보다 컸다. 하지만 그라울러는 이런 통상적인 제한을 뛰어넘는 기체로 평가받고 있다.
그라울러는 원래 여유가 충분한 슈퍼 호넷을 플랫폼으로 했기 때문에 APG-79 AESA 레이더와 AYK-22 무장관리 시스템을 그대로 유지하며, 전자전 장비로는 ALQ-218(V)2 윙팁 리시버와 ALQ-99 재머 포드를 장착한다. 물론 포드의 장착으로 인해 어느 정도 비행성능이 떨어졌지만, 그럼에도 불구하고 그라울러는 이전의 전자전 공격기들과는 달리 본격적인 공대공 능력을 갖고 있다. 또한 슈퍼 호넷의 뛰어난 탑재능력을 바탕으로 AGM-88 HARM은 물론 AGM-88E AARGM 미사일을 장착할 수 있다.
2001년 11월 15일 F/A-18F 1호기가 ALQ-99 재머 포드를 탑재하고 비행함으로써 EA-18 AEA(전자전기체) 개념을 입증함에 따라 그라울러 사업은 본격적으로 시작되었다. 이후 EA-18G 초도기는 2006년 8월에 출고되면서 초도비행을 성공리에 마쳤다.

운용현황

미 해군은 EA-6B 프라울러를 대체하기 위해 EA-18G 그라울러를 85대 요구하여 11개 비행단에 배치할 계획으로, 2011년 5월까지 모두 48대가 미 해군에 인도되었다. 미 해군은 2006년 말부터 개발기체에 대한 시험평가를 실시했으며, 2007년 저율양산을 거쳐 2008년부터 양산이 시작되었다. EA-18G 그라울러는 2009년 말부터 전력화되어, 2011년 3월부터 시작된 대리비아 공습작전인 오디세이 새벽 작전(Operation Odyssey Dawn)에 참가하기도 했다.
2008년에는 호주 공군이 F/A-18F 슈퍼 호넷 24대를 도입하면서 EA-18G 그라울러 6대도 같이 구매했으며, 기존의 슈퍼 호넷 F형 가운데 12대는 차후에 EA-18G 사양으로 제작할 수 있도록 전기계통을 준비했다.

F-4 팬텀 II

Boeing(McDonnell Douglas) F-4 Phantom II

F-4E

형식 쌍발 터보젯 다목적 전투기
전폭 11.71m
전장 19.20m
전고 5.02m
주익면적 49.2㎡
자체중량 18,825kg
최대이륙중량 28,030kg
엔진 GE J79-GE-17A 터보젯(17,845파운드) x 2
최대속도 마하 2.23
실용상승한도 62,250피트
전투행동반경 1,145km
무장 M61A1 20mm 기관포 1문
AIM-9, AIM-7 (ICE 개수; 암람) 공대공미사일 , AGM-65 매버릭 (대한민국; AGM-142 팝아이)
하드포인트 9개소에 최대 7,258kg 탑재 가능
항전장비 APQ-120 레이더, AJB-7, ASQ-91, APR-36 RWR, ASX-1 TISEO 등
승무원 2명
초도비행 1958년 5월 28일(YF4H-1)
1967년 6월 30일(F-4E)

개발배경

F-4 팬텀Ⅱ는 1953년 미 해군이 맥도넬더글러스사에 개발을 의뢰한 함대방공 복좌 전투기이다. 당시로서는 상식을 벗어난 대형 쌍발기였으며, 큰 파워를 바탕으로 한 고성능과 다용도성을 인정받아 미 공군·해군을 비롯한 서방 각국에서 채용했다.

특징

F-4는 프로토타입기인 YF4H-1이 1958년 5월 27일에 첫 비행을 한 후 1961년 10월부터 실전배치되었으며, 고성능에 주목한 미 공군도 F-110A(F-4C)란 명칭으로 채택했다. F-4는 우수한 역학 설계로 고성능과 무장탑재량이 큰 것이 특징이다. 또한 당시 최고 출력인 J79 엔진을 장비하여 익면하중이 작고 추력 중량비가 커짐에 따라 우수한 기동성을 갖게 되었다. 이러한 우수한 성능을 바탕으로 F-4는 베스트셀러가 되면서 쌍발 대형 전투기를 유행시켰다. F-4 팬텀은 1981년 생산종료시까지 총 5,129대가 생산되었다.

미 해군·해병대용으로 F-4A/B/J/RF-4B가 생산되었으며, B/J형을 개수한 G/N/S형이 있다. 영국 해군·공군용 K/M은 영국제 엔진을 장착한 발달형이며, 미 공군용으로는 F-4C/D/E RF-4C가 생산되었다. 와일드 위즐형인 G형은 E형을 개수한 모델이며, F-4C/D/E/F/RF-4E형은 대량 수출되었다.

한때 세계 각국 공군의 주력기로 일류급 성능을 자랑하던 F-4는 대부분 일선에서 물러났다. 업그레이드 사업으로 명맥을 유지하던 기체들조차 서서히 퇴역하여 2020년경에는 완전히 사라질 전망이다.

운용현황

미국에서는 공군의 와일드 위즐형 F-4G가 1996년에 퇴역한 것을 마지막으로 모든 기체가 퇴역했으며, 표적용 QF-4N/S(해군), QF-4E/G(공군) 기체만 소수 사용하고 있다. 대한민국 공군은 F-4D를 2010년 6월 16일부로 퇴역시켰으며, F-4E도 머지않은 장래에 퇴역시킬 것으로 보인다.

현재 팬텀은 대한민국(F-4E, RF-4C), 일본(F-4EJ/RF-4E), 독일(F-4F), 이집트(F-4E), 이란(F-4D, F/RF-4E), 터키(F/RF-4E), 그리스(F/RF-4E)에서 운용 중이다.

변형 및 파생기종

F-4D	제공전투기 개량형.
F-4E	다목적 전투기형. 터키는 IAI를 통해 F-4E 54대를, 그리스는 DASA(현 EADS 도이칠란트)를 통해 F-4E 39대를 업그레이드했다.
F-4EJ	F-4E의 다운그레이드 일본 수출형. F-4EJ 96대에 대하여 업그레이드 사업을 실시하여 AN/APG-66J 레이더, J/AUK-1 중앙 컴퓨터, J/ASN-1 디지털 INS, HUD 등을 장착했으며, AIM-7M, ASM-1/2 등의 신형 미사일을 운용할 수 있게 되었다.
F-4F	F-4E의 다운그레이드 독일 수출형. ICE(Improved Combat Efficiency) 사업을 통해 AN/APG-65 레이더, GEC-마르코니 CPU-1431A 중앙 컴퓨터를 중심으로 성능을 향상시켰다. 유로파이터의 배치가 완료될 때까지 전력 공백에 대비하여 현역으로 유지하다가, 2013년 6월 29일 마지막 팬텀기를 퇴역시켰다.
RF-4C	F-4C를 바탕으로 한 정찰형.
RF-4E	F-4E의 정찰형.

미국 | 보잉(맥도넬더글러스) |

F-15A/B 이글

Boeing(McDonnell Douglas) **F-15A/B Eagle**

F-15A/B

형식 쌍발 터보팬 제공전투기

전폭 13.05m

전장 19.43m

전고 5.63m

주익면적 56.48㎡

자체중량 12,975kg

최대이륙중량 25,400kg

엔진 PW F100-PW-100 터보팬 (23,830파운드 AB) × 2

최대속도 마하 2.3

실용상승한도 65,000피트

무급유항속거리 4,630km

무장 M61A1 발칸 20mm 기관포(940발)
AIM-7F/M 스패로 4발
AIM-9L/M 사이드와인더 4발
보조연료탱크 3개
하드포인트 11개소에 최대 7,257kg 탑재

항전장비 APG-63 레이더, AN/ALR-56 레이더경보기, AN/ALQ-128 전자전 경보기, AN/ALQ-135 재머 등

승무원 1명(B형은 2명)

초도비행 1972년 7월 27일(F-15A)
1973년 7월 7일(F-15B)

개발배경

미국은 1967년 모스크바 에어쇼에서 소개된 소련의 신형 전투기에 대항하고자 1968년 9월부터 F-4 팬텀 II를 대체할 차기전투기를 개발하기 시작했다. 세계 어느 곳에서든 공공전을 통해 제공권을 확보하고자 개발한 전천후 제공전투기가 바로 F-15이다.

특징

F-15는 기체의 약 26%는 티타늄합금을, 약 38%는 알루미늄을 사용하여 경량화에 성공했다. 설계 면에서 수직미익 2개에 주익은 고익으로 배치했다. 또한 강력한 추력의 F100 터보팬 엔진을 쌍발로 장비하여 큰 추력중량비를 얻었으며, 앞전 플랩과 슬레이트를 장비하여 높은 기동성을 발휘할 수 있도록 했다. F100 엔진은 추력이 뛰어났으나 배치 초기에는 1,000시간당 11~12회의 스톨을 일으키며 불안정한 성능을 보였다. 이후 소재/정비/운용절차의 개선을 통해 신뢰성을 높였지만, 여전히 특정 상황에서 까다로운 엔진이었다.
비행조종 시스템으로는 유압기구와 전기제어장치가 결합된 CAS(Control Augmentation System: 제한수신 시스템)을 채용하여 아날로그식인 플라이-바이-와이어 방식을 채택했다. 이에 따라 F-15는 CAS가 기능 고장을 일으키더라도 기존의 유압식으로 조작이 가능해져 더욱 안정된 조종성능을 확보하게 되었다.
F-15는 사격통제용으로 AN/APG-63 펄스도플러레이더를 장비하고 있다. 이 레이더는 장거리 수색 능력, 룩다운 능력, 다수 목표 추적 능력이 우수하며, 특히 각종 조작이 자동화되어 있어 당대 최강으로 평가받았다. 강력한 레이더와 효율적인 무장을 갖춘 F-15A는 세계 최강의 제공전투기로 완성되어 미 공군의 제공능력을 향상시키는 견인차가 되었다.

운용현황

1974년 최초로 실전배치된 이후에 360대의 F-15A/B가 미 공군에 인도되었다. 이스라엘 공군도 1975년 F-15 23대를 발주하여 피스폭스(Peace Fox) Ⅰ/Ⅱ 사업을 통해 A형 23대와 B형 2대를 인도받았다. 이스라엘 공군은 F-15A/B를 "바즈(Baz)"로 부른다.
F-15는 화려한 실전기록을 올리며 세계 최고의 전투기로 명성을 날렸다. 특히 이스라엘 공군은 F-15 이글 제공전투기 시리즈의 실전격추기록 가운데 절반 이상인 56대 격추를 기록하면서 F-15의 전설을 만드는 데 일조했다.
F-15A/B는 F-15C/D가 배치되기 전까지 주력 제공전투기로 활동하다가 주방위군에서 운용되었으며, 최근에는 F/A-22 전투기가 배치되면서 점차 현역에서 물러나고 있다

변형 및 파생기종

F-15A	F-15 이글 제공전투기의 기본형.
F-15B	F-15 이글 제공전투기의 복좌형. F-15A에 비해 364kg이 증가했으나, AN/ALQ-15 재머는 장착하지 않았다.
F-15A/B MSIP Ⅰ	F-15의 성능을 향상시키기 위한 다단계 성능향상 사업(MSIP)이 적용된 기체. 사업 자체는 F-15C/D의 업그레이드인 MSIP Ⅱ로 인해 취소되었지만, 일부 기체를 F100-PW-220E 엔진과 APG-63(V)1 레이더를 장착하는 등의 형태로 개수했다.
F-15 ASAT	군사위성 요격용 F-15. 레이건 행정부의 전략방위 구상(SDI)에 따라 F-15에 ASM-135A 위성요격 미사일을 장착하고 소련의 군사위성을 공격하는 사업이 진행되었으나 의회의 반대로 1988년에 종료되었다.

F-15C/D (MSIP II) 이글

Boeing(MD) F-15C/D(MSIP II) Eagle

F-15C MSIP II

형식 쌍발 터보팬 제공전투기
전폭 13.05m
전장 19.43m
전고 5.63m
주익면적 56.48㎡
자체중량 12,975kg
최대이륙중량 25,400kg
엔진 PW F100-PW-220 터보팬 (23,450파운드 AB) × 2
최대속도 마하 2.5
실용상승한도 65,000피트
무급유항속거리 5,552km
무장 M61A1 발칸 20mm 기관포(940발) AIM-120 암람 4발 AIM-9X 슈퍼사이드와인더 4발 외부연료탱크 3개 11개 무장장착대에 10,705kg 탑재
항전장비 APG-63(V)1 레이더, AN/ALR-56C RWR, ALQ-128 전자전 경보기, ALQ-135B 재머, ALE-45 CFD 등
승무원 1명(D형은 2명)
초도비행 1979년 2월 26일(F-15C) 1979년 6월 19일(F-15D)

개발배경

1979년 5월에 양산한 제426호기 이후 등장한 기체부터는 F-15C/D 사양으로 제작하여 미 공군에 인도했다.

특징

F-15C/D는 엔진을 100형에서 220형으로 업그레이드하고 디지털엔진제어장치(Digital Electronic Engine Control: DEEC)를 장착했다. 이 밖에 행동반경을 연장시킬 수 있는 FAST 패키지를 장착할 수도 있다. 레이더는 APG-63 레이더에 PSP를 탑재하여 성능을 월등히 향상시켰다.

F-15C/D는 최신예 주력 제공전투기인 만큼 실전배치 이후에도 꾸준히 개량해왔다. 가장 대표적인 것이 다단계 성능향상사업(MSIP)으로 기존의 APG-63 레이더의 처리속도를 향상시키고 NCTR(표적식별) 모드를 추가한 APG-63(V)1 레이더를 장착한 것이다. 이와 함께 ITEWS를 도입했으며 통합전술정보분배 시스템을 추가하여 JTIDS 단말기도 장착했다. 무엇보다도 AIM-7 스패로를 대체하는 최신예 중거리 대공 미사일인 AIM-120 암람의 운용능력이 부여되면서 최고의 제공전투기로 자리를 굳혀왔다.

제5세대 전투기인 F-22 랩터가 도입된 이후에도 F-15C는 AESA 레이더 장착, AIM-9X 슈퍼사이드와인더 통합, 신형 GPS/INS 및 신형 IFF 장착 등 업그레이드 사업이 꾸준히 계속되고 있다.

운용현황

F-15C/D는 1980년대부터 배치되기 시작하여 C형 408대, D형 62대가 미 공군에 인도되어 F-15A/B를 대신하여 주력 제공전투기로 활약했다. 현재 기령이 오래된 F-15C/D는 주방위군으로 이관되어, 주방위군이 운용 중인 F-15A/B를 대체하고 있다. 미 공군은 F-15C 178대를 2025년까지 운용할 예정이다. 이외에도 이스라엘이 피스폭스Ⅲ/Ⅳ 사업을 통해 C형 18대와 D형 13대를 도입했다. 일본은 MiG-25 파동으로 방공망의 취약점이 문제가 되자, F-15J/DJ 213대를 면허생산했다. 한편 사우디아라비아도 구형 BAC 라이트닝 요격기를 대체하기 위해 C형 47대와 D형 15대를 도입했다.

1984년 사우디아라비아가 이란 공군의 팬텀기 2대를 상대한 것이 F-15C의 최초 실전기록이다. 이후에도 F-15는 1991년 걸프전과 1999년 코소보 항공전에서 우수한 성능을 발휘하면서 격추기록을 세웠다.

한편 이스라엘 공군의 F-15D는 공중 충돌사고로 오른쪽 날개를 모두 잃은 후에도 무사히 착륙하여 F-15의 뛰어난 생존능력을 과시했다.

변형 및 파생기종

F-15C	F-15A의 발전형인 단좌 제공전투기.
F-15D	F-15C의 복좌형.
F-15J/DJ	F-15C/D 이글의 일본 면허생산 모델. 미쓰비시 중공업에서 J형 165대와 DJ형 48대를 생산했다.
F-15C/D MSIP Ⅱ	F-15C/D의 성능개량형. APG-63(V)1 레이더, AIM-120 암람 미사일, 컬러디스플레이, ALR-56C RWR, ALQ-135 재머, ALE-45 CFD 등을 장착했다.
F-15C 골든 이글	21세기 전장 상황에 맞춘 F-15C/D의 업그레이드 모델. APG-63(V)3 AESA 레이더를 장착한 18대의 F-15C를 "골든 이글"이라고 부른 데서 유래한다. 미 공군은 F-15C/D를 2020년까지 운용할 계획으로, AESA 업그레이드, AIM-9X 미사일과 JHMCS의 장착 등을 통해 성능이 비약적으로 향상된 "골든 이글"로 개수할 예정이다.

F-15E/I/S 스트라이크 이글

Boeing **F-15E/I/S Strike Eagle**

F-15E

형식 쌍발 터보팬 다목적 복좌 전투기

전폭 13.05m

전장 19.43m

전고 5.63m

주익면적 56.49㎡

최대이륙중량 36,450kg

엔진 PW F100-PW-229 터보팬 (29,000lbf) x 2

최대속도 마하 2.5 이상

실용상승한도 60,000피트

전투행동반경 1,760km(외부연료탱크 3개 포함)

무장 M61A1 발칸 20mm 기관포
AIM-9X 사이드와인더, AIM-120 암람
AGM-65 매버릭, AGM-88 함
JDAM
하드포인트 19개소에 11t 탑재 가능

항전장비 APG-70 합성개구레이더, APG-82(V)1 AESA 레이더
AN/AAQ-13 항법포드, AN/AAQ-14 타게팅포드
ALR-56C(V)1 조기경보수신기

승무원 2명

초도비행 1986년 12월 11일

개발배경

F-15E는 F-16 전투기와 F-111의 사이를 메울 목적으로 행동반경이 넓은 전투폭격기로 개발하기 시작하여 F-15 이글의 복좌형인 F-15D로부터 발전·완성되었다.

특징

F-15E는 동체의 공기흡입구 측면에 일체형 컨포멀 탱크와 3개 보조연료탱크, Mk 84급 폭탄 등 최대 11t의 무장을 장착하고도 이륙이 가능하도록 개량했다. 이를 위해 기본 외형은 F-15D와 같으면서도 기체에 티타늄 합금을 많이 사용하여 구조를 강화하는 등 설계를 대폭 변경했다.

또한 야간/전천후에서도 정밀한 지상공격능력을 지니도록 레이더 및 화기관제장치, 공격·항법·통신 시스템을 강화하거나 신형으로 교체했다. 이러한 개량작업으로 공중전 전용 전투기였던 F-15는 공대지미사일을 비롯한 다양한 종류의 무장을 운용할 수 있는 능력을 갖추게 되었다. 이에 따라 다양한 무장 시스템을 조작할 화기관제사가 필요하게 되어 뒷좌석을 추가했다. 조종석의 계기판은 앞뒤 조종석 모두 컬러 CRT 모니터로 되어 있다.

레이더는 새로 개발된 I밴드의 APG-70으로 지상 정밀공격을 위한 합성개구레이더 성능을 추가했다. 또한 야간공격용 FLIR 및 광각 HUD가 장착되어 있으며 야간공격능력의 핵심장비인 랜턴 포드가 좌우 인테이크 아래쪽에 장착된다. 이들 전자장비는 3중 디지털 자동비행장치와 연결되어 전천후 지형추적 저공침입을 가능하게 한다.

운용현황

F-15E는 현재 노후화된 F-111을 완전히 대체하여 미 공군 항공차단작전의 핵심전력을 담당하고 있다. 현재 미 공군이 보유하고 있는 F-15E는 모두 224대이다. 미 공군의 F-15E는 APG-70 레이더를 APG-82(V)1 AESA 레이더로 교체 중에 있으며, 전방석에서 헬멧장착시현장치(JHMCS)를 운용하도록 개조 중이다. 이 밖에 각종 신형 정밀유도무기를 운용할 수 있도록 지속적인 성능개량을 실시하고 있다.

F-15E는 걸프전에서 실전에 데뷔한 이후 뛰어난 폭장능력과 정밀타격능력을 인정받아 언제나 최일선에 투입되고 있다. 미 공군은 2025년 이후에도 F-15E를 운용할 계획이다.

변형 및 파생기종

F-15S | F-15E의 사우디아라비아 수출형. 일부 공대공·공대지 임무에만 사용 가능하도록 레이더의 성능을 낮추었으며, 랜턴 포드도 간이형으로 교체했다. 24대를 공대공, 48대를 공대지 작전용으로 제작·수출했으며, 구명칭은 F-15XP였다.

F-15SA | 사우디아라비아 공군의 요청에 따라 개발된 F-15S의 현대형 기체. F-15SA는 기존의 유압-전기-기계식 비행제어계통을 대신하여 플라이-바이-와이어 비행제어방식을 채용했으며, BAE 시스템즈의 DEWS(디지털전자전장비)와 F-15SE용 조종석을 채용하고 있다. 사우디아라비아는 기존의 F-15S에서 개수할 68대를 포함하여 모두 84대의 F-15SA를 도입할 예정이다. 2013년 2월 20일 초도비행에 성공했다.

F-15I | 이스라엘 공군용 F-15E의 파생형. 1993년 11월에 채택된 후 1994년 5월에 21대가 발주되어 1997년까지 인도되었다. 성능을 제한한 F-15S와는 달리 랜턴 및 레이더 시스템 등의 항전장비는 미국제를 사용하고 있다. 다만 전자전 장비만큼은 미국제가 아닌 이스라엘산 장비로 교체하여 운용하고 있다.

F-15K 슬램 이글

Boeing **F-15K Slam Eagle**

F-15K

형식 쌍발 터보팬 다목적 복좌 전투기

전폭 13.05m

전장 19.43m

전고 5.63m

주익면적 56.49㎡

최대이륙중량 36,742kg

엔진 GE F110-GE129 터보팬(29,000파운드) × 2
PW F100-PW229 터보팬 (29,000파운드) × 2

최대속도 마하 2.3

실용상승한도 63,000피트

전투행동반경 1,000km(공대공전투)
1,200km(공대지전투)
1,760km(최대외부연료)

무장 M61A1 발칸 20mm 기관포
AIM-9X 사이드와인더, AIM-120 암람
AGM-84L 하푼 Block 2, SLAM-ER, JDAM

하드포인트 19개소에 10.5t 탑재 가능

항전장비 APG-63(V)1 합성개구레이더, 타이거-아이(1차분)/스나이퍼-XR(2차분), 랜턴, JHMCS, ALR-56C(V)1 조기경보수신기

승무원 2명

초도비행 2005년 3월 3일

개발배경

대한민국 공군은 1980년대 후반부터 노후 전투기의 대체기종을 선정하고자 1994년 합동전략목표기획서를 통해 차기 전투기 120대의 소요를 제기했다. 원래는 1999년에 사업을 시작하여 2005년까지 차기 전투기를 도입하기로 계획되어 있었다. 그러나 IMF 사태 등의 악재로 인해 일단 1차분 40대만을 도입하기로 했다. 보잉, 다소, 수호이, EFI 등 유수의 전투기 제조사들이 사업후보자로 등록하고 치열한 경쟁을 벌였다. 한국 정부가 최종적으로 선택한 것은 바로 보잉사의 F-15K였다.

특징

F-15K는 미 공군의 주력 전천후 전투기인 F-15E에 비해 무장과 센서 면에서 진일보한 기체로 평가받고 있다. 특히 향상된 엔진 추력, 적외선탐색추적장비(IRST), 3세대 랜턴인 타이거 아이(Tiger Eyes), 헬멧장착시현장치(JHMCS), 구형 F-15의 중앙 컴퓨터들보다 10배 이상 향상된 ADCP, 그리고 SLAM-ER을 비롯한 각종 최신 공대지 무기를 장착하고 있다. 이는 가장 강력한 전천후 전투기라는 F-15E에 비해 진보에 진보를 거듭한 것이다. F-15K는 기체 또한 F-15E-210에 해당하는 미 공군 후기형에 기반하고 있어 16,000시간이라는 운용주기수명을 자랑하고 있다.

F-15K는 미국 레이시언(Raytheon)사의 AN/APG-63(V)1 기계식 레이더를 장착하고 있다. APG-63(V)1은 미 공군의 F-15E에 장착된 APG-70의 모든 공대공/공대지 모드를 통합하고, 지상 이동 목표물 추적, 해상 수색/추적을 위한 추가 기능 및 향상된 고해상도 지형 매핑 기능을 갖고 있다. 또한 추후 능동전자주사식 레이더(AESA)로 업그레이드할 수 있도록 설계되었으며, 외부 형상의 변화를 통하여 제한된 스텔스 성능을 갖추게 될 경우 4.5세대 전투기로 진화할 수도 있다. 2차분으로 도입된 F-15K는 타이거 아이 타게팅포드를 대신하여 스나이퍼-XR을 장착하고, 엔진 또한 변경되어 PW사의 F100-PW229 터보팬 엔진을 장착한다.

운용현황

대한민국 공군 제11전투비행단에서 운용 중으로 2008년까지 모두 40대를 도입했다. 2006년 6월에는 동해상에서 야간 훈련 중 1대가 추락하기도 했다. 제2차 F-X 사업을 통해 F-15K 21대를 추가 도입하고 있다.

변형 및 파생기종

F-15SG | F-15K를 바탕으로 한 전천후 타격전투기로서 2005년 싱가포르 공군의 차세대 전투기로 선정되었다. F-15SG는 2008년 11월 3일 초도기가 출시되어 2009년부터 싱가포르 공군에 인도되었으며, 2013년 9월까지 모두 24대가 전력화되었다.

F-15SE | F-15SE 사일런트 이글(Silent Eagle)은 보잉사가 자체 개발한 최신형 F-15K이다. F-15K에 스텔스 기술을 적용시켜 4.5세대 전투기로 업그레이드했다. 레이더 반사면적을 줄이기 위해 컨포멀 연료탱크(CFT) 내부에 내부무장실을 설치했고, 수직미익을 15° 외각으로 기울어뜨렸다. 또한 각종 항전장비도 최신형으로 장착했다.

어드밴스드 F-15 | ADEX 2013에서 보잉이 제안하는 최신예 스트라이크 이글 계열 기체로, 합리적인 비용에 낮은 리스크를 자랑하는 다목적 전투기이다. APG-82(V)1 AESA 레이더를 장착하며, KEPD350 크루즈미사일 등 다양한 무장을 운용할 수 있어, F-15 계열 가운데 가장 뛰어난 성능을 자랑한다.

F/A-18A/B/C/D 호넷

Boeing F/A-18A/B/C/D Hornet

F/A-18C

형식 쌍발 터보팬 다목적 전투공격기

전폭 11.43m

전장 17.07m

전고 4.66m

주익면적 38㎡

자체중량 11,200kg

최대이륙중량 25,041kg

엔진 GE F404-GE-402 EPE(17,700파운드) x 2

최대속도 마하 1.8

실용상승한도 50,000피트

최대항속거리 3,336km

무장 M61A1 20mm 기관포 1문
AIM-9, AIM-120 공대공미사일
AGM-65 매버릭, AGM-84E SLAM 등 각종 공대지/공대함 무장
하드포인트 9개소에 최대 6,215kg 탑재 가능

항전장비 APG-65/73 레이더, AAR-50 TINS, AAS-38 FLIR

승무원 1명(B/D형은 2명)

초도비행 1978년 11월 18일 (F/A-18A 양산시제기)
1986년 9월 3일(F/A-18C)

개발배경

미 해군은 해군 공중전 전투기(NACF) 사업을 통해 미 공군의 공중전 전투기(ACF) 후보기인 제너럴 다이내믹스사의 YF-16과 노스럽사의 YF-17을 해군 사양으로 개수하여 채용하려고 했다. 이 계획은 나중에 A-7공격기의 후계기까지 포함하는 해군 공격전투기(NSF)로 개편되었다. 함상기 개발에 경험이 없던 노스럽사는 맥도넬더글러스사와 손을 잡게 되었다.

미 의회와 행정부는 미 공군이 채택한 YF-16을 기반으로 개발하기를 권고했다. 그러나 미 해군은 해상에서의 안전성을 고려하여 쌍발 엔진의 YF-17을 선정하고 이를 바탕으로 F/A-18을 개발했다. 노스럽사는 미 공군의 경량전투기(LWF) 사업에서는 탈락했지만, YF-17은 결국 F/A-18 호넷으로 발전했다.

특징

F/A-18의 주익과 평면은 F-38, F-5 이래 노스럽사의 전통을 이어받아, 작은 후퇴각과 강한 테이퍼비가 조합된 주익을 채택하고 있다. 이 주익 형태는 고양력 장치의 효과가 크고 착함시 시계가 양호한 장점이 있다. 고양력 장치는 앞전/뒷전 플랩과 보조익을 플랩으로 겸하여 사용하며, 앞전/뒷전 플랩은 공중전 플랩으로도 사용된다. 2개의 수직미익은 바깥쪽으로 20°가량 기울어져 있어, 저항은 단면적에 비례한다는 단면적 법칙의 적용과 앞전 스트레이크(strake: 날개 앞전의 연장익)에서 발생하는 와류의 간섭을 피하게끔 되어 있다. 한편, 방향타는 항모 발진시 좌우가 동시에 안쪽으로 움직여 수평미익의 효율성 부족을 보충하도록 되어 있다.

F/A-18의 가장 큰 특징은 직선익과 대형 스트레이크를 조합하여 저속 및 고받음각에서도 비행 안전성이 우수하다는 점으로, 스트레이크는 초음속에서의 트림 저항(trim drag)을 감소시키고, 고받음각에서 날개 윗면의 공기 흐름을 안정시켜주며, 천음속에서의 기동성에 도움을 준다.

F404 엔진은 바이패스비 0.34의 저(低)바이패스비 터보팬 엔진으로 YF-17에 장착했던 YJ101 엔진에서 발전한 신형 엔진이다. 추력 중량비는 8, 보기류는 AMAD 방식, 스타트는 기상 APU에 의한 에어터빈 방식을 사용한다. 항법/통신 장비로는 ASN-130 관성항법장치, YAK-14, 데이터 컴퓨터, APN-194 전파 고도계, UHF-DF, TACAN, 데이터링크, APN-84 UHF 송수신기 등이 설치되어 있다. 탐지 시스템의 중심은 APG-65 레이더로, 안테나 지름 69cm, 탑재각도 120°, 동시 8개의 목표물을 추적할 수 있는 성능을 지니고 있다. 또한 대함/대지 공격시에는 FLIR포드, LDT포드를 장비한다.

F/A-18의 주계약자는 맥도넬더글러스사(현 보잉)이며, 노스럽사는 부계약자로 작업의 40%를 담당했다. F/A-18은 YF-17에 비해 주익 면적이 20% 증가하고 총중량은 1.5배 늘어났기 때문에 대규모 설계 변경이 이루어졌다. F/A-18의 프로토타입기는 1987년 11월 18일에 초도비행을 했으며, 이어서 복좌형인 F/A-18B가 제작되었다.

F/A-18C/D는 1986년부터 조달하기로 결정했다. F/A-18C는 1986년 9월 3일에 초도비행을 했고, 1989년 11월 이후의 기체는 야간공격능력이 강화되어 나이트 어택(Night Attack)형으로 불린다.

F/A-18은 전투와 공격 임무를 동시에 수행할 수 있는 기체로서 제공전투시에는 M61A1 발칸포에 각종 공대공미사일을 6~8발 장착하며, 대함·대지 공격시에는 FLIR/LDT를

장착하고 각종 폭탄, 하푼 및 매버릭 공대지미사일 등을 탑재한다. F/A-18B/D는 A/C형의 복좌형으로 후방석을 설치한 관계로 연료용량이 약 6% 감소했다.

운용현황

F/A-18은 미 해군과 해병대에 모두 1,457대가 인도되었다. 그 밖에 캐나다 138대, 스페인 72대, 호주 75대, 쿠웨이트 40대, 핀란드 64대, 스위스 34대, 말레이시아 8대 총 430여 대가 수출되었다.

호넷은 1986년 4월 리비아 공습을 시작으로 실전에 데뷔하여 걸프전, 대테러전쟁 등에 참가하면서 미 해군항공대의 주전력으로 자리 잡았다.

변형 및 파생기종

F/A-18A | F/A-18 호넷 최초 양산형.

F/A-18B | F/A-18의 전환훈련용 복좌형.

F/A-18C | F/A-18A의 개량형. 무장 시스템을 개량하여 신형 임무컴퓨터를 장비하고 AMRAAM BVR 미사일과 매버릭 공대지미사일을 운용할 수 있게 되었다. 1994년 6월부터 인도되기 시작한 F/A-18C/D 후기형은 APG-73 레이더 FCS로 바꾸고 전자장비를 신형으로 바꾼 기체로, F/A-18E/F로 이행하는 과도기에 탄생한 기체이다.

F/A-18D(N) 나이트어택 | 미 해병대의 본격적인 전천후 야간 공격기. AAR-50 열영상 항법장비, AAS-38 FLIR 등을 장착하고 항전장비를 강화했다. 후방석에는 공격 임무를 전담하는 WSO(화기관제사)가 탑승한다.

미국 | 보잉 |

F/A-18E/F 슈퍼 호넷

Boeing **F/A-18E/F Super Hornet**

F/A-18E

형식 쌍발 터보팬 다목적 전투공격기

전폭 13.68m

전장 18.31m

전고 4.88m

주익면적 46.45㎡

자체중량 13,864kg

최대이륙중량 29,937kg

엔진 GE F414-GE-400(22,000파운드) x 2

최대속도 마하 1.8

실용상승한도 50,000피트

전투행동반경 1,095km(Hi-Hi-Hi)

무장 M61A2 20mm 기관포 1문
AIM-9X, AIM-120 공대공미사일
JDAM, 매버릭, 하푼, SLAM, HARM 등
각종 공대지/공대함 무장
하드포인트 11개소에 8,618kg 탑재

항전장비 APG-79 AESA, ASQ-228 ATFLIR, JHMCS 등

승무원 1명(F/G형은 2명)

초도비행 1995년 11월 29일(프로토타입)

개발배경

F/A-18E/F는 21세기 초반 미국 항모기동부대 및 해병 항공대의 전천후 공격 전력의 핵심으로 등장한 전투공격기다. 베트남전에서 활약한 전천후 함상 공격기 그러먼 A-6E 인트루더의 후계기로 스텔스성을 중시한 맥도넬더글러스 A-12 어벤저를 예정했다가 개발 지연으로 비용이 늘어나자 결국 계획을 중단했고, 현재 사용 중인 F/A-18의 후계기도 겸하면서 행동반경을 40%나 향상시키는 F/A-18E/F 계획이 대체안으로 부상하게 되었다. F/A-18A~D는 공중전 능력과 공격력의 균형을 이루어 전투/공격기로 평가받았지만, A-6의 후계기가 되기 위해서는 대지공격용 무장탑재능력, 탑재시의 행동반경을 대폭 향상할 필요가 있었다.

그리하여 F/A-18E/F 계획은 1992년 6월 미 의회의 승인을 받아 맥도넬더글러스사와 미 해군이 12월 7일에 48.8억 달러의 개발착수계약을 체결하면서 E형(단좌) 5대, F형(복좌) 2대, 지상 시험용 3대를 제작하게 되었다. 또한 계획의 성패를 좌우할 F414-GE-400 엔진을 개발하기 위해 7억 5,400만 달러에 GE와 계약을 맺었다.

특징

F/A-18E/F형과 종전 F/A-18A~D와 차이점은 기내 연료탱크의 용량을 확대하고자 동체의 중앙부에 86cm의 플러그를 삽입한 것이다. 레이돔과 수평미익도 대형화되어 전체 길이가 131cm 길어진 18.3m가 되었다. 수직미익도 일체형 탱크로 이용하면서 기내 연료탱크의 용량은 28% 증가했다. 한편 중량 증가에 대응하기 위해 주익은 날개뿌리 부분을 약 65cm 확대하여 면적이 9.29m²(25%) 넓어졌다. 주익의 접히는 부분의 바깥쪽에는 보조익의 효율을 증가시키기 위해 도그투스를 설치했다. 앞전 스트레이크도 5.2m²에서 7.0m²로 늘어났으며, 40°를 초과하는 받음각에서도 비행이 가능하다. 고받음각에서의 피치업 현상을 막기 위해 공기흡입구 주익 앞전의 뿌리 부분에 큰 슬레이트를 설치했으며, 수직미익의 진동 방지용으로 설치한 볼텍스 제너레이터를 없앴다.

무장탑재능력의 향상 요구에 맞추어 주익 파일런을 바깥쪽에 1개소 추가하여 주익 파일런은 각 3개소로 늘어났다. 새로 추가한 파일런은 공대공·공대지미사일 전용(용량 520kg)으로 사용한다. 무장탑재량은 최대 8t으로 약 1t이 증가했다. 엔진은 F404를 개량해 새로 개발한 F414로 바뀌었으며 애프터버너 사용시의 합계추력은 14.5t에서 20t으로 약 40%가 향상되었다. 공기흡입구도 공기흡입량의 증가에 대비하여 면적을 넓혔고, 모양도 스텔스성을 고려하여 사각형으로 바꾸었다. 또 기체 각 부분도 스텔스성을 향상시키기 위해 노력했다고 한다.

기체 구조는 중량 증가에 따라 대폭 재설계했으며, 정비와 보급의 관점에서 기체 내부 시스템과 전자장비는 되도록 F/A-18C/D와의 공용화를 추구했고, APG-73 레이더를 비롯한 유압계통, 냉난방 계통은 90% 정도의 공용화를 이루었다고 한다. 다만 전원 계통은 60% 정도 용량이 늘어났으며, ECM과 ECCM도 강화되었다. 조종 시스템은 기계방식의 백업이 없는 순수한 플라이-바이-와이어이며 조종면의 면적 증가에 대응하여 작동 기구가 대형화되었다. 에어브레이크는 폐지했고, 착륙시에는 방향타와 플랩을 조정하여 브레이크 효과를 얻도록 했다. 수평미익 계통이 손상을 입었을 경우에는 중립 위치에 고정하고 방향타와 엘러본(elevon)이 자동으로 대체 작동하도록 되어 있다.

센서로는 초기형에는 APG-73 레이더를 장착했고, 현재는

APG-79 AESA 레이더를 장착하고 있다. 또한 항전장비로는 ASQ-228 ATFLIR, ALQ-214(V)2 재머, ALE-55 견인식 디코이 등을 장착한다. 또한 JHMCS와 AIM-9X를 장착한 모델을 2007년 5년에 실전배치하기 시작했다.

운용현황

슈퍼 호넷은 1999년에 실전배치를 시작하여 2001년 초도작전능력을 인증받았다. JSF 사업의 진행과 관련하여 미 해군은 슈퍼 호넷 32대를 추가로 발주하여 모두 494대를 인수할 예정이다. 한편 2007년 5월 호주가 F/A-18F 24대의 구매계약을 체결함으로써 최초의 슈퍼 호넷 해외보유국이 되었다. 호주 공군의 F/A-18F은 2009년부터 생산을 시작하여 2010년 작전에 들어갔다. 호주는 F-35 개발계획이 연기되면서 추가로 F/A-18E/F 18대를 구매할 계획이다.

2002년 11월 서던 와치 작전(Operation Southern Watch)에서 2,000파운드 JDAM을 투하하며 실전에 데뷔했다. 2차 걸프전에서 슈퍼 호넷은 근접항공지원 및 SEAD(적 방공망 제압) 임무를 수행하기도 했다.

변형 및 파생기종

F/A-18E	슈퍼 호넷의 단좌형. 블록 I 사양은 APG-73 레이더 등을 장비했으며, 블록 II 사양부터는 APG-79 AESA 레이더를 적용했다.
F/A-18F	슈퍼 호넷의 복좌형.
EA-18G 그라울러	F/A-18F의 전자전 모델. EA-6B 프라울러를 교체할 예정으로 노스럽그러먼사가 시스템 통합 및 전자장비 장착을 담당한다. 미 해군은 모두 90대를 도입할 예정이다.

FC-1 샤오룽 / JF-17 썬더

JF-17

형식 단발 터보팬 다목적 전투기
전폭 14.97m
전장 14.97m
전고 4.77m
주익면적 12,700㎡
자체중량 6,411kg
최대이륙중량 15,474kg
엔진 클리모프 RD-93 터보팬(18,277파운드) x 1
최대속도 마하 1.6
실용상승한도 50,000피트
전투행동반경 1,352km
무장 23mm 기관포 1문
PL-9/AIM-9, AIM-120 등 각종 공대공 무장
H-2/4 등 폭탄, 라암 순항미사일
HATF-2 활주로공격폭탄 등 공대지 무장
하드포인트 7개소에 최대 3,600kg 탑재
항전장비 그리포 S-7 레이더
승무원 1명
초도비행 2003년 8월 25일(프로토타입)

개발배경

FC-1은 1995년 파리 에어쇼에서 발표된 중국의 경전투기다. 오랜 기간 MiG-21의 중국판인 F-7을 생산한 중국 공군과 항공기 제작사는 F-7의 현대화가 숙원이었다. 이에 따라 청두 항공은 1986년 미국의 그러먼과 손잡고 슈퍼-7 계획을 추진했으나, 천안문광장 사태로 미국의 기술 지원이 중단되어 포기하고 말았다. 그 후 중국은 러시아의 미코얀 설계국과 접촉하여 1991년에 계획을 다시 추진하게 되었으며, 명칭을 FC-1(Fighter China)으로 바꾸었다.

FC-1은 이후 1996년에는 지상시험이 1997년에는 시험비행이 예정되어 있었지만, 예산 문제로 진행이 지연되었다. 그러다가 1997년에 파키스탄이 사업비용의 50%를 부담하기로 하고 경전투기 개발에 참가하면서 사업은 다시 본 궤도에 올랐다.

FC-1의 프로토타입은 2003년 5월에 롤아웃했으며, 8월에는 초도비행에 성공했다. 이에 따라 FC-1은 약 2년간의 시험비행을 마치고 2005년경 양산에 돌입할 예정이었다. 그러나 FC-1의 엔진 공급 국가인 러시아가 오랜 고객인 인도의 숙적 파키스탄에 엔진을 수출하는 것에 반대하면서 양산은 잠시 중단되었다. 그러나 2006년 6월에 양산기가 출고되기 시작했다.

특징

제작사는 FC-1/JF-17이 F-16급에 해당하는 기체라고 주장하고 있는데, 이에는 다소 못 미치는 것으로 평가된다. 조종석은 글래스 콕핏에 HOTAS 조종간부터 헬멧조준장치까지 채용하고 있다. 또한 MTL-STD-1553B 데이터버스에 기반한 개방형 구조 덕분에 수요군의 요청에 따라 서구의 항전장비를 장착할 수 있다. 레이더는 중국 공군용에는 엘타의 EL/M-2032를, 파키스탄 공군용에는 그리포-S7 레이더를 채용했다. 한편 서구제부터 러시아제에 이르기까지 다양한 무장을 통합할 수 있도록 했으며, 다양한 중국산 무장도 탑재할 수 있다.

FC-1/JF-17은 국제공동개발이라고는 하지만 실제 생산은 중국이 담당하고 파키스탄은 조립생산을 하는 것으로 보인다.

운용현황

현재 중국과 파키스탄 공군이 FC-1(파키스탄 공군명 JF-17)을 도입할 예정이며, 그 외 판매국은 아직 없다. 그러나 기체 가격이 1,500만~2,000만 달러로 매우 낮은 편이어서 제3세계 국가들의 관심을 충분히 끌 수 있을 것으로 예상한다.

파키스탄 공군은 2007년 3월 JF-17 4대를 인수하여 운용에 들어갔으며, 2010년 2월 최초의 JF-17 비행대대가 발족한 이후 현재까지 2개 비행대대에서 50여 대를 운용중이다. 파키스탄 공군은 250여 대의 차기전투기를 요구하며 이에 따라 JF-17 블록2/3 등을 개발하고 있지만, 다른 기종이 선택될 가능성도 높다.

J-7 / F-7

개발배경

중국 공군의 주력 전투기 중 하나로 구소련의 MiG-21F-13 피시베드 C의 중국판이다. 중국은 MiG-19에 이어 마하 2급 초음속 전투기인 MiG-21의 면허생산을 계획하고 소련 기술자를 초청했다. 그러나 1959년 이후 중소 국경분쟁으로 중국과 소련의 관계가 급속히 악화되어 소련 기술자가 본국으로 철수하자, 기술지원을 받지 못한 상황에서 이전에 입수한 일부 자료와 도면 샘플을 참고로 하여 자력으로 국산화에 성공한 전투기가 바로 J-7이다.

특징

개발 과정에서 기계설비와 기술 부족, 부품 조달 문제 등으로 개발 일정이 지연되는 바람에 1966년 1월 17일에야 첫 비행을 하게 되었다. 시제기 제작은 판양(瀋陽)에서 했으며, 양산은 쓰촨 성(四川省) 청두(成都)와 구이저우 성(貴州省)안순(安順)으로 옮겨 실시했다. 최초의 양산형인 지앤지(殲擊) 7형(型) I 이 양산에 들어갈 즈음에 문화혁명이 일어나서 또다시 작업이 지연되었고, 1970년대 말에야 비로소 본격적인 양산에 들어갈 수 있었다.

J-7은 이후에도 성능향상을 거듭하여 J-7Ⅲ(수출명 F-7E)까지 발전했으며, 저렴한 가격으로 중소국 공군에게 인기를 끌면서 2013년까지 생산되었다.

운용현황

현재 J-7Ⅲ는 중국 공군의 주력으로, 1990년대 중반에 J-7Ⅱ를 대체했다. 현재 360여 대의 J-7이 운용되고 있다. 중국 이외에도 알바니아, 방글라데시, 미얀마, 이란, 스리랑카, 파키스탄 등에서 F-7을 운용하고 있다.

변형 및 파생기종

J-7 Ⅱ (지앤지 7형 Ⅱ)	지앤지 7형 I 의 개량형으로 수출명은 F-7B. 문화혁명이 끝난 후 생산을 시작했다. 엔진 추력을 1,000kg 파워 업하고 레이더를 개량했다. 현재 중국 공군의 주력 기종이다. 캐노피는 본래의 MiG-21과 달리 뒤쪽으로 열어젖히도록 개량했다.
JF-7M	1984년에 발표한 수출형. 피토관(pitot tube: 유속 측정장치)을 기수의 위쪽으로 옮겼으며, 계기 및 장비품을 서구 제품으로 교체했고, 특히 조종석에는 HUD/WAC를 장비했다.
F-79	파키스탄 수출형으로 마틴 베이커제 사출좌석을 장착했다. 지앤지 7형Ⅲ은 MiG-21 시리즈의 후기형인 MiG-21MF 피시베드 J에 해당하는 기체로서 베트남 전쟁 중에 하노이에서 보내온 기체를 바탕으로 구이저우와 청두의 기술진이 공동으로 복사 작업을 했다. 첫 비행은 1984년 4월 26일에 실시했고, 엔진도 투만스키 R-13을 복사한 중국제 WP-13을 탑재하고 있다. 그러나 기술제작 경험만을 쌓았을 뿐 대량 생산에는 들어가지 못했다.
J-7 Ⅲ/F-7E	1990년 4월에 첫 비행을 한 최신형. 공중기동성을 높이기 위해 주익의 외익부 후퇴각을 줄이고 테이퍼드 윙으로 개량했으며 익폭을 증가시켰다. 또한 조종석에는 HUD를 설치하고 에어 데이터 시스템(Air Data System)을 설치했다. F-7E의 개발은 중국이 MiG-21이 복사생산으로 얻은 기술력을 바탕으로 응용 설계를 할 수 있는 수준에 이르렀다는 것을 의미한다. 중국은 F-7E의 소량 생산에 이어 FC-1, F-8, F-8Ⅱ 등 응용기체를 계속 개발하고 있다.
FT-7 殲擊 7형	중국이 지앤지 7형의 수출형으로 개발한 F-7M을 탠덤 복좌화하여 개발한 전투훈련기. 원래 소련의 MiG-21 시리즈에는 복좌형인 MiG-21U "몽골"이 있으나 FT-7은 복좌형 MiG-21U와는 전혀 별개의 기체로서 중국이 새롭게 독자개발한 기체이다. FT-7은 지앤지 7형의 전환훈련 및 지앤지 8형으로의 전환훈련에도 사용된다. 초도비행은 1985년 7월에 실시했고, 1987년 파리 에어쇼에서 처음으로 공개되었다. 복좌 조종 장치를 장착하여 초음속 고등훈련기로도 사용할 수 있으며, 수출시 F-7M과 세트로 판매할 수 있도록 장비품이 실용기와 전환훈련기로 모두 사용 가능하게 개발되었다. 따라서 복좌기임에도 동체 중앙의 하드포인트에 400ℓ 또는 800ℓ 보조탱크, 23mm 2연장 기관포 팩을 탑재할 수 있으며, 주익 아래 하드포인트에도 각종 무장 장착이 가능하다.

J-7 Ⅲ

- 형식 단발 터보젯 전투기
- 전폭 7.15m
- 전장 14.885m
- 전고 4.105m
- 주익면적 35㎡
- 자체중량 5,292kg
- 최대이륙중량 8,150kg
- 엔진 리양 WP-13 터보젯(13,448파운드) × 1
- 최대속도 마하 2.1
- 실용상승한도 59,060피트
- 전투행동반경 850km
- 무장 23mm 23-3식 기관포 1문(배면 패키지)
  PL-2 / PL-5 / PL-7 / PL-8 / PL-9 / R550 매직 공대공미사일
  범용폭탄 및 로켓포드 각종 지대공무장
  하드포인트 5개소에 2,000kg 탑재 가능
- 항전장비 226 PD 레이더
- 승무원 1명(D형은 2명)
- 초도비행 1966년 1월 17일(J-7)
  1984년 4월 26일(J-7 Ⅲ)

J-10

Chengdu Aircraft Industry Co. **J-10**

J-10A

형식 단발 터보팬 다목적 전투기
전폭 9.7m
전장 15.5m
전고 5.3m
주익면적 45.5㎡
자체중량 8,300kg
최대이륙중량 19,277kg
엔진 WS-10A 타이항 터보팬(29,101 파운드) x 1
최대속도 마하 2.0
실용상승한도 65,617피트
전투행동반경 220km
무장 23mm 기관포 1문
PL-8, PL-11/12 공대공미사일
레이저 유도폭탄, YJ-9K 대함미사일, PJ-9 대레이더 미사일 등
하드포인트 11개소에 6,000kg 탑재 가능
항전장비 1471형 펄스도플러 레이더, ARW9101 RWR, ECM, IRST, KZ900 SIGINT 포드 등
승무원 1명(B형은 2명)
초도비행 1998년 3월 24일

개발배경

J-10은 중국이 독자개발한 제4세대 다목적 전투기로, 이미 1960년대 말부터 개발하기 시작했다. 구형 J-6(MiG-19의 중국 생산 버전) 약 3,000대를 교체하기 위해 개발하기 시작한 J-10은 기술적인 문제 때문에 설계 변경을 수차례 거듭했다. 1990년대 말에 이르러서야 프로토타입을 선보였으며, 2000년 초부터 대량생산에 들어가 실전배치를 시작했다.

J-10의 본격적인 개발은 611항공기설계연구소(成都飞机设计研究所)에서 1986년 10월부터 시작했다. 최초의 프로토타입인 "1001"이 1996년 중반에 첫 비행을 했지만, 기체 결함 때문에 곧바로 설계변경작업을 실시했다. 그 후 1998년 3월 22일에 개량된 세 번째 프로토타입 "1003"이 비행을 성공적으로 마쳤고, 이것이 J-10의 공식적인 초도비행으로 기록되었다. 한편 조종훈련을 위한 복좌형은 2000년에 개발을 시작하여 2003년 12월 26일에 초도비행에 성공했다.

특징

J-10은 복합소재로 된 기골에 카나드 델타윙(Canard Delta Wing) 구조를 갖고 있다. 즉 전체적으로 삼각형 날개 구조이며 조종석 양 측면에 2개의 귀날개와 수직꼬리날개가 있고, 기체 후방 아랫부분에 작은 꼬리날개가 달려 있다. 기수 아래에는 사각형의 공기흡입구가 있으며, 물방울형 캐노피(bubble canopy: 물방울 모양으로 비스듬하게 경사가 져 있어 조종사의 시야가 넓게 확보되는 조종석 덮개)를 채택하여 넓은 시야를 자랑한다.

조종계통은 4중 플라이-바이-와이어 방식으로 안정성이 높으며, 기체 및 연료관리 시스템은 모두 디지털화되어 있다. 조종석은 글래스 콕핏으로 4개의 다용도 시현장비와 수평 시야각 40°의 전방시현기(HUD)를 갖추고 있다. 또한 J-10은 서구식의 HOTAS 일체형 조종간을 채택하고 있다. 아직 헬멧조준기는 갖추지 못하고 있지만, J-10의 발전형인 슈퍼-10에 이르면 이것도 탑재할 예정이다.

항전장비로는 중국산 1473형 펄스도플러 레이더를 갖추고 있다. 중국 측 자료에 의하면, 1473형 레이더는 10개 목표물을 추적하고 동시에 4개 목표물과 교전할 수 있는 능력을 갖추고 있으며, 탐지거리는 100킬로미터에 이른다. 이외에도 J-10은 GPS/INS(관성항법장치)와 대기자료 컴퓨터를 갖추고 있으며, ARW9101 레이더 경보장치도 탑재하고 있다.

엔진으로는 최대추력이 27,600파운드인 러시아제 AL-31FN 터보팬 엔진을 장착한다. 중국은 150여 대의 J-10에 AL-31FN을 장착하고 나머지 생산분에는 자국산 WS-10A 타이항(太行) 터보팬 엔진(최대추력 29,101파운드)을 장착할 예정이다. 한편 J-10은 공중급유능력도 갖추고 있는 것으로 확인되고 있다.

경량의 다목적 전투기답게 J-10은 11개 무장장착대에 다양한 종류의 무장을 장착할 수 있다. 공대공 무장으로는 중국산 PL-12 레이더 유도식 중거리 공대공미사일과 PL-8 적외선 유도식 단거리 공대공미사일을 장착한다. 공대지 무장으로는 레이저 유도폭탄, 활강폭탄 및 로켓포드(rocket pod)를 장착할 수 있다.

운용현황

현재 중국 인민해방군 공군은 2005년부터 J-10의 인수를 시작하여 이미 실전배치해놓은 상태로, 2011년 2월까지 190대를 인수했다. 최종적으로는 약 300여 대의 J-10을 도입할 것으로 예측한다. 한편 파키스탄도 공군현대화사업의 일환으로 2개 대대분 36대의 J-10을 도입할 계획인 것으로 전해지고 있다.

변형 및 파생기종

J-10A	단좌 제공전투기로 현재 양산 모델.
J-10S	복좌 훈련기.
J-10AH	J-10A의 함상 전투기 모델.
J-10B	J-10의 발전제안형으로 "수퍼-10"으로도 불림. J-10의 성능을 향상시킨 모델로, AESA 레이더와 AL-31FN 추력편향 엔진을 장착하는 등 현저한 개량이 이뤄졌으며, 2008년 12월에 초도비행을 했다.
FC-20	J-10의 파키스탄 공군 수출 모델. 파키스탄은 2009년 J-10B 36대를 도입하기로 결정했으며, 이에 따라 2014년부터 인도할 예정이다.

J-20

J-20

형식 단좌 쌍발 스텔스 전투기
전폭 12.88m 추정
전장 21.00m 추정
전고 4.45m 추정
주익면적 58.53㎡ 추정
자체중량 미상
최대이륙중량 37,000kg 추정
엔진 새턴 AL-31F(31,900lbf)/선양 WS-10G(32,845lbf) x 2
최대속도 미상
순항속도 미상
실용상승한도 미상
최대항속거리 미상
무장 미상
항전장비 미상
승무원 1명
초도비행 2011년 1월 11일

개발배경

중국은 1990년대 후반 J-XX 스텔스 전투기 개발계획을 발표했다. 오랜 준비기간 동안 청두와 선양 항공이 후보기종을 제작하여 경쟁하다가 2008년 청두의 J-20이 선정되었다. J-20은 2010년 말까지 2대의 프로토타입이 제작되었고, 2011년 1월 11일에 초도비행에 성공했다.

특징

단좌 쌍발 전투기인 J-20은 다른 스텔스 전투기인 F-22나 T-50 파크파보다 다소 큰 동체를 가지고 있다. 동체는 길고 넓은 편이며, 공기흡입구는 스텔스성을 고려하여 낮게 배치했고, 주익은 델타익에 카나드를 장착했다.

2대의 프로토타입에 각각 다른 엔진을 장착했는데, 한 대에는 러시아제 새턴 AL-31F 터보팬(31,900lbf)을, 다른 한 대에는 자국산 WS-10G 엔진(32,845lbf)을 장착한 것으로 보인다. 중국은 궁극적으로 37,000파운드 출력의 WS-15 엔진을 개발하여 J-20에 장착하려는 것으로 보이나, 개발/통합일정이 순조롭지만은 않은 듯 보인다.

J-20은 동체가 커서 내부 무장실과 연료탱크가 충분히 클 것으로 보이며, F-22나 T-50에 비해 폭장이나 항속거리가 더욱 증대되었을 것으로 예측된다. 반면 거대한 기체에 비해 엔진의 성능이 보장되지 못한 관계로 기체의 기동성이나 슈퍼크루즈 능력은 미지수이다. 스텔스 성능 자체에 대해서도 회의적인 평가가 들리기는 하나, 기체가 완성될 때까지 좀 더 지켜볼 필요가 있다.

항전장비로는 조종계통을 포함한 대다수의 장비를 J-10B에서 검증된 제품들을 채용한 것으로 추정된다. 중국은 AESA 레이더와 F-35급의 EODAS(광전자 전방위 감시장비)를 장착할 것이라고 밝히고 있으나, 그 실현 여부는 지켜볼 일이다.

무장은 대형의 중앙 내부 무장실에 중대형 무장을, 소형 무장실 2개에는 PL-10 등 단거리 대공미사일을 탑재할 수 있을 것으로 보인다. 그러나 아직 무장통합단계가 아니기 때문에 속단하기에는 이르다.

운용현황

J-20은 쓰촨 성 청두 소재 항공기디자인 연구소 비행장에서 2010년 12월 30일 모습이 공개되었고, 2011년 1월 11일 20여 분의 시험비행에 성공한 이후 지속적인 시험비행을 반복하고 있다. 일부 중국 언론은 빠르면 2015년부터 실전배치가 가능하다고 보도하고 있으나, 설령 이때 배치되더라도 실질적인 초도작전능력이 부여되기까지는 10년 가까운 시간이 소요될 것으로 보인다.

프랑스 | 다소 | 미라주 2000

Dassault **Mirage 2000**

Mirage 2000 C

형식 단발 터보팬 다목적 전투기

전폭 9.13m

전장 14.36m

전고 5.20m

주익면적 41㎡

최대이륙중량 16,200kg

엔진 스네크마 아타르 M53-P2 터보팬(14,462파운드) × 1

최대속도 마하 2.0(2,338km/h)

실용상승한도 59,000피트

전투행동반경 1,850km

무장 30mm DEFA 554 기관포 2문 고정무장
마트라 매직II 적외선유도 미사일, 마트라 미카 / R530 레이더유도 미사일, AM-39 엑조세 대함미사일, AS-37 아르맛 대레이더 미사일, AS-30L 레이저 유도폭탄
하드포인트 9개소에 6,300kg 탑재 가능

항전장비 톰슨 CSF RDM 레이더, LMT NRAI-7A IFF, TRT ERA 7000 V/UHF, ULISS 52 INS

승무원 1명(B/D/N/S형은 2명)

초도비행 1978년 3월 10일

개발배경

미라주 2000은 미국의 F-16, 러시아의 MiG-29와 나란히 1990년대의 대표적인 소형 전투기로 손꼽히고 있다. 다소가 미라주 F1의 꼬리날개를 포기하고 앞전 후퇴각 58도의 무미익 델타익을 다시 채택한 것은 NATO 4개국 전투기 선정에서의 패배와 크피르(Kfir)의 등장에 따른 위기감 속에서 무미익 델타익의 장점을 재평가하고 고성능을 추구하기 위해서였다.

특징

무미익 델타익의 미라주 2000은 구조가 가볍고, 천음속 영역에서 비행성능의 변화가 적다는 것이 특징이며, 여기에 플라이-바이-와이어와 블렌디드 윙 보디와 같은 신기술을 더해 전투기로서의 성능향상을 최대한 이끌어냈다. 또한 탄소섬유 복합재료(CFRP), 카본 브레이크, 4000psi 고압의 유압시스템 등 신기술을 적극 채택하여 델타익의 단점을 극복하고 F-16 등을 능가하기 위해 단거리이착륙 성능과 공중전 기동성을 향상시킨 노력이 돋보인다.

운용현황

프랑스 공군은 2000C/RDI 124대(그중 37대는 2000-5를 개조), B형 30대, N형 75대, D형 86대를 도입하여 모두 315대를 채용했다. 미라주 2000은 이집트(20), 인도(51), 페루(12), 아부다비(36), 그리스(45), 카타르(12), 브라질(12), 대만(60), UAE(68) 등에 수출되어 2009년까지 모두 600대 이상이 생산되었다.

변형 및 파생기종

2000C | 미라주 2000의 기본형.

2000B | 미라주 2000의 복좌형.

2000N | 2000B를 기반으로 노후화된 미라주 Ⅳ 핵폭격기를 대체하기 위해 개발한 기체. 2000N은 지형추적 레이더를 이용하여 고도 60m에서 1,110km/h의 고속으로 저공비행할 수 있도록 강도를 증가했다. 2대의 관성 플랫폼, 개량형 TRT, AHV12 전파고도계, 톰슨 CSF의 컬러 CRT 디스플레이, 전용 ECM 장비, 관성항법장치와 성능 컨트롤 컴퓨터, 폭격 컴퓨터 등을 장비하여 정확한 항법 및 공격 계산을 할 수 있다. 공격/항법 조작원이 뒷좌석에 탑승하며, ASMP 중거리 핵미사일(중량 900kg 탄두위력 300kt)을 장착한다. 2000N의 26호기부터는 통상 공격능력을 갖추고 있다.

2000D | 2000N형에서 별도로 핵공격 능력을 없애고 다양한 대지공격병기를 탑재한 복좌 공격기. 1990년부터 재규어를 대체하여 부대편성을 시작했다.

2000DA | RDM 레이더를 장착한 복좌형 방공전투기. 단좌의 C형과 같이 룩업/룩다운이 가능하고 다수목표처리 능력을 갖춘 RDI로 교체했으며, 이를 장비한 기체의 배치는 1988년 7월부터 시작되었다.

2000-5 | 적외선 영상 장비를 추가하여 야간 공격능력을 강화한 전천후 공대공 전투기. MICA 미사일을 동시에 8발까지 발사하고 유도할 수 있는 RDY 레이더를 장비하여 다수목표처리능력을 향상시켰다. 또한 5대의 CRT 디스플레이를 설치하여 글래스 콕핏을 채용하고 있다.

미라주 F1

Dassault **Mirage F1**

Mirage F1C-200

형식 단발 터보젯 다목적 전투기
전폭 8.4m
전장 15.30m
전고 4.50m
주익면적 25㎡
최대이륙중량 16,200kg
엔진 스네크마 아타르 9K-50 터보젯(11,025파운드) × 1
최대속도 마하 2.0(2,335km/h)
실용상승한도 52,500피트
항속거리 3,891km
무장 30mm DEFA 기관포 2문 고정무장 AIM-9 사이드와인더 / 매직 적외선유도 미사일, 마트라 R530 / 슈퍼530F 레이더유도 미사일, AM-39 엑조세 대함미사일, AS-37 아르맛 대레이더 미사일, AS-30L 레이저 유도폭탄 하드포인트 5개소에 6,300kg 탑재 가능
항전장비 톰슨 CSF 시라노IVM 레이더
승무원 1명(B형은 2명)
초도비행 1966년 12월 23일

개발배경

미라주 F1은 델타익의 선구자인 미라주 전투기 시리즈 중에서 특이한 존재이다. 미라주Ⅲ/5에 이어 개발된 미라주 F1은 미라주 2000과 나란히 프랑스 공군의 주력 전투기이다.

특징

미라주 F1이 통상적인 미익 배치를 채택한 것은 전술전투기에 필요한 단거리이착륙 성능과 지상공격시 저공에서의 비행성능을 향상시키기 위해서이다. 고양력 장치를 강화하고 메인 랜딩기어에 2중 타이어를 사용하며 풀밭에서도 이착륙이 가능하게 설계한 점은 1990년대 후반 이후에도 단거리 이착륙 능력, 공중전 능력, 지상지원 능력 등의 균형을 중시하는 전투공격기 운용 사상과 일맥상통하고 있다.

미라주 F1의 외형은 자국의 항모 운용을 위해 도입한 F-8 크루세이더의 영향을 강하게 받은 듯한데, 견익 배치에 끝부분을 자른 델타형 주익, 낮은 위치의 수평미익, 고양력 장치를 강화한 단거리이착륙 성능, 지상고를 높여 무장탑재를 편리하게 한 점 등에서 그 흔적을 찾아볼 수 있다. 앞전 플랩과 익폭의 70%를 차지하는 뒷전의 2중 간극 플랩 덕분에 F1의 전체 양력 계수는 미라주Ⅲ보다 2배 향상되었으며, 착륙속도는 20%, 활주거리는 30% 단축되었다.

운용현황

미라주 F1은 프랑스 공군이 246대를 채용하여 1973년 5월부터 실전배치를 시작했다. 해외 수출도 순조로워서 스페인(73), 그리스(40), 리비아(38), 쿠웨이트(20), 남아프리카(48), 모로코(50), 요르단(17), 카타르(14), 에콰도르(18), 이라크(60)에 수출했다. F1 시리즈는 모두 731대가 생산되었다.

이란-이라크전쟁에서 F1EQ(이라크 공군형 F1E)는 이란의 F-14 톰캣과 공중전을 펼쳐 피해 없이 격추한 기록을 갖고 있으며, 미 해군의 호위함 스타크에 엑조세 미사일을 발사하여 피해를 입혔다.

한편 전술정찰용인 기체인 F1CR은 1차 걸프전이나 아프간 대테러 전쟁 등 최근 분쟁에도 빈번히 투입되고 있으며, 특히 2011년 리비아 사태 때도 정찰임무를 수행했다.

변형 및 파생기종

F1C	F1 시리즈의 기본형으로 기수에 시라노Ⅳ 레이더를 장착한 프랑스 공군용 전천후 요격기다. F1C는 장비를 현대화한 F1C-200으로 교체되었으며, F1C-300은 공중급유장치를 부착하고 FCS를 강화한 기체이다.
F1CR	미라주 F1의 정찰형. SAT SCM2400 슈퍼 사이클론 적외선 라인스캔(IRLS) 장비를 장착했다. 톰슨 CSF의 라파엘-TH 사이드 룩킹 레이더를 장비하기도 하며, 엑조세 대함미사일을 장착하고 함선 공격을 할 수도 있다.
F1 CT	F1C를 대지 공격용으로 개수한 기체.
F1CE	미라주 F1C의 스페인 수출형. 45대를 생산했다.
F1CG	미라주 F1C의 그리스 수출형. 40대를 생산했다.
F1CH	미라주 F1C의 모로코 수출형. 30대를 생산했다.
F1CJ	미라주 F1C의 요르단 수출형. 17대를 생산했다.
F1CK	미라주 F1C의 쿠웨이트 수출형. 18대를 생산했다.
F1CK-2	쿠웨이트 추가 수출형. 9대를 생산했다.
F1.A	주간의 유시계 전투, 지상 지원을 주임무로 하는 수출용 기체. 거리측정용 레이저 장비를 장착하고 있으며, 남아프리카와 리비아에 수출했다.
F1.B	복좌의 전환훈련형.
F1.E	전천후 전투폭격형. 지상지원 및 항공차단공격에 사용한다.

라팔

Dassault **Rafale**

Rafale C

형식 다목적 전투기
전폭 10.90m
전장 15.27m
전고 5.34m
주익면적 45.7㎡
자체중량 9,060kg
최대이륙중량 24,500kg
엔진 스네크마 M88-3 터보팬(16,861파운드) x 2
최대속도 마하 1.8
실용상승한도 60,000피트
전투행동반경 1,760km
무장 30mm GIAT 30/719B 기관포 1문(125발)
미카/AIM-9, 암람/아스람/미티어 공대공미사일
아파치/스칼프EG 순항미사일, 엑조세 대함미사일, ASMP 핵미사일
최대 6,000kg 탑재 가능
항전장비 RBE2 수동위상배열레이더, 스펙트라 전자전장비, OSF IRST
승무원 1명(B형은 2명)
초도비행 1991년 5월 19일(라팔 C)

개발배경

라팔은 21세기 프랑스 공군과 해군의 주력기를 목표로 개발한 다목적 전투기이다. 각종 에어쇼에서 보여준 시험비행을 통해 러시아의 MiG-29에 필적할 만한 기동성을 과시했다. 기술적으로도 착실하게 실용화의 길을 걷고 있지만, 해외 구매국이 없어 사업은 본격적인 진전을 보지 못하고 있다.

1975년의 NATO 4개국 차기전투기 경쟁에서 미라주 F1이 F-16에 패한 이후 다소사는 급히 미라주 2000 개발에 나서는 한편, 2000년대를 고려할 때 특히 전천후 전투능력, 다양한 미사일의 운용, 대형 미사일 탑재능력, 고기동력을 지닌 대형 전투기가 필요하다는 결론을 내렸다. 그 후 다소사는 NATO 각국 공용의 신전투기 계획(현재의 유로파이터)에 참가했다가 탈퇴하여 독자적인 라팔 개발에 착수했다.

라팔 A는 프랑스 스넥마(SNECMA)사의 M88 엔진 개발이 지연되어 동급 추력을 지닌 미국제 F404 엔진(A/B사용시 추력 7,260kg)을 2기 장착한 기술실증기체이다. 1986년 7월 4일 첫 비행에서 마하 1.3을 기록하며 순조로운 출발을 했다. 다음해 3월 4일에는 고도 13,000m 내에서 마하 2로 순항하여 고속성능을 유감없이 발휘했다.

특징

라팔의 기본 형태는 앞전 후퇴각 45도의 델타익과 소형 카나드를 조합한 클로즈드 커플트 델타 형식으로 공기흡입구는 고정식이다. 후퇴각과 공기흡입구의 형태로 볼 때 라팔은 고속성능보다는 천음속 영역에서의 기동성과 가속성을 중시하고 있음을 알 수 있다.

또한 플라이-바이-와이어 조종 장치를 사용하여 중심을 최대한 뒤쪽으로 옮긴 정안정약화(RSS) 방식을 가능하게 했다. 앞전의 고양력 장치와 뒷전 플랩은 최적의 비행 형태를 제공하며, 카나드와 안쪽 엘러본을 종방향 조종에 사용하고 있다. 엘러본은 2개로 나뉘어져 있는데, 바깥쪽 엘러본은 횡방향 조종에 사용한다. 카나드는 랜딩기어를 내릴 때 20° 가량 숙여지면서 속도를 줄이게 되어 있다.

주익 배치는 미라주 2000식의 저익 배치에서 중익 배치로 바꾸었으며, 동체의 단면적은 최대한 작게 하여 저항을 줄이고 기체 아랫면을 무장탑재에 폭넓게 활용하고 있다. 주익 아래에 각 3개소, 동체 아래에 2개소의 하드포인트가 있으며, 동체 아래에 반매입식으로 4발, 주익 파일런과 주익 끝에 MICA 공대공미사일을 탑재할 수 있다.

운용현황

프랑스 공군에 대한 라팔 C형의 인도는 2005년 6월부터 시작되었다. 2006년 여름 첫 라팔 비행대대를 창설했으며, 2007년에 초도작전능력을 인증받았다. 라팔 해군형은 이미 2002년에 샤를 드골 항모와 함께 아프간에 파병되었다.

2007년 아프간에 프랑스 공군과 해군의 라팔 6대가 파견되어, 레이저유도폭탄으로 지상군을 지원했다. 2011 3월에는 NATO의 대리비아 공습에 참가해 리비아 공군의 G-2/갈렙(Galeb) 경공격기 1기를 격추시켰다. 이 밖에 정찰과 폭격 등 다양한 임무에 투입되었다.

프랑스군은 애초에 공군형과 해군형을 합하여 180대를 요구했으나, 도입 대수가 감소하여 2019년까지 150대를 인수하기로 결정했다. 해외 수출은 원만치 못하여 한국, 싱가포르에서 차기전투기로 선정되지 못했으며, 2012년 1월 인도의 MRCA 사업에서 우선협상대상자로 지정되었으나 2013년 말까지 계약을 타결하지 못하고 있다.

변형 및 파생기종

라팔 C | 기본 양산형으로 프랑스 공군용 단좌형 전투기. 프로토타입인 C01은 1991년 5월 19일에 첫 비행을 했다. C형은 엔진을 프랑스제 스넥마 M88-2(A/B 추력 7,450kg)로 바꾸고 A형보다 크기가 약간 작아졌다. 그러나 실제로는 미라주 2000보다 중량이 약 20% 이상 증가했다.

라팔 B | 복좌형. 당초에는 복조종장치를 설치한 훈련형이 될 예정이었으나, 운용 구상을 바꾸어 조종사와 무장조작원(WSO)이 탑승하는 복좌형 시리즈의 기본형으로 변경했다. 프랑스 공군용은 60%가 B형, 40%가 C형이다. B01은 1993년 4월 30일에 첫 비행을 했다. 라팔 D(Discret: 스텔스를 의미)는 스텔스 성능을 일부 부여한 모델이다.

라팔 M | 프랑스 해군의 항모에서 운용하는 함상 전투기형. 항모에서의 이착함을 위해 구조를 강화하고 랜딩기어도 충격흡수능력을 향상시켰다. 또한 급제동용 갈고리(arresting hook)를 추가하고, 노즈랜딩기어에 점프 스트러트(jump strut) 방식을 채택하여 비행갑판의 끝부분에서 노즈랜딩기어를 급속히 뻗어 발함을 돕도록 하고 있다. M형의 중량은 C형보다 610kg이 증가했으며 구조의 80%, 시스템의 95%는 C형과 공통이다.

A-29 / EMB-314 슈퍼 투카노

Embraer A-29 / EMB-314 Super Tucano

EMB-314

형식 단발 터보프롭 경공격기/전환훈련기

전폭 11.14m

전장 11.42m

전고 3.90m

주익면적 19.40㎡

자체중량 2,420kg

총중량 3,190kg

엔진 P&W 캐나다 PT6A-68A 터보프롭(1,300shp) × 1

최대속도 557km/h(고도 6,100m)

실용상승한도 35,008피트

항속거리 1,568km (고도 9150m, 여유연료 30분)

무장 12.7mm FN M3P 기관총 2정
20mm 기관포 포드, 70mm 로켓 발사 포드
기타 범용/유도폭탄
AIM-9 사이드와인더/MAA-1 피라냐/파이손 공대공미사일
하드포인트 5개소에 최대 1,500kg 탑재

승무원 2명

초도비행 1980년 8월 16일(EMB-312)
1991년 9월 9일(EMB-312H)

개발배경

아마존 감시체계(SIVAM) 획득사업에 따라 센서를 장착한 R-99A/B 항공기를 만들면서 공격임무를 수행할 수 있는 기체도 필요하게 되었다. 아마존 지역에서 마약거래 등 불법을 일삼는 범죄조직의 항공기와 근거지를 소탕하기 위해 대게릴라전(Counter Insurgency: COIN) 항공기가 필요했던 것이다. 이에 따라 등장한 것이 바로 EMB-314 슈퍼 투카노다.

특징

엠브라에르사는 1991년부터 1,600shp로 파워업한 성능향상형 EMB-312H(나중에 314로 명칭 변경) 슈퍼 투카노를 개발하여 미 해군과 공군이 추진하는 JPATS 프로그램에 노스럽사와 공동으로 제안했으나 경쟁기종인 PC-9에 패배했다. 그러나 많은 국가들에 다용도기로 판촉 활동을 벌이고 있으며, 10년간 500대 판매를 목표로 하고 있다.

운용현황

브라질 공군은 슈퍼 투카노 99대를 도입했으며, 이외에도 2006년 12월부터 콜롬비아 공군이 25대를 도입했다. 2008년 콜롬비아 공군 소속의 슈퍼 투가노가 피닉스 작전에 참가하여 에콰도르에서 활동 중인 콜롬비아 반군의 주요 인사를 암살하기도 했다. 같은 해 미 해군도 슈퍼 투카노 몇 대를 도입하여 특수작전용으로 사용 가능성을 실험했다. 2011년 12월 미 공군은 LAS(경량지원기) 사업 기종으로 A-29를 선정하였으나, 법정 소송으로 사업이 중단되었다. 2013년 2월 미 공군이 A-29 20대를 재선정하면서 현재 생산을 진행하고 있다.

변형 및 파생기종

A-29A | 단좌형 공격기. 공격 및 무장정찰임무, 근접지원임무를 수행한다. 또한 상대적으로 성능이 떨어지는 항공기에 대한 공격능력을 갖추었다.

A-29B | 복좌형 훈련기/공격기.

타이푼
Eurofighter Typhoon

Typhoon

형식 쌍발 터보팬 다목적 전투기
전폭 11.09m
전장 15.96m
전고 5.28m
주익면적 50㎡
자체중량 11,000kg
최대이륙중량 23,000kg
엔진 유로젯 EJ200 터보젯(20,250파운드) x 2
최대속도 마하 2(슈퍼크루즈시 마하 1.2)
실용상승한도 65,000피트
작전행동반경 1,389km(hi-lo-hi 공대지)
무장 27mm 마우저 BK-27 기관포 1문
AIM-9, AIM120, AIM-132 아스람, IRIS-T
스톰섀도우, 브림스톤, 하푼, 함, 암람 미사일
PW II / III, EPW LGB, JDAM, HOPE/HOSBO
하드포인트 13개소에 6,500kg 탑재 가능
항전장비 캡터 AESA 레이더, DASS, 라이트닝 포드
승무원 1명
초도비행 1994년 3월 27일(DA1)

개발배경

유로파이터 타이푼은 영국, 독일, 이탈리아, 스페인이 공동으로 개발한 21세기 전투기다. 냉전 종식과 독일의 경제불황, 기술적인 문제 등으로 우여곡절을 겪으며 4개국이 총 620대 양산계획을 진행하고 있다. 유로파이터는 전천후 운용과 단거리이착륙 성능, 폭넓은 임무 적합성을 중시하고 있으며 근접공중전, 전천후 요격, 장시간의 전투초계를 중시한 설계가 돋보인다.

유로파이터 사업이 태동한 것은 1970년대 후반이었다. 당시 서독, 영국, 프랑스가 각각의 TKF90계획, AST403계획, ACT902계획을 통합한 ECA(European Combat Aircraft)의 공동개발에 합의했으며, 여기에 이탈리아와 스페인이 참가하게 되었다. 그 후 1983년에 ECA 그룹이 의견 조정에 실패하면서 다소사가 탈퇴하여 라팔 독자개발에 나섰다. 나머지 4개국은 1988년 6월 사업관리를 위한 합작법인 유로파이터 GmbH를 서독 뮌헨에 설립했다. 엔진은 롤스로이스를 주축으로 MTU, 피아트, SENER 등이 참가하여 설립한 유로제트사가 EJ200의 개발을 맡았다.

1986년에는 영국 BAE가 중심이 되어 EAP 기술시범기를 제작했다. 그러나 공동개발에 따른 의견 대립 및 일정 지연 등으로 사업 진행이 순조롭지 못했다. 사업이 정식으로 시작된 1980년대 말에 소련이 붕괴하고, 바르샤바 조약군이 해산하는 등 국제 상황이 급변했다. 이처럼 군용기 개발 계획에 기본이 되는 위협 상황이 변화하자, 또다시 사업에 차질이 생겼다. 여기에 동독의 흡수통일로 재정상태가 악화된 독일은 한때 탈퇴까지도 고려했으나, 적당한 대안이 없을뿐더러 기체 단가의 급등을 고려하여 잔류하기로 했다.

그 후 공동개발사업은 명칭을 EFA에서 유로파이터 2000으로 교체하면서 이미지를 바꾸고 프로토타입 제작도 8대에서 7대로 축소하여 계획을 진행하기로 최종 결정했다. 계획의 축소에 따라 양산 수량도 영국 250대, 독일 175대, 이탈리아 130대, 스페인 72대로 조정했다.

특징

유로파이터 기체의 외형은 앞전 후퇴각 53°인 델타 주익에 카나드를 조합한 복합 델타(Close Coupled Delta) 형식이며 동체 아래 배치한 2차프로토타입 공기흡입구가 특징이다. TKF90 이래 쌍수직미익은 실제 효과가 적다는 것이 입증되어 단수직미익으로 바꾸었다. 기체의 조종은 카나드와 주익의 플래퍼론, 앞전 슬레이트와 수직미익의 러더를 통해 4중 디지털 플라이-바이-와이어로 제어한다.

시스템의 개발은 독일의 DASA(현 EADS 도이칠란트)가 주도했으며, 첫 비행 이후 1년간 각종 비행 테스트를 실시했다. EJ200 엔진은 와이드 코드 팬을 사용한 애프터버너 엔진으로 애프터버너 사용시 추력 9,200kg을 낼 수 있다. 경량화하기 위해 주익과 안쪽 플래퍼론, 수직미익과 러더, 동체의 각부에 탄소섬유 복합재료를 사용했으며, 주익의 앞전 슬레이트, 주익의 접합부, 수직미익의 앞전 방향타 등은 알루미늄-티타늄 합금으로, 카나드와 바깥쪽 플래퍼론은 티타늄 합금으로, 캐노피 프레임은 마그네슘 합금을 정밀 주조하여 제작했다. 이에 따라 기체 표면은 70%가 CFRP이며 유리섬유 강화플라스틱 12%, 금속 15%, 기타 3%로 구성된다.

전투기의 중심인 탐지·공격·항법 시스템의 통합은 BAE가 담당한다. 레이더와 사격제어컴퓨터는 GEC-마르코니 그룹의 ECR90 I/J-밴드 펄스도플러 레이더와 프로그래밍이 가능한 디지털 컴퓨터로 구성되어 있으며, 동시 다수목표처리

능력과 룩다운/슛다운 능력을 지니고 있다. 한편 2007년 5월에는 프로토타입 5호기가 CAESAR(캡터 AESA 레이더)를 장착하고 시험비행에 성공했다. 레이더 외의 탐지 시스템으로는 윈드실드 전방 좌측에 적외선 추적 PIRATE 센서를, 조종실 좌측에 FLIR 포드를 장착하고 있다.

무장은 동체 우측에 27mm 마우저 기관포 1문, 동체 아랫면에 중거리 공대공미사일 4발을 반매입식으로 장착한다. 주익 끝에는 고정식 ECM 포드가 부착되어 있고, 하드포인트는 주익 아래에 각 3개소씩, 동체 아래에 1개소가 마련되어 있다. 전투 중 무장 조작은 HOTAS와 함께 헬멧 사이트도 사용하는 것이 특징이다.

운용현황

유로파이터는 개발 4개국이 620대를 도입할 예정으로, 영국 250대, 독일 175대, 이탈리아 130대, 스페인 72대이다. 2006년 12월까지 4개국에 100대의 유로파이터가 인도되었다. 그러나 국방예산 삭감으로 각국이 620대를 모두 구매할지는 미지수이며, 높은 도입가격과 유지운용비용으로 각국 의회에서 논란의 대상이 되고 있다.

한편 해외구매로는 오스트리아가 첫 구매국이 되어 2007년 9월까지 2호기를 인수했다. 사우디아라비아도 72대를 구매할 예정이며, 덴마크와도 구매 상담이 진행 중이다.

2011년 3월 NATO의 대리비아 공습에 참가해, 처음으로 실전에 참가하여 4월에는 레이저유도폭탄으로 리비아군 탱크를 파괴하기도 했다.

변형 및 파생기종

블록 1 | 초도저율생산형.

블록 2 | 초도 공대공 능력형.

블록 2B | 공대공 능력 완성형.

블록 5 | 작전능력 완성형. 공대공 및 공대지 능력이 완전 통합된 모델로, 2007년 2월 형식 승인이 완료되었다. 블록 5는 센서퓨전, DASS(Defensive Aids Sub-System) 등을 완비하고 AMRAAM, ASRAAM, IRIS-T, 페이브웨이 Ⅱ 등 무장도 통합했다. 기존에 생산했던 블록1/2 기체들은 R2 업그레이드를 통해 블록5 사양으로 개수하고 있다.

A-10 선더볼트 II

Fairchild A-10 Thunderbolt II

A-10C

형식 쌍발 터보팬 근접지원 공격기
전폭 17.53m
전장 16.26m
전고 4.47m
주익면적 47.0㎡
자체중량 11,321kg
최대이륙중량 22,950kg
엔진 GE TF34-GE-100A 터보팬 (9,065파운드) x 2
최대속도 834km/h
실용상승한도 45,000피트
작전행동반경 460km
무장 30mm GAU-8/A 기관포 1문
AIM-9 공대공미사일(자위용)
AGM-65 매버릭 미사일, 범용폭탄, 집속폭탄, GBU-10/12 LGB, JDAM, WCMD
하드포인트 11개소에 최대 7,200kg 탑재 가능
항전장비 AN/ALE-40, ALQ-119 , LASTE, GPS, 라이트닝 AT/스나이퍼 ATP 타게팅 포드 등
승무원 1명
초도비행 1972년 5월 10일(YA-10A)
1975년 10월 1일(A-10A)
2005년 1월 25일(A-10C)

개발배경

A-10은 베트남의 쓰라린 경험을 바탕으로 미 공군이 입안한 새로운 CAS(근접항공지원기) 구상인 A-X계획에 의해 개발되었다. 페어차일드 YA-10A는 노스럽 YA-9와의 경쟁 끝에 1973년 1월에 차기 공격기로 선정되었다.

8대의 시작형 YA-10A 등에 이어 1984년까지 707대의 양산형 A-10A를 제작했다. A-10A는 냉전시대 동구권의 강력한 기갑부대에 대항하는 절대적인 존재였지만, 미 공군은 저속 및 유시계 작전의 제한 때문에 A-10을 일부 퇴역시키거나 OA-10A으로 전환하기 시작했다. 심지어는 일부 기체를 미 육군 항공대에 인계할 계획까지도 세웠다. 그러나 1991년의 걸프전에서 이러한 걱정을 일소하고 계속 공군의 대기갑 및 근접지원전력으로 유지하고 있다. 이에 따라 미 공군은 지역분쟁의 억제전력의 필요성을 느끼고 A-10을 2028년까지 계속 유지시키기로 했다.

A-10은 기령이 오래된 기체인 만큼 성능연장사업도 꽤나 본격적이다. 우선 기골보강에 더하여 새로운 주익이 장착될 예정이다. 특히 초기형 A-10들은 후기형에 비하여 비교적 윙스킨(날개표면)이 얇아 크랙 현상이 심했기 때문에 ACC(전술공군사령부)는 이미 주익교체사업을 요구해왔었다. 2010년까지 주익에 대한 저율양산을 실시하다가 연간 40대의 비율로 223대의 주익을 전면 교체할 예정이다.

주익교체 이외에도 스나이퍼 XR이나 라이트닝 AT와 같은 고성능 조준장치를 장착할 예정이며 신형 비행컴퓨터와 신형 조종시현장비, 데이터링크, DC전원 향상 등이 이루어질 예정이다. 정밀교전을 위한 업그레이드 작업은 이미 실시되고 있어 30대의 A-10이 이미 개수를 거쳤다. 그러나 A-10의 개수에 있어서 우선순위로 지적되어왔던 엔진의 교체문제는 주익교체사업으로 인한 예산상의 한계로 좌절되고 말았다.

특징

A-10은 튼튼하고 간단한 구조와 시스템, 높지 않은 가격, 고도의 생존성, 큰 무장탑재량, 반복출격능력, 저공에서의 운동성, 전천후 작전능력 등을 추가했다. 그 결과 두꺼운 직선익과 동체후방에 업고 있는 듯한 2기의 터보팬 엔진과 같은 독특한 디자인을 적용하고 있다. 독특한 형상으로 인해 미 공군에서는 A-10은 선더볼트라는 제식명칭 대신 워트호그(warthog: 혹멧돼지)라는 별명으로 더 유명하다.

고정무장은 A-10과 병행하여 개발된 30mm 7포신의 GAU-8/A 어벤저 기관포로서 열화우라늄 탄심을 사용하여 강력한 전차파괴력을 지니고 있다. 또한 무장 탑재용으로 11군데에 하드포인트를 지니고 있다.

운용현황

미 공군은 A-10 양산기 707대를 인수하여 1976년 3월부터 실전배치를 시작했다. 현재 356대를 운용하고 있다. 미 공군은 2028년까지 223대의 A-10을 운용할 계획이다.

A-10은 처음 실전인 걸프전에서 전차 1,000대, 차량 2,000대, 야포 1,200문, 헬기 2대를 파괴하면서 8,100회의 임무비행을 기록했다. 특히 임무가동율은 무려 95.7%에 이르러 놀라운 신뢰성을 보였다. A-10은 이후 코소보전, 아프간전, 2차 걸프전에서도 높은 가동률을 보이며 일선을 지키고 있다.

변형 및 파생기종

A-10A | A-10의 양산형. 근접항공지원 및 지상공격형

OA-10A | 전선통제(FAC) 임무형. 미 공군의 CAS/BAI(전장항공차단) 구상에 따라 A-10A를 전선통제기로 개수.

A-10C | 정밀교전능력 개수형. A-10C는 PE(Precision Engage-ment) 사업을 통해 글래스 코크핏을 장비하고 전천후 임무수행 능력을 부여받은 업그레이드 기체로 2005년 1월 초도비행을 했다. 223대가 A-10C 사양으로 개수되어 2028년까지 운용될 예정이다.

테자스(LCA)

HAL Tejas

Tejas

형식 단발 터보팬 다목적 경량 전투기
전폭 8.20m
전장 13.20m
전고 4.40m
주익면적 38.4㎡
자체중량 5,500kg
최대이륙중량 12,500kg 이상
엔진 GE F404-GE-IN20 터보팬 (18,700파운드) x 1
GTRE GTX-35VS 카베리 터보팬 (20,000파운드) x 1
최대속도 마하 1.8
실용상승한도 50,000피트
전투행동반경 510km
무장 23mm GSh-23 쌍열 기관포(220발)
BVRAAM, R-77, R-73 공대공미사일
각종 공대지 무장
하드포인트 8개소에 최대 4,000kg 탑재
항전장비 MMR
승무원 1명
초도비행 2003년 11월 25일(PV[프로토타입]-1)
2006년 12월 1일(PV-3, 양산형 프로토타입)

개발배경

테자스는 인도의 항공기 개발청(ADA)이 계획하고 힌두스탄 항공기 회사(HAL)가 제작한 제공전투기 겸 경공격기다. 테자스는 1960년대 HJT-64 개발 이후 최초의 고성능 전술기 독자개발사업으로 인도 공군이 사용하고 있는 MiG-21과 아지트(Ajeet)를 대체할 예정이다.

테자스는 1983년에 LCA(Light Combat Aircraft: 경량전술기) 사업으로 인도 정부의 승인을 받아 운용 요구사항을 조사·연구한 후 1987년 봄부터 기술계획작업을 시작했다. 이후 LCA 사업은 1990년부터 세부설계작업을 시작했고, 1991년 중반부터는 세부설계작업과 병행하여 시제기 제작에 들어갔다.

특징

테자스는 인도-파키스탄 국경 지방에 위치한 고도 4,000m의 고원지역 비행장에서도 단거리이착륙(STOL)이 가능하도록 무미익 델타익을 사용하고 스텔스성을 중시하여 설계한 점이 특징이다.

인도는 전투기 개발에 있어서 가장 큰 핵심인 엔진도 국산화하여 애프터버너 사용시 추력 8,500kg급인 GTX-35VS "카베리(Kaveri)"를 개발 중에 있다. 그러나 슈퍼크루즈 기능까지 포함하는 카베리 엔진은 문제점이 많은 것으로 밝혀짐에 따라 초도저율생산분에는 GE의 F404-GE-IN20 엔진을 장착하고 있다. 인도는 개발 당시 엔진 11개를 주문하고 이후 40개를 추가로 주문했다.

조종계통은 플라이-바이-와이어(fly-by-wire) 방식을 채택했다. 플라이-바이-와이어 시스템은 애초에 록히드마틴의 지원으로 개발되고 있었으나, 1998년 인도의 2차 핵실험으로 미국이 금수조치를 취하면서 독자개발의 길을 걸었다.

레이더는 애초에 에릭슨의 PS-05/A I/J-밴드 다기능 레이더를 채택할 예정이었지만, 독자개발로 방향을 선회했다. 인도 항공기 개발청은 다기능 레이더(MMR)의 국산화에 박차를 가했으나, 개발 일정이 늦어져 초도생산분에는 장착이 어려울 것으로 보인다.

1995년 11월 17일에 기술시범기가 롤아웃했으며, 2003년 11월에 프로토타입 1호기가, 2006년에 프로토타입 2호기가 초도비행을 했다. LCA라는 사업명 대신 "테자스"로 명명된 것은 2003년 5월이었다.

운용현황

인도 공군은 단좌형 200대와 복좌형 20대를 도입할 예정으로, 현재 저율생산기체를 인수했다. 테자스는 2011년 1월 10일 초도작전능력을 인증받고 3월 21일 공군이 첫 양산기를 인수하여 실전배치를 시작했다. 테자스는 2014년 말에야 최종운용능력 평가를 완료할 예정으로, 공군형 외에 해군 함재기로도 한참 개발중이다.

AC-130H/U 스펙터/스푸키

Lockheed Martin AC-130H Specter / AC-130U Spooki

AC-130U

형식 4발 터보프롭 공격기
전폭 40.4m
전장 29.8m
전고 11.7m
최대이륙중량 69,750kg
엔진 롤스로이스 T56-A-15(4,910 SHP) × 4
블레이드 4엽 블레이드
최대속도 300km/h
실용상승한도 25,000피트
항속거리 1,300해리
체공시간 3.5시간
최대적재중량 19,090kg
캐빈크기 12.50 x 3.12 x 2.81m
무장 25mm GAU-12/U 개틀링 기관포 1문, 40mm 보포스 기관포 1문, 105mm M102 유탄포 1문
승무원 13명(조종/부종사, 항법사, 사격통제사, 전자전 장교, 항공기관사, TV 작동요원, 적외선탐지요원, 기상적재사, 사수 4명)
초도비행 1990년 12월 20일(AC-130U)

개발배경

미 공군은 베트남전 때 수송기를 개조하여 소화기와 대량의 탄약을 장비하고 선회비행을 하면서 공격하는 건십(Gunship)을 탄생시켰다. 이에 따라 AC-47D, AC-130A/E, AC-119G/K 등이 공중포대가 되어 효율적인 지상공격임무를 수행했고, 이후에도 AC-130E를 현대화하여 AC-130H를 유지해왔다.

한편 미 공군은 정밀타격을 추구하는 전장요구에 발맞추어 C-130H를 기반으로 한 AC-130U를 록웰사에 발주했으며, 1994년 11월부터 제4특수전비행대대에 실전배치하기 시작했다.

특징

AC-130U는 모든 무장을 동체 좌측에 탑재하는데, 맨 앞부터 25mm 6포신의 GAU-12/U 개틀링 기관포 1문, 40mm 보포스 기관포 1문, 105mm 유탄포 1문 순으로 탑재한다. 화기제어 시스템으로는 APG-70을 개조한 APG-180 레이더, AAQ-17 FLIR, ALLTV 등을 장비하고, 조종석에는 목표조준용 HUD를 장비하고 있으며, 복수 목표물의 공격도 가능하다.

AC-130U에는 기체를 보호하기 위해 세라믹제 장갑판을 사용했다. 또한 주익 파일런에 IR 방해책장비를 내장하고 동체 아래에는 ALE-40 채프/플레어 발사기를 장비한다. 이 외에도 ALQ-172 재머, ALR-56M, AAR-44 IR 경보장치, QRC-84-02 IRCM, APR-46 회피 시스템 등을 다양하게 장비하고 있으며 INS, GPS 등의 항법 시스템도 완비하고 있다. 이들 전자장비는 MIL-STD-1553B 데이터버스로 상호 연계되어 있다.

운용현황

AC-130 시리즈는 초기 A형을 포함하여 모두 43대가 제작되었다. 베트남전 당시 북베트남군의 차량수송행렬에 대한 공격을 성공적으로 수행하여 무려 1만여 대의 트럭을 파괴하는 전과를 올리기도 했다.

현재 운용되고 있는 H/U는 모두 25대(8/17)로, 미 공군 특수전사령부 소속으로 근접항공지원 및 부대보호 임무를 수행하고 있다. 특히 지상의 특수부대를 위한 정밀화력지원임무를 수행하고 있으며, 최근에는 대테러전쟁에서 아프간과 이라크에 집중적으로 투입되어 지상목표에 대한 정밀공격 능력을 과시하고 있다.

변형 및 파생기종

AC-130A | C-130 최초의 건십. 1966년 초도비행 후 1967년에 실전배치되었다. 초기의 건십 Ⅱ 에서는 7.62mm 미니건 4정과 20mm M61 발칸포 4문을 장비했으나, 이후 서프라이즈 패키지에서는 20mm 발칸포 2문 대신 40mm L/60 보포스 캐논 2문을 장비했다.

AC-130E | 페이브 이지스 사업을 통해 20mm 발칸포 2문, L/60 보포스 40mm 캐논 1문, 105mm M102 유탄포 1문을 장착했다.

AC-130H | 현대화된 첫 번째 모델로 20mm 발칸포 2문, 40mm 캐논 1문, 105mm 유탄포 1문을 장비하고 있다.

AC-130U | 25mm GAU-12/U 개틀링포 1문, 40mm 보포스 캐논 1문, 105mm M102 유탄포 1문을 장비하고 있다.

AC-130J | AC-130H를 교체하기 위해 회계연도 2012년부터 2015년까지 16대를 도입할 예정이다. '고스트라이더'로 불린다.

F-16A/B 파이팅 팰컨

Lockheed Martin(GD) **F-16A/B Fighting Falcon**

F-16A

형식 단발 터보팬 다목적 전투기
전폭 9.8m
전장 14.8m
전고 5.01m
주익면적 27.87㎡
자체중량 7,386kg
최대이륙중량 17,009kg
엔진 P&W F100-PW-200 터보팬 (14,670파운드) × 1
최대속도 마하 2.05(고도 5만 피트)
실용상승한도 55,000피트
최대선회율 초당 19.2도(마하 0.85)
최대항속거리 3,862km
무장 M61A1 20mm 기관포(탄약수 511발), AIM-9 사이드와인더, AIM-7 스패로 미사일, (AIM-120 암람 미사일, F-16 ADF)
하드포인트 9개소에 6,895kg 탑재
항전장비 AN/APG-66 레이더, AN/ALR-69 레이더 경보기
승무원 1명(B형은 2명)
초도비행 1974년 1월 20일(YF-16)
1976년 12월 8일(F-16A 본격개발기)
1978년 8월 7일(F-16A 양산형)

개발배경

미 공군은 베트남전에서 뛰어난 기동성을 보유한 MiG기에 고전을 면치 못했던 것에서 얻은 교훈과 국방예산 삭감으로 LWF(경량전투기) 개발의 필요성을 절감했다.

LWF의 연구개발 결과 등장한 제너럴 다이내믹스사의 YF-16과 노스럽사의 YF-17이 플라이오프(성능비교비행) 경쟁을 했으며, 1975년 1월에 YF-16이 선정되었다. 이후 YF-16은 하이-로 믹스 정책에 따라 고성능 사격통제장치를 장비하여 대지공격능력을 겸비한 다목적 전투기인 F-16A로 탄생했다.

특징

F-16은 세계 최초로 플라이-바이-와이어 비행조종계통을 채택하여 뛰어난 기동성을 자랑한다. 동체는 모듈방식에 의해 세 부분으로 나뉘도록 설계하여 업그레이드가 용이하다. 또한 주익과 동체의 연결은 블렌디드-윙-보디 구조로 표면적을 줄여 공기저항을 최소화하면서 기내 용적은 최대화했다.

운용현황

F-16은 원래 F-4와 F-104를 대체하기 위해 650대 정도가 요구되었으나, 소형 경량의 다목적 전투기로 높이 평가되면서 1977년 말 미 공군이 1,338대를 발주했다. NATO 회원국에서도 높은 평가를 받아 1975년 6월 벨기에, 덴마크, 네덜란드, 노르웨이에서 348대를 발주했다. 이스라엘 이외에도 이집트, 인도네시아, 포르투갈, 싱가포르, 대만 등에서 F-16A/B를 채택했다. 한편 최대 사용국이던 미 공군은 2007년 6월 20일 F-16A형을 모두 퇴역시켰다. 최종생산대수는 A형이 1,432대, B형이 312대이다.

F-16A/B는 이스라엘 공군이 1980년 6월 이라크의 오시라크 원자로 폭격작전을 수행하면서 최초로 실전을 경험했다. 최초의 공중전 또한 이스라엘 공군이 기록했다. 1982년 6월에 시작된 베카 계곡 전투에서 F-16은 무려 44대의 MiG-21/23을 격추했다. 또한 F-16은 1991년 1월 "사막의 폭풍" 작전에서 다국적군의 주력 전투기로 총 210여 대가 참가하여 공대공·후방차단·근접지원·대레이더 공격임무 등을 수행했다.

변형 및 파생기종

블록1/5 | F-16A/B형의 최초 양산형. 블록1은 노즈콘에 검은 도장이 되어 있는 반면, 블록5는 기수가 저시인성 회색으로 도색되어 있다. 이후 블록1/5는 페이서 리프터 I/II를 통해 모두 블록10 사양으로 개수되었다.

블록10 | 1980년까지 312대를 생산했다. 블록10 중 24대가 GPU-5/A 포드를 장착하고 지상공격용으로 개수되었다가 걸프전 이후 다시 블록10 사양으로 복귀했다.

블록15 | F-16A/B형 가운데 가장 크게 개량된 모델. F-16 가운데 가장 많이 생산되어 무려 983대에 달한다. 에어인테이크 아래 하드포인트 2개(5L/R)가 추가되었으며, 주익의 무장탑재량도 향상되었다. 개량된 APG-66 레이더와 해브퀵 II 보안 UHF 무전기를 특징으로 한다.

블록15 OCU | 블록15Y 기체에 작전능력개수(Operational Capacity Upgrade) 사양이 적용된 모델로 1987년 말부터 인도되었다. 디지털 제어가 가능한 F100-PW-220 엔진을 채용했으며, AGM-65 매버릭, AIM-120 암람, AGM-119 펭귄의 발사능력을 갖게 되었다.

블록20 | 대만 공군에 인도될 F-16 블록15 OCU 기체에 F-16C/D 블록50/52의 사양을 적용한 기체. 대만의 OCU 기체와 F-16 MLU 적용 기체는 블록20으로 구분되고 있다. AGM-84 하푼의 발사능력을 갖고 있다.

F-16A(R) | 네덜란드 공군 F-16A의 정찰형. 오르페우스(Orpheus) 저고도 정찰포드를 장비하고 있다.

F-16ADF | 강화된 APG-66(V)1 레이더를 장비하고 AIM-7 스패로와 AIM-120 암람 미사일을 운용할 수 있도록 개발한 방공전투기. APX-101 MkXII AIFF가 캐노피 전면과 에어 인테이크에 장착되어 있다는 것이 특징이다.

F-16C/D 블록25/30/32 파이팅 팰컨

Lockheed Martin(GD) F-16C/D Block 25/30/32 Fighting Falcon

F-16C Block 30/32

형식 단발 터보팬 다목적 전투기
전폭 9.8m
전장 14.8m
전고 5.01m
주익면적 27.87㎡
자체중량 8,273kg
최대이륙중량 19,155kg
엔진 GE F110-GE-100 터보팬(28,984파운드) × 1
PW F100-PW-220 터보팬(23,770파운드) x 1
최대속도 마하 2.02
실용상승한도 50,000피트
최대선회율 초당 19.2도(마하 0.85)
최대항속거리 3,943km
무장 M61A1 20mm 기관포(탄약수 511발), AIM-9 사이드와인더 AGM-65 매버릭, AGM-45 슈라이크 하드포인트 9개소에 6,895kg 탑재
항전장비 AN/APG-68 레이더, ALR-69 RWR, ALE-40 CFD
승무원 1명(D형은 2명)
초도비행 1986년 6월 12일(F-16C 블록 30/32)
1986년 7월 30일(F-16D 블록 30/32)

개발배경

F-16이 미 공군의 주력 다목적 전투기로 자리를 잡아감에 따라 더욱 다양한 무장과 장비를 채용할 수 있도록 요구되었다. 이에 따라 다단계성능개량사업(Multinational Staged Improvement Program: MSIP)이 진행되었는데, 1단계 사업(MSIP I)에서는 BVR 미사일의 운용능력 및 주야간 운용능력을 목표로 기존에 생산된 F-16A/B형에 대한 개수가 이루어졌다. 특히 2단계 사업(MSIP II)에서는 블록25에 핵심적인 항전장비의 개수와 함께 기골강화가 이루어지면서 F-16은 제공전투기에서 본격적인 다목적 전투기로 재탄생하게 되었다. 이에 따라 1981년에 블록25는 F-16C/D로 재분류되었다.

특징

F-16C 블록25의 가장 큰 특징은 웨스팅하우스(현 노스럽그러먼)사의 AN/APG-68(V) 레이더를 장착하고 있다는 것이다. APG-68(V) 레이더는 탐지거리와 해상도가 월등히 향상되었을 뿐만 아니라 TWS, FTT, GMTI 등 다중모드로 작동할 수 있다. F-16은 이 레이더 덕분에 AGM-65 매버릭 미사일을 효과적으로 운용할 수 있게 되어 본격적인 대지공격능력을 갖추게 되었다.

한편 기존의 F-15와 F-16에 장착되었던 PW 엔진의 성능에 만족하지 못한 미 공군은 대체엔진사업(Alternative Engine Program)을 1979년부터 추진해왔고, 이에 따라 GE의 엔진을 장착한 F-16들이 등장하게 되었다. 새로운 엔진 장착은 제3단계 성능개량사업(MSIP Ⅲ)에서 진행되었다.

MSIP Ⅲ의 요점은 수요군의 요구에 따라 GE 엔진이건 PW 엔진이건 마음대로 장착할 수 있는 공통엔진실(Common Engine Bay)을 채용하는 것이었다. 그러나 실제로는 F100보다 5,000파운드 이상 추력이 더 강했던 F110 엔진의 경우 공기흡입구의 확장이 필요했기 때문에, 원래 사업추진의도와는 달리 양 엔진을 서로 교환해 장착할 수는 없었다. 이에 따라 GE의 F110 엔진을 장착하는 블록30과 PW의 F100 엔진 개량형을 장착하는 블록32가 등장했다.

블록30/32는 AGM-45 슈라이크 미사일과 AGM-65D IR 매버릭 미사일의 운용능력을 부여하여 전투력을 비약적으로 향상시켰다. 또한 임무컴퓨터 메모리를 업그레이드하고 식톡(Seek Talk) 보안음성통신체계를 도입하여 항전장비를 강화했다.

한편 2000년에는 주방위공군과 공군예비부대 소속의 블록25/30/32 F-16C/D들에 라이트닝Ⅱ 타게팅포드를 장착하여 지상공격능력을 강화했다. 또한 2025년까지 F-16을 운용하려는 공군의 계획에 따라 블록25/30/32의 수명연장사업인 팰콘 STAR (Structural Augmentation Roadmap)가 진행 중이다.

운용현황

F-16C 블록25는 1984년부터 미 공군에 배치되기 시작했으며, 블록30은 1985년 12월 독일 람슈타인 공군기지의 F-4E를 대체하면서 실전배치되기 시작했다. 이후 F-16C/D는 점차적으로 F-4E를 대체하면서 미 공군의 주력 지상공격기체로 자리 잡았다.

한편 미 공군 이외에도 한국, 이집트, 이스라엘, 터키, 그리스가 블록30/32를 도입했다. 특히 우리나라는 피스 브릿지(Peace Bridge) 사업에 따라 블록32를 C형 30대, D형 10대를 구매했는데, 해외 판매국 중에서 우리나라에 가장 먼저 인도되었다.

변형 및 파생기종

블록25 | F-16C/D형의 최초 양산 모델. APG-68(V) 레이더를 장착하고 AGM-65 매버릭 미사일 운용능력을 갖추어 본격적인 다목적 전투기로 재탄생했다. 또한 GEC 마르코니의 광시야 HUD를 채용하고 있다. C형은 초도비행이 1984년 6월 15일에, D형은 같은 해 9월 14일에 실시되었다. 최초의 블록25는 출고시 F100-PW-200 엔진을 장착했으나, 이후 잔존한 기체에는 220E형으로 교체했다. 블록25는 C형이 177대, D형이 25대가 생산되었다.

블록30/32 | 대체엔진사업으로 F110-GE-100 엔진을 장착하는 블록30과 F100-PW-200 엔진을 장착하는 블록32가 등장했다. 블록30/32에는 AGM-45 슈라이크 미사일과 AGM-65D IR 매버릭 미사일의 운용능력을 부여했다. 미 공군은 블록30 C/D형을 360/48대, 블록32 C/D형을 56/5대 도입했다.

F-16N | 미 해군이 구입한 가상적기. 블록30에 기초했으나 기관포와 언더윙 파일런을 제거했으며 레이더도 A/B형의 APG-66을 그대로 유지했다. 기동성을 중시하여 GE의 F110-GE-100 엔진을 채용했으며, 고중력 기동에 대비하여 주익을 강화했다. 해군은 F-16N 22대와 2인승 TF-16N 4대를 구입했다.

F-16CG/DG 블록40/42 나이트 팰컨

Lockheed Martin(GD) F-16CG/DG Block 40/42 Night Falcon

F-16C Block 40/42

형식 단발 터보팬 다목적 전투기
전폭 9.8m
전장 14.8m
주익면적 27.87㎡
자체중량 8,273kg
최대이륙중량 19,155kg
엔진 GE F110-GE-100 터보팬(28,984파운드) × 1
PW F100-PW-220 터보팬(23,770파운드) x 1
최대속도 마하 2.02
실용상승한도 50,000피트
최대선회율 초당 19.2도(마하 0.85)
최대항속거리 3,943km
무장 M61A1 20mm 기관포(탄약수 511발), AIM-9 사이드와인더, AIM-120 암람
AGM-65 매버릭, AGM-88 함
하드포인트 9개소에 6,895kg 탑재
항전장비 AN/APG-68(V)1 레이더, ALR-56M RWR, GPS-INS, ALE-47 CFD
승무원 1명(D형은 2명)
초도비행 1988년 12월 23일(F-16C 블록 40)
1989년 2월 8일(F-16D 블록 40)
1989년 4월 25일(F-16C 블록 42)
1989년 5월 26일(F-16D 블록 42)

개발배경

F-16C/D가 본격적으로 미 공군의 주력 다목적 전투기로 자리 잡아감에 따라 여러 가지 능력이 요구되었다. 이에 따라 MSIP Ⅲ의 일환으로 F-16C/D의 새로운 블록에 야간작전수행능력을 부여했다.

이렇게 야간 악천후 작전능력을 가진 블록40/42(별명 "나이트 팰컨")가 등장했는데, 공군은 원래 블록40/42를 F-16G로 명명할 예정이었다. 그러나 의회가 F-22 이외의 새로운 전투기 개발에 반대 입장을 표명함에 따라 공군은 블록40/42에 새로운 명칭을 부여하지 않기로 했다. 그럼에도 불구하고 공군 내부적으로 블록40/42를 F-16CG/DG로 분류하기도 한다.

특징

블록40/42의 핵심 장비는 랜턴(야간 저고도 항법) 및 적외선 장비이다. AN/AAQ-13 항법포드와 AN/AAQ-14 타게팅 포드로 구성되는 랜턴을 장착함에 따라 블록40/42는 야간비행과 레이저유도폭탄 정밀조준이 가능해졌다. 또한 AN/APG-68(V)1 레이더와 함께 새로운 사격통제레이더를 장착하여 대지공격능력을 향상시켰다.

또한 F-16C/D 블록40/42는 전술기 가운데 최초로 GPS-INS 장비를 내장했다. 또한 저고도 지형추적비행을 돕기 위해 랜턴과 연동하는 디지털비행제어 시스템도 채용했으며, 야간비행을 돕기 위해 랜턴의 적외선영상이 신형 광시야 HUD에 표시되도록 했다.

블록40/42는 최대이륙중량과 저고도비행을 소화할 수 있도록 기골을 강화하여 9G 하중이 12,200kg에서 12,927kg으로 증가했다.

이후 블록40/42는 슈어 스트라이크/골든 스트라이크 패키지 개수를 통해 야간작전능력이 향상되었고, 양자 간 영상전송시스템도 탑재하고 있다. 또한 블록40/42는 공통사양개량사업(Common Configuration Implementation Program: CCIP)의 대상이기도 하다.

운용현황

블록40/42는 1988년 12월부터 미 공군에 인도되기 시작하여, 최초로 제59전술전투비행단에 배치되었다. 미 공군은 블록40 C/D형을 234/31대, 블록42C/D형을 150/47대 인도받았다. 블록40/42는 바레인, 터키, 이스라엘, 이집트에도 판매되었으며, 1988년부터 1995년까지 모두 744대가 생산되었다.

1991년 걸프전에 참가한 F-16A/C형 249대 가운데 상당수가 야간전투능력을 갖춘 블록40이었다. 다만 당시 랜턴의 수가 부족하여 F-15E를 위주로 랜턴을 장착했기 때문에 랜턴을 장비한 블록40의 수는 적은 편이다.

변형 및 파생기종

블록40/42 CCIP | 미 공군의 F-16에 공통사양개량사업(CCIP)으로 탄생한 블록40/42 CCIP는 미 공군의 주력 F-16C/D의 블록40/42와 초기형 블록50/52를 조종석, 항전장비, 기체성능 등을 공통사양으로 개량한 기체이다.

미국 | 록히드마틴(GD) |

F-16CJ/DJ 블록50/52 파이팅 팰컨

Lockheed Martin(GD) F-16CJ/DJ Block 50/52 Fighting Falcon

F-16C Block 50/52

형식 단발 터보팬 다목적 전투기

전폭 9.8m

전장 14.8m

주익면적 27.87㎡

자체중량 8,273kg

최대이륙중량 19,155kg

엔진 GE F110-GE-129 터보팬(29,588파운드) × 1
PW F100-PW-229 터보팬(29,100파운드) x 1

최대속도 마하 2.02

실용상승한도 60,000피트

최대선회율 초당 19.2도(마하 0.85)

최대항속거리 4,215km

무장 M61A1 20mm 기관포(탄약수 511발), AIM-9 사이드와인더, AIM-120 암람
AGM-65 매버릭, AGM-88 함
하드포인트 9개소에 6,895kg 탑재

항전장비 APG-68 레이더, ASQ-213 HTS, APX-113 IFF, ALR-56M RWR, GPS-INS, ALE-47 CFD

승무원 1명(D형은 2명)

초도비행 1991년 10월 22일(F-16C 블록 50)
1992년 4월 1일(F-16D 블록 50)
1992년 10월 22일(F-16C 블록 52)
1989년 11월 24일(F-16D 블록 52)

개발배경

F-16A에 비해 F-16C 블록42는 무려 1톤가량 무게가 증가했지만, 엔진 추력은 거의 그대로였다. 게다가 무장탑재량도 계속 증가했을 뿐만 아니라 저공비행을 하기 위해서는 강력한 엔진을 장착하는 것이 절대적으로 필요했다. 이에 따라 엔진성능향상(Increased Performance Engine: IPE)사업을 실시했으며, 사업후보로 GE의 F110-GE-129와 PW의 F100-PW-229를 선정해 블록 50/52에 탑재했다.

특징

블록50/52는 항전장비도 강화하기 위해 초고속집적회로(VHSIC) 기술이 적용된 AN/APG-68(V)5 레이더를 장착했으며, 이후 생산된 기체에는 AN/APG-68(V)7과 (V)8 레이더를 장착했다.

이외에도 항전장비로 모듈러 임무컴퓨터를 채용하여 임무에 따라 대용량(128kb) 데이터 트랜스퍼 카트리지를 장착할 수 있도록 했다. 또한 신세대 정밀유도무기를 제어하기 위해 MIL-STD-1760 데이터버스를 탑재했다. 또한 조종석을 글래스 콕핏화하여 과거 블록40/42에까지 어지럽게 혼재되어 있던 아날로그 계기판을 다기능 스크린으로 교체했고, 야시경을 쓴 상태에서도 모든 계기를 충분히 확인할 수 있게 되었다.

무장 면에서는 AIM-120 암람 미사일을 본격적으로 탑재했으며, AGM-65G 매버릭 미사일과 함께 PGU-28/B 20mm SAPHEI(Semi Armour Piercing High Explosive Incendiary)탄을 운용할 수 있게 되었다.

블록50/52는 최신 기종임에도 랜턴을 장비하지 않았는데, 야간 전천후 공격임무는 블록40/42의 몫이었기 때문이다.

한편 미 공군은 F-16의 마지막 기체(01-053)를 2005년 3월 18일 인수하면서 2,231대로 도입을 종료했다.

운용현황

F-16C 블록50/52는 1993년 5월부터 미 공군에 인도되기 시작했다. 미 공군은 블록50 C/D형 190/42대, 블록52 C/D형 28/12대를 도입했다.

해외 도입국으로는 터키, 그리스, 칠레가 블록50을 도입했으며, 한국, 싱가포르, 그리스, 폴란드, 이스라엘이 블록52를 도입했다.

변형 및 파생기종

블록50D/52D 와일드위즐 | F-4G 와일드위즐을 교체하여 SEAD(적방공망제압) 임무를 수행하는 블록50/52 기종. SEAD 임무를 위해 AGM-88B HARM 대레이더 미사일을 장착하고 AN/ASQ-213 HTS (HARM Targeting System: HARM 광전자 조준장치)와 함께 HARM 사격통제컴퓨터를 탑재했다.

블록50/52 CCIP | 미 공군의 F-16에 공통사양개량사업(CCIP)으로 탄생한 기체. 블록50/52 CCIP는 미 공군의 주력 F-16C/D의 블록40/42와 초기형 블록50/52를 조종석, 항전장비, 성능 등을 공통사양으로 개량한 기체이다. 블록50/52 251대를 대상으로 한 제1단계 CCIP에서는 APX-113 IFF를 탑재하여 BVR 능력을 향상시켰으며, 스나이퍼-XR(최신 타게팅포드)을 장착하여 12,000m 상공에서도 조준능력을 갖게 되었다. 한편 2003년 7월에 역시 블록50/52를 대상으로 시작된 제2단계 CCIP에서는 링크16 MIDS(다기능정보분산 시스템)과 JHMCS(헬멧장착시현장치)를 장착했다. 한편 블록40/42 전 기종에 대한 제3단계 CCIP는 2005년에 시작되었다.

블록50/52+ | 블록50/52에 최신예 장비를 장착한 후기형. CBU-103/104/105 WCMD, AGM-154 JSOW, GBU-31/32 JDAM을 운용할 수 있으며 JHMCS도 장착되었다. 또한 컨포멀 연료탱크(CFT)를 장착해 행동반경이 늘어났다. 2002년 4월부터는 탐지거리가 30% 향상된 APG-68(V)9 레이더를 장착해 첫 기체를 그리스 공군에 인도했다. 이후 이스라엘 공군도 블록 52+사양의 기체를 도입했다. 레이더는 APG-68(V)X 레이더를 장착하며, 항전장비와 무장 일부는 자국산을 채용했다.

미국 | 록히드마틴 | # F-16E/F 블록60

Lockheed Martin **F-16 E/F Block 60**

F-16E/F Block 60

형식 단발 터보팬 다목적 전투기
전폭 9.45m
전장 15.05m
전고 5.09m
주익면적 25㎡
자체중량 13,155kg
최대이륙중량 20,865kg
엔진 F110-GE-132 터보팬(32,500파운드) x 1
최대속도 마하 2.02
실용상승한도 55,000피트
전투행동반경 1,500km 이상 (Hi-Hi-Hi)
무장 20mm M61 기관포 1문
AIM-9, AIM-120 암람/AIM-132 아스람 공대공미사일
AGM-84E SLAM, JSOW, JDAM 등
항전장비 APG-80 AESA 레이더, ASQ-28 IFTS
승무원 1명
초도비행 2003년 12월 5일

개발배경

전투기의 베스트셀러인 F-16은 아직까지도 일선을 지키며 더욱 새로운 F-16E/F로까지 발전했다. F-16E/F는 블록60 사양을 가리키는 것으로 블록50보다 월등한 항전장비와 컨포멀 연료탱크를 장착하여 전혀 다른 기체로 탄생하면서 기존의 C/D라는 명칭 대신 E/F라는 명칭을 얻게 되었다.

사실 F-16E/F는 아랍에미리트의 장거리 전투폭격기 80대 도입 사업 때문에 등장하게 되었다. 이 사업에는 라팔이나 유로파이터 같은 강력한 경쟁자들이 포진하고 있어 경쟁이 쉽지 않았는데, 원래 록히드마틴은 과거 F-15E와 경쟁했던 F-16XL로 이 사업에 참여하려고 했다. 그러나 F-16I 블록52에서처럼 컨포멀 연료탱크를 장착하여 항속거리를 늘리는 대안이 실효성을 거두자, 방향을 전환하여 기존의 블록50 기체에 첨단 항전장비를 탑재한 F-16C/D 블록60/62를 제안한 데서 F-16E/F가 탄생하게 되었다.

특징

F-16E/F는 기존의 F-16과 실루엣은 유사하지만, 전혀 다른 전투기로 바뀌었다. 조종석 내부는 5×7인치 대형 컬러 디스플레이 3개에 광시야 HUD와 DASH-Ⅳ 헬멧조준장비를 갖추고 있다. 한편 엔진으로는 GE의 F110-GE-132를 장비하여 애프터버너 추력으로 무려 32,500파운드를 낼 수 있게 되었다.

특히 항전장비 면에서는 APG-80 AESA 레이더를 장착하여 제4.5세대 전투기로 다시 태어나게 되었다. 또한 ASQ-28 통합 FLIR 조준장치(IFTS)를 내장하여 정밀조준뿐만 아니라 대공감시 등 다양한 목적으로 사용할 수 있으며, 전자전장비까지 내장하여 랜턴과 ASPJ를 별도로 외부에 장착할 필요가 없게 되었다.

무장 면에서는 기존의 블록50에 탑재하는 무장에 더하여 ASRAAM 운용능력을 부여했으며, 이외에도 JSOW, SLAM 등을 운용할 수 있게 되었다.

운용현황

현재 최대 F-16E/F 운용국은 아랍에미리트로, F-16E/F 블록60을 80대 도입하고 있다. 도입하는 기체는 단좌 E형 55대와 복좌 F형 25대이다. 사막의 척박한 환경에서 운용할 아랍에미리트의 F-16E/F는 "데저트 팰컨(Desert Falcon)"으로 명명되었으며, 신뢰성 있는 운용을 위해 GE의 F110-GE132 엔진을 채용했다.

F-22A 랩터

Lockheed Martin **F-22A Raptor**

F-22A

형식 쌍발 터보팬 스텔스 제공전투/종심타격기

전폭 13.56m

전장 18.90m

전고 5.08m

주익면적 78.04㎡

자체중량 14,379kg

최대이륙중량 36,288kg

엔진 F-119-PW-100 터보팬(35,000파운드) x 2

최대속도 마하 2.5 이상(초음속 순항속도 마하 1.6 이상)

실용상승한도 50,000피트 이상

전투행동반경 2,177km

무장 20mm M61A2 기관포 1문
AIM-9 사이드와인더 2발(측면무장격실)
AIM-120 암람 6발 / 암람 2발 +
1,000파운드급 폭탄 2발(중앙무장격실)
비스텔스 무장시 외부 하드포인트 4개 사용 가능

항전장비 APG-77 AESA, IFDL, INEWS 등

승무원 1명

초도비행 1990년 9월 29일(YF-22)
1997년 9월 7일(EMD F-22)

개발배경

전승무패를 자랑하는 세계 최강의 전투기 F-15와 임무를 교대하여 21세기의 제공권을 장악할 목적으로 만들어진 전투기가 바로 F-22A 랩터다.

차기 주력 전투기 ATF(Advanced Tactical Fighter)의 제안요구서(RFP)가 발행된 것이 1981년으로 이때로부터 무려 10년간 선정사업이 실시되었다. 결국 록히드-제너럴 다이내믹스-보잉의 YF-22가 노스럽-맥도넬더글러스의 YF-23을 제치고 ATF 사업자로 선정되었다. ATF 사업으로 말미암아 미국의 전투기 제조사들은 이합집산과 M&A를 거듭하며 미국 항공산업의 구조를 개편하기에 이르렀다.

ATF는 제공임무뿐만 아니라 정밀유도병기를 사용한 공대지 항공차단작전까지 수행할 수 있는 다목적 전투기로 계획되었다. 또한 목표를 발견하고 공격·파괴하는 데 필요한 스텔스성과 강력한 추력에서 비롯되는 고기동성, 레이더 조준 소형 대공화기의 사정거리 밖에서의 초음속 순항 능력, 발견되더라도 지대공미사일에 반격의 기회를 주지 않고 고속으로 목표를 공격할 수 있는 능력이 요구되었다. 엔진은 1983년에 초기 설계계약을 통해 1986년 7월 PW5000과 GE37이 각각 F119, F120으로 경쟁에 돌입했다.

선정 과정은 경쟁사를 선정한 후 경쟁 모델의 시연을 평가하는 순서로 진행되었다. 이에 따라 1986년 10월 YF-22의 록히드 컨소시엄과 YF-23의 노스럽 컨소시엄 2개 팀을 경쟁 시작사로 선정했다. YF-22의 프로토타입 1호기는 노스럽 YF-23보다 늦은 1990년 9월 30일에 초도비행을 하고 평가에 들어갔다. 그리고 1991년 4월 23일, 미 공군은 록히드 YF-22와 P&W YF-119를 선정하기에 이르렀다.

선정 이후 사업 진행은 선행 양산(Engineering and Manufacturing Development: EMD) 후 양산기 생산이라는 순서로 진행했다. EMD 단계에서는 F-22A(단좌형) 7대와 F-22B(복좌형) 2대, 지상시험용 2대를 제작할 예정이었으나 개발비 절감에 따라 복좌형은 취소하고 단좌형 9대로 변경했다. EMD 1호기는 1997년 4월 9일에 롤아웃하여 같은 해 9월 7일에 초도비행을 했다.

특징

F-22의 형상은 스텔스성을 추구하고 성능, 비행성, 경량의 구조가 조화를 이루고 있다. 기술시범기인 YF-22와 비교하면 주익의 면적은 같지만 익폭이 커졌으며, 평면형도 다이아몬드형으로 바뀌었다. 동체는 좀 더 짧아졌고 기수의 형상을 변경했으며 랜딩기어도 재배치했다. 수직미익은 높이와 면적이 작아졌다. 동체 위의 에어브레이크는 없앴으며, 보조익과 방향타의 비대칭 조작으로 속도를 줄이도록 했다.

주익의 평면형은 테이퍼비 0.169의 다이아몬드형으로 앞전 후퇴각 42도, 뒷전의 전진각 17도(익단부 42도) 하반각 3.25도이다. 새로 설계된 주익형은 익단에서 4.92%, 익근부에서 5.92%의 두께 비를 가진다. 앞전에는 전체 날개폭에 걸쳐 플랩을 설치했고, 뒷전에는 작은 크기의 보조익과 플랩을 설치했다. 주익과 오버랩이 되도록 배치한 대형 수평미익(각 5.3m²)과 28도로 기울어진 수직미익(각 8.3m²)은 기동성 향상에 기여한다. 미익의 익형은 볼록렌즈형이고, 엔진의 공기흡입구는 고정식으로 동체 측면에 평행사변형으로 설치되어 있다.

F-22A는 F/A-18E/F처럼 스텔스 기술을 적용한 고정식 공기흡입구를 채택했다. 제트 노즐은 2차원의 추력변향형으로 80° 이상의 고받음각에서 기동성 향상에 기여한다. 기체

의 구조 재료는 알루미늄 합금 16%, 티타늄 합금 39%, 강철 합금 5%, 열가소성 수지 1%, 열경화성수지 24%, 기타 소재 15%로 구성되어 있다.

조종계통은 기계식 백업이 없는 3중 계통의 디지털 플라이-바이-와이어 방식이다. 유압은 4000psi의 고압 2중 계통이며, 작동 실린더는 각 타면에 1개씩 배치했다. 추력변향 노즐의 조작 및 조종계통의 조작은 VMS(Vehicle Management System)와 서브시스템인 IVSC(Integrated Vehicle Subsystem)으로 통합되어 있고, 각종 계기와 센서는 양방향 디지털 버스로 연결된다.

레이더는 APG-77 AESA 레이더를 채용했다. APG-77 레이더는 LPI 능력이 강화된 스텔스 레이더로, 능동탐색시 최대 250km 떨어진 적의 위치와 정보까지 파악할 수 있어 미니 AWACS라고까지 평가되기도 한다.

또한 F-22A는 미군의 차기전 지침인 네트워크전에 충실하여 IFDL(Inter/Intra-Flight Data Link)을 통해 표적 및 시스템 정보를 자동으로 공유할 수 있다. 이에 따라 편대비행전술에 구애될 필요 없이 자유로운 작전기동이 가능해졌다. F-22는 IFDL과 INEWS, 기타 ECM 장비를 통합함으로써 통신과 전자전 장비의 완벽한 통합을 이루고 있다.

임무컴퓨터는 300~650MB의 용량과 2000Mpis의 성능을 지니고 있다. 조종석 정면에는 레이저 홀로그래픽을 응용한 광학 HUD가 있다. 계기판의 정면에는 20cm 크기의 컬러 액정 디스플레이가 사용된 PFD(주요항목표시 다기능 표시기)가 있고, 양측에는 15cm 크기의 SMFD(보조다기능 표시기)가 있다.

무장은 스텔스성을 위해 모두 내장했다. 20mm 발칸포에 더하여 좌·우측 무장격실에 AIM-9을 각 1발씩 장착하고, 중앙무장격실에는 AIM-120 암람 6발 또는 1,000파운드급 공대지 정밀유도무기를 장착한다. 특히 F-22는 이런 투발식 무기를 초음속에서도 정밀투하할 수 있는 능력을 갖추고 있어 전장 생존성을 극대화했다.

운용현황

F-22A는 2005년 12월 버지니아주 랭글리 공군기지의 제27전투비행대대에 최초로 실전배치된 이후 동년 12월 15일 초도작전능력을 인증받고 작전운용에 들어갔다. 미 공군은 381대를 도입하길 원하고 있으나 국방부는 183대분의 예산만을 할당하고 있어, F-22A 전투비행대대는 7개로 한정될 것으로 보인다. 한편 이스라엘과 일본이 F-22A를 구매하길 원하고 있으나, 수출제한법령에 묶여 해외 판매가 이루어지기 어려울 것으로 보인다.

F-22A는 아직 실전투입 사례는 확인되고 있지 않으나, 미군의 연합모의훈련에 참가하여 놀라운 기록을 과시하고 있다. 특히 2006년 6월에는 노던엣지 훈련에 참가하여 미 공군·해군의 현용 주력기들을 상대로 144 대 0의 격추교환율을 기록하며 가공할 능력을 과시했다.

한편 F-22는 2004년, 2009년, 2010년 세 차례 추락사고로 2명이 사망했다. 미 공군은 사고 원인을 산소발생장치(OBOGS) 결함으로 판단하고 재설계를 통해 문제를 해결했다고 한다.

변형 및 파생기종

블록10 | 초도작전능력형. 공대지 능력이 아직 포함되지 않은 초기생산분이다.

블록20 | 글로벌 스트라이크(범지구적 타격) 기본형. 1,000파운드급 JDAM 운용능력을 갖췄다.

블록30 | 글로벌 스트라이크 완성형. SDB 등 첨단 공대지 무장 운용능력을 통합했다. 블록30은 2007년 태평양 사령부에 배치되었다.

블록35 | 글로벌 스트라이크 발전형. AIM-120D 슈퍼 암람, AIM-9X 슈퍼사이드와인더 등 차세대 공대공 무장운용능력을 통합했다. 더 나아가 구상 중인 블록50에는 EF-111을 대신하여 F-22에 APG-77 레이더를 통한 전자전 공격능력을 부여하는 방안도 논의되고 있다.

미국 | 록히드마틴 |

F-35 라이트닝II

Lockheed Martin **F-35 LightningII**

Ⓐ**F-35A** Ⓑ**F-35B** Ⓒ**F-35C**

형식 Ⓐ스텔스 다목적전투기 Ⓑ스텔스 STOVL전투기 Ⓒ스텔스 함상전투기

전폭 ⒶⒷ10.67m Ⓒ13.10m

전장 ⒶⒷ15.40m Ⓒ15.48m

전고 ⒶⒷ4.57m Ⓒ4.78m

주익면적 ⒶⒷ42.7㎡ Ⓒ57.6㎡

자체중량 Ⓐ12,020kg ⒷⒸ13,608kg

엔진 PW F135 / GE F136(40,000파운드) x 1

최대속도 마하 2.0 이상

실용상승한도 60,000피트

최대항속거리 Ⓐ2,222km Ⓑ1,667km Ⓒ2,593km

무장 25mm GAU-12/U 기관포 1문(F-35B는 포드외장식)
AIM-9X, AIM-120B/C 암람 AIM-132 아스람 등 공대공 무장
범용폭탄, CBU, JDAM, LGB, JSOW, SDB 등 공대지 무장 등

항전장비 APG-81 AESA 레이더, EOTS, DAS, JHMCS 등

승무원 1명

초도비행 2006년 12월 15일(양산프로토타입 AA-1)

개발배경

JSF(Joint Strike Fighter) 사업, 즉 3군통합전투기사업은 21세기 최대의 국방획득사업으로, 미 공군·해군·해병대의 3군에 더하여 영국을 비롯한 8개국이 참가한 전투기공동개발계획이다. 클린턴 행정부 시절 애스핀(Aspin) 국방장관이 방위력 전면검토에서 각 군이 별도의 전투기사업을 통해 예산을 낭비하기보다는 "공동구매"를 통해 예산을 줄이자고 주장한 데서 시작되었다.

여기에 미 의회가 모든 전투기개발사업을 한데 묶는 법안을 제출하면서 3군통합전투기사업은 급물살을 타고 진행되어 1996년 RFP(제안요구서)를 발표하기에 이렀다. 그리고 1996년 11월 기술입증단계에 참가한 3개사 가운데 보잉과 록히드마틴이 선정되었다. 2개사는 각각 X-32와 X-35란 명칭으로 2대의 기술시범기를 제작하는 계약을 체결했다.

이후 2개사의 기술시범기들은 개념시연을 통해 각 모델의 능력과 가능성을 과시했는데, 성능비교비행이 아닌 개념시연이었기 때문에 YF 코드를 부여하지 않은 'X-플레인'들의 경쟁이었다. 경쟁사들의 개념시연은 2000년 9월에 시작되어 2001년 8월에 끝났으며, 그 결과 2001년 10월 26일 JSF 사업은 록히드마틴의 승리로 끝났다. 이에 따라 X-35는 F-35로 재분류되었으며, 라이트닝Ⅱ로 명명되었다.

특징

F-35는 F-22와 비슷한 형태이며 주익에 수평미익과 쌍수직미익을 조합하여 기술적인 위험을 피하고 있다. STOVL형은 콕핏의 뒤쪽에 묻혀 있는 리프트팬이 엔진에 연결된 구동축을 회전시켜 이륙 양력의 약 47%를 담당하며(루버를 움직여 추력의 방향을 조절 가능하다), 아래쪽으로 굽은 메인 노즐이 35%를, 주익의 익근부에 돌출된 롤콘트롤 노즐이 9%의 양력을 발생시키도록 되어 있다.

F-35의 추진체계로는 PW의 F135와 GE의 F136 엔진이 생산되는데, 모두 4만 파운드의 강력한 추력을 갖는 엔진들이다. 다만 F-35는 F-22 랩터와는 달리 슈퍼크루즈 기능을 갖고 있지 않다.

F-35는 제5세대 전투기답게 스텔스 성능에 더하여 뛰어난 항전장비를 갖추고 있다. APG-81 AESA 레이더를 비롯하여 통합광학센서인 EOTS(전자광학조준장비)와 DAS(분산형개구장치)를 갖추고 있어 뛰어난 방어능력과 목표획득능력을 보유하고 있다. 이에 따라 F-35는 NT-ISR(비전형적 정보감시정찰자산)으로 분류되기도 한다.

무장으로는 F-22에서 탑재할 수 없었던 GBU-31이나 JSOW와 같은 2,000파운드급 폭탄을 내부 폭탄창에 수납할 수 있어 본격적인 스텔스 폭격능력을 보유하게 되었다. 미군의 각종 현용 무장에 더하여 각종 아스람, 스톰섀도우, 브림스톤 등 각종 연합국 무장까지도 통합할 수 있어 다양한 무장이 가능하다.

F-35는 21세기 미국의 유일한 유인전투기사업이 될지도 모를 JSF에 선정됨으로써 미국 내에서 유일하게 21세기 중반까지 생산하는 유인전투기가 될 전망이다.

운용현황

미국의 3개 군에서 동시에 실시하는 획득사업이므로 F-35의 도입예정수는 합계 2,443대에 이른다. 현재 미 공군이 F-15 제공형, F-16, A-10을 대체할 전투기로 1,763대를, 미 해군·해병대가 F/A-18과 AV-8B의 대체기로 680대를 요구하고 있다. 또한 영국 공군·해군은 F-35B 138대를 획득할 계획이다. F-35는 저율양산 도중인 2013년 1월에 이미 100번째 양산기체를 생산했다. A형은 2016년 8월, B형은 2015년 7월, C형은 2018년 8월에 초도작전능력을 인증받아 실전배치를 시작할 예정이다.

잠재 고객이 많아 F-35는 F-16을 뛰어넘는 베스트셀러 전투기가 될 전망이다. 일본은 2011년 12월 19일 항공자위대의 차기 전투기로 F-35A 42대를 도입하기로 결정하고, 이에 따라 미국 생산기체 4대를 2017년부터 수령하여 2023년까지 잔여분의 자국 조립생산을 마칠 예정이다.

변형 및 파생기종

F-35A | 공군용 CTOL형. 리프트팬 수납 부분에 연료탱크를 증설하여 항속거리를 늘렸다.

F-35B | 해병대용 STOVL형. 롤스로이스의 리프트팬 시스템을 장착하여 수직이착륙이 가능하다.

F-35C | 해군용 STOL형. 주익의 폭이 커지고 앞전 플랩의 면적을 확대했다.

블록1 | 생산표준형. JDAM과 AIM-120 운용능력을 보유했다.

러시아 | 미코얀 | **MiG-21 피쉬베드**

Mikoyan **MiG-21 Fishbed**

MiG-21bis Fishbed-L

형식 단발 터보젯 다목적 전투기
전폭 7.15m
전장 15.76m
전고 4.125m
주익면적 23㎡
최대이륙중량 9,660kg
엔진 투만스키 R-25-300 터보젯 (15,653파운드) × 1
최대속도 마하 2.2
실용상승한도 62,300피트
전투행동반경 500km
무장 30mm 기관포 1문
R-13M(AA-2d) R-60M(AA-8 공대공 미사일, Kh-23(AS-7 케리) 등 각종 지대공무장
하드포인트 5개소에 2,000kg 탑재 가능
항전장비 제이버드 레이더, RWR
승무원 1명(D형은 2명)
초도비행 1956년(MiG-21 YE-5)
1971년(MiG-21bis)

개발배경

구소련의 대표적인 전투기인 MiG-21은 1956년에 프로토타입기가 첫 비행한 이래 소련에서 약 10,000대, 중국, 인도, 체코 등에서 3,000대 이상이 생산된 사상 최다 생산 초음속 전투기로서 사용국만도 50개국 이상이나 된다. MiG-21의 초기 프로토타입인 YE-4는 1955년 6월 16일에, 두 번째 프로토타입인 YE-5는 1956년 1월에 첫 비행을 했으며 1959년에 부대 배치가 시작되었다. 이후 MiG-21은 꾸준한 개량을 통해 전천후 다목적 성능을 추구하면서 동구권 국가의 주력 전투기로 자리 잡았다.

특징

MiG-21의 특징이자 장점은 소형 경량을 추구하여 단순한 구조 및 장비, 낮은 가격, 쉬운 조종성, 높은 기동력 등을 갖추고 있다는 것이다. 그러나 FCS를 비롯한 전자장비와 무장은 매우 빈약한 수준이며, 다용도성이 부족하고 항속거리도 매우 짧다. 그 이유는 추력이 강력한 대형 엔진을 장비한 대신 기체의 크기를 최소한으로 줄여 1차적으로 최대속도 및 가속성능을 높이고 상대적으로 연료 및 무장탑재 능력을 희생시켰기 때문이다. 소형, 경량에 저렴한 가격, 우수한 상승력과 가속성을 지닌 MiG-21은 빈약한 전자장비와 무장탑재량, 항속거리를 보완하기만 하면 아직도 성능 면에서 크게 손색이 없다.

운용현황

MiG-21은 무려 10,000대 이상이 제작되어 초음속 항공기로서는 생산대수가 가장 많은 것으로 평가된다. 현재 쿠바, 베트남, 캄보디아, 앙골라, 수단, 소말리아, 리비아, 우간다 등 20여 개국에서 운용 중이다. 중국은 MiG-21의 복제판인 J-7을 생산하여 아직까지도 운용하고 있다. 현재 북한 공군의 주력기종 또한 MiG-21로, 중국제 J-7을 포함하여 200여 대를 운용중인 것으로 알려졌다. 한편 북한은 MiG-21bis 동체 2대와 엔진 15개를 쿠바로부터 밀수하려다가 2013년 7월 15일 파나마 당국에 발각되기도 했다.

MiG-21은 특히 베트남전에서 뛰어난 성과를 거두면서 미 공군과 해군을 위협했다. 이로 인해 공군에는 레드플래그, 해군에는 탑건과 같은 과정이 생겨났을 정도였다. 또한 유일한 B-52 폭격기 격추기록도 베트남전에서 MiG-21이 세운 것이었다. 또한 이집트, 시리아, 이라크 등 중동국가들도 MiG-21을 도입하여 이스라엘과 교전했다. 이집트와 리비아의 1977년 분쟁에서는 이집트의 MiG-21이 AIM-9 사이드와인더를 운용하기도 했다.

MiG-21은 현재 각종 현대화 개량계획이 진행 중이며, 미코얀 설계국의 MiG-21-93(인도 채택), 엘비트의 MiG-21 랜서(루마니아 채택), IAI의 MiG-21-2000 등이 발표되었다.

변형 및 파생기종

MiG-21F 피시베드-B	MiG-21의 초도저율생산형. 투만스키 R-11(추력 5,740kg)을 장비한 주간 요격형이다.
MiG-21F-13 피시베드-C	MiG-21의 최초 양산형으로 주간 단거리 전투기. AA-2 아톨 미사일과 30mm NR-30 기관포를 장비했다. 중국의 청두 J-7/F-7의 기본이 된 모델이다.
MiG-21PF 피시베드-D	MiG-21의 두 번째 양산형으로 전천후 단좌전투기. 1962년부터 등장했으며 RP21 사피르 레이더를 장착했다.
MiG-21PFM 피시베드-F	레이더와 엔진을 강화한 모델.
MiG-21S	1965년에 등장. 전자장비를 개량하고 하드포인트를 4개소로 늘려 레이더 유도미사일과 폭탄을 탑재할 수 있다.
MiG-21MF 피시베드-J	엔진을 R-13-300(649kg)으로 바꾸고 동체 아랫면에 건팩을 추가하여 대지공격 능력을 강화했다.
MiG-21M	MiG-21의 수출형으로 인도가 국산화했다. R-11E 엔진을 장비했다.
MiG-21SMT 피시베드-K	MiG-21의 다목적 단좌형. 도설 스파인을 대형화했으며, 투만스키 R-13 터보젯 엔진을 장착했다. ECM 능력 또한 향상시켰다.
MiG-21bis 피시베드-L	MiG-21의 최종 생산형으로 다목적 단좌전투기. 투만스키 R-25-300 엔진을 장착했다.

MiG-23 플로거

Mikoyan-Gurevich **MiG-23 Flogger**

MiG-23MLD Flogger-K

형식 단발 터보젯 다목적 가변익 전투기
전폭 7.15m
전장 16.7m
전고 4.125m
주익면적 37.35㎡ (34.16㎡)
최대이륙중량 18,030kg
엔진 R35-300 터보젯(28,700파운드) × 1
최대속도 마하 2.35
실용상승한도 60,695피트
전투행동반경 1,150km
무장 23mm GSh-23L 기관포 1문(200발) R-23(AA-7 아펙스) /R-73(AA-11 아처) 공대공미사일 R-60M(AA-8 아피드) /R-77(AA-12 애더) 공대공미사일 하드포인트 5개소에 2,000kg 탑재 가능
항전장비 사피르-23MLA-11, SOS-3-4, SPO-15 RWR
승무원 1명(플로거-C는 2명)
초도비행 1967년 6월 10일(프로토타입 23-11/1) 1972년(MiG-23M 플로거-B)

개발배경

MiG-21은 기동성이 뛰어난 전투기였지만, 원시적인 레이더와 짧은 항속거리, 제한된 무장탑재능력으로 인해 작전상 제약이 많았다. F-4 팬텀에 대항할 만한 강력한 기체로 미그 설계국이 내놓은 기체가 바로 MiG-23이었다.

MiG-23은 다용도 전투기로서 1964년에 개발을 시작했다. 가변익(25% 익현에서 16도~72도까지 수동으로 변경)을 채택하여 마하 2급의 고속성능과 단거리이착륙 성능을 모두 갖추었다. 또한 신형 레이더를 장착하여 룩다운/슛다운 능력을 갖추고 BVR 미사일을 발사할 수 있었으며, MiG-21보다 높은 항속성능과 무장탑재량을 지녔다.

특징

MiG-23은 다른 구소련 전투기와 비교할 때 비교적 FCS와 무장을 충실하게 갖추고 있다. J밴드의 하이라크 레이더는 펄스도플러 방식으로 어느 정도의 룩다운 능력도 지니고 있으며, 수색거리는 85km, 추적거리는 54km이다. 동체 아래에는 2연장의 GSH-23 기관포를 장착하며 공대공미사일로는 SARH 방식 미사일과 적외선 유도방식 미사일을 모두 탑재한다. 수출형의 경우 레이더는 MiG-21과 같은 제어버드 레이더를 장착하며 공대공미사일도 AA-2 아톨을 장비한다. 무장 스테이션은 동체 아래에 3개소, 주익 고정부 아래에 2개소이며, 가동익의 파일런에는 낙하탱크만 장착한다.

1990년대 말 잔존하는 기체들을 위해 개량된 사피르/모스킷 레이더와 R-77 미사일을 탑재하는 MiG-23-98 업그레이드 패키지가 제공되었는데, 현재까지 앙골라만 채용한 것으로 알려져 있다.

운용현황

MiG-23/-27 시리즈는 총 5,000대 이상(그중 지상공격형은 약 1,000대) 생산되었으며, 바르샤바 조약국을 비롯하여 리비아, 시리아, 이라크, 인도, 북한, 쿠바 등에 수출·공여되었다. 1990년경 소련 공군에는 MiG-23/27 1,500여 대가 남아 있었지만, 러시아 공군이 발족하면서 대부분 퇴역했다.

MiG-23의 실전기록은 대부분 수출형들이 기록하고 있다. 다운그레이드된 수출형들은 항전장비가 빈약하여 이스라엘이나 미 공군의 희생양이 되었다. 러시아의 주장에 따르면 시리아 공군의 MiG-23이 베카 계곡 전투에서 이스라엘 공군의 F-16 5대와 F-4E 팬텀 2대를 격추시켰다고 하나, 사실 여부는 확인되지 않았다.

변형 및 파생기종

MiG-23S 플로거-A	MiG-23의 최초 저율생산형. R-27F2-300 엔진을 장착했으며, 사피르23 레이더는 개발이 늦어져 RP-22SM 레이더를 장착했다. 60여 대를 생산하여 대부분 시험비행이나 작전능력평가용으로 사용했다.
MiG-21M 플로거-B	MiG-23의 초도양산형. 강력한 R-29-300 엔진을 장착하기 위해 기골을 강화했다. 사피르-23D 레이더(하이라크)와 TP-23 IRST를 탑재했다. 제한적인 룩다운/슛다운 능력을 갖추었다. 개량형인 MF에는 사피르 23P-SH 레이더를 탑재하고 SARH 방식 공대공미사일을 탑재했다.
MiG-23U/UB/UM 플로거-C	MiG-23의 복좌 훈련기형.

MiG-23MS
폴로거-E
| MiG-23의 수출형. 해외 판매를 위해 다운그레이드를 하여 제이버드 레이더를 장착했고, BVR 미사일은 운용할 수 없었다.

MiG-23B
플로거-F
| MiG-23의 대지공격형. 1970년대 초에 배치되었다.

MiG-23BN
플로거-F
| 엔진을 소유즈 R-29(A/B 11,220kg)으로 교체하고 1970년에 완성했다. BN형의 업그레이드형인 BK는 바르샤바 조약국에 대량 수출했다.

MiG-23ML
플로거-G
| 경량화 및 엔진 강화(R-35F-300)로 성능을 향상시킨 모델. 도설핀이 소형화된 것이 특징이다. 1976년부터 1981년까지 생산했다. ML을 바탕으로 항법장치를 디지털화한 P형도 있으나 1998년에 러시아 공군에서 퇴역했다.

MiG-23MLD
플로거-K
| ML의 업데이트 모델로 MiG-23 시리즈의 최종 생산형. 글러브부에 도그투스가 추가된 것이 특징이다. 사피르-23MLA-11 AKA N00 레이더를 장착하여 70km 떨어진 폭격기 크기의 목표물을 탐색할 수 있다. 1984년부터는 AA-11 아처의 운용능력도 부여했다.

MiG-25 폭스배트

Mikoyan-Gurevich **MiG-25 Foxbat**

MiG-25PD Foxbat-E

형식 쌍발 터보젯 제공전투기
전폭 14.01m
전장 19.75m
전고 6.10m
주익면적 61.40m²
자체중량 20,000kg
최대이륙중량 41,200kg
엔진 투만스키 R-15BD-300 터보젯 (19,378파운드) x 2
최대속도 마하 2.83
실용상승한도 67,915피트
최대항속거리 1,865km
무장 R-40R/T 공대공미사일 하드포인트 6개소에 3,000kg 탑재 가능
항전장비 RP-25 레이더, IRST
승무원 1명
초도비행 1964년 3월 6일 (Ye-155R-1)

개발배경

MiG-25는 미국의 XB-70 발키리 전략폭격기에 대항할 요격전투기로 개발되어, 1961년부터 정식으로 설계가 시작되었다. 정찰형의 프로토타입인 YE-155R은 1964년 3월9일 첫 비행을 기록했다. MiG-25는 1967년 에어쇼에서 편대로 등장했으며, 한때는 마하 3의 최고속도를 가진 환상의 전투기로 한동안 취급되었다.

생산개시는 1971년이며 1972년에 구소련의 방공군(PVO)에 배치되었다. 빠른 시간 내에 개발하기 위해 가격이 비싸고 가공이 어려운 티타늄을 최소한으로 줄이고 주구조물로 니켈강을 용접하여 제작했다.

특징

MiG-25는 중간정도의 후퇴각을 가진 주익을 고정형태로 배치하고 2차원 공기흡입구, 쌍수직 미익의 조합으로 볼 때 당시의 전투기와는 다른 선구적인 면을 보여주며 나중에 개발된 F-15도 MiG-25와 비슷한 레이아웃을 지니고 있다. 엔진은 최대 속도일 때 효율이 높은 램제트에 가까운 터보젯 엔진이며 압축비가 낮기 때문에 특히 저공에서 연료소비가 심하다.

1976년 빅터 발렌코 중위가 MiG-25P를 몰고 일본의 하코다테 공항에 내림으로써 "환상의 전투기"의 실체를 서방에 공개했다. 이에 대항하여 소련은 개량형인 MiG-25PD, 그리고 궁극적으로는 MiG-31을 선보이면서 제공권 장악을 위한 노력을 계속했다.

운용현황

MiG-25는 1972년부터 실전배치되기 시작하였으며, 소련 이외에도 이라크, 시리아, 리비아, 알제리 등에 MiG-25P가 인도되었다.

MiG-25는 중동에서 활약했는데, 이스라엘은 F-15를 도입하고 나서야 MiG-25를 요격할 수 있었다. 이후 MiG-25는 이스라엘의 F-15와 교전에서 번번이 격추되었으나, 1991년 걸프전 개전 첫날에는 이라크의 MiG-25가 미 해군 F/A-18을 격추했다. 한편 2002년에는 미 공군의 무인기 MQ-1이 비행금지구역을 비행하던 MiG-25를 격추하기도 했다. 2010년 기준으로 러시아는 모두 42대의 MiG-25를 운용하고 있다. 이외에도 알제리, 아제르바이잔, 카자흐스탄, 시리아 등에서도 운용하고 있다.

변형 및 파생기종

MiG-25P 폭스배트-A	MiG-25의 생산형. 출력 600KW의 폭스파이어 레이더와 AA-6 아크리트를 장비하고 있으며 현재까지도 상당수가 남아 있다.
MiG-25PD 폭스배트-E	MiG-25P의 성능개량형. 레이더를 룩다운이 가능한 RP-25 사피르로 교체하고 IRST를 장착했다. 엔진도 추력 13,970kg으로 강화했다.
MiG-25BM 폭스배트-F	MiG-25의 SEAD형. AS-11 킬터 대레이더 미사일을 탑재했다.
MiG-25R 폭스배트-B	MiG-25의 정찰형. 기수의 레이더 대신 카메라를 장착하고 고속성능을 이용하여 정찰임무를 수행했다.
MiG-25RB	기수 카메라 대신 측시 레이더를 장비했다.
MiG-25PU 폭스배트-C	복좌의 전환훈련형.

MiG-27 플로거

Mikoyan-Gurevich **MiG-27 Flogger**

MiG-27 Flogger-D

형식 단발 터보젯 다목적 가변익 전투기
전폭 13.8m (7.78m)
전장 17.1m
전고 5.0m
주익면적 37.35m² (34.16m²)
최대이륙중량 20,670kg
엔진 R-29-300 터보젯(27,600파운드) × 1
최대속도 마하 1.77
실용상승한도 45,900피트
전투행동반경 780km
무장 30mm GSh-30 기관포 1문(260발)
R-60M(AA-8 아피드)
AS-12, AS-14, AA-8, ECN Pod,
UV-32-57 로켓포드
하드포인트 7개소에 4,000kg 탑재 가능
항전장비 LRMTS, SOKOR-23S, RWR
승무원 1명(플로거-C는 2명)
초도비행 1973년(MiG-27)

개발배경

제공 및 방공전투용으로 사용되는 MiG-23과 달리 지상공격 전용으로 사용되는 MiG-27은 MiG-23의 파생형이지만 MiG-23과는 다른 기체다.

가장 큰 외형상의 차이는 기수의 레이더를 없애고 지상공격용 레이저 거리측정기를 장비해서 기수의 모양이 길고 납작하다는 것이다. 이런 형상을 최초로 채택한 폭격기인 MiG-23B 플로거-F는 1970년 8월 20일에 첫 비행을 했다. MiG-23B는 AL-21F-300(추력 11,500kg) 엔진을 장비한 MiG-23BN(플로거-H), 전자장비를 교체한 MiG-23BM, BK 등으로 발전하다가 공격전용기인 MiG-27의 개발로 이어졌다.

MiG-27 시리즈는 초기형 MiG-27과 개량형 MiG-27K 플로거-D, 전자장비를 신형으로 바꾼 MiG-27D/M 플로거-J, 수출형 L 등이 있다. MiG-27 시리즈는 SOKOR-23S 항법/공격 시스템을 탑재하고 있다.

특징

MiG-23B 시리즈와 MiG-27의 차이점은 MiG-23B는 전투기형과 같은 가변면적 방식의 공기흡입구를 채용한 반면, MiG-27은 구조가 간단한 고정식 공기흡입구를 채용하고 있다는 것이다. 장착 엔진은 MiG-23BN과 같은 R-29B-300으로 애프터버너도 간이 단축형을 사용한다.

기본적인 하드포인트의 수는 5개로 MiG-23B와 같지만, 동체 측면에서 공기흡입구 아래쪽으로 위치를 옮겼으며 후방동체 측면에 보조 하드포인트 2개소를 추가하여 MiG-23B에서 3톤이던 최대 탑재량을 4.5톤으로 증가시켰다.

Kh-29(AS-14 케지)와 같은 공대지미사일을 탑재하며, 고정무장을 23mm GSh-23에서 6포신의 개틀링형 30mm 기관포로 바꿈으로써 A-10에 버금갈 정도로 지상 공격력을 높였다.

운용현황

전투폭격기형의 생산대수는 약 1,000대 이상이며 러시아를 비롯한 동구권 국가에서 널리 사용하고 있다. 해외 최대 보유국으로는 조립생산으로 200대를 도입한 인도 공군을 들 수 있는데, 인도는 2010년 추락사고 이후에 모든 기종을 비행정지시킨 상태이다. 현재 러시아는 MiG-27을 모두 퇴역시킨 것으로 보이지만, 카자흐스탄에서는 여전히 운용 중이다. 또한 스리랑카 공군이 7대를 운용 중인 것으로 알려져 있다.

변형 및 파생기종

MiG-27D 플로거-A	MiG-27의 핵무기 탑재형. PSBN-6S 항법/공격 시스템을 탑재했으며, 미 공군의 F-111처럼 상시 발진 준비를 한다. 약 560대 생산했다.
MiG-27M 플로거-J	플로거-D의 개량형. 글로브 파일런 대신 광전자 및 무선주파장치를 장비하고 있다. 기관포도 23mm에서 30mm로 교체했으며 ECM 능력을 강화했다. 또한 자동비행제어가 가능한 PrNK-23K 항법/공격 시스템을 탑재했다. 약 170대를 생산했다.
MiG-27L 플로거-J	M형의 수출형. 인도에 키트 제작 형식으로 200대를 판매했다.
MiG-27H	인도의 MiG-27L에 프랑스제 항전장비를 장착한 모델. MiG-27L 165대를 H 사양으로 개수했다.
MiG-27K 플로거-J-2	MiG-27 시리즈의 최종 생산형. 레이저 표적지시기를 장착했으며, TV 유도식 무기 운용능력을 부여했다.

MiG-29 펄크럼

Mikoyan-Gurevich **MiG-29 Fulcrum**

MiG-29S Fulcrum-C
형식 쌍발 터보팬 다목적 전투기
전폭 11.4m
전장 17.37m
전고 4.73m
주익면적 38㎡
자체중량 11,000kg
최대이륙중량 21,000kg
엔진 클리모프 RD-33 터보팬(18,300파운드) x 2
최대속도 마하 2.3
실용상승한도 59,060피트
전투행동반경 700km
무장 30 mm GSh-30-1 기관포(150발)
R-27E(AA-10 알라모) /
R-77(AA-12) 공대공미사일
하드포인트 6개소에 3,000kg 탑재 가능
항전장비 N-019M 레이더, IRST
승무원 1명
초도비행 1977년 10월 6일(프로토타입 9.01)
1984년 5월 4일(MiG-29S 펄크럼-C)

개발배경

구소련은 미군의 F-15와 F-16에 대항할 전투기가 절실히 필요했다. 이에 따라 기동성이 우수하고 룩다운이 가능한 펄스도플러 방식의 레이더 FCS를 탑재하는 MiG-29와 Su-27을 개발했다. MiG-29는 1977년에 프로토타입기가 첫 비행을 했으며, Su-27이 대폭적인 설계변경으로 생산이 지연된 것과는 달리 비교적 순탄하게 실용화되었다.

특징

MiG-29는 Su-27보다 소형이며, 그 지위는 미 공군의 F-16에 해당하지만 기체 크기로 볼 때는 미 해군의 F/A-18에 가깝다. F/A-18과 F-16은 최대속도를 마하 2 정도로 하여 고정식 공기흡입구를 사용하고 있으나, MiG-29는 가변면적 방식의 공기흡입구를 사용하여 마하 2.3의 속도를 낼 수 있다. 목표물까지 도달시간을 최소한으로 줄여야 하는 요격임무에 맞게 최대속도를 설정한 것으로 생각된다.

한편 기내 연료탑재량은 기체 크기에 비해 작은 편이며, 전투행동반경 역시 F-16이나 F/A-18보다 좁고 MiG-21보다는 향상되었다. Su-27과의 공통적인 설계상 특징은 비교적 후퇴각이 작고(그래도 앞전 후퇴각은 42도) 애스펙트비(aspect ratio)가 큰 주익(약 3.5)에 앞전 스트레이크를 조합했으며, 그 아래에 엔진 2개를 좌우 간격을 두어 장비했다. 스트레이크의 형상과 엔진 나셀을 포함한 동체는 날개의 평면 형상과 함께 고받음각에서의 성능 향상에 기여한다.

노즈 랜딩기어는 소형 타이어를 2중으로 장착하여 비포장 활주로에서의 활주 능력을 높였고 흙받이까지 달았다. 또한 낮은 위치에 있는 공기흡입구에는 이물질 흡입을 막는 스크린을 마련했으며, 스크린 사용을 위해 스트레이크 윗면에는 보조 공기흡입구를 설치했다.

장비된 엔진은 새로 개발한 바이패스비(bypass ratio) 0.49의 RD-33 터보팬 엔진으로, 추력 중량비 6.8, 애프터버너 미사용시 연료소비율 0.77kg/h의 우수한 성능을 발휘하며 서방 수준에 근접했다. 이 엔진 덕분에 MiG-29는 표준 총중량 상태에서 1.1의 높은 추력 중량비를 확보할 수 있게 되었고, 독특한 기체 형태와 맞물려 우수한 가속성(고도 1,000m일 때 600km/h에서 1,100km/h까지 가속시간 13.5초)과 운동성을 보유하게 되었다. 다만 엔진의 오버홀(overhaul) 간격과 수명이 짧은 것이 단점이다.

N-019 레이더[NATO 코드네임 슬롯백(slotback)]는 전투기 정도의 목표물에 대한 탐지거리가 100km라고 발표되었다. 윈드실드 오른쪽에는 적외선 탐지장치와 레이저 거리측정기(공대공 사격 조준용)를 설치했고, 헬멧 마운티드 사이트와 통합 시스템을 구성하고 있는 것이 특징이다. 조준 시스템은 서방 측보다 오히려 앞서 있으나, 조종석 계기판은 구형 아날로그식이며 HUD 정도가 눈에 띈다.

무장은 스트레이크 내부에 30mm 기관포 1문을 탑재하며 주익 아래 6개의 파일런에 중거리 AA-10 알라모 2발과 단거리 A-11 아처(또는 AA-8 아피드) 4발을 표준 탑재한다. 주익 파일런에는 지상 공격용 무장도 탑재하지만, MiG-29는 정밀공격을 도와주는 레이더 모드가 없기 때문에 공격능력은 F-16보다 떨어진다.

운용현황

1983년부터는 부대배치를 시작하여 1,300여 대를 생산했으며, 러시아 및 우크라이나 등 구소련 공군을 비롯하여 인도, 유고슬라비아, 폴란드, 체코, 슬로바키아, 독일, 루마니아,

불가리아, 헝가리, 이라크, 시리아, 이란, 쿠바, 북한, 말레이시아, 페루에 수출했다.

MiG-29는 이란-이라크 전쟁에서 첫 실전을 기록했으며, 발칸 분쟁에서도 활발히 사용되었다. 기동성이 뛰어난 전투기라는 명성과는 달리, 코소보 항공전에서 미 공군의 F-15와 F-16에 격추되었다.

변형 및 파생기종

MiG-29 펄크럼-A | 초기 단좌형.

MiG-29UB 펄크럼-B | 전환훈련용 복좌형.

MiG-29S 펄크럼-C | 펄크럼-A의 개량형. 동체를 개량하여 연료탑재량을 늘렸다.

MiG-29S(9-13S) 펄크럼-C | 컴퓨터를 개선한 N-019M 레이더를 장비하여 액티브 레이더 유도방식의 신형 중거리 미사일인 R-77(AA-12 애더)를 사용하며, 2개 목표물을 동시에 공격할 수 있다.

MiG-29SM 펄크럼-C | 레이더에 SAR 모드를 추가하여 공대지 미사일 운용이 가능하다.

MiG-29K 펄크럼-K | 항모탑재형. 경쟁기종인 Su-33보다 이륙중량이 작고 항속거리가 짧으나, 첨단 항전장비를 장착하여 정밀폭격을 비롯한 다양한 임무를 수행할 수 있다. 러시아 해군은 2012년 2월 MiG-29K 20대와 KUB(2인승) 4대의 발주계약을 체결했다. 2013년 11월 25일 K형 2대와 KUB형 2대를 처음으로 수령했으며, 2015년까지 모든 기체를 수령할 예정이다. 인도 해군은 2004년 단좌형 K 12대, 복좌형 KUB 4대를 발주했으며, 2010년에는 추가로 29대를 더 발주했다. 2013년 기준 인도는 30여 대를 운용중이다.

MiG-29SMT | 1세대 MiG-29를 MiG-29M 사양에 맞춘 현대화 개량형. 1997년 11월 테스트기가 첫 비행을 했다. 연료탑재량을 늘리고, 조종석에 액정 디스플레이를 설치했다. 2006년 알제리 공군이 36대를 발주했다.

MiG-29G/GT | 동독의 MiG-29A/UB를 NATO 사양에 맞도록 DASA(현 EADS)가 개조한 모델.

MiG-29KUB

MiG-29M/33/35 펄크럼-E

Mikoyan MiG-29M/33/35 Fulcrum-E

MiG-35

형식 쌍발 터보팬 엔진

전폭 15m

전장 19m

전고 6m

자체중량 15,000kg

최대이륙중량 22,700kg

엔진 클리모프 RD-33MK 터보팬 (18,285파운드) x 2

최대속도 마하 2.5

실용상승한도 62,000피트

최대항속거리 4,023km

무장 30 mm GSh-30-1 1문(150발) 외 하드포인트 9개소에 4,500kg 탑재가능

항전장비 주크-AE AESA 레이더, NII PP OLS

승무원 1명

초도비행 1999년

개발배경

MiG-29 펄크럼의 발전형은 MiG-29M이라는 명칭으로 1986년 첫 비행을 하고 MiG-33이란 명칭으로 생산에 들어갈 예정이었다. 이 기체는 강화된 공대공 전투능력과 동시에 본격적인 대지 공격능력을 보유한 다목적 전투기이다. 미코얀사는 이 기종을 4.5세대 전투기로 분류하고 있다.

특징

기본적인 형태는 MiG-29와 같지만 스트레이크부의 앞전을 날카롭게 하여 고받음각 비행시의 특성을 개선했고, 보조익을 익단부까지 확대했으며, 수평미익에는 도그투스를 추가했다. 또한 에어브레이크를 개량한 동체 상부로 옮겨 대형화했다. 이와 함께 조종계통으로 아날로그식 플라이-바이-와이어를 채용한 것도 큰 특징이다.

공기흡입구도 Su-27과 마찬가지로 이물질 흡입 방지용 스크린을 채용했고, 상면으로부터의 공기흡입에 이용되던 공간에 연료를 수용하고 있다. 전방 동체는 알루미늄-티타늄 합금을 채용한 용접구조로 만들어져 기내연료탑재량은 20% 이상 증가했다. 이와 함께 보조탱크도 3개까지 장착할 수 있다.

엔진은 추력향상형인 RD-33MK로 변경되었고, 레이더는 주크(Zhuk)라고 불리는 신형으로 탐지거리는 MiG-29의 N-019와 같지만 10개 목표를 동시에 추적하여 4개를 동시에 공격할 수 있는 능력이 있고, 다양한 대지공격 모드를 갖고 있다. 주익의 하드포인트는 각 4개소로 증가하여, 액티브 레이더 방식의 R-77 등의 공대공미사일과 각종 대지공격 무장을 장착할 수 있다.

MiG-35는 동체를 연장하여 연료탑재량을 늘이고, 주익을 대형화하고, 카나드를 추가하고, 추력변향 노즐을 도입하는 등 성능을 대폭 향상시켰다. 기체 수명도 6,000시간으로 늘어났다. 또한 AESA 레이더와 OLS(Optical Locator System)를 장착했으며, MIL-STD-1553 데이터버스를 채용한 개방형 아키텍처를 채택하여 4.5세대 전투기로 진화했다.

운용현황

MiG-35는 최종개발형이 2007년 에어로 인디아 에어쇼에서 공개되었다. 인도 공군이 다목적전술기(MRCA)사업에 참여했지만 탈락했고, 다른 국가들은 물론 개발국인 러시아마저 도입하지 않았다.

변형 및 파생기종

MiG-35 | 단좌형.

MiG-35D | 복좌형.

MiG-31 폭스하운드

Mikoyan-Gurevich **MiG-31 Foxhound**

MiG-31A

형식 쌍발 터보팬 제공 전투기
전폭 13.465m
전장 22.69m
전고 6.15m
주익면적 61.6㎡
자체중량 21,820kg
최대이륙중량 46,200kg
엔진 아비아드비가텔 D-30F6 터보팬 (34,172파운드) x 2
최대속도 마하 2.35
실용상승한도 67,600피트
작전행동반경 1,400km
무장 23mm GSh-6-23M 기관포 1문 (260발)
R-33 (AA-9) / R-37 (AA-X-13 애로우) 공대공미사일
R-40, R60, R-70 공대공미사일
항전장비 자슬론 위상배열 레이더
승무원 1명
초도비행 1975년 9월 16일 (Ye-155MP)

개발배경

MiG-25는 마하 2.83이라는 놀라운 고속성능을 가졌으나, 항속능력이 떨어진다는 단점이 있었다. 이런 단점을 개선하기 위해 터보팬 엔진으로 바꾸고 공중급유장치를 추가하고, 특히 신형 위상배열 레이더를 탑재하는 등 대폭적인 성능향상을 도모한 방공전투기가 바로 MiG-31이다. MiG-31은 세계 최초로 위상배열 레이더를 탑재한 전투기이다.

프로토타입기인 YE-1555MP는 1975년에 첫 비행을 했으며, 1979년부터 생산하기 시작하여 약 500대를 생산했다. 생산 시기로 볼 때 MiG-25에 이어 비교적 빠른 시간 안에 양산했음을 알 수 있다.

특징

MiG-31의 기본 형태는 MiG-25와 많이 달라졌는데, 레이더 요원 좌석을 추가하여 복좌형이 되었고 LERX를 신설했다. 또한 주익 앞전에 플랩을 추가했는데, 구조를 전면적으로 개량하여 뒷전 플랩과 함께 공중전 플랩으로 작동한다. MiG-25의 구조 중 80%를 차지하는 강철을 50%로 줄이고, 8%였던 티타늄은 16%로 늘렸으며, 알루미늄 합금도 11%에서 33%로 증가했다.

최대의 특징인 위상배열 레이더는 자슬론(Zaslon)을 장착한다. 자슬론은 능동위상배열 레이더가 아니라 수동위상배열 레이더이지만, 탐지거리 200km, 추적거리 120km로 알려져 있으며 수색 범위가 아주 넓어 주목을 받고 있다. 이 레이더는 지상의 요격관제센서 및 요격기 사이에 정보를 주고받는 데이터링크 장치를 더하면 공중조계 경계기로도 사용 가능하다.

주무장은 동체 아랫면에 R-33(AA-9 아모스) 장거리 미사일 4발을 반매입식으로 장착하며 4개 목표물을 동시에 공격할 수 있다. 주익 아래 4개의 파일런에는 R-40(AA-6 아크리드) 2발과 R-60(AA-8 아피드) 4발을 탑재한다. 고정무장으로는 동체 우측에 23mm 기관포를 새로 장착했다.

운용현황

소련 공군은 MiG-31을 1982년부터 실전배치하기 시작했다. 현재 러시아 공군이 약 200대의 MiG-31BM을 운용하고 있으며, 2028년까지 구형 MiG-31 약 120대를 퇴역시킬 예정이다.

변형 및 파생기종

MiG-31B	폭스하운드의 항전장비 개수모델. 1990년 등장했으며, 위상배열 레이더 기술이 서방으로 유출되자, 재빨리 자슬론 레이더를 장비한 모델이다. 초기 MiG-31들은 이런 항전장비를 적용한 MiG-31BM으로 개수했다.
MiG-31M 폭스하운드-B	MiG-31의 발전형. 비행역학적인 특성을 개량하고 엔진을 강화했으며 레이더를 개량했다. 동체 아래에 R-33의 발전형인 R-37을 6발 탑재할 수 있으며, 주익 아래에는 R-77(AA-12 애더)을 4발 탑재한다. 또한 고정무장은 폐지했다. MiG-31M은 1986년 초도비행을 했으나 구소련 붕괴로 인한 예산 부족으로 양산에 이르지 못했다. 대신 기존의 MiG-31들을 MiG-31M 사양으로 업그레이드했다.

F-2 지원전투기

Mitsubishi **F-2**

F-2
형식 단발
전폭 11.13m
전장 15.52m
전고 4.96m
주익면적 34.84㎡
자체중량 12,000kg
최대이륙중량 22,100kg
엔진 IHI/GE F110-GE-129(29,500파운드) X 1
최대속도 마하 2.0
실용상승한도 59,000피트
최대항속거리 1,668km
무장 M61A1 20mm 기관포
AAM-4 / AAM-5(예정) 공대공미사일
범용폭탄, JDAM 등 공대지 무장
하드포인트 9개소에 최대 8,085kg 탑재 가능
항전장비 AESA 레이더, J/AAQ-2 FLIR 포드
승무원 1명(F-2B는 2명)
초도비행 1995년 10월 7일(프로토타입)

개발배경

F-2는 F-1을 교체하는 차기지원전투기(FS-X)사업으로 개발되었다. 원래 일본은 독자적으로 F-2 전투기를 개발할 예정이었지만, 미국 정부의 강력한 요구에 따라 F-16을 기반으로 공동개발 형식을 취하게 되었다.

원래 F-2는 공대지미사일 4발을 탑재하고 약 830km 정도의 전투행동반경을 갖는 쌍발엔진 기체로 계획되었다. 그러나 사업이 본격화되면서 1987년 10월 단발 엔진의 F-16을 기반으로 개발하기로 변경함에 따라 다음해 11월 미일 양국 정부 간의 양해각서(MOU)가 체결되었다. 주계약사로는 미쓰비시 중공업, 부계약사로는 GD(현 록히드마틴)사, 가와사키 중공업, 후지 중공업이 지정되었다. 또한 일본과 미국의 작업분담량은 60:40으로 결정되었다.

특징

F-16과 F-2의 차이점으로는 주날개의 설계변경(복합재료의 일체 성형 구조, 25% 면적 증가) 및 AESA 레이더·탑재 컴퓨터·통합 전자전 시스템(IEWS) 등의 일본제 채택, 동체 49cm 연장으로 인한 전자장비/연료 탑재공간 증대, 기체 각 부분에 첨단 소재/구조의 적용, RAM의 도입, 주익 하드포인트의 증설, 조류 충돌 대비 강화형 캐노피, 윈드실드의 분리 설치, IPE(성능향상형 엔진) 탑재, 드래그슈트 추가, 수평미익 형태 변경 등을 들 수 있다. F-2는 외양상으로는 F-16과 비슷하지만, 그 내용을 살펴보면 완전히 다른 전투기이다.

최초의 개발계획에 따르면, 공기흡입구 아래쪽에 수직 카나드를 추가할 예정이었다. 그러나 CCV 프로그램의 추가 정도로 대체가 가능하다는 결론을 내리고 카나드는 폐지했다. 한편 미국 의회가 플라이-바이-와이어 방식 조종 시스템 기술의 수출금지를 결의하자, 일본은 T-2 CCV의 테스트 데이터를 활용하여 자체 개발했다.

동체의 구조는 기본적으로 F-16C 블록40을 바탕으로 하여 전후 3개 부분으로 분할하여 제작했다. 특히 F-2 후방 동체 부분을 연장하여 단좌형의 내부연료용량을 1,220gal(복좌형은 1,040gal)으로 늘렸는데, 이것은 F-16보다 16% 증가한 것이다. 엔진은 F-16C/D 블록50과 같은 추력 향상 타입인 F110-GE-129 IPE를 채택했다.

F-2는 무장탑재량과 항속거리를 중시함에 따라 F-16보다 대형화되어 무장 및 연료탑재량은 늘어났다. 반면, 그만큼 기동성과 운동성능이 저하됨에 따라 엔진을 강화하고 복합재료를 여러 군데 적용하여 중량을 줄이기 위해 필사적인 노력을 했다. 또한 CCV/FBW를 도입하여 낮은 비행성능을 만회했다.

F-2의 국산화 신기술 중 하나는 탄소섬유 복합재료(CFRP)를 사용한 일체성형주익이다. 이 기술은 오히려 미국이 기술이전을 요구할 정도로 첨단기술이다. F-2의 주익은 평면 형태가 대폭 변경되어 날개폭은 F-16보다 1.68m 연장되고 앞전 후퇴각도 40°에서 33도 12분으로 감소했으며 뒷전은 전진각을 부여했다. 소재 면에서 기체의 20%는 복합소재로 되어 있는데, 그 중 90%는 주익의 탄소섬유가 차지한다.

F-2의 전자장비는 미쓰비시 전기에서 제작한 고성능 임무 컴퓨터를 중심으로 구성되어 있다. FCS 레이더도 미쓰비시 전기에서 개발한 AESA로, 전투기용으로는 세계 최초로 실용화된 첨단 레이더이다. 항법장비는 일본산 링 레이저 자이로 IRS와 풀컬러 지도 항법 시스템을 중심으로 구성되며 조종석 디스플레이는 상호보완 가능한 3개의 컬러 액정 MFD(5in×1.4in)와 광각 HUD로 완전 글래스 콕핏을 이루

고 있다. 또한 HOTAS 컨트롤도 채용하고 있다.

FS-X 시제 1호기(나중에 XF-2A로 변경)는 1995년 1월 12일에 롤아웃하여 10월 7일에 초도비행에 성공했다. 같은 해 12월 14일에는 제식명칭이 F-2로 결정되면서 1호기는 1996년 3월 22일 방위청에 인도되었다. 원래 방위청은 모두 141대의 F-2를 도입할 예정이었지만, 곧 130대로 생산대수를 조정했다가, 결국 2004년 98대로 도입대수를 급격히 낮추었다. 2006년에 미쓰비시가 록히드마틴에 F-2 5대에 대한 생산부품을 주문하여 총 81대분의 부품을 록히드마틴에 주문하게 되었다.

운용현황

2000년부터 2006년까지 양산기 69대가 인도되었다. 실전 배치는 미사와 기지의 제3비행대로부터 시작하여 마쓰시마의 제21비행대, 쓰이키의 제6비행대 순으로 이루어졌다. 2007년부터는 미사와 기지의 제8비행대에 배치 중이다. 한편 2011년 일본 대지진으로 인해 제21비행대 소속의 F-2B 18대가 파괴되었으며, 그중 12대는 수리불능으로 폐기될 예정이었다. 그러나 이후 전력공백을 걱정한 항공자위대는 6대만 폐기하기로 결정했다.

변형 및 파생기종

F-2A | F-2의 기본형. 단좌 지원전투기이다.

F-2B | F-2의 복좌형. 항속거리가 다소 줄어들었다.

Q-5 / A-5 판탄

Nanchang **Q-5 / A-5 Fantan**

Q-5
형식 단발 터보젯 대지공격기
전폭 9.70m
전장 15.65m
전고 4.51m
주익면적 27.95㎡
자체중량 6,500kg
최대이륙중량 9,530kg
엔진 리앙 WP-6A 터보젯(8,267파운드) x 1
최대속도 마하 1.12
실용상승한도 52,000피트
작전행동반경 400km
무장 23mm 노린코 23-2K 기관포 2문(각 100발)
PL-2, PL-5, PL-7 공대공미사일
범용폭탄, LJ-500 LGB 등
하드포인트 10개소에 최대 2,000kg 탑재 가능
항전장비 HK-15 LRF, SH-1 II WAS, JQ-1 HUD
승무원 1명
초도비행 1965년 6월 4일(Q-5)

개발배경

Q-5[창지(强擊) 5형]는 중국이 면허생산했던 MiG-19(J-6)를 기반으로 독자적으로 재설계하여 개량한 지상공격기이다. 생산은 난창 항공기제작소에서 담당했다.

중국은 MiG-17, MiG-19의 면허생산과 MiG-21의 복사생산으로 전투기 부대를 육성해왔다. 그러나 기체의 외부 무장탑재능력이 빈약하여 중소 국경분쟁이 발발해 지상작전을 지원해야 할 경우 공군력이 부족할 수밖에 없다는 것을 절감하고 있었다. Q-5는 중국의 대소련 방위전략에 따른 전력강화를 위해 등장한 지상공격 전용 기체이다.

특징

Q-5는 주익, 미익, 후방 동체는 기본적으로 면허생산 중인 J-6에서 빌려다 쓰고, 저공에서 활동하는 공격기에 필요한 다량의 연료를 싣기 위해 동체를 약 25% 연장하고 공기흡입구를 기체의 측면으로 옮겼다. J-6과 달리 동체 아래에 기내 폭탄창을 새로 설치한 것이 특징이다. 현재는 폭탄창 내부에 연료탱크를 설치했으며, 이로 인해 기내 연료탑재량은 F-6과 비교할 때 70% 이상 크게 늘어났다.

주익의 뿌리 부분에는 23mm 기관포 2문을 내장하고 있다. 또한 동체 아래 4개소에 하드포인트를 설치하여 250kg급 폭탄을 장착할 수 있다. 760ℓ 보조연료탱크와 250kg 폭탄은 주로 주익 중앙 파일런에 장착한다. 주익 바깥쪽 파일런은 사이드와인더급의 대공미사일을, 주익 안쪽 파일런에는 로켓탄 포드를 장착한다.

모두 1,000여 대의 Q-5를 생산했는데, 그중 600여 대가 Q-5A의 개수형이다. 일부는 핵무장 투하능력까지 지녔다.

운용현황

Q-5는 무려 1,000대 이상 생산되어 중국 인민해방군 공군에서 현재 300여 대를 운용하고 있는 것으로 알려져 있다. 수출형인 A-5는 파키스탄 공군에 140대를 수출했다. 방글라데시(8)와 미얀마(20), 수단(20)도 A-5를 도입했으며, 북한도 40대를 도입하여 운용 중인 것으로 알려져 있다.

변형 및 파생기종

Q-5A | Q-5의 개량형. 파일런이 6개에서 8개로 증가하여 AA-2 아톨 공대공미사일을 장착했다.

Q-5 I | Q-5A의 개량형. 내부 폭탄창을 제거하는 대신 추가 연료탱크를 탑재했다.

Q-5 II | Q-5 I 의 발전형. 레이더 경보장치와 HK-15 레이저 거리측정기, 신형 SH-1 II 조준장비를 탑재했다.

Q-5M | Q-5 II 의 개수형. 이탈리아와 합작하여 MIL-STD-1553B를 표준으로 항전장비를 개수한 모델로, 알레니아의 협력을 얻어 AMX와 동급의 전천후 공격 시스템을 장비했다. 또한 엔진을 추력 3,000kg(A/B시 3,900kg)의 WP-6A로 강화하여 최대속도가 마하 1.2에 달한다.

A-5M | Q-5M의 수출형.

Q-5 III | Q-5 II 의 국산개수형. 자국산 INS와 JQ-1 HUD를 장비했다.

Q-5 IV | Q-5 III 의 개수형. 1990년대 초에 등장했으며, Q-5M과 같은 항전 시스템과 RW-30 레이더 경보기를 갖추었다. 또한 ALR-1 레이저 거리측정기와 QHK-10 HUD도 장착했다.

미국 | 노스럽그러먼 | B-2 스피릿

Northrop Grumman **B-2 Spirit**

B-2A Block 30
형식 스텔스 폭격기
전폭 52.12m
전장 20.9m
전고 5.1m
주익면적 460㎡
자체중량 71,000kg
최대이륙중량 171,000kg
엔진 GE F118-GE-100 터보팬 (17,300파운드) x 4
최대속도 764km/h
실용상승한도 50,000피트
최대항속거리 10,400km
무장 AGM-154 JSOW 16발
250파운드급 GBU-39 SDB 216발
500파운드급 GBU-30 JDAM 80발,
750 파운드급 CBU-87 36발,
2,000파운드급 GBU-32 JDAM 16발
B61/B83 핵폭탄 16발
18,144kg 탑재 가능
항전장비 APQ-181 레이더
승무원 2명
초도비행 1989년 7월 17일

개발배경

B-52를 대체할 스텔스 폭격기의 개발계획은 1978년에 시작되었으며, 록히드사와 노스럽사가 경쟁을 벌인 끝에 1981년 10월에 노스럽사가 주계약자로 선정되었다. 당시에는 존재 사실조차 공개하지 않았을 정도로 극비리에 진행했으며, 1988년 4월 의회의 강력한 요구로 상상도를 공개했다. B-2의 시작 1호기는 같은 해 11월 22일에 팜데일에 위치한 공군 공장에서 롤아웃하여 일반에 모습을 드러냈다.

특징

B-2는 종래의 다른 기체와는 전혀 다른 형태를 지닌 전익기(全翼機)로, 날개의 뒷전이 W자형으로 다듬어져 있다. 레이더 전파의 반사율을 나타내는 레이더반사면적(RCS)을 극소화하고 엔진에서 나오는 적외선 방출을 억제하는 스텔스성의 원칙에 충실하면서 항공역학성능을 높인 결과 B-1을 능가하는 항속성능을 지니게 되었다. 전익 형태를 선택하게 되면 미익과 동체 엔진 나셀과 같은 RCS 증가요소를 배제할 수 있을 뿐만 아니라 날개의 중간부분에 조종석과 폭탄창, 각종 장비를 충분히 수용할 수 있다는 장점이 있다. 같은 스텔스 성능을 추구하면서도 F-117A가 다면체로 이루어진 것과는 달리, B-2의 경우 매끄러운 곡선으로 이루어진 것은 컴퓨터를 이용한 CAD/CAM 기술의 발전에 힘입은 바 크다.

특이한 주익평면형은 전파를 강하게 반사하는 모서리에 특히 주의를 기울여 폭탄창의 문을 포함한 개폐부, 공기흡입구, 노즐 등을 모두 주익의 앞전 후퇴각도인 33도와 일치하도록 설계했다. 또 평면상의 전파 반사는 주익의 앞전 후퇴각에 대응되는 4군데의 로브로 한정된다.

엔진은 F110에서 발전한 F118 터보팬 엔진(애프터버너 생략)을 장착했다. 엔진의 배기가스는 차가운 바깥공기와 섞여 온도를 낮춘 후 날개 위쪽에 설치된 배기구를 통해 배출되므로 적외선 탐지를 피할 수 있다. 기체구조는 주로 복합재료를 사용했으며 외판 자체는 레이더 흡수재료를 사용하고 있다.

1983년경 미 공군은 당초 고고도 침투용으로 개발된 B-2에 저공침투능력을 추가했으며, 저공비행의 하중 증가에 대처하고자 토크박스 구조를 근본적적으로 변경했다. 따라서 원래 W자형이던 날개의 뒷전 모양이 2중 W자형으로 바뀌었다.

B-2의 비행제어 시스템도 종전의 것과는 완전히 다르다. 외익부 뒷전에는 4개 조종 익면이 마련되어 있는데, 안쪽의 3개 익면은 엘러본으로서 롤과 피치를 제어한다. 가장 바깥쪽은 드래그 러더(drag rudder: 항력 방향타)라고 불리며 어느 한 쪽을 상하로 열어 저항을 증가시켜 기수의 방향을 바꾸는 요제어(Yaw Control)를 담당한다. 또한 양쪽의 드래그 러더를 동시에 열면 스피드 브레이크의 역할을 하며, 엘러본은 플랩의 역할도 겸하고 있다. 중앙날개의 뒷전에 있는 삼각형 익면은 종방향 트림과 돌풍하중경감을 분담하고 있다. 따라서 이러한 복잡한 조종 익면을 제어하기 위해 4중 디지털 플라이-바이-와이어를 이륙·착륙·전투, 이 세 가지 모드로 사용한다.

B-2의 최대속도는 마하 0.8 정도의 아음속으로 비교적 저속으로 순항한다. 항속거리는 무장 16,919kg 탑재시 hi-hi-hi의 경우 11,680km, hi-lo-hi의 경우 8,340km, 무장 10,886kg 탑재시 hi-hi-hi의 경우 12,230km에 달한다.

기체의 중앙부에는 좌우 2개의 폭탄창이 있으며, 회전식 발사대가 각각 1기씩 설치되어 있다. 주무장으로는 SRAM(단거리 공격미사일), AGM-129 ACM 등을 모두 16발까지 탑재할 수 있으며, 그 밖에 자유낙하 핵폭탄, 범용폭탄, 유도폭탄 등을 최대 18,144kg까지 탑재할 수 있다.

B-2의 본래 임무는 소련의 이동식 전략 미사일을 격파하는 것으로, 목표물 수색용으로 노즈랜딩기어실의 좌우에 APQ-181 위상배열 레이더를 장비하고 있다. APQ-181 레이더는 레이더현대화사업(Radar Modernization Program)에 따라 현재 J-밴드의 AESA 레이더로 업그레이드했다.

B-2의 1호기(AV-1)는 1989년 7월 17일에 팜데일에서 초도비행을 했으며, 에드워드 공군기지로 옮겨 비행 테스트를 시작했다. 시제기는 6대를 제작했으며, AV-6은 1993년 2월에 비행했고, 테스트용 기체도 테스트 종료 후 개조작업을 거쳐 실전부대에 배치했다.

운용현황

미 공군은 당초 B-2 폭격기를 132대 도입할 것을 요구했으나 획득비용이 1대당 5억 달러까지 치솟자 의회의 강한 반대에 부딪혀 결국 21대만을 생산하는 데 그쳤다.

미주리주 화이트맨 기지는 유일한 실전부대인 제50폭격비행단(393BS/715BS)을 편성했으며, AV-8을 1993년 12월 17일에 인수했다. 워낙 기체가 고가인 탓에 각 기체에는 주 이름을 딴 이름을 붙이고 있다.

B-2는 코소보 항공전에 투입되어 최초로 JDAM을 투하하면서 첫 실전 경험을 쌓았다. 이후 아프간 대테러전쟁과 2차 걸프전에서 뛰어난 활약을 보여주었다. 특히 아프간에 투입된 B-2A는 중간 기착 없이 무려 44시간 18분을 비행하여 최장시간 실전폭격기록을 세웠다. 2008년 2월에는 괌 앤더슨 공군기지에 착륙하던 B-2 폭격기 한 대를 착륙 사고로 잃었다.

변형 및 파생기종

블록 10 | 초도생산형으로 핵무기 전용사양. 재래식 무장으로는 범용폭탄만을 투하할 수 있을 뿐이다. 1990년까지 10대를 생산했다.

블록 20 | 재래식 무장의 운용이 가능한 사양으로 CBU-87/B 폭탄과 범용폭탄을 운용한다.

블록 30 | JDAM과 JSOW 등 정밀유도무기를 운용할 수 있는 사양으로, AV20 스피릿 오브 펜실베이니아부터 적용했다. 기존의 블록10/20 양산기들도 1995년부터 블록30 사양으로 개수하기 시작하여 2000년 업그레이드를 종료했다.

EA-6B 프라울러

Northrop Grumman(Grumman) **EA-6B Prowler**

EA-6B ICAP-3

형식 쌍발터보팬 전자전 지원기

전폭 15.9m

전장 17.7m

전고 4.9m

주익면적 49.1㎡

자체중량 15,450kg

최대이륙중량 27,500kg

엔진 PW J52-P408A 터보팬(10,400파운드) x 2

최대속도 920km/h

실용상승한도 37,600피트

최대항속거리 1,840km

무장 AGM-88 HARM x 4
ALQ-99 TJS 포드 x 5

항전장비 ALQ-218 OBS, USQ-113 통신 재머, APR-42 EAM, APR-27 RHAW

승무원 4명(조종사 1명 + ECM 관제사 3명)

초도비행 1968년 5월 25일(EA-6B)

개발배경

베트남전 초기, 전자전 항공기의 부족에 시달리던 미 해군과 해병대는 구식 기체인 EA-1F와 EF-10B까지 동원하여 공격기를 지원하는 실정이었다. 그리하여 EKA-6B, EA-6A를 급히 개발하여 투입하게 되었다.

특징

EA-6B는 1956년에 개발하기 시작한 본격적인 전술전자전 지원기로, 장거리 전천후 운용능력과 함께 강력한 전자전 능력을 지니고 있다. A-6의 전방 동체를 1.37m 연장하여 좌석 4개를 만들고 수직미익 위에 수신용 안테나 페어링을 장착했다.

EA-6B의 전자장비 중 핵심장비는 AN/ALQ-99 TJS(전술방해 시스템)로 기내에 수신 시스템, 분석 컴퓨터를 탑재하고 재밍 발신 장치는 기외 포드로 최대 5개까지 기외 탑재가 가능하다. 또한 AN/ APR-27 RHAW, AN/APR-42 EAM, AN/ALQ-92 통신재머도 탑재한다.

A-6A를 개조한 프로토타입 3호기는 1968년에 완성했으며, 양산형은 1971년 1월에 미 해군에 인도를 시작하여 베트남전 말기 실전에 투입했다. 1991년 7월, 최종 183호기(164403)를 미 해군에 인도함으로써 생산을 종료했다.

미 해군은 최전성기 때 16개 비행대(VAQ, 예비역 2개 비행대 포함)를 편성하여 각 항모비행단에 4대씩 고정 배치했으나 군축에 따라 배치수를 줄였다. 또한 미 공군의 전자전기인 EF-111A가 퇴역함에 따라 공군과 연합작전을 수행하는 VMAQ를 보유하고 있으며 항모에도 파견하고 있다.

EA-6B의 전자전장비는 초기의 스탠더드형으로부터 EXCAP, ICAP-1/2로 점차 성능을 향상시켰으며, ICAP-2 블록 89A 개수까지 완료했다. ICAP-3 업그레이드는 ALQ-218 온보드 리시버(onboard receiver)로 교체하고 MFIDS (Multi-Functional Information Distribution System)을 장착하는 등 기체의 능력을 향상시키는 사업으로 2010년까지 실시되었다. ICAP-3 기체는 2003년 저율 생산을 시작하여 2006년 초도작전능력을 인증받았다.

운용현황

1971년부터 무려 170대의 EA-6B 프라울러가 생산되었는데, 현재는 차기 전자전기인 EA-18G 그라울러로 급격히 교체되고 있다. 이에 따라 2013년까지 EA-6B를 운용하고 있는 곳은 미 해병대 전자전비행대대 4개와 해군 비행대대 6개 수준이다.

F-5E/F 타이거 II

Northrop Grumman(Grumman) **F-5E/F Tiger II**

F-5E

형식 쌍발 터보젯 경량 전투기
전폭 8.13m
전장 14.45m
전고 4.07m
주익면적 17.3㎡
자체중량 4,410kg
최대이륙중량 11,214kg
엔진 GE J85-GE-21B 터보젯(5,000파운드) x 2
최대속도 마하 1.64
실용상승한도 51,800피트
전투행동반경 1,405km
무장 20mm M39A2 기관포 2문(각 280발), AIM-9
하드포인트 5개소에 최대 3,175kg 탑재 가능
항전장비 APQ-153 레이더
승무원 1명(F형은 2명)
초도비행 1972년 8월 11일(F-5E)

개발배경

노스럽사가 독자적으로 개발한 F-5A는 소형 경량의 초음속 전투기로서 세계 각국으로 수출되었다. 그 후 MiG-21과 같은 신형 전투기에 대한 성능열세를 극복하기 위해 미 공군이 1969년 말에 제시한 IFA(International Fighter Aircraft)에 따라 1970년 11월에 F-5A의 개량형인 F-5E가 탄생하게 되었다.

특징

F-5A는 N-156에서 발전한 전투기로서 미 공군의 훈련기인 T-38과 같은 시기에 개발되었다. 최대속도는 마하 1.5 정도지만 고아음속과 초음속에서도 조종안정성이 우수하며 정비와 취급이 간편하고 신뢰성이 높아 좋은 평가를 받았다. 초기형인 F-5A/B는 캐나다에서 면허생산한 CF-5A/D를 포함하여 2,617대를 생산했다.
A/B형의 개량형인 F-5E/F는 엔진을 추력이 22.5%가 향상된 J85-GE-21로 바꿈에 따라 동체를 완전 재설계하여 중앙익 부분을 포함하여 약 40㎝ 확대했으며, 연료탑재량도 늘렸다. F-5E는 주익폭 및 주익면적의 증가와 엔진의 추력 증가에 따라 추력 중량비와 익면하중이 개선되어 기동성이 대폭 향상되었으며, F-5 시리즈 중 최초로 레이더 FCS 시스템인 AN/APQ-153/159 수색 및 거리측정 레이더를 장비하여 광학조준기를 장착한 F-5A보다 성능이 향상되었다.
F-5E의 1호기는 1972년 8월 11일에 초도비행을 했으며, 1973년 봄부터 미 공군에 인도되기 시작했고, 1974년 초부터 각국에 인도되기 시작했다. F-5F는 F-5E의 복좌형으로 1974년 9월 25일에 초도비행을 했고, 1976년 여름부터 인도되기 시작했다. F-5F는 우측의 기관포 1문을 철거하고 전자장비를 탑재했으며, B형이나 D형과 달리 E형과 똑같은 전투능력을 보유하고 있다.
F-5E/F는 미국 이외에 한국, 스위스, 대만에서도 면허생산했으며, 1987년에 생산을 종료했다. 그러나 그 후 싱가포르 공군의 요구로 예비부품을 이용하여 추가 생산한 후 1989년 7월에 1,407대(RF-5E 제외)로 생산을 마감했다. 현재도 1,700여 대의 F-5가 세계 25개국에서 운용 중이며, 각국에서 경량 소형의 최신 레이더 및 항법장치로 교체하는 업그레이드 계획을 진행하고 있다.

운용현황

현재 대한민국, 대만, 싱가포르, 태국, 터키, 스페인, 스위스, 베네수엘라, 브라질, 칠레 등에서 운용 중이다.

변형 및 파생기종

F-5E	기본형. 단좌 제공전투기.
F-5F	복좌형.
F-5G	발전형. F-20A 타이거 샤크에 임시로 붙인 분류명칭이다.
F-5N	미 해군 어그레서(가상적기). 스위스 공군 F-5E의 미 해군 운용 기종이다.
F-5S	F-5E의 최종양산형. 싱가포르 공군용으로 제작했으며, AIM-120 암람을 운용할 수 있다.
RF-5A	F-5A의 정찰형.
RF-5E 타이거아이	F-5E의 정찰형.
F-5T 티그리스	태국 공군 F-5의 IAI 업그레이드 모델.
CF-5A/D	캐나다 면허생산 모델. 카나데어사에서 단좌형 89대, 복좌형 46대를 제작했다. 현재 보츠와나, 베네수엘라에서 운용 중이다.
NF-5A/B	네덜란드 면허생산 모델. 단좌형 75대, 복좌형 30대를 생산했다.
SF-5A/B	스페인 면허생산 모델. CASA(현 EADS CASA)에서 생산했다.
VF-5A/D	CF-5 중에서 베네수엘라용으로 생산한 모델.
KF-5E/F	대한항공에서 기술도입형식으로 생산한 대한민국 공군용 모델.

토네이도 ECR

Panavia Aircraft GmbH **Tornado ECR**

Tornado ECR

형식 쌍발 터보팬 가변익 복좌 SEAD 전투기
전폭 13.91m (8.60m)
전장 16.72m
전고 5.95m
주익면적 26.6㎡
최대이륙중량 28,000kg
엔진 터보유니온 RB199-34R Mk105 터보팬(16,075파운드) × 2
최대속도 마하 2.27
실용상승한도 50,000피트
전투행동반경 1,390km
무장 AIM-9 사이드와인더 공대공미사일
HARM 대레이더미사일
매버릭 공대지미사일
텍사스 인스트루먼트 ELS
(27mm 마우저 BK-27 기관포는 제거)
7개 무장장착대에 최대 8,180kg 탑재 가능
항전장비 펄스도플러 레이더, TARDIS
승무원 2명
초도비행 1974년 8월 14일(토네이도 GR1)
1997년 4월 4일(토네이도 GR4)

개발배경

토네이도 ECR은 토네이도 IDS를 SEAD(적 방공망 제압) 전용기로 제작한 전투기다. 토네이도 시리즈의 최신형인 ECR형은 독일 공군이 정식으로 보유를 결정하여 1986년 6월에 개발이 승인되었다. 시제기는 토네이도 선행 양산형 16호기를 개조하여 제작했으며 1988년 8월에 초도비행을 했다.

특징

ECR은 Electronic & Reconnaissance의 약어로 전자전과 정찰 임무를 겸할 수 있는 기체라는 뜻이다. 토네이도 ECR의 기본적인 용도는 실시간 전술항공정찰, 전투지역 전자전상황 파악, SEAD, C3(지휘, 관제, 통신)망의 방해, 패스파인더 임무 등이다. 기체 형태는 공격형과 외형상 비슷하나 임무에 맞도록 탑재 전자장비는 변경했다.

ECR의 대표적인 전자장비로는 위협 신호를 수신하여 식별하고 위치를 판독하는 송신기추적장치, 전방감시용 적외선 시스템, 적외선 영상 시스템, 지상의 아군 기지와 후속 공격기 부대와 최신 정보를 주고받는 ODIN 데이터 26 시스템 등을 들 수 있다. 토네이도 ECR은 탑재 전자장비의 증가로 내부 공간이 부족하여 고정 기관포는 폐지했다.

ECR의 가장 큰 특징은 전자전 정보를 수집하고 전자 방해를 하는 임무와 적의 지상 레이더를 공격하는 방공망 제압 임무를 동시에 수행할 수 있다는 점이다. ECR은 적방공 레이더 공격용으로 AGM-88을 최대 4발까지 장착할 수 있으며, AGM-65D 매버릭 미사일도 탑재한다. 또한 방어용으로 사이드와인더 2발을 스터브 파일런(stub pylon)에 장착할 수 있다.

운용현황

독일 공군은 35대의 토네이도 ECR을 발주하여 2개 비행대를 편성했으며, 유고 내전 당시 최초로 해외에 파견했다. 이탈리아 공군은 기존에 보유한 16대의 IDS를 ECR 사양(IT ECR)으로 개조하여 보유하고 있다.

변형 및 파생기종

ECR | 독일 공군의 SEAD형. 송신기추적장치(ELS)와 AGM-88 HARM 미사일을 장착한 것이 특징이다. 독일이 도입한 신형 ECR 기체는 원래 하니웰의 적외선 영상정찰장비를 장착하고 있었으나, 실전에서 활용도가 낮아 제거했다. SEAD용 항공기를 정찰에 투입하는 일은 거의 없었기 때문이다.

IT ECR | 이탈리아 공군의 SEAD형. 기존에 보유하고 있던 IDS 기체를 개수하여 엔진도 Mk103을 장착했고, 독일의 ECR처럼 정찰능력을 갖추지도 못했다.

토네이도 IDS/GR1

Panavia Aircraft GmbH **Tornado IDS/GR1**

Tornado GR1

형식 쌍발 터보팬 가변익 복좌 장거리 요격전투기

전폭 13.91m (8.60m)

전장 16.72m

전고 5.95m

주익면적 26.6㎡

최대이륙중량 28,000kg

엔진 터보유니온 RB199-34R Mk103 터보팬(16,075파운드) × 2

최대속도 마하 2.27

실용상승한도 50,000피트

전투행동반경 1,390km

무장 27mm 마우저 BK-27 기관포 1문(180발)
AIM-9 사이드와인더 공대공미사일, JP233 활주로파괴폭탄
EPW LGB, ALARM, 브림스톤, 스톰섀도우 순항미사일
7개 무장장착대에 최대 8,180kg의 무장 탑재 가능

항전장비 펄스도플러 레이더, TARDIS

승무원 2명

초도비행 1974년 8월 14일(토네이도 GR1)
1997년 4월 4일(토네이도 GR4)

개발배경

토네이도는 영국, 독일, 이탈리아 3개국이 공동개발한 가변익 쌍발전투기이다. 이 3개국 공동개발사업의 시초는 기동성과 항속능력이 뛰어난 가변익 전투기를 만들기 위한 영불 가변익(Anglo French Variable Geometry: AFVG) 사업이었는데, 프랑스의 탈퇴로 종료되었다. 이후 1968년 독일, 네덜란드, 벨기에, 이탈리아, 캐나다의 F-104G를 교체하기 위한 다목적 전술기(Multi Role Combat Aircraft: MRCA) 사업에 영국이 참가하면서 국제공동개발 전투기 사업으로 발전했다.

MRCA 사업은 원래 영국과 독일이 복좌 전투폭격기를, 나머지 국가들은 F-104G를 대신할 단좌 요격전투기를 획득하고자 한 사업이었다. 그러나 캐나다와 벨기에가 사업에서 철수함으로써 남은 4개국이 1969년 파나비아 항공을 설립했으나, 1970년에 네덜란드마저 탈퇴함으로써 3개국 공동개발사업으로 확정되었다. 또한 MRCA의 엔진을 위해 롤스로이스, MTU, FIAT의 3개국 합작회사인 터보유니온도 설립되었다.

특징

개념설계단계에서 도출된 단좌형 파나비아 100과 복좌형 파나비아 200 중에서 후자를 토네이도 전투기로 결정했다. 토네이도 IDS(Interdictor/Strike)는 소련의 방공망을 저고도 비행으로 뚫고 들어가 핵무장을 투하할 수 있으며, 구릉지와 평야, 삼림이 산재한 유럽의 평원지형을 따라 초저공으로 비행하여 적의 레이더망을 피하면서 레이더 사이트, 항공기지, 보급기지, 교통로, 전술거점 등 중요한 목표를 철저하게 파괴할 수 있다. 또한 전차부대 및 증원부대를 공격하여 전력의 집중을 차단하는 임무도 수행한다.

긴 항속력과 우수한 단거리이착륙 성능, 풍부한 무장조합, 정밀한 전천후 항법, 공격 시스템이 토네이도의 특징이다. 만족스러운 단거리이착륙 성능, 긴 항속거리 및 고속 돌진, 저공에서의 안정된 비행성능이라는 복합적인 요구를 만족시키기 위해서 가변익을 채택했다. 가변익 설계를 위해 가변익에 경험이 많은 그러먼사가 협력했다. 중량 증가 및 정비성 저하라는 단점에도 불구하고 역추력기(Thrust reverser)를 장착한 것도 단거리이착륙 성능을 극도로 추구했기 때문이다.

IDS의 항법·공격 시스템의 중심은 리테프 스피리트 3 16비트 컴퓨터이다. 이 컴퓨터를 중심으로 FIN 1010 관성항법장치, 데카 72 도플러 레이더, TI의 멀티모드 전방 레이더, 페란티 레이저 탐지·거리측정기, 마르코니 자동조종장치를 연결 및 구성했다. 전방석에는 스미스사의 HUD와 레이더/지도 표시 스코프, 지형 추적 비행용 E 스코프를 설치했다. 후방석에는 항법과 공격 데이터 시현장비를 2개 장비했다. 특히 IDS는 관성항법과 도플러의 조합으로 항법 정밀도가 높다.

3개국의 주력 타격기로 자리를 잡은 토네이도는 이에 걸맞은 개수사업도 필요하여 영국의 MLU(Mid-Life Update), 독일의 ASSTA 1/2 등의 사업이 실시되었다.

운용현황

토네이도는 영국, 독일 이탈리아의 주력 전투폭격기로서 일선을 지키고 있다. 영국 공군이 229대, 독일 공군과 해군이 각각 212대와 112대, 이탈리아가 100대를 도입했다. 이외에도 사우디아라비아가 IDS를 48대, 오만이 8대 도입했다. 영국과 이탈리아의 토네이도가 1991년 걸프전에 참전하여 최초로 실전 기록을 세웠다. 그러나 저고도 타격작전 중에 대공포와 견착식 지대공미사일에 영국은 6대, 이탈리아는 1대의 기체를 잃고 말았다. 독일의 토네이도는 코소보 항공전에 참가하여 2차대전 이후 독일 공군 최초의 실전을 기록했다. 이후 토네이도는 아프간 대테러전쟁, 2차 걸프전 등에서도 활약을 계속하고 있고, 영국에서는 2018년까지 운용할 예정이다.

변형 및 파생기종

토네이도 GR1 | 영국 공군이 도입한 최초의 토네이도 IDS. 영국 공군 최초의 가변익기로 냉전 시절 WE-117 등의 핵무장을 장착했다. 저공침투용 지형추적 레이더와 레이저거리측정/탐지기(LRMTS)를 탑재했으나, 레이저 폭탄을 유도할 수 있는 능력은 없다. GR1은 정찰형인 GR1A와 GR1B 해상공격기의 두 가지 버전이 있다.

토네이도 GR4 | MLU 사업으로 업그레이한 GR1의 성능개량형. GR1의 MLU 사업은 1980년대 중반부터 거론되었으나, 걸프전에서 GR1의 단점이 표면화된 이후에야 사업이 시작되었다. 원래는 GR1 전 기체를 대상으로 단순한 수명 연장에 그치지 않고 성능 향상을 위한 개수 작업을 실시할 예정이었으나, 예산 문제로 142대에 한정해 개수 작업을 실시했다. 무장 면에서는 TIALD 포드를 장착하여 정밀유도무기의 독자조준/발사능력을 갖추게 되었다. ALRAM 대레이더 미사일을 운용할 수 있게 되었으며, 채프/플레어 투발용 BOZ-107 포드를 우측에, 스카이섀도우 II ECM 포드를 좌측에 장착한다. 항전장비를 강화하기 위해 신형 그라운드 매핑 레이더를 채용했으며, FLIR에 더하여 광시계 HUD와 GPS/INS, 그리고 12.8인치 대형 스크린에 레이더 지도를 시현하는 TARDIS(Tornado Advanced Radar Display and Information System)를 채택했다.

JAS39 그리펜

Saab **JAS39 Gripen**

JAS39A

형식 단발 터보팬 경량 전천후 다목적 전투기
전폭 8.40m
전장 14.10m
전고 4.50m
주익면적 25.54㎡
자체중량 6,620kg
최대이륙중량 14,000kg
엔진 볼보/GE RM12(F404) 터보팬 (18,100파운드) x 1
최대속도 마하 2
실용상승한도 50,000피트
전투행동반경 800km
무장 27 mm 마우저 BK-27 기관포 1문
AIM-9 사이드와인더 / IRIS-T 공대공 미사일
AIM-120 암람 / 스카이플래시 / 미카
AGM-65 매버릭, KEPD 350 등 공대지 무장
RBS-15F 대함미사일
하드포인트 6개소에 약 5,000kg 탑재 가능
항전장비 펄스도플러 레이더
승무원 1명(JAS39B/D형은 2명)
초도비행 1988년 12월 9일(JAS39A)
1996년 4월 29일(JAS39B)

개발배경

그리펜은 스웨덴 공군이 21세기 주력 다목적 전술기로 개발한 경량 전투기로, 1987년 봄에 롤아웃했다. 첫 비행은 1998년 12월 9일에서야 실시했다. 그 후 1989년 2월 3일에는 테스트 도중 착륙하면서 전복 사고를 일으키는 등 개발상 많은 어려움을 겪었다. 사고 원인은 디지털 플라이-바이-와이어의 소프트웨어 결함으로 밝혀져, 미국의 벤딕스사가 소프트웨어를 다시 설계한 후에 비행시험을 속행했다.

한편 미국의 GE F404 엔진을 개조한 RM12 엔진의 가속 불량(원인은 고압터빈 케이스의 열팽창) 및 애프터버너의 강도 부족 문제가 발생하여 2호기는 1990년 5월 4일에야 첫 비행을 할 수 있었다.

1993년 초여름부터는 양산기를 인도하기 시작했으나, 납입 1호기(양산로트 2호기)가 8월 8일 공개행사 중 추락했다. 사고가 거듭되자 기체를 완전히 재설계하여 1995년 4월 11일에 재설계된 8호기를 완성했다.

JAS39의 J는 전투, A는 공격, S는 정찰을 의미하며 비겐의 경우처럼 장비를 바꾸어 한 기종을 다목적으로 사용하고 있다.

특징

그리펜 기체는 최근 전투기의 표준으로 볼 때 경량 소형기에 속한다. 전투기의 성능과 기체의 크기를 좌우하는 엔진으로는 GE F404를 사용했는데, 미국의 허가를 얻어 볼보사가 GE사의 협조를 받아 파워업 개량 설계를 했으며, 일부 부품을 생산하여 볼보 RM12란 명칭을 붙였다. 2단계로 생산할 예정인 그리펜 C형의 엔진으로는 FADEC을 장비한 RM12의 개량형, SNECMA의 M88-3, 유로제트 EJ200, GEF414 등을 검토하고 있다. 기체의 외형은 비겐에서 물려받은 클로즈드 커플드 델타익을 채택했으며, 카나드는 전체가 움직인다.

동체는 가늘고 길며 스마트한 느낌을 준다. 카나드의 앞전 후퇴각은 43°, 주익의 앞전 후퇴각은 45°이다. 메인 랜딩기어는 동체에 수납하기 때문에 주익은 간단하게 떼어낼 수 있으며, 철도이동, 분산, 은폐 등의 경우에 편리하다. 수직미익은 최대한 뒤쪽에 설치하여 엘러본과 방향타의 간섭 및 천음속에서의 저항을 크게 줄였다. 주익을 포함한 기체 구조의 30%는 카본 섬유 복합재료로 제작했다.

조종장치는 디지털 플라이-바이-와이어를 사용하며 미니스틱을 포함하여 스웨덴에서 독자개발했다. 조종석은 컬러 브라운관을 사용하는 글래스 콕핏 형식이며 광각 HUD를 장비하고 있다. 레이더 및 FCS는 에릭슨사가 담당하고 있다. 공대공 전투용 고정무장은 27mm 기관포 1문을 장비하며, 미사일은 자국산화한 Rb71스카이플래시 4발과 Rb74 사이드와인더 2발을 장착한다. 대함 공격을 위해 사브 보포스사의 RBS-15F ASM을 주요 무장으로, 지상 공격에는 레이저 유도 폭탄과 범용 폭탄을 장착한다.

그리펜에 앞서 개발된 비겐은 500m 정도로 짧은 고속도로상의 비상활주로에서도 작전이 가능하도록 설계하여 구조를 보강하고 이착륙 성능을 높였다. 하지만 실제로 운용해본 결과, 비겐은 대형 전투기여서 의도한 대로 운용하기 어려웠다. 따라서 특별히 보강하지 않은 고속도로에서도 운용이 가능하도록 그리펜의 중량을 가볍게 하는 데 중점을 두었고, 이착륙거리도 700m정도로 줄였다.

운용현황

스웨덴 공군은 모두 204대의 그리펜을 발주하여 실전배치 중이다.

남아프리카 공화국이 26대를 발주하여, 2011년 4월까지 18대를 인수했다. 태국은 구형 F-5를 교체하기 위해 총 12대의 그리펜을 발주하여, 2011년 2월 기체를 인수하여 전력화에 들어갔다. 체코·헝가리 공군은 각각 14대를 10년간 리스하여 운용 중이다.

스위스에서는 JAS39E 22대를 발주했는데 2014년 국민투표를 통해 도입 여부를 최종 결정할 예정이다.

한편 브라질은 2013년 12월 18일 차기 전투기로 그리펜 NG를 결정하여 36대를 도입하기로 했다.

변형 및 파생기종

JAS39A | 그리펜의 최초 양산형.

JAS39B | 그리펜의 복좌형.

JAS39C | A형의 개량형. 스웨덴 조달청의 3차 주문분에 적용되는 사양으로, 2003년부터 인도를 시작했다.

JAS39D | JAS39C의 복좌형.

JAS39E | '슈퍼 그리펜' 으로 불리는 그리펜 NG의 단좌형. 스웨덴 공군이 60대, 스위스 공군이 22대를 도입할 예정이다.

JAS39F | E형의 복좌형. 2013년 현재 발주되지 않았지만, 미국의 차기훈련기(T-X) 사업의 후보기종으로 보잉과 공동생산을 검토하기도 했다.

그리펜 NG | 엔진을 추력이 향상된 GE사의 F414G 터보팬 엔진으로 교체하고, 연료탱크를 증설해 행동반경을 늘린 차세대 그리펜. AESA 레이더를 장착할 예정이며, 기타 항전장비와 무장도 향상시킬 예정이다. 인도의 차기전투기사업인 MRCA에 제안되었으나 탈락했다.

J-8 핀백

Shenyang Aircraft **J-8 Finback**

J-8 II

형식 쌍발 터보젯 전천후 다목적 전투기

전폭 9.34m

전장 21.59m

전고 5.41m

주익면적 42.2㎡

자체중량 9,240kg

최대이륙중량 17,800kg

엔진 리양 WP13B 터보젯(10,580 파운드) x 2

최대속도 마하 2.2

실용상승한도 65,615피트

최대항속거리 2,200km

무장 23mm 23-2식 기관포 1문
PL-2B / PL-7 공대공미사일
57mm / 90mm 로켓런처
Kh-31 대함미사일
하드포인트 7개소에 최대 4,500kg 탑재 가능

항전장비 208식 레이더

승무원 1명

초도비행 1969년 7월 5일(프로토타입)
1984년 6월 12일(J-8 II)

개발배경

1960년대 후반에 중국이 개발한 대형 초음속 쌍발 제트전투기. 공산화된 중국과 구소련의 우호적인 관계는 한국전쟁 이후 악화되어 1959년 중소 국경분쟁으로 소련 기술자가 철수했고, 1960년대 초반에는 일촉즉발의 상황까지 이르렀다. 중국은 소련 공군과 전면적인 대결에 대비해 도중에 중단된 MiG-19의 면허생산을 독자적으로 진행하고, MiG-21의 복사생산을 급속하게 추진하는 동시에 여기에서 습득한 기술을 응용하여 대형 전투기인 F-8의 개발을 추진하게 되었다.

특징

당시 중국이 입수한 강력한 전투기용 엔진은 MiG-21의 엔진인 RD-11의 복사판인 워펜-7(渦噴 7)뿐이므로 MiG-21을 능가할 신형 전투기를 개발하기 위해서는 MiG-21을 확대한 쌍발전투기만이 유일한 선택이었다. 한편으로는 1961년 모스크바 에어쇼에 등장한 MiG-23 프리머(실제로는 Ye-152A연구기)와 같은 신형 전투기의 등장으로 큰 자극을 받았을 것으로 생각된다. 그러나 F-8은 Ye-152A의 복사판은 아니며, 밝혀진 바로는 중국이 독자개발했으나 배면 핀의 배치 및 보트 테일의 처리 등에서 부분적으로 Ye-152A의 영향을 강하게 느낄 수 있다.

한편 개발이 시작될 즈음 문화혁명의 소용돌이에 휩싸이는 바람에 프로토타입기의 개발 개시도 5년이 지연되어 1969년에야 이루어졌다. 또한 초도비행을 비롯한 세부적인 비행시험도 그리 순조롭지는 않았다. Ye-152A와 비슷한 대형 전투기의 존재 사실은 문화혁명이 끝난 후 1980년에 미국의 중국 방문사절단에 의해 확인되었으며, F-8의 사진도 공개되었다. 1985년에는 미국의 항공기 기술자들이 선양 공장 견학 과정에서 대량 생산 중인 사실을 목격했다.

한편 J-8의 성능개선은 계속되어 1984년에 J-8의 개량형인 J-8 II이 완성되었고, 1989년 파리 에어쇼에서 처음으로 공개되었다.

운용현황

현재 400여 대의 J-8 시리즈가 중국 인민해방군 공군과 해군 항공대에 배치되어 있다. 2001년 4월 1일 미 해군의 EP-3 정찰기가 중국 푸젠 성(福建省) 둥산 섬(東山島) 부근 상공에서 군사훈련을 정찰하다가 중국 해군 전투기의 요격을 받았는데, 이 때 요격에 나선 기종이 바로 J-8이었다. 요격에 나선 J-8 가운데 한 대는 EP-3와 충돌하면서 조종사가 사망했다.

변형 및 파생기종

J-8 I	J-8의 전천후 전투기형. SL-7A 레이더를 장착하고 23mm 기관포 2문을 장비했다.
J-8E	J-8 I 의 수명연장 모델.
JZ-8(J-8R)	J-8의 정찰형.
J-8 Ⅱ 핀백-B	J-8 I 을 본격적으로 개수한 발전형. 공기 흡입구를 동체 측면으로 옮겨 208식 대형 레이더 안테나를 탑재했으며 투만스키 R-13을 복사한 WP13 엔진을 장착하여 추력을 강화시켰다. 트럴핀은 Ye-152A 플리퍼의 형식에서 MiG-23 플로거와 같은 접이식으로 바뀌었다. J-8 Ⅱ 는 공기 흡입구의 변경과 쌍발 엔진 덕분에 J-8/MiG-21과는 전혀 다른 기체가 되었으며 전체적인 레이아웃은 Su-15와 유사하다.
J-8 Ⅲ	J-8 Ⅱ 의 성능향상형. 플라이-바이-와이어 조종계통을 채용했으며 1471식 레이더, BM/KG300G ECM 장비 등을 장착했다. 또한 藍天 저고도 항법포드와 FILAT(Forward-Looking Infrared and Laser Attack Targeting) 포드도 장비했다.

J-11
형식 쌍발 터보팬 제공전투기
전폭 14.70m
전장 21.94m
전고 5.92m
주익면적 62.04㎡
자체중량 16,380kg
최대이륙중량 33,000kg
엔진 AL-31F 터보팬(16,800파운드) x 2
최대속도 마하 2.35
실용상승한도 59,055피트
최대항속거리 1,340km
무장 30mm GSh-30-1 기관포 1문
PL-12/SD-10 공대공미사일
범용폭탄, 로켓, 23mm 기관포 포드 등 공대지 무장
하드포인트 12개소에 최대 8,000kg 탑재 가능
항전장비 N001V 레이더, OLS-27 IRST, RLPK-27 헬멧조준기 등
승무원 1명

개발배경

발전하는 서구 전투기들에 대항할 수 있는 최신예 전투기를 염원하던 중국은 Su-27과 MiG-29에 주목했다. 1990년에 중국은 소련과 전투기 구매협상을 시작했으며, 1991년 3월에는 소련의 조종사들이 베이징에서 MiG-29와 Su-27의 시범비행을 펼치기도 했다. 두 기종의 장단점을 숙고한 중국 정부는 1991년 중반에 Su-27 26대를 구매하기로 결정했다. 그리하여 이듬해인 1992년에 단좌형 Su-27SK(플랭커 B) 20대와 복좌형 Su-27UBK 6대가 중국 인민해방군 공군에 인도되었다.

Su-27에 만족한 중국 공군은 1995년에 2차분으로 22대를 더 발주했고, 러시아는 이듬해에 이들 기체를 인도했다. 2차분 구매와 동시에 중국은 Su-27 200대분의 면허생산을 추진했다. 이에 따라 러시아의 수호이(Sukhoi)사와 선양항공기공사(沈阳飞机公司) 사이에 25억 달러 상당의 면허생산계약이 체결되었다. 이와 함께 이 중국 면허생산 기체에는 J-11이라는 제식 명칭이 부여되었다.

특징

중국 공군이 채택한 J-11은 정밀타격능력이 없어 다목적 전투기라기보다는 제공전투기라고 할 수 있다. 고정무장으로는 GSh-30-1 30mm 기관포를 장비하고 있다. 공대공 무장으로는 헬멧조준장치와 연동하는 R-73(NATO명 AA-11 아처) 공대공미사일을 가시거리 내(WVR) 교전에 사용하며, 가시거리 외(BVR) 교전을 위해서는 R-27(NATO명 AA-10 알라모) 미사일을 사용한다. R-73은 최대 4발, R-27은 최대 6발까지 장착할 수 있다.

레이더로는 N001V 펄스도플러 레이더를 장착하고 있으며, IRST(적외선 탐색 및 추적장비)로는 OLS-27을 장착한다. 가시거리 내에서 공중전이 벌어질 경우 조종사는 RLPK-27 헬멧조준장치를 사용하여 손쉽게 R-73 미사일을 발사할 수 있다.

J-11 초도양산기는 조립생산방식으로 1998년부터 출고되었지만, J-11의 본격적인 양산은 2000년에야 비로소 시작되었다. J-11은 2000년부터 2002년까지 48대, 그리고 2003년에 48대를 추가 생산했으며, 총 100대를 생산한 이후에 정밀폭격능력이 강화된 업그레이드형을 생산하기 위해 잠시 생산을 중단했다. 이후 생산을 재개하면서 정밀타격 모델과 함상기 모델을 생산했다.

J-11은 업그레이드를 통한 현대화사업이 이루어지고 있는데, 대부분 자국산 장비로 교체하고 있다.

운용현황

중국 인민해방군 공군은 2011년 2월까지 J-11 120여 대를 인수한 것으로 보인다. 1995년에 계약을 맺은 러시아는 모두 200여 대를 도입하기로 했는데, 일부 기체는 Su-30MKK 사양의 다목적 전투기(J-11BS)를 도입할 것으로 보인다.

변형 및 파생기종

- J-11A | 레이더 및 비행계기의 개수형. 레이더를 N001VE로 교체하고 자국산 헬멧조준장치를 장착했다. 또한 컬러 다기능 디스플레이를 장착하여 글래스 콕핏으로 개수했다.
- J-11B | Su-27의 현대화 모델. 자국산 최신 항전장비에 더하여 글래스 콕핏화도 이루었다. 특히 신형 1474형 펄스도플러 레이더를 장착하여 최대 20개 목표물을 추적하고 6개 목표물과 교전할 수 있다. 또한 러시아제 AL-31F 엔진 대신에 운용유지비용이 저렴한 자국산 WS-10A을 장착하며, 기체의 스텔스 성능 및 기동성 향상을 위해 복합소재를 사용함으로써 기체 무게를 700kg 이상 감소했다.
- J-11BS | J-11B의 복좌형. Su-30MKK에 해당하는 모델로 2007년 CCTV를 통해 공개되었다.
- J-11BH | J-11의 함상기 모델.
- J-16 | J-11BS의 정밀타격 모델.
- J-17 | J-11B의 업그레이드 모델로, 스텔스 설계를 부분 도입하여 내부 폭탄창과 스텔스형 공기흡입구 등을 채용했다.

J-31

형식 단좌 쌍발 스텔스 전투기
전폭 11.50m 추정
전장 16.90m 추정
전고 4.80m 추정
주익면적 40.00㎡ 추정
자체중량 12.5~13.5톤 추정
최대이륙중량 20톤 이상 추정
엔진 클리모프 RD-93(18,277파운드) x 2
최대속도 미상
실용상승한도 미상
최대항속거리 미상
무장 미상
항전장비 미상
승무원 1명
초도비행 2012년 10월 31일

개발배경

중국은 1997년부터 스텔스기 개발에 돌입하여, J-XX 계획에 따라 청두 비행기공업의 "611공정", 선양 비행기공업의 "601공정"이 경쟁체제에 돌입했다. 청두의 "611공정"은 J-20으로 구체화되어 2011년 1월에 초도비행에 성공했고, 선양의 "601공정"은 J-31로 구체화되어 1년 뒤에 선보이게 되었다. 아직까지 두 기종의 운명이 어떻게 될지는 확실하지 않으나, J-20은 하이급 전투기로, J-31은 미들급 전투기 또는 함재 전투기로 사용할 가능성도 예측되고 있다.

특징

J-31은 전형적인 5세대 전투기 형상을 갖춘 쌍발 전투기로, 흡기구에 전진경사각을 준 점이나 엔진을 노출시키지 않은 점, 수직미익의 경사각 등 스텔스성능에 대한 고려가 포함된 것으로 보인다. 한편 기체는 스텔스재질을 적용하지 않고 도료로만 표면처리를 한 것으로 보인다. 특히 쌍발엔진이라는 점을 제외하면 F-35C와 판박이로 닮아 있어, 중국이 미국의 제작사로부터 설계도면을 해킹하여 만들었다는 관측까지 생길 정도이다. 결국 J-31은 F-35를 복사하여 중국적으로 재해석한 기체로 보이며, 어떤 성능을 보일지는 미지수이다.

J-31의 시제기 엔진은 러시아제 클리모프 RD-93로 보인다. 그러나 J-31은 2개의 엔진출력을 합쳐도 F-35보다 약하기 때문에 놀라운 기동성을 기대하기는 어렵다는 관측도 있다. 중국은 이미 FC-1 샤오롱 전투기에 장착하기 위해 RD-93과 유사한 자국산 WS-13 엔진을 개발중이며, J-31에는 WS-13의 출력을 100kN으로 향상시킨 WS-13G를 장착할 계획이라고 한다.

운용현황

J-31은 2012년 10월 31일 시제기 31001번기가 초도비행에 성공했으며, 현재까지 2대의 시제기가 만들어진 것으로 알려지고 있다. 기체가 실전배치되는 것은 2020년으로 보이나, 비행제어나 무장통제 등 각종 소프트웨어 등 개발에 더 많은 시간을 소요할 가능성도 높다. 아직까지 구체적인 양산계획이나 수출대상국을 논의하고 있지는 않다.

Su-17/20/22 피터

Sukhoi **Su-17/20/22 Fitter**

Su-17M4

형식 단발 터보젯 가변익 공격기
전폭 13.80m(10m)
전장 18.75m
전고 5.00m
주익면적 38.5㎡(34.5㎡)
자체중량 12,160kg
최대이륙중량 19,430kg
엔진 AL-21F-3 터보젯(24,675파운드) x 1
최대속도 마하 1.7
실용상승한도 49,870피트
전투행동반경 1,150km
무장 30 mm NR-30 기관포 2문(각 80발)
R-60(AA-8 아피드) 공대공미사일(자위용)
Kh-23(AS-7), Kh-25(AS-10), Kh-29(AS-14), Kh-58 (AS-11) 등 각종 공대지 무장
하드포인트 10개소에 4,250kg 탑재 가능
항전장비 항법레이더, LMRTS, RWR
승무원 1명
초도비행 1966년 8월 2일(프로토타입)
1973년 12월 20일(Su-17M2 피터-D)

개발배경

Su-17은 Su-7 전투폭격기의 주익을 가변익 식(63~30°)으로 재설계한 것으로, 프로토타입기인 S-22I는 1966년에 첫 비행을 했다. 초기의 Su-17이 장비한 AL-7F1 엔진(추력 9,600kg)을 AL-21F3로 바꾼 Su-17M은 1972년부터 부대배치가 시작되었다. 이후 Su-17M2, M3, M4로 발전했으며, 정찰형인 Su-17R, 복좌 훈련기형인 Su-17UM/UM3, 수출형으로 Su-17M에 해당하는 Su-20, Su-17M2/M3/UM/UM3에 해당하는 R-29 엔진을 장비한 Su-22/M3/UM/UM3, 그리고 Su-17M4와 같은 규격인 Su-22M4가 만들어졌다. 생산은 1990년까지 계속되어 모두 3,000여 대가 생산되었다.

특징

Su-17의 가변익은 바깥쪽의 날개만 움직이도록 되어 있어 이착륙 성능 및 항속력의 향상에 도움을 주고 있다. 초기형은 주익의 중량이 400kg 정도 증가하고 기내 연료가 Su-7B보다 감소했으나, 순항항속거리는 20~25%가 늘어났다. Su-17M은 M3의 발전형으로 기내 연료탑재량을 늘려 항속성능을 개선했다.

Su-7B는 하드포인트가 4개소이나 Su-17은 2배 이상 더 많은 9개소이다. 이것은 Su-17이 가장 눈에 띄게 개선된 점이다. 최종형인 Su-17M4는 가변식 공기흡입구(노즈콘이 앞뒤로 움직인다)를 고정식으로 개량하여 최대속도가 마하 2.1에서 마하 1.7로 낮아졌으나, 구조를 간단하게 하여 중량을 줄인 실용적인 공격기라고 할 수 있다.

운용현황

러시아에서는 이미 현역에서 물러났지만 아직도 몇몇 국가에서 여전히 운용 중이다. 운용국은 앙골라, 시리아, 리비아, 폴란드, 베트남, 예멘 등이다. 가장 많이 보급된 것은 Su-17M4와 Su-22M4형이다

변형 및 파생기종

Su-17 피터-B | 초도저율생산형. 연장된 동체의 복좌 Su-7U 훈련기를 기반으로 하고 있으며 4,550L의 연료를 탑재하고 AL-7F-1 엔진을 장착했다. 1969부터 1973까지 생산했다.

Su-17M 피터-C | 초도양산형. 개량된 성능의 AL-21F-3 엔진과 신형 항법/공격 시스템을 장착하며 SRD-5M 측거(測距)레이더를 장비했다. 1972부터 1975까지 생산했다.

Su-20 피터-C | Su-17M의 수출형.

Su-17R | 정찰형. Su-17M에 정찰포드를 탑재한 것으로, 수출형은 Su-20R로 분류한다.

Su-17M2 피터-D | 측거레이더를 제거하고 기수를 38cm 연장했다. 항전장비로는 폰-1400 LRMTS(laser rangefinder/marked-target seeker), RSBN-6S 단거리항법 시스템, ASP-17, PBK-3-17 조준컴퓨터를 탑재하고 기수 아래의 페어링에 DISS-7 도플러항법 레이더를 장착했다. 1974년부터 1977까지 생산했다.

Su-22 피터-F | Su-17M2의 수출형. 후방 동체를 확장하여 R-29BS-300 엔진을 장착했다. 원래는 Su-17M2D로 명명된 테스트 버전이었지만, 이후 수출되면서 Su-22로 분류되었다.

Su-17UM 피터-E | 최초의 복좌형. Su-17M2를 개수한 것으로, 캐노피를 전방에 배치했으며, 기관포는 제거했지만 항전장비와 기타 무장은 유지했다.

Su-17M3 피터-H | Su-17UM에 기초하여 후방석 자리에 연료탱크를 추가하여 항속거리를 늘렸다. 도플러 레이더를 기수에 내장하면서 페어링을 제거했으며, 클렌-P LRMTS를 장비했다. 1976년부터 1981년까지 생산했다.

Su-22M 피터-J | Su-17M3의 수출형. 항전장비는 Su-17M2 사양으로 다운그레이드했으며, R-29 엔진을 탑재했다. 1978년부터 1984년까지 생산했다.

Su-17UM3 피터-G | 복좌훈련기의 개량형. Su-17M3 사양의 항전장비를 갖추었다. 수출형 Su-22UM3에는 R-29 엔진을, Su-22UM3K에는 AL-21 엔진을 장착했다.

Su-17M4 피터-K | 최종양산형. 항전장비를 업그레이드했으며, 특히 SPO-15LE 레이더 경보기를 갖추었다. 엔진효율을 향상시키기 위해 공기흡입구를 추가했다. 무장 면에서는 TV 유도 미사일을 운용할 수 있게 되었고, BA-58 포드를 장착하여 대레이더 미사일도 운용 가능해졌다. 1981년부터 1988년까지 생산했다.

Su-22M4 피터-K | Su-17M4의 수출형. 1983년부터 1990년까지 생산했다.

Su-22M5 | 피터의 현대화 개수형. HOTAS, 글래스 콕핏 등 현대화된 항전장비를 적용하고, 레이저 거리측정기 대신 페이텀 레이더를 장비했다.

Su-24 펜서
Sukhoi **Su-24 Fencer**

Su-24 MK-D

형식 쌍발 터보젯 가변익 장거리 전투타격기
전폭 17.64m(10.37)
전장 22.53m
전고 6.19m
주익면적 55.2㎡
자체중량 22,300kg
최대이륙중량 43,755kg
엔진 AL-21F-3A 터보젯(24,675파운드) x 2
최대속도 마하 1.35
실용상승한도 55,775피트
최대항속거리 2,850km
무장 23mm GSh-6-23 기관포 1문(500발)
Kh-23, Kh-25ML(AS-10), Kh-29L/T(AS-14), Kh-59(AS-13), KAB-500 폭탄 등 공대지 무장
하드포인트 8개소에 8,000kg 탑재 가능
항전장비 오라이언-A 공격용 레이더, 카이라-24
승무원 2명
초도비행 1967년 7월 2일

개발배경

Su-24는 1974년부터 부대배치되기 시작한 강력한 전투폭격기(러시아에서는 전선폭격기로 분류)로서 현재는 퇴역한 미국의 F-111과 비슷한 성격의 기체라고 할 수 있다.

Su-24는 2기의 주엔진을 탑재하고 동체 내부에 4기의 이륙용 제트엔진을 설치한 고정익기로 출발하여 프로토타입 T-6-1이 1967년에 첫 비행을 했다. 그러나 테스트 결과를 고려하여 개발 도중에 별도의 검토를 거쳐 가변익으로 설계를 변경했고, 1970년에 T-6-2I가 비행하자 Su-24란 제식명칭이 붙었다.

특징

Su-24의 주익은 앞전 후퇴각이 69도에서 16도까지 변화하며(중간 위치는 35도와 45도로 설정) 앞전에는 슬레이트, 뒷전에는 드롭식 보조익과 2중 간극 플랩을 설치하여 단거리이착륙 성능을 높였다. 병렬 복좌에 쌍발 엔진을 장착한 가변익기라는 점에서 미국의 F-111과 비슷하나 터보젯 엔진을 사용하고 있고, 기내 연료탑재량이 F-111의 60% 정도에 불과(연료는 동체 내부에만 적재)하여 항속성능이 떨어진다.

설계 최대 속도는 마하 2.35였으나, 양산에 들어가면서 고공에서의 고속 성능은 불필요하다는 지적에 따라 가변면적식 공기흡입구를 고정식으로 바꾸고, 최대 속도를 마하 1.35로 낮춘 점도 F-111과는 다르다.

저공에서의 속도는 마하 1.1 정도로 우수한 속도 성능을 지니고 있으며, 러시아 기체로는 처음으로 통합 무장 시스템을 채택하고 있다. Su-24M의 PSN-24M 항법폭격 시스템은 오리온 전방감시 레이더, 렐리예프 지형추적 레이더, MIS-P 관성항법 시스템, TsVU-10-058K 디지털 컴퓨터, 카이라 24 레이저/TV로 구성되어 있는 통합 시스템이다.

고정무장으로는 23mm 기관포 1문을 장비하고, 동체 아래에 4개소, 주익 고정부에 2개소, 가변부에 2개소(회전식)의 하드포인트에 공대지미사일 3~4발이나 250kg 폭탄 30발 등 최대 8t의 각종 무장을 탑재할 수 있다.

변형기종으로는 초기의 Su-24(생산 도중에 형태가 조금씩 변하여 펜서-A, B, C로 구별), 전자장비를 현대화하고 공중급유용 프로브를 장비한 Su-24M(펜서-D) 정찰형 Su-24MR(펜서-E), 전자전형 Su-24MP(펜서-F)가 있다.

운용현황

Su-24는 총 1,000대 정도가 생산되어 러시아(해군 포함) 및 우크라이나 공군의 전술공격의 핵심을 구성하고 있다. 또한 알제리, 리비아, 시리아, 이라크(걸프전 당시 사용 기체가 이란으로 도피) 등 여러 친러시아 국가에도 수출했다. 한편 제2차 체첸 전쟁에서 정찰 및 폭격임무에 투입되었으며, 2011년 리비아 내전에서는 정부군 기체가 임무 중에 추락하기도 했다.

변형 및 파생기종

Su-24M 펜서-D | Su-24의 개량형. 1979년 6월 20일 초도비행 후 1983년부터 실전배치되었다. 동체를 약 0.76m 연장했고, 재설계된 기수에 공격용 레이더를 수납했다. 신형 PNS-24M 관성항법 시스템과 디지털컴퓨터, 카이라-24 레이저측거 TV장비(미제 페이브택과 유사)를 장비하고 Kh-14(AS-12)와 Kh-59(AS-13) 미사일 등 TV 유도식 미사일을 운용할 수 있다. 1981부터 1993까지 생산했다.

Su-24MK 펜서-D | Su-24M의 수출형. 항전장비와 무장을 다운그레이드했다. 1988부터 1992까지 생산해 리비아, 시리아, 알제리, 이라크, 이란에 판매했다.

Su-24MR 펜서-E | 전술정찰형. 지형추적 레이더 등 Su-24M의 항법장치들을 상당수 유지했으나, 공격용 레이더와 레이저/TV 시스템은 제거했다. 대신 아이스트-M TV 카메라, RDS-BO 스틱 측면감시 레이더, 지마 적외선정찰 시스템을 장착했다. 1983부터 1993까지 생산했다.

Su-24MP 펜서-F | 전자정찰형. Yak-28PP를 교체하기 위해 개발했다. 레이저/TV 시스템 대신 정보수집 센서용 안테나들을 장착했다. 기관포와 R-60(AA-8) 미사일 발사대는 유지했다. 생산대수는 10대뿐이다.

Su-25 프로그풋

Sukhoi Su-25 Frogfoot

Su-25T

형식 쌍발 터보젯 지상공격기
전폭 14.50m
전장 15.05m
전고 4.80m
주익면적 30.1㎡
자체중량 10,740kg
최대이륙중량 20,500kg
엔진 투만스키 R-195 터보젯(9,480파운드) x 2
최대속도 마하 0.82(950km/h)
실용상승한도 22,950피트
전투행동반경 375km
무장 30mm GSh-30-2 기관포 1문(250발)
범용폭탄/집속폭탄, 건포드/로켓포드
Kh-25ML 레이저 유도미사일 등 공대지 무장
R-60(AA-8 아피드) 공대공미사일(자위용)
하드포인트 11개소에 4,400kg 탑재 가능
항전장비 코표-25 레이더, 보스크호드 항법/공격시스템
승무원 1명
초도비행 1978년 4월 26일(Su-25 프로그풋-A)
1984년 8월(Su-25T)

개발배경

Su-25는 아음속 근접지원용 공격기로 기체의 각 부분에 장갑을 설치하여 생존성을 높인 것이 큰 특징이다. 1972년 수호이 설계국이 지상군 지원용 공격기를 구상하여 항공 공업성과 공군에 제안함에 따라 프로토타입기인 T-8이 1975년 2월에 첫 비행을 했다.

특징

Su-25는 미 공군의 A-10보다는 좀 더 크기가 작으며 전체적으로 노스럽 A-9의 설계와 유사하다. 소형 기체이면서도 강력한 파워를 가진 엔진을 장비했으며, 무장탑재량에 치중하지 않는 대신 속도 성능에 중점을 두었다. 또한 사용 연료로 차량용 가솔린이나 경유를 사용할 수 있도록 하여 지상부대와 연계한 작전의 편의성을 고려했다.

앞전 후퇴각 19.5°, 애스펙스비 6, 테이퍼비 3.38의 주익은 앞전에 전체 폭에 걸쳐 슬레이트가 설치되어 있고, 뒷전에는 단일 슬롯플랩과 에일러론이 설치되어 있다. Su-25의 특징 중의 하나인 주익 끝에 설치된 납작한 포드는 상하로 열리는 에어 브레이크이다.

동체는 중앙 부분이 사각형으로 된 단순한 형태이며, 조종석 부분은 티타늄 합금의 장갑판을 용접한 상자형 구조로 만들어 방어력을 높였다.

기수에는 거리측정/목표조준용 레이저 장치를 탑재했으며 고정무장으로는 기수의 왼쪽에 장착한 2포신 방식의 30mm 기관포가 있다.

외부 탑재 무장으로는 폭탄, 로켓탄, 레이저유도폭탄, 레이저유도미사일 등이 포함되어 있다.

운용현황

단좌형 약 1,000대, 복좌형 약 350대를 생산하여 소련 공군에 배치했다. 또한 북한, 체코, 헝가리, 이라크 등에 200대 이상을 수출했다. 아직도 러시아는 Su-25를 215대 이상 운용중이다.

Su-25는 소련의 아프간 침공시 높은 소티율을 기록하며 아프간 반군에 대한 폭격임무를 수행했고, 이란-이라크전에서도 이라크의 Su-25가 뛰어난 활약을 했다. Su-25는 체첸 분쟁 때도 뛰어난 활약을 했다. 최근에는 남오세티아 전쟁에서도 활약했다.

변형 및 파생기종

Su-25K 프로그풋-A	기본형인 Su-25 프로그풋-A의 수출형.
Su-25UB 프로그풋-B	Su-25의 복좌 훈련형. 단좌형과 같은 무장탑재력을 지닌 복좌형으로, 전환훈련 및 전투기술훈련을 실시할 수 있다.
Su-25UTG	Su-25UB의 항모훈련형. 1988년 9월 초도비행을 했다. 10대만 생산했다. 대수가 절대적으로 부족하여 Su-25UB를 Su-25UTG 사양으로 개조한 Su-25UBP도 등장했다.
Su-25BM	표적견인용 항공기.
Su-25T	본격적인 대전차공격형. 복좌형을 기본으로 뒷좌석의 공간을 전자장비 탑재 공간으로 활용하고, 기내 연료탑재량도 증가시켰다. 동체 아랫면에 적외선 암시장치를 내장한 포드를 장착하여 야간 전천후 공격능력을 갖추고 KAB-500Kr TV 유도폭탄과 Kh-25ML 레이저유도미사일의 운용능력을 부여했다.
Su-25TM/Su-39	Su-25T의 개량형. 2세대 Su-25T로, 수출형은 Su-39로 재분류한다. 항전장비를 개량하여 코표(Kopyo)-25 멀티모드 레이더와 레이저 포드를 장비했으며, 생존성도 향상시켰다. 약 7대의 시제기를 생산했으나 양산에 이르지 못했다.
Su-25SM	Su-25의 현대화 개수형. 러시아 공군에 남아 있는 Su-25에 HUD와 다기능시현장비, 전자전장비를 장착한 업그레이드 모델이다. 수명연장을 위한 기골강화도 이루어졌다.

Su-27 플랭커

Sukhoi **Su-27 Flanker**

Su-27SM

형식 쌍발 터보팬 장거리 다목적 전투기
전폭 14.70m
전장 21.49m
전고 5.93m
주익면적 62㎡
자체중량 16,380kg
최대이륙중량 33,000kg
엔진 AL-31F 터보팬(27,557파운드) x 2
최대속도 마하 2.35
실용상승한도 59,055피트
전투행동반경 1,340km
무장 30mm GSh-30-1 기관포 1문 R-27R(AA-10A)/R-27T(AA-10B)/R-27ER(AA-10C)/R-27ET(AA-10D), R-73(AA-11), R-60(AA-8) 공대공미사일 범용폭탄, 로켓, 23mm 기관포 포드 등 공대지 무장 하드포인트 12개소에 최대 8,000kg 탑재 가능
항전장비 N001 레이더, OLS-27 IRST, RLPK-27 등
승무원 1명(UB는 2명)
초도비행 1981년 4월 20일(Su-27S)

개발배경

Su-27의 프로토타입기인 T-10은 1977년 5월 첫 비행을 했다. T-10 플랭커 A는 현재의 Su-27(플랭커 B)에 비해서 주익 끝부분이 곡선 형태이며, 앞전 플랩을 갖고 있고, 수직미익이 엔진 나셀의 위에 있다. 또한 노즈랜딩기어가 앞쪽에 있고, 메인 랜딩기어 커버를 에어 브레이크로 같이 사용하는 등 다른 점이 많다. 프로토타입기의 비행 특성상 문제점을 해결하기 위해 설계를 대폭 변경함에 따라 개발이 지연되어 1981년 4월 20일에야 생산형 규격 Su-27(T-10S)이 첫 비행을 하게 되었다.

러시아의 전선 항공부대와 방공부대가 사용하는 기체는 탑재전자장비가 차이가 있으며, 이에 따라 각각 Su-27S와 Su-27P로 구분한다. Su-27의 기본 형상은 같은 시기에 개발된 MiG-29와 비슷하며, 이는 TSAGI(중앙유체역학연구소)에서 연구한 차세대 전투기의 기본 형태에 따라 각 설계국이 설계를 담당했기 때문이다. 이처럼 Su-27와 MiG-29는 기본 형상은 비슷하지만 기체의 크기는 달라서, MiG-29가 전선용 제공전투기인 반면, Su-27은 방공/장거리 요격전투기로서 F-15를 능가하는 성능을 추구하여 기체를 대형화했다.

특징

Su-27 기체의 대형화에 따라 러시아로서는 처음으로 플라이-바이-와이어(기계식을 백업으로 설치)를 채택했다. 주익은 앞전 후퇴각이 MiG-29와 같은 42도이며, 애스펙트비는 3.5이다. 공기흡입구는 가변면적방식이며 지상 활주시 이물질 흡입을 방지하는 그물망을 설치했다. 엔진은 새로 개발한 AL-31F 터보팬 엔진으로, MiG-29의 RD-33보다 바이패스비가 크며(0.57), 12.5t의 강력한 추력을 발휘한다.

Su-27은 기수의 지름이 커진 만큼 MiG-29보다 강력한 레이더를 장비하고 있다. 장비한 레이더 FCS는 MiG-29의 N-019(슬롯백)와 같은 계열이지만, 대형 레이돔에 맞추어 안테나의 지름이 커지고 출력도 증가되어 탐지거리가 240km, 추적거리가 185km에 달한다고 한다. 또한 레이더 이외에도 적외선 탐지 장치, 레이저 거리 측정에 헬멧 마운티드 사이트가 통합시스템을 이루며 MiG-29와 마찬가지로 조종석 계기판은 구형 아날로그 방식이다.

무장은 오른쪽 스트레이크에 30mm 기관포를 수용하며, 미사일은 동체 중심선에 앞뒤로 2발, 엔진나셀의 아래쪽에 각 1발, 주익 아래에 각 2발, 주익 끝에 각 1발로 모두 10발이나 탑재 가능하다. 장착하는 미사일의 종류로는 중거리용으로 R-27(AA-10 알라모 적외선 유도 및 SARH 방식), 단거리용으로 R-60(AA-8 아피드)과 R-37(AA-11 아처)을 사용한다. 현재 Su-27은 복수목표 동시공격 능력이 없지만, 장래에 R-27을 대신하여 액티브 레이더 유도방식을 사용하는 R-77을 장착하게 되면 동시공격이 가능할 것으로 보인다. 또한 Su-27S는 폭탄과 로켓탄을 탑재할 수 있으며, 주익 끝에는 미사일 대신 ECM 포드를 장착할 수 있다.

Su-27의 특징은 강력한 무장과 함께 항속거리가 길다는 점인데, MiG-29가 주익에 연료탱크를 설치하지 않은 것과 달리 Su-27은 일체형 탱크를 설치하여 기내 연료탑재량이 무려 9.4t에 달한다. 그러나 Su-27은 보조탱크를 사용할 수 없고 공중급유장치도 없다. Su-27이 보조탱크를 사용하지 않는 것은 미사일의 탑재량을 최대한으로 늘리고 기내 연료탑재량을 최대로 하여, 고속 및 가속, 상승능력을 높이기 위한 것으로 보인다.

운용현황

러시아 공군은 1984년부터 Su-27을 배치하기 시작하여 500대 이상을 실전배치했다. 러시아 공군은 현재 Su-27S/P/UB 260대, Su-27SM 54대를 운용 중으로, 2008년 남오세아티아 전쟁에 Su-27을 투입하여 제공권을 장악한 바 있다.

한편 Su-27은 이외에도 앙골라, 에리트레아, 에티오피아, 카자흐스탄, 우즈베키스탄, 우크라이나, 벨로루시, 중국, 베트남, 인도네시아에서도 사용 중이며, 중국은 J-11이란 명칭으로 120대 이상 면허생산했다.

변형 및 파생기종

Su-27S 플랭커-B	Su-27의 초도양산형. 성능이 향상된 AL-31F 엔진을 장착하고 있다.
Su-27UB 플랭커-C	복좌 전환훈련기의 초도양산형
Su-27SK	Su-27의 단좌 수출형.
Su-27UBK	Su-27UB 복좌 수출형.
Su-27P	단좌 기술시범기. 공중급유 프로브 등을 장착했다.
Su-27SM 플랭커-B	Su-27S의 수명연장 및 개수형. Su-27M 기술시현기에서 평가된 기술을 적용한 업그레이드 기체이다. 러시아는 현재 보유 중인 Su-27S를 Su-27SM 사양으로 개수할 예정이다.
Su-27UBM	Su-27UB의 개수형.

Su-30 플랭커-C

Sukhoi **Su-30 Flanker-C**

Su-30MK2

형식 쌍발 터보팬 장거리 다목적 전투기

전폭 14.7m

전장 21.9m

전고 6.4m

주익면적 62.04㎡

자체중량 17,700kg

최대이륙중량 33,000kg

엔진 AL-31FL 터보팬(27,550파운드) x 2

최대속도 마하 2.35

실용상승한도 57,410피트

최대항속거리 3,000km

무장 30mm GSh-30-1 기관포 1문(150발)
R-27ER1 (AA-10C) / R-27ET1 (AA-10D), R-73E (AA-11) / RVV-AE (AA-12) 공대공미사일
Kh-31P/Kh-31A 대레이더미사일
Kh-29T/L 레이저유도식 공대지미사일
Kh-59ME 공대함미사일
각종 범용 / 레이저 유도폭탄
하드포인트 12개소에 8,000kg 탑재 가능

항전장비 N011M AESA 레이더

승무원 2명

초도비행 1989년 12월 31일 (Su-27PU)

개발배경

수호이 Su-30(NATO명 "플랭커-C")은 F-15E 스트라이크 이글에 비견되는 다목적 전투기다. Su-30은 Su-27의 복좌형인 Su-27UB를 바탕으로 항전장비를 현대화한 전투기로, 해외시장에서 상업적인 성공을 거두고 있다.

특징

Su-30의 시발점이 된 Su-27PU는 원래 장거리 요격기로 1986년부터 개발하기 시작했다. 수호이는 Su-27PU를 일종의 미니 AWACS(공중조기경보통제기)처럼 사용할 것을 제안했으나, 이에 만족하지 못한 소련 공군은 사업을 중지시키고 시험기 5대에 Su-30이라는 이름을 붙여 훈련용으로 사용했다. 그러나 Su-30의 뛰어난 성능에 주목한 수호이는 이에 만족하지 않고 본격적인 다목적 전투기로 개발하기 시작했다.

Su-30M 다목적 복좌 전투기형은 1990년대에 생산하여 시험평가를 실시했는데, 특히 수출형인 Su-30MK는 1993년 파리 에어쇼에 공개되기도 했다. 이후 카나드와 추력편향 엔진을 장착한 모델들이 공개되면서 뛰어난 기동성을 과시하여 Su-30 수출형에 대한 관심을 불러일으켰다.

이런 관심은 실제로 해외 도입과 연결되어 인도와 중국을 포함한 국가들이 장거리 타격능력을 보유하기 위해 Su-30 시리즈를 도입하고 있다.

운용현황

현재 Su-30의 최대 도입국은 인도이다. 인도는 2011년 1월까지 모두 142대의 Su-30MKI를 인수했으며, 2015년까지 모두 280대를 인수할 예정이어서 최대 SU-30 운용국이 될 전망이다. 인도가 보유한 기체들은 러시아 및 자국산 항전장비뿐만 아니라 우수한 성능의 프랑스 및 남아공제 장비를 갖추어 4.5세대 전투기다운 면모를 갖춘 것으로 보인다.

중국은 Su-30 24대, Su-30MKK 50대, Su-30MK2 23대 등 도합 97대를 도입했다. 또한 Su-30MKK 사양의 J-11도 생산할 예정이어서 보유대수는 더욱 늘어날 전망이다. 한편 이외에도 알제리(Su-30MKA), 베트남(Su-30MK2V), 베네수엘라(Su-30MKV), 말레이시아(Su-30MKM) 등에서도 운용중이다.

변형 및 파생기종

Su-27PU	Su-27UB 복좌 훈련형에 기초한 장거리 요격기. 이후에 Su-30으로 명칭을 바꾸었다.
Su-30	카나드를 장착한 시험기체.
Su-30K	Su-30의 수출형. 인도가 50대를 도입했으며, 이후 Su-30MKI 사양으로 개수했다.
Su-30KI	러시아 공군의 단좌형 Su-27S의 업그레이드 제안형. Su-30 시리즈 중에서 유일한 단좌형으로 인도네시아에 제안되기도 했다.
Su-30KN	기존의 복좌형인 Su-27UB, Su-30 및 Su-30K에 대한 업그레이드 모델.
Su-30M	Su-27PU의 업그레이드 모델. Su-27 계열 최초의 다목적 전투기이다.
Su-30MK	Su-30M의 수출형.
Su-30M2	Su-30MK의 업그레이드형. 카나드와 추력편향 엔진을 장착했다.
Su-30MKA	알제리 수출형. MKI 모델을 바탕으로 러시아와 프랑스제 항전장비를 갖추었다. 28대 발주했다.

Su-30MKI | 인도 힌두스탄 항공(HAL)의 면허생산 모델. 추력편향기와 카나드를 장비했고, 이스라엘, 프랑스, 인도 및 러시아의 항전장비들을 장착했다. HAL은 모두 280대를 면허생산할 예정이다.

Su-30MKK | 중국 수출형. 50대를 생산했다.

Su-30MKM | 말레이시아 수출형. MKI를 바탕으로 남아공, 프랑스 및 러시아 항전장비를 조합했다. 프랑스 탈레스의 HUD, NAVFLIR 및 레이저 조준포드, 남아공 아비트로닉스의 MAWS와 LWS, 러시아제 NIIP N011M AESA 레이더와 EW, OLS 및 글래스 콕핏을 장비하고 있다. 20대를 발주했다.

Su-30MKV | 베네수엘라 수출형. Su-30MK2와 유사한 사양이다. 24대를 발주했다.

Su-30MK2 | 중국 수출형. 해군 항공대를 위한 기체로, 공대함미사일을 운용할 수 있다. 23대를 생산했다.

Su-30MK2V | 베트남 수출형. Su-30MK2를 개수하여 4대를 생산했다.

Su-30MK3 | Su-30MKK 개량형. 주크 MSE 레이더를 장착하며 Kh-59MK 대함미사일을 운용할 수 있다.

Su-33

형식 쌍발 터보팬 함재전투기

전폭 14.70m(수납시 7.40m)

전장 21.94m

전고 5.93m

주익면적 62㎡

자체중량 18,400kg

최대이륙중량 33,000kg

엔진 률카 AL-31F 터보팬(29,231파운드) x 2

최대속도 마하 2.17

실용상승한도 55,800피트

최대항속거리 3,000km

무장 30mm GSh-30-1 기관포 1문
R-27EM/R-73 공대공미사일
Kh-25MP, Kh-31, Kh-41 등 공대지미사일
3M80 모스킷 대함미사일
범용폭탄, 로켓
하드포인트 12개소에 최대 4,500kg 탑재 가능

항전장비 주크27 레이더, IRST 등

승무원 1명

초도비행 1987년 8월 17일(프로토타입기 T-10K)

개발배경

Su-27에서 발전한 함상형인 Su-33과 성능향상형인 Su-35는 주익의 스트레이크 부분을 확대하고 카나드를 추가한 점이 특징이다. 카나드는 좌우를 동시에 움직여 피치(종방향) 컨트롤을 할 수 있으며 착함(착륙)시 비행특성 및 운동성능을 향상시키는 효과가 있다. 카나드 장착은 Su-27을 개조한 실험기(T-10-24)를 이용하여 1985년 5월부터 비행 테스트를 실시했다.

특징

당초 Su-27K(T-10K)라고 불린 Su-33은 구소련이 건조를 추진한 쿠즈네초프급 대형 항모에 탑재하기 위해 카나드를 추가하고, 고양력장치를 강화했으며, 주익과 수평미익을 접히도록 하고 착함후크를 장비했다. 또한 공중급유장치를 추가하고, 하드포인트를 주익 아래에 각 1개소씩 추가하여 모두 12개소를 보유하게 되었으며 각종 공대공미사일, 공대함미사일, 폭탄 등을 장착할 수 있다.

프로토타입기(T-10K)는 1987년 8월 17일에 첫 비행을 했으며, 1989년 11월에는 항모발함/착함 테스트를 시작했고, 생산형은 1991년부터 인도하기 시작했다. 소련 붕괴 이후 항모 건조계획이 대폭 축소되면서 쿠즈네초프 1척만을 보유하게 되자, Su-33의 생산수량도 예비기와 훈련기를 포함하여 50대 정도로 줄어들었다. 현재까지 프로토타입을 포함하여 최소한 27대 이상의 Su-33을 생산한 것으로 보인다.

운용현황

러시아 해군은 Su-33을 현재까지 17대 도입한 것으로 알려지고 있으나, 2009년 Su-33을 대체할 기종으로 MiG-29K를 발주하여 교체하고 있다.

한때 중국도 도입을 희망했지만, J-11을 함상형으로 개량한 J-15를 개발하기로 방향을 선회했다. J-15는 2012년 11월 말 중국 첫 항공모함 랴오닝호에 탑재되어 성공적인 발진과 착함을 선보이면서 본격적으로 전력화되었다.

Su-34 풀백

Sukhoi Su-34 Fullback

Su-34

형식 복좌 장거리 전투폭격기
전폭 14.70m
전장 22.00m
전고 5.93m
주익면적 62㎡
최대이륙중량 45,100kg
엔진 률카 AL-35F(17,857파운드) x 2
최대속도 마하 1.8
실용상승한도 45,890피트
전투행동반경 1,130 km
무장 30mm GSh-30-1 기관포 1문
R-73 공대공미사일 (윙팁)
Kh-29L/T, Kh-25MT/ML, Kh-25MP, Kh-36, Kh-38, Kh-41, Kh-59M, Kh-58, Kh-31P, Kh-35 Ural, Kh-41, Kh-65S, Kh-SD, 2 모스킷, 3 쟈콘트 공대지미사일
KAB-500L/KR / KAB-1500L 유도폭탄, 범용폭탄, B-8 로켓포드, B-13 로켓포드, O-25 로켓포드 등
하드포인트 12개소에 8,000kg 탑재 가능
항전장비 V004 위상배열레이더, UOMZ 레이저/TV시스템, ECM 등
승무원 2명
초도비행 1994년 12월 28일

개발배경

Su-34는 Su-24를 대체할 전투폭격기로 Su-27을 기반으로 개발했다. 프로토타입기는 Su-27IB로 불렸으며, 1990년 4월에 초도비행을 실시했다. 프로토타입기를 바탕으로 설계를 세부적으로 변경한 Su-34가 비행한 것은 1993년 12월이었다. 1996년 말에 비행 테스트에 참가한 기체는 Su-27IB를 포함하여 5대이며 신규 제작은 4대에 불과했다. 계획상으로는 12대를 제작하여 1998년에 러시아 공군에 인도하고 2005년까지 양산을 하여 Su-24를 모두 교체할 예정이었지만, 사업은 곧바로 취소되고 말았다.

사업 취소로 계획이 방향을 잃자, 수호이는 새로운 전투기의 마케팅 대상을 공군에서 해군으로 전환했다. 이에 따라 Su-27IB를 개량한 해군용 모델 Su-32FN이 등장하게 되었다. Su-32FN은 해군형이긴 하지만 함재기가 아니라 해안에 위치한 지상기지에서 발진하는 연안방어용 기체이다.

해상 수색 및 공격용 전자장비를 탑재하며, 사정거리 250km의 신형 대함미사일을 포함한 다양한 무장을 탑재할 수 있고, 특히 동체 아랫면에는 대잠작전용 소노부이 투하 포드를 장착할 수 있다. 1995년 파리 에어쇼에 Su-32FN(이후 다시 Su-34FN으로 재명명)이란 명칭으로 Su-34를 개조하여 출품했으며, 해군 항공대가 보유한 Su-24의 대체기를 노리고 있으나 아직 채용되지 않았다. 한편 러시아 공군은 다시 Su-34 획득사업을 부활시켜 2004년부터 Su-34의 저율생산을 시작하여 2008년부터 본격적인 양산에 들어갔다.

특징

Su-27과의 가장 큰 차이점은 전방 동체의 폭을 넓혀 병렬복좌의 조종석으로 재설계한 것인데, 이 때문에 조종석 뒷부분이 위로 크게 부풀어 올라 있다. 동체가 굵고 커졌기 때문에 저항이 증가했다고 생각되지만, 에어리어 법칙(area rule) 면에서는 단면적 분포가 오히려 Su-27보다 매끄럽다고 판단된다. 고공에서의 최대속도가 마하 1.8 정도여서 공기흡입구의 램프도 고정식으로 설계했다. 저공에서의 최대속도는 Su-27과 비슷하다.

주익과 미익은 기본적으로 Su-27과 동일하며 Su-35에도 설치된 카나드를 추가했다. 중량 증가에 대응하여 메인 랜딩기어도 탠덤 2차륜 방식으로 바꾸었다. 조종석은 의외로 넓고 장시간의 작전(공중급유장치를 설치)에도 승무원의 피로가 덜 쌓이도록 설계했으며, 일반 전투기보다 여압 능력이 우수하다. 또한 화장실과 주방시설까지 갖추고 있다고 한다. 조종석 주위는 티타늄 합금의 장갑판으로 둘러싸고, 연료탱크의 일부분에 장갑을 설치하여 방탄시설에 투자한 중량만도 1,480kg에 달한다. 시험기의 엔진은 Su-27과 같은 AL-31F였으나, 양산형은 추력향상형인 AL-31FM이나 AL-35를 사용한다.

납작한 모양의 노즈콘에는 레니네츠가 개발한 다기능 위상배열 레이더를 설치했으며, 대형화된 테일콘에도 후방 경계용 레이더를 탑재했다. Su-27과 같이 오른쪽 스트레이크 내부에 30mm 기관포를 장착했고, 모두 12개의 파일런에 공대지미사일, 유도폭탄, 방어용 공대공미사일 등을 최대 8,000kg까지 탑재할 수 있다.

운용현황

러시아 공군은 2008년에 Su-34를 32대 구매했으며, 2015년까지 모두 70대를 인수할 예정이다. 러시아 공군은 2020년까지 모두 200여 대의 Su-34를 도입하여 기존에 운용 중인 Su-24 300여 대를 교체할 계획이며, 2010년 말까지 1개 비행연대를 완편했다.

Su-35

Sukhoi **Su-35**

Su-35

형식 쌍발 터보팬 다목적 전투기

전폭 15.30m

전장 21.90m

전고 5.90m

주익면적 62.04㎡

자체중량 18,400kg

최대이륙중량 25,300kg

엔진 AL-31F1 추력편향 터보팬 (31,900파운드) x 2

최대속도 마하 2.25

실용상승한도 59,100피트

최대항속거리 3,600km

무장 30 mm GSh-30 기관포 1문 하드포인트 12개소에 8,000kg 무장 탑재

항전장비 AESA 레이더

승무원 1명

초도비행 1988년 6월 28일

개발배경

Su-27의 현대화 필요성에 따라 개발한 성능향상 모델이 바로 Su-35이다. Su-35는 정밀 유도무기를 사용한 지상공격 능력을 보유한 본격적인 다목적 전투기로, 1988년 6월 28일에 1호기가 첫 비행을 했다. Su-35는 10대 정도의 테스트기가 제작되었으며, Su-37로 불리는 Su-35BM 모델이 비행을 하기도 했으나, 최종적으로 Su-35S가 러시아 공군에 납품되면서 생산표준이 되었다.

특징

Su-35는 슈퍼크루즈가 가능한 러시아 최초의 양산 전투기이다. 파워업한 AL-35F(AL-31FM) 엔진을 탑재했으며, 공중급유 프로브와 통합 연료탱크를 장착했다. 구조도 경량화를 위해 일부에 알루미늄-티타늄 합금을 사용하고, 복합재료의 사용량을 늘렸다.

항전장비는 러시아 기체로서는 최고 수준으로 업그레이드했다. 주크-27 펄스도플러 레이더를 채용하여 15개 표적을 동시에 추적할 수 있으며, 그 중에 미사일 6개를 동시에 유도할 수 있다. 또한 후방의 테일콘에 패조트론 N-012 레이더를 장착하여 적기의 미사일 발사 여부를 확인할 수 있다. 글래스 콕핏을 채용하여 다기능 LCD 디스플레이 적용했으며, HOTAS 조종간을 채용하여 전반적으로 현대화했다. 플라이-바이-와이어 시스템도 종전의 아날로그 방식에서 디지털 방식으로 개량했다. 하드포인트의 수는 총 12개소이다.

1996년 4월 2일에 첫 비행을 한 Su-37은 Su-35에 추력변향 노즐을 추가한 기종으로 일반적인 전투기와는 차원이 다른 기동성을 지니고 있다. Su-37은 1996년 서울 에어쇼에서 공개되어 큰 반응을 불러일으켰다. 러시아 공군은 채택하고 있지 않으나 인도에 공급하는 Su-30K의 일부 기체에 추력편향노즐을 장착할 예정이다.

운용현황

러시아 공군은 최초 물량으로 48대를 주문하여 2010년부터 Su-35S를 운용 중이다. 2011년 1월에는 2대를 추가하여 총 50대를 2015년까지 러시아 공군이 인수할 계획이다.

한편 중국도 5세대 전투기 개발까지의 공백을 메우기 위한 하이급 기종으로 Su-35를 도입하려고 준비중인 것으로 알려지고 있다.

변형 및 파생기종

Su-27M/Su-35 | 기본형. 최초에는 Su-27M으로 알려진 Su-27의 현대화 모델.

Su-35UB | Su-35의 복좌형. 수직미익을 확장했으며, 전방 동체는 Su-30과 유사하다.

Su-35BM | Su-35의 업그레이드 모델. 항전장비를 현대화하고 기골을 강화했다.

Su-35S | Su-35BM의 러시아 자국 모델. 러시아 공군의 주문으로 2009년 11월 첫 양산기를 생산하여 2010년 말 인도했으며, 2011년 5월 초도비행을 했다.

Su-37 플랭커F | Su-35의 추력편향 모델. Su-27M(Su-35)의 11번째 프로토타입으로 제작되었다. 엔진으로는 추력편향의 AL-31FU 엔진을 장착했다.

T-50 PAK-FA

Sukhoi T-50 PAK-FA

T-50 PAK-FA

형식 쌍발 터보팬 스텔스 전투기
전폭 14.00m
전장 19.80m
전고 6.05m
주익면적 78.80㎡
자체중량 18,500kg
최대이륙중량 37,000kg
엔진 AL-41F1 터보팬(33,047lbf) x 2
최대속도 마하 2 이상
실용상승한도 65,600피트
최대항속거리 5,500km
무장 GSh-301 캐논 1문(또는 2문 장비 가능)
내부 무장실 2개
항전장비 AESA 레이더, IRST 장비 등
승무원 1명
초도비행 2010년 1월 29일

개발배경

1980년 말 소련은 일선의 최신예 전투기인 MiG-29와 Su-27을 교체할 차세대 기종을 개발하고자 했다. 이에 따라 수호이와 미코얀 설계국은 각각 Su-47과 미그 1.44 계획을 제안했다. 러시아 공군은 2002년 양사의 제안 가운데 수호이의 제안을 선택했으며, Su-47과 미그 1.44에서 제시된 기술을 차세대 전투기로 통합시켰다.

차세대 전투기는 파크파로 불리는데, 파크파란 "Perspektivny aviatsionny kompleks frontovoy aviatsii"의 준말로 전술공군용 차세대 항공 복합체라는 뜻이다. 수호이는 이 기체에 T-50이라는 코드네임을 붙여 부르고 있다. T-50 파크파는 제5세대 '스텔스' 전투기로서 미 공군의 랩터에 대항하여 러시아 공군의 주력 제공전투기로 실전배치될 전망이다.

특징

파크파의 설계나 제원에 관해서는 아직도 발표된 바가 없는데, 러시아 공군 측은 단지 5세대 전투기임을 강조하고 있을 뿐이다. 따라서 추측 가능한 것은 스텔스 성능과 슈퍼크루즈 기능을 갖추고 있으며, AESA 레이더를 장착하게 될 것이라는 정도이다.

T-50 파크파는 F-22 랩터보다 뛰어난 기동성을 갖도록 하기 위해 전연 와류제어장치(Leading-Edge Vortex Controller) 등을 설치하여 스텔스 성능이 다소 떨어질 것이라는 관측도 있다. 파크파는 기체 상당부분에 복합소재를 채용하고 있는 것으로 보이는데, 기체 중량의 25%, 기체 표면의 70%가 복합소재로 추정된다.

테크노콤플렉스 과학생산센터, 라멘스코예 설계국, 주코프스키 설계국, 예카테린부르그 광학기계공장 등이 2003년 세부사업자로 선정되어 5세대 전투기용 항전장비를 개발하게 되었다. 엔진통합은 NPO 새턴이 담당하여 AL-41F1A 엔진을 장착했다.

파크파에 장착할 레이더는 SH121 레이더 시스템으로 X밴드 AESA 레이더 3개를 장착하며, L밴드 레이더를 전연부에 내장한 것으로 보인다. 하지만 현재 프로토타입 기체에는 구형 패시브 레이더를 장착한 것으로 전해진다. 이외에도 Su-35S에 장착한 OLM-35M IRST 장비의 개량형을 장착할 전망이다.

파크파의 생산은 치칼로프의 노보시비르스크 항공기제작협회(Novosibirsk Chkalov Aviation Production Association: NAPO)의 노보시비르스크 항공기 공장이 담당하고 있다. 이 공장은 수호이 내부에서도 규모가 가장 큰 공장으로 2006년부터 Su-34 풀백을 생산하기도 했다.

운용현황

현재 파크파는 2010년 1월 29일 초도비행을 했으며, 현재 집중적으로 시험비행을 반복하고 있다. 러시아 공군은 2016년 실전배치를 목표로 하고 있다. 한편 해외 수출도 거론되고 있는데, 현재 한국의 F-X 3차 사업에 파크파를 제안한 것으로 알려지고 있다.

Tu-22M 백파이어

Tupolev Tu-22M Backfire

Tu-22M3 Backfire-C

형식 초음속 가변익 폭격기
전폭 34.28m(23.30m)
전장 42.46m
전고 11.05m
주익면적 183.53㎡
자체중량 54,000kg
최대이륙중량 124,000kg
엔진 클리모프 NK-25 터보팬(55,115파운드) x 2
최대속도 마하 1.88
실용상승한도 43,635피트
전투행동반경 2,410km
무장 23mm GSh-23 기관포 1문
Kh-22 대함미사일 3발
Kh-15P 킥백 SRAM 6발
FAB-250 69발 / FAB-1500 8발
내부폭탄창과 외부 하드포인트 2개소에 최대 24,000kg 탑재 가능
항전장비 PN-AD 레이더, NK-45 항법/공격 시스템 등
승무원 4명
초도비행 1971년 8월 30일(Tu-22M1)
1977년 6월 20일(Tu-22M3)

개발배경

Tu-22M 백파이어는 1970년대 중반부터 1980년대까지 소련 위협론의 유력한 증거로 떠들썩했던 초음속 폭격기이다. 이후 소련이 붕괴되면서 실체가 드러났으나, 논란이 될 만큼 고성능을 보유하고 있지는 않았다고 한다. 알려진 것처럼 대륙간 대양횡단비행을 하기 위한 기종이 아니라 유라시아 대륙의 주변 작전시 전역 폭격기로 사용하기 위한 기종으로 평가된다. 생산수량의 절반은 해군 항공대에 배치했으며 북대서양 및 북태평양을 작전구역으로 삼고 있다.

Tu-22 블라인더의 개량형이라는 의미의 Tu-22M이 제식명칭이지만, 전체의 레이아웃과 성능 면에서 단순히 Tu-22 개량형으로 볼 수는 없다. 항속 성능이 빈약했던 Tu-22에 대한 불만이 제기되자 가변익(VG)을 채택하여 마하 2급의 가속 성능과 항속거리 연장을 만족시키는 데 성공했기 때문이다.

Tu-22M은 1964년경부터 개발하기 시작했다. 당초 Tu-22 블라인더에 가변익을 부착하여 성능을 향상시킬 목적으로 작업을 진행했다. 그러나 설계를 진행하면서 가변익이 포함된 독특한 공기흡입구를 동체 측면에 만들면서 전체적으로 완전히 다른 디자인이 되었다. 프로토타입인 Tu-22M-0(9기 제작)의 1호기는 1969년 8월에 첫 비행을 했다. 테스트 직후 서방측 정보기관이 존재를 알아차리고 다음해 7월에 정찰위성이 모습을 포착하면서 백파이어라는 코드네임을 붙였다.

특징

Tu-22M의 특징은 주익 앞전 후퇴각이 20°에서 60°까지 변하는 글러브 부분이 대형이며 피벗(pibot)이 비교적 바깥쪽에 위치해 있다는 것이다. 따라서 가변익의 효과를 극대화하기 어렵지만, 무게중심의 이동 문제는 줄일 수 있다.

무장으로는 Kh-15, Kh-31P, Kh-35 등의 미사일을 탑재할 수 있다. 한편 SALT-Ⅱ 조약 체결로 M-2/M-3의 공중급유용 프로브는 철거했다. Tu-22M-3은 1983년부터 부대배치를 시작했다. 생산대수는 M2가 211대, M3가 268대이며, 모두 495대를 생산했다.

운용현황

러시아 공군이 Tu-22M3/MR을 합쳐 105대를 보유하고 있다. 1987~1989년 아프간에 투입되어 최초의 실전을 경험했다. 1995년 체첸 전쟁에 참가해 그로즈니 주변 지역을 폭격했다. 지난 2008년 그루지야와 러시아 간의 분쟁 당시 정찰형인 Tu-22MR 1대가 그루지야 방공망에 격추되었다.

변형 및 파생기종

Tu-22M1 백파이어-A | Tu-22M의 선행양산형. 9대를 제작했으며, 엔진은 프로토타입에 장착했던 NK-144-22 대신 동일한 추력의 NK-22로 바꾸었다.

Tu-22M2 백파이어-B | 초도양산형. 날개 끝을 연장하여 최대 후퇴각을 65도로 높인 개량형. 1978년부터 부대배치를 시작했으며, 1987년 이후 아프간 내전에도 소수 투입했다. 주요 무장은 동체 아랫면에 반매입식으로 탑재하는 Kh-22(AS-4 키친) ASM이며, 다른 무장으로 폭탄창 내부와 동체 아래의 외부 무장 래크(rack)에 모두 21t의 폭탄과 미사일을 탑재할 수 있다.

Tu-22M3 백파이어-C | Tu-22M2의 개량형. 엔진과 전자 장비를 교체하여 성능 향상 및 해상작전능력을 강화한 모델로, 공기흡입구를 쐐기형(wedge type)으로 바꾸고 기수의 모양도 바꾸었다. 파생형으로는 M-3을 개조한 전자전형인 Tu-22MR을 10대 정도 제작했다

Tu-95/142 베어

Tupolev Tu-95/142 Bear

Tu-95MS Bear-H

- 형식 4발 터보프롭 장거리 전략폭격기
- 전폭 50.04m
- 전장 49.13m
- 전고 13.30m
- 주익면적 288.9㎡
- 자체중량 94,000kg
- 최대이륙중량 188,000kg
- 엔진 쿠즈네초프 NK-12MV 터보프롭 (14,800shp) x 4
- 최대속도 850km/h
- 실용상승한도 39,000피트
- 최대항속거리 15,000km
- 무장 23mm AM-23 레이더조준 기관포 1~2문
  Kh-20, Kh-22, Kh-26, Kh-55 등 6발 로터리 런처 및 외부 하드포인트 6개소에 최대 15,000kg 탑재 가능
- 항전장비 Obzor MS 항법/공격레이더
- 승무원 7명
- 초도비행 1952년 11월 12일(프로토타입)

개발배경

투폴레프 Tu-95 베어는 1955년 7월 투시노 에어쇼에서 처음으로 공개된 터보프롭 4발의 대형 장거리 폭격기다. 모두 500여 대 이상 생산되었으며, 취역 후 40년 이상이 지났지만 아직도 러시아 및 구소련 연방국의 주력 전략폭격기로 사용 중인 장수 기체다.

특징

Tu-95 베어는 쿠즈네초프 NK-12와 4엽 블레이드식의 2중 반전 프로펠러를 장비하여, 저속에서 회전하면서도 프로펠러 저항을 감소시켜 고속비행이 가능하다. 또한 후퇴각이 큰 주익을 채용함으로써 아음속 제트기와 비슷한 속도성능을 갖고 있다.

Tu-95 베어의 최신형은 1984년에 배치가 확인된 Tu-95MS 베어 H형으로, AS-15 켄트 순항미사일을 이용하여 스탠드오프 핵공격을 할 수 있다. 이를 위해 기수 하면에는 순항미사일 유도장치 페어링을 설치했다. 또한 레이돔도 대형화했다.

Tu-95MS 6은 폭탄창에 6발 로터리 런처를 장비하여 AS-15 미사일을 운용할 수 있으며, Tu-95MS 16은 주익의 익근부에 2발, 주익의 엔진 사이에 3발 등 주익에 모두 10발의 AS-15를 장비하고, 모두 16발의 AS-15를 운용할 수 있다. 고정무장으로는 23mm 2포신의 GSl-23L을 장비한다.

파생형으로는 해군용으로 대잠초계 및 수상함과 잠수함 발사 미사일의 중간 유도를 담당하는 Tu-95RTs(베어 D), 대잠초계형 Tu-142M(베어 F) 시리즈, 잠수함에 대한 전략통신용 Tu-142MR(베어 J) 등이 있다.

운용현황

러시아는 현재 약 60여 대의 베어-H를 운용 중이며, 인도가 해상초계를 위해 Tu-142 8대를 도입하여 운용 중이다.

냉전시절부터 초계임무를 맡은 베어는 각국의 공군을 긴장케 했는데, 구소련 붕괴 이후 이런 초계임무는 종료되었다. 그러나 2007년 8월 18일 러시아의 블라디미르 푸틴 대통령은 Tu-95의 초계비행을 속개할 것을 지시했다.

변형 및 파생기종

Tu-95/M 베어-A	장거리 전략폭격기 기본형.
Tu-95K/KD 베어-B	AS-3 공대지미사일 운용 플랫폼.
Tu-95KM 베어-C	베어-B의 개수형.
Tu-95RTs 베어-D	해군의 해상정찰 및 전자정보수집 임무기.
Tu-95MR 베어-E	베어-A를 개수한 해군 사진정찰기.
Tu-142/M 베어-F	대잠초계기.
Tu-95K22 베어-G	구형 베어를 개수하여 AS-4 미사일을 운용할 수 있도록 현대화한 모델.
Tu-95MS/MS6/MS16 베어-H	Tu-142의 기체를 바탕으로 한 Kh-55 장거리 순항핵미사일 플랫폼. 현재 러시아 공군의 주력이다.
Tu-142MR 베어-J	잠수함대와의 교신을 위한 지휘통신기.
Tu-95U 베어-T	베어-A를 개조한 훈련기.

러시아 | 투폴레프 |

Tu-160 블랙잭

Tupolev **Tu-160 Blackjack**

Tu-160

형식 가변익 장거리 전략폭격기
전폭 55.70m(35.60m)
전장 54.10m
전고 13.10m
주익면적 232.0㎡
자체중량 118,000kg
최대이륙중량 275,000kg
엔진 쿠즈네초프/사마라 NK-321 터보팬(55,055파운드) x 4
최대속도 마하 2.05
실용상승한도 49,200피트
작전행동반경 10,500km
무장 Kh-55 장거리 순항핵미사일 6발
Kh-15 단거리 핵미사일 12발
내부 폭탄창 2개소에 40톤 탑재 가능
항전장비 Obzor-K 공격레이더, Sopka 지형추적레이더
승무원 4명
초도비행 1981년 12월 19일

개발배경

Tu-160 블랙잭은 미국의 B-1에 대항하고자 구소련이 개발한 초음속 전략폭격기로, 소련 본토에서 발진하여 미국 본토를 직접 공격할 수 있는 성능을 지닌 러시아 최초의 제트폭격기이다.

외형의 크기도 B-1이나 B-52보다 훨씬 크며, 현용 전투임무기들 가운데 세계에서 가장 큰 기체이다. 구소련의 최신형 가변익(VG) 폭격기의 존재 사실이 일반에 알려진 것은 1981년 말이었으며, 주코프스키(라멘스코예) 비행장에서 초도비행 준비 중인 장면이 정찰위성에 잡혀 미국의 항공우주 전문지에 게재되었다. 램-P라는 명칭을 지닌 폭격기를 개발하기 시작한 것은 1973년으로, 1981년 12월 19일에 초도비행을 했다.

1988년에는 첫 번째 비행부대를 창설했고, 같은 해 8월에 소련을 방문한 칼루치(Carlucci) 미 국방장관에 공개하기도 했다. 1989년부터는 소련에서 열리는 에어쇼에 계속 참가해 백파이어 폭격기보다 오히려 더 잘 알려지게 되었다. 구소련 측은 이 기체의 데이터의 일부를 공개했고 Tu-160이라는 제식명칭도 확인한 바 있다.

특징

블랙잭의 형태는 미 공군의 B-1랜서의 영향을 강하게 받은 것으로 밝혀졌다. 주익 피봇은 백파이어보다 안쪽에 설치되어 있으며 티타늄 구조물로 되어 있다. 주익은 후퇴익으로 20°, 35°, 65° 3단계로 움직인다. 주익 가장 안쪽의 뒷전 부분은 주익 후퇴시에 위로 접혀 들어가도록 되어 있으며, 주익 전진시에는 내려와 공기흐름을 매끄럽게 해주도록 되어 있는데, 항공역학적으로 얼마만큼의 효과가 있는지는 의문시되고 있다. 수직미익은 독특한 구조로 되어 있는데, 수직미익의 아래쪽은 방향조종용 러더가 있는 데 비해, 수평미익의 위쪽 부분은 수직미익 전체가 움직이도록 되어 있다.

엔진은 NK-321 3축 터보팬 엔진이며 B-1의 경우처럼 2기씩 묶어서 글러브 아래에 장착했다. 연료탑재량은 130t에 달하며 인입식 공중급유용 프로브를 레이돔 위에 설치했다.

엔진 나셀의 안쪽에 뒤쪽으로 접혀지는 메인 랜딩기어가 있으며 주익고정부(글러브) 안에 수납한다. 무장을 탑재하기 위해 길이 12.80m, 폭 1.92m, 깊이 2.4m의 대형 폭탄창을 두 군데 마련했으며, 폭탄창에는 회전식 발사대를 설치했다. 회전식 발사대에는 6발의 Kh-55MS(AS-15 켄트) 순항미사일이나 12발의 Kh-15P(A-16 킥백) 단거리 공격미사일을 탑재한다.

운용현황

블랙잭은 약 100대 정도를 생산했으나 서둘러 부대배치를 시작하는 바람에 초기에 문제가 많이 발생했다고 한다. 소련체제 붕괴 후 우크라이나에 배치한 기체는 러시아가 인수해 엥겔스 기지에 소수를 실전배치했다. 작전기 12대와 훈련기 4대 등 도합 16대를 운용중으로, 모든 기체에 정밀폭격 능력을 부여하는 개수사업을 실시했다. 한편 2010년 6월 10일에는 Tu-160 2대가 러시아 전 공역에 걸쳐 23시간 동안 18,000km를 초계비행을 하면서 최장시간 기록을 세웠다.

변형 및 파생기종

Tu-160M	Kh-90(3M25 Meteorit-A) 초음속 미사일을 발사하기 위한 동체연장형.
Tu-160P (Tu-161)	장거리요격기형. 개념구상단계에 그쳐 제작하지 못했다.
Tu-160PP	원거리 재밍 및 ECM 장비를 장착한 전자전 기체.
Tu-160R	전략정찰기.

H-6

H-6

형식 쌍발 터보젯 중거리 전략폭격기/급유기/해상폭격기
전폭 34.19m
전장 34.80m
전고 10.36m
주익면적 167.6㎡
자체중량 38,530kg
최대이륙중량 75,800kg
엔진 XAE WP8 터보젯(20,944파운드) x 2
최대속도 786km/h
실용상승한도 39,370피트
전투행동반경 1,798km
무장 23mm NR-23 기관포 6~7문 내부 폭탄창에 최대 9,000kg 탑재 가능
항전장비 도플러 레이더, GPS-INS
승무원 6명
초도비행 1968년 12월 24일(H-6A)

개발배경

중국은 미국, 러시아 이외에 현재 폭격기를 운용 중인 유일한 국가로서, H-6 폭격기가 그 주력을 이루고 있다.
H-6은 구소련 폭격기인 투폴레프 Tu-16 배저의 면허생산형이다. 중국은 이미 1958년부터 초기형인 베저 A형의 생산 준비를 갖추기 시작했다. 하지만 중소 대립으로 소련 기술자들이 모두 철수하는 바람에 중국 독자적으로 생산 준비를 할 수밖에 없었고, 이 때문에 H-6 폭격기는 1960년대 후반에서야 실용화되었다.

특징

H-6는 미군의 B-47에 필적할 만큼 대형이며, 대출력의 쌍발 엔진을 각각 동체와 주익의 접합부에 장착하고 있는 것이 특징이다. 앞전 후퇴각은 2단(내익 41도, 외익 37도)으로 변화하며, 내익부 뒤쪽으로는 보기식의 랜딩기어가 장착되어 있다.
중국은 H-6 폭격기를 각국 에어쇼에서도 공개한 바 있다. 최신형인 H-6IV는 중국이 독자개발한 신형 레이더를 탑재하여 기수 하면의 레이돔이 더 커졌다. 무장은 고정무장 23㎜ 기관포 7문이며, 최대 폭탄탑재량이 9t 정도이고, 구소련이 일찍이 대함미사일 장착형을 개발한 덕분에 중국군도 주익 하부에 C601 공대함미사일 2발을 장착할 수 있게 되어 있다.

운용현황

중국 공군과 해군이 약 100여 대를 운용 중이다. H-6 폭격기의 생산은 1980년대 말에 종료되었으며, 현재 배치대수는 120대 정도로 추정된다. 한편 중국은 Tu-16을 사용하는 이집트에 예비 부품을 수출한 바 있으며, 이라크에 4대를 수출했다. 이들 이라크군의 H-6은 걸프전 중 모두 파괴되었다.

변형 및 파생기종

H-6A	핵무장 폭격기.
H-6C	H-6A의 개량형. EW/ECM 능력을 강화했다.
H-6D	해군용 폭격기. YJ-6 대함미사일을 2발 탑재했다. 이후 초음속 대함미사일인 C-301 2발 또는 C-101 4발을 탑재할 수 있도록 개수했다.
H-6E	전략 핵폭격기. 1980년대에 실전배치했다.
H-6F	H-6A/C의 수명연장형. 신형 GPS-INS와 도플러 레이더를 탑재했다.
H-6K	H-6 계열 중 최신형으로, CJ-10A 순항미사일을 운용할 수 있는 중국 최초의 본격적인 전략폭격기이다. 2007년 초도비행 후 2009년부터 배치되었다.
H-6U	H-6의 공중급유형.
H-6DU	H-6D를 공중급유기로 개수한 모델.
H-6M	순항미사일용 해군 폭격기. 내부 폭탄창을 제거하여 경량화를 이루고, YJ-62 장거리 순항미사일이나 YJ-83 초음속 순항미사일을 발사할 수 있다.

JH-7

JH-7
형식 쌍발 터보팬 전천후 전투폭격기
전폭 12.7m
전장 22.32m
전고 6.57m
주익면적 52.30㎡
자체중량 21,575kg
최대이륙중량 28,475kg
엔진 WS9 터보팬(12,140파운드) x 2
최대속도 마하 1.69
실용상승한도 50,850피트
전투행동반경 1,650km
무장 23 mm GSh-23L 기관포 1문
PL-5, PL-8, PL-9/C 공대공미사일
YJ-8K, YJ-82 대함미사일
YJ-91 대레이더미사일
기타 범용/레이저 유도폭탄, KD-82 공대지미사일
하드포인트 9개소에 최대 6,500kg 탑재 가능
항전장비 JL-10A 펄스도플러 레이더, RKL-800A EW/ECM 장비, RWR
승무원 2명
초도비행 1988년 12월 14일

개발배경

1970년대 초에 중국 인민해방군은 H-5와 Q-5를 대체할 새로운 전투폭격기를 요구했다. 처음에는 공군과 해군의 요구가 달랐기 때문에 2개의 다른 기종을 개발했다. 공군은 미국의 F-111처럼 지형추적 레이더와 강력한 ECM 기능을 갖춘 전천후 종심침투 타격기를 요구했다. 그러나 공군형은 1980년대 초에 개발이 중단되었다.
한편 해군형은 개발이 계속되어 전천후 타격/정찰기로 1988년까지 프로토타입이 6대 제작되었다. JH-7(殲轟-7)은 1988년에 초도비행을, 1989년에 첫 음속비행을 마친 이후 저율생산이 시작되었다. JH-7 저율생산형은 1990년 초에 해군에 인도되어 시험평가를 거쳤다.

특징

JH-7은 중국산 기체 가운데 뛰어난 기체로 평가받았다. JH-7은 Su-24나 Su-30에 비해서는 무장장착능력이 떨어지는 편이지만, 가변익을 채택하지 않은 단순한 구조와 가벼운 기체 덕분에 적절한 기동성과 저렴한 가격을 동시에 이루었다.
JH-7 저율생산형에는 롤스로이스 Mk202 스페이 엔진을 수입하여 장착했으나, 이후 양산형에는 Mk202의 면허생산 모델인 WS-9을 장착했다. 조종계통은 3중 플라이-바이-와이어를 채택했으며, 레이더는 저율생산형에는 232H식 다기능 레이더를, 양산형에는 JL-10A 펄스도플러 레이더를 장착했다.

운용현황

JH-7A는 2004년부터 해군에 실전배치되기 시작했다. 현재 중국 인민해방군 공군이 60대, 해군항공대가 54대를 운용하고 있다.

PART 2

AIR MOBILITY AIRCRAFT

공중기동기

공중기동기란 전쟁에서 우위를 달성하기 위해 적시에 병력을 이동할 수 있는 항공기를 말한다. 즉 공군의 주요목표 가운데 하나인 공중기동(Air Mobility)임무를 수행할 수 있는 항공기를 가리킨다. 공중기동기에는 고정익인 수송기와 공중급유기가 있고, 회전익 가운데 기동헬기도 이 분류에 속할 수 있지만, 본서에서는 편의를 위하여 회전익기를 별도의 파트로 구성하고 있다. 공중기동기는 공중수송과 공중급유 이외에도 탐색구조작전, 특수작전, 조명작전, 심리전, 재난통제지원 등 다양한 임무를 수행한다. 필요에 따라 전투임무에 투입되기도 한다.

수송기는 1920년대 여객기가 소개된 직후 등장했으나 초기에는 실용성은 떨어졌고, 제2차 세계대전 때에 이르러서야 실전적인 수송기가 등장했다. 또한 1948년 베를린 봉쇄가 시작되면서 수송기의 중요성이 본격적으로 부각되었다. 수송기는 전구(Theater of Operations) 간 수송임무를 수행할 수 있는 전략수송기와 전구 내에서 급조비행장까지 수송임무를 수행할 수 있는 전술수송기로 구분할 수 있다.

한편 수송기 중에서는 전 세계적으로 커다란 성공을 거둔 터보프롭기 C-130이 뛰어난 전술수송능력으로 인해 J형까지 발매하며 여전히 현역을 지키고 있다. 이에 대항하는 에어버스 A400M은 지난한 개발을 마치고 시험비행을 눈앞에 두고 있어 그 향방이 주목을 받고 있다. 그러나 유럽 기업이 보여주는 다양성의 한계로 인해 시장점유율은 기대에 미치지 못할 것으로 예상한다.

공중급유기는 항공기의 체공시간과 항속거리를 늘려 항공작전능력을 극대화하는 역할을 한다. 예를 들어 공격임무기에 이륙후 재급유를 해주어 무장탑재량을 증가시키고, 초계임무기의 초계비행시간을 연장시키고, 침투작전 중인 기체에는 적 위협공역을 우회하는 장거리 침투로를 활용할 수 있도록 하여 전투력을 배가하는 역할을 한다.

요즘 추세는 장거리 수송기와 공중급유기를 한 종류의 기체로 운용하는 것인데 미국의 KC-X 사업이 그 대표적인 예다. 이미 보잉의 KC-767/KC-46이나 에어버스 MRTT 등의 최신형 공중급유기들이 제시되어 세계 각국에 채용되고 있으며, 우리 군도 2017년부터 공중급유기를 도입할 계획이다.

A330 MRTT

Airbus/EADS **A330 MRTT**

A330 MRTT

형식 쌍발 터보프롭 다목적 공중급유/수송기
전폭 60.28m
전장 58.78m
전고 17.40m
최대이륙중량 233,000kg
엔진 GE CF6-80E1A4 터보팬(72,000파운드) × 2
최대속도 880km/h
실용상승한도 41,500피트
항속거리 14,800km
급유방식 붐식 / 프로브식
연료탑재량 최대 25,605갤런
적재중량 45,000kg
탑재량 승객 380명
스트레쳐 130개
화물펠릿 32개
Cobham 905E AAR 포드 2개
승무원 총 3명(정/부조종사, 급유담당)
초도비행 2003년

개발배경

에어버스 A330 MRTT(Multi-Roie Tanker/Transport)는 공중급유기와 수송기로 활용할 수 있는 다목적 군용기로 에어버스 A330-200 여객기를 바탕으로 제작되었다. 원래 A310에 바탕을 둔 A310 MRTT를 독일과 캐나다 등에서 사용했으나, 현재는 탑재중량이 더욱 큰 A330을 바탕으로 한 기체가 개발되어 판매되고 있다.

특징

A330 MRTT는 임무에 따라 공중급유기, 화물기, 의무후송기, 여객기 또는 VIP 수송기로 손쉽게 바꾸어 사용할 수 있다. A330 MRTT는 최대 연료탑재량이 111,000kg에 이르며, 통상 45,000kg의 화물이나 연료 및 380명의 승객을 실을 수 있다. 한편 의무후송기 사양에서는 130개의 스트레쳐를 실을 수 있다.

MRTT는 3,000해리 반경을 비행하면서 33톤의 연료를 급유할 수 있고 1,000해리 반경에서는 2시간 대기하면서 40톤의 연료를 급유할 수 있다. 연료는 중앙연료탱크에 보관하며 추가로 ACT(Additional Centre Tank)를 장착하여 탑재량을 늘릴 수 있다. 급유방식은 유럽의 상황에 맞도록 드로그 방식이 주가 되지만 프로브 방식도 동시에 지원할 수 있다. 또한 좌우 주익에 장착한 905E 급유포드를 사용하면 한 번에 2대의 항공기에 대한 동시급유가 가능하며 붐 급유방식인 805E 동체급유장치도 장착할 수 있다.

엔진으로는 RR Trent 772B, GE CF6-80E1A4나 PW-4168엔진을 사용하여 사용자의 요구에 따라 다양한 대응이 가능하다. 조종환경도 이전의 급유기들과는 달라져 급유조작원이 조종석에서 원격으로 급유를 조작할 수 있게 되었다. 급유조작원은 조종사의 바로 뒷좌석에 위치하게 되어 더욱 정밀한 편대비행 및 상황대처가 가능해졌다.

운용현황

현재 영국 공군(14), 호주 공군(5), UAE 공군(3), 사우디아라비아 공군(6)이 A330 MRTT를 발주했다. 한편 인도에서도 2009년 Il-78 급유기와의 경쟁을 통해 A330 MRTT를 선정했으나 과도한 사업비용으로 이듬해 주문을 취소했으며, 재입찰을 통해 다시 우선협상자로 선정했다.

변형 및 파생기종

A330 MRTT	에어버스 밀리터리의 A330-200 공중급유기 모델
KC-30A	포드 및 붐 급유방식을 채용한 A330 MRTT 호주 공군형
KC-45A	포드 및 붐 급유방식의 A330 MRTT 미 공군형. 미 공군은 2008년 2월 차기급유기(KC-X)로 KC-45를 선정했으나, 보잉의 반발로 사업이 취소되고 기존의 주문도 취소되었다.
KC2	포드 급유방식만을 채용한 A330 MRTT 영국 공군형
KC3	포드 및 동체급유방식을 채택한 A330 MRTT 영국 공군형

A400M

Airbus/EADS **A400M**

A400M

형식 4발 터보프롭 대형 수송기
전폭 42.4m
전장 45.1m
전고 14.7m
최대이륙중량 141,000kg
엔진 유로프롭 TP400-D6 터보프롭 (11,060shp) × 4
추진방식 8엽 프로펠러
순항속도 780km/h
실용상승한도 37,000피트
항속거리 4,540km (30t 적재시) 6,390km (20t 적재시)
적재중량 37,000kg
탑재량 17.71x4.00x3.85m의 적재공간
표준 팔레트 9개
강하병 116명
의무후송 시 스트레쳐 66개와 의무요원 25명
승무원 정/부조종사, 기상적재사 등 총 3명 (또는 4명)
초도비행 2009년 12월 11일

개발배경

1980년대 초에 이르자 당시 약 1,400대에 이르는 C-130시리즈와 C160 수송기의 노후화가 심각해졌다. 이를 대체할 차기 수송기를 만들기 위해 록히드(미국), 아에로 스파시알(프랑스), BAE(영국), MBB(독일) 등 4개 사가 FIMA(Future International Military Aircraft)를 공동개발하기 시작했다.

이들 4개 사는 1984년에 FIMA A 설계안(터보팬 4발, 30t 적재)과 FIMA B설계안(C-103 클래스)을 놓고 비교 심사하여 1985년 초 C-130보다는 훨씬 큰 규모의 4발 프롭팬 수송기(최대 이륙 중량 87t, 20~25t 적재)를 선정했다. 원래 계획으로는 1997년 첫 비행을 하고 1999년부터 인도를 개시할 예정이었다. 그러나 기체규모 및 엔진 선정, 개발비 분담 문제로 의견 차이가 좁혀지지 않아 미국의 록히드사는 계획에서 물러나 C-130J를 개발했다.

한편 잔류한 3개 사에 알레니아(이탈리아)와 카사(스페인)가 참여하면서 1991년 유로플래그(EUROFLAG: European Future Large Aircraft Group)를 결성, 새로운 협정을 체결하면서 FLA(차기 대형수송기) 개발을 시작했다. 민간기업차원의 협력이었던 FIMA와 달리 FLA는 국가 간의 프로젝트 성격이 강해졌다. 그러나 사업진행이 늦어지자 재정적 부담을 느낀 영국 정부는 지원을 중단했고 BAE가 자사부담으로 계획에 참가하고 있다. 이후 개발 프로젝트를 1995년부터 에어버스 밀리터리(현재 EADS의 자회사)로 이관하고 유로플래그는 해산했다.

유로플래그는 무려 20개가 넘는 개념설계를 검토해왔는데, 이것이 오늘날의 A400M으로 이어졌다. 사업은 2003년 5월에 시작되어 유럽 방위사업청(OCCAR)과 에어버스 밀리터리가 7개의 사업참가국과 180대 계약을 체결했다. 참가국은 독일, 프랑스, 스페인, 영국, 터키, 벨기에, 룩셈부르크다. 한편 원래 참가국이었던 이탈리아와 포르투갈은 각각 2001년과 2003년 사업에서 탈퇴했다. A400M은 2009년 12월 11일에 초도비행에 성공했다.

특징

A400M은 고익 방식의 주익, T형 미익의 배치 등을 특징으로 하며 폭 4m, 높이 3.85m, 길이 22.65m(램프 포함)의 대형 화물실을 구비하고 있다. 화물실은 병력수송, 객실배치, 의무후송과 같은 다양한 설정이 가능하며, 특히 공중급유에도 활용할 수 있다.

한편 엔진은 2000년 중반에 롤스로이스 도이칠란트의 BR700-TP와 유로프롭 인터내셔널의 M138이 경합하다가, 2003년 5월 결국 양사 공동으로 에어로 프로펄션 얼라이언스 콘소시엄(현 유로프롭)을 구성하여 TP400 엔진을 공동제작했다.

조종실은 9개의 MFD와 HUD 등을 구비한 글래스 콕핏으로 자동화되어 조종사 2명으로도 운용 가능하다. 항전장비로는 VOR, DME, TACAN, 다중모드 리시버, 레이더 고도계, GPWS, APN-241 기상레이더 등을 장비하고 있다. 조종계통은 플라이-바이-와이어 방식으로 사이드스틱으로 조종하여 뛰어난 조종성을 자랑한다.

운용현황

현재까지 모두 174대가 발주된 상태이다. 국가별로 살펴보면 독일이 가장 많은 53대를 발주했고, 프랑스 50대, 스페인 27대, 영국 22대, 터키 10대, 남아공 8대, 벨기에 7대, 말레이시아 4대, 룩셈부르크 1대 등이다. 2013년 9월 30일 프랑스 공군이 A400M 양산 1호기를 도입함으로써 최초로 실전 배치했다.

C-27J 스파르탄

Alenia **C-27J Spartan**

C-27J

형식 쌍발 터보프롭 전술수송기

전폭 28.7m

전장 22.7m

전고 9.6m

최대이륙중량 31,800kg

엔진 롤스로이스 AE2100-D2 터보프롭(4,637shp) × 2

최대속도 602km/h

실용상승한도 30,000피트

항속거리 4,260km

적재중량 11,500kg

탑재량 병력 68명, 강하병 46명 463L 팔레트 2개

승무원 총 4명(조종사, 부조종사, 기상적재사 2명)

초도비행 1999년 9월 24일

개발배경

C-27J는 알레니아 G222의 기체에 록히드마틴 C-130J의 엔진과 항전장비를 탑재한 최신예 경량 수송기이다. C-27J는 록히드마틴사와 알레니아사가 C-27A의 후계기종을 노리고 합작한 LMATTS(Lockheed Martin Alenia Tactical Transport System)사에서 개발을 담당했다. C-27J는 1997년에 설계작업을 시작하여 1999년 초도비행을 마쳤다.

미 공군은 1986년 즉응전역간 수송기(RRITA) 요구사양을 제시하면서 C-27 사업을 추진했다. 길이 1,065m 이하의 활주로에서 이착륙이 가능하고, 산악지방을 비행하기 위한 여압장비, 2,780km 이상의 순항항속거리 등을 C-27에 요구했다. 미 공군은 CN235와 G222 두 후보기종을 비교한 결과 G222를 선정했다. C-27J는 '미니 C-130J'로 불리면서 미 공군의 주목을 받고 있다.

특징

미국 남부 사령부의 공수능력을 강화시킨 스파르탄은 일반 임무보다는 비정규 임무에 주로 사용되며 완전무장한 병력 34명 또는 낙하산병 24명을 탑승시킬 수 있고, 들것 24개와 위생병 4명, 6,740kg의 화물, 험비 1대와 105mm 유탄포 1문을 싣고 1,070m의 비포장 활주로에서 이륙하여 370km를 절반은 고도 3,050m로, 절반은 고도 90m의 저공으로 비행하여 550m의 비포장 활주로에 착륙할 수 있으며 연료 보급 없이 같은 비행 패턴으로 귀환할 수 있었다. 그러나 C-27A는 1999년 이후 퇴역했다.

한편 중소형 수송기의 능력을 확인한 미 국방부는 기존의 C-12, C-23과 C-26을 C-27급 수송기로 교체하고자 JCA(Joint Cargo Aircraft) 사업을 시작했다. 그리고 2007년 6월 13일 JCA 사업기종으로 C-27J를 선정했다.

JCA의 선정과정에서 록히드마틴은 자사의 C-130J로 JCA 사업에 참가하기 위해 알레니아와 결별하고 LMATTS를 해산했다. 이에 따라 알레니아는 L-3 커뮤니케이션과 팀을 이루어 GMAS(Global Military Aircraft Systems)라는 합작회사를 만들었다. 또한 C-27J가 JCA로 선정된 이후에도 잡음은 끊이지 않아 C-295로 참가했던 레이시언은 저렴한 자사 기종을 제치고 C-27J를 선정한데 대해 공식 항의하기도 했다.

C-27J는 엔진을 C-130J와 같은 롤스로이스 AE2100 D2 엔진(4200shp)으로 바꾸고 프로펠러를 6엽 블레이드인 다우티 R-391로 바꾸었다. 또한 계기판도 하니웰사의 디지털 계기로 개량했으며 성능이 대폭 향상되어 2개의 463L 팔레트, 험비 또는 AML-90 장갑차, M113 장갑차를 탑재할 수 있다. 특히 F100급의 제트엔진도 수송이 가능하다. 병력 수송 시에는 무장병 61명 또는 낙하산병 46명, 환자 수송 시에는 스트레쳐 36개와 위생병 6명을 탑승시킬 수 있다.

운용현황

현재 이탈리아와 그리스 공군이 각 12대, 루마니아가 7대, 불가리아가 5대를 주문해놓고 있다. 특히 12대 모두를 인도한 이탈리아 공군 기체에는 디지털 맵과 HUD에 공중급유 프로브까지 장비되어 있다.

한편 원래 수요군인 미군은 JCA 기종으로 C-27J를 선정하여 미 육군과 공군이 최소 78대를 도입하는 계약을 2007년 체결했다. 한편 2009년 미 국방부에서 C-27J 사업을 모두 공군 관할로 이관했다.

G222

Alenia G222

G222

형식 쌍발 터보프롭 전술 수송기

전폭 28.70m

전장 22.70m

전고 9.8m

최대이륙중량 31,800kg

엔진 GE T64-GE-P4D 터보프롭 (3,400shp) × 2

최대속도 540km/h

실용상승한도 24,935피트

항속거리 4,685km

적재중량 5,500kg

탑재량 병력 46명 / 강하병 40명

승무원 총 3명(조종사, 부조종사, 기상적재사)

초도비행 1970년 7월 18일

개발배경

1962년 NATO는 엔진 나셀 뒤쪽에 리프트 엔진을 각각 4기씩 탑재하고 32명의 무장병을 수송할 수 있는 V/STOL(수직/단거리이착륙) 수송기를 요구했다. 각 제작사들이 여러 가지 설계안을 제출했지만, 이는 당시 기술에 비해 과도한 요구였기 때문에 결국 개발이 중지되었다. 그러나 이탈리아 공군은 이런 제안 가운데 유용한 것이 있다고 판단하고 1968년 아에리탈리아(현 알레니아)에 2대의 프로토타입을 발주했다. 이에 따라 1970년 7월 18일 G222의 1호기가 첫 비행한 후 1972년 7월에 양산형 44대를 발주했다.

특징

크기는 C-2급으로 기체 크기에 비해 탑재량이 많다. 여압장치가 된 화물실은 폭 2.45m, 높이 2.25m, 길이 8.52m로 넓고 짧아 화물탑재 시 무게중심의 이동이 적고 취급이 편리하며 소형 기체에도 불구하고 화물을 5t까지 공중투하할 수 있다.

G222는 각 변형기종까지 포함하여 모두 97대를 생산했으며, 민간용까지 생산했다. 세계의 소형 전술수송기 시장은 CN.235M, ATR 52C, An-26 등이 치열하게 경쟁 중인데 G222는 이들보다 한 등급 위의 기체로 동급 경쟁기가 없는 독특한 위치에 있다.

운용현황

이탈리아 공군에는 1978년 4월부터 C-119를 교체하면서 52대를 배치했다. 이외에도 리비아(20), 나이지리아(6), 태국(6), 튀니지(5), 아르헨티나(3) 등 9개국에 수출했다. 한편 2009년부터 이탈리아 공군은 중고기 20여 대를 아프간 공군으로 이전하고 있다.

변형 및 파생기종

G222T | 리비아 수출형. 미국에서 T64엔진의 수출을 거부한 후 롤스로이스 타인(Tyne) 엔진을 탑재하여 추진력이 향상되어 프로토타입보다 오히려 성능이 향상되었다.

G222RM | 이탈리아 공군의 비행점검용(Radiomisura) 기체.

G222VS | G222의 전자전형. VS는 Versione Speciale(특수형)의 준말로 이탈리아 공군용으로 2대를 제작했다.

C-27A | 미 공군의 특수전용 수송기. 미 공군은 남아메리카에서의 작전지원을 위하여 RRITA(Rapid-Response Intra-Theater Airlifter)를 요구하여 G222 10대를 C-27A란 제식명으로 채용했으나 1999년 일선에서 물러났다. C-27A는 세부적으로 G222보다 다른 점이 많으며 기본적으로 이탈리아 공군의 G222-710 사양을 기본으로 안티 스피드 브레이크, 화물실 개량, 승무원용 산소공급 장치, 조종실의 개량, 긴급환자 수송 장비, 로드 매스터석의 설치 등이 이루어졌다. 또한 전자장비도 개량되어 리튼제 LTN-92 INS, AN/ARN-154 TACAN, AN/ARC-201 SIN CGARS 비밀 VHF-FM 통신기, AN/ARC-186(VHF)/187(UHF)/190(HF) 통신기, 거리측정기(DME), CVR, 긴급용 전파 발신기, 테이프레코더, IFF, 지형 충돌 경보 시스템 등을 설치했다. 또한 C-27은 환자 수송 시 생명유지장치를 사용할 수 있으며 주파수 전화기도 설치했다.

An-2 콜트

Antonov **An-2 Colt**

An-2P (폴란드 미엘텍 생산분)

- 형식 단발 피스톤 엔진식 범용 경수송기
- 전폭 18.18m
- 전장 14.24m
- 전고 4m
- 최대이륙중량 5,500kg
- 엔진 PZL 칼리츠 ASz-621R 피스톤엔진 (1,000shp) × 1
- 최대속도 260km/h
- 실용상승한도 14,425피트
- 항속거리 900km
- 적재중량 2,140kg
- 승무원 1~2명
- 초도비행 1947년 8월 31일 1960년 10월 23일 (PZL 미엘텍)

개발배경

An-2는 1940년대 말 만든 복엽기로 원래는 범용 수송과 농약살포를 위한 농업용 항공기였다. 등장한 당시에는 기묘한 외양으로 인하여 오래가지 못할 것이라고 비웃음을 사기도 했지만 무려 60년 가까이 현역을 지키고 있는 뛰어난 소형 수송기다. An-2는 제2차 세계대전 당시 활용도가 높았던 폴리카르포프 Po-2 복엽기를 교체하기 위해 생산되었다.

An-2가 생산되었을 즈음, 복엽기 설계는 이미 외면당하고 있었지만 안토노프 설계국은 뛰어난 단거리이착륙 및 저속 성능을 위해 복엽기를 채용했다. An-2는 러시아에 산재하는 거친 활주로에서도 무리 없이 운용할 수 있었으므로 경수송기나 연락기로 커다란 인기를 끌었다.

특징

An-2는 넓은 내부공간을 확보하기 위해 세미모노코크(semi-monocoque) 구조로 되어 있으며, 표면과 기골은 경량의 합금으로 되어 있다. 화물탑재 및 병력탑승용으로 출입문 2개가 좌우에 달려 있다.

An-2는 소련에서 생산되다가 1960년 이후로는 폴란드의 PZL 미엘텍에서 12,000여 대를 면허생산했다. 또한 중국도 Y-5란 명칭으로 약 5,000여 대를 생산한 것으로 전한다. 2002년 PZL 미엘텍에서 제작한 기체를 마지막으로 An-2는 생산을 종료했다. 또한 가장 오랜 기간 생산된 비행기로 기네스북에 기록되었다.

운용현황

An-2는 50여 년간 18,000여 대나 생산되었다. 그 숫자가 현저히 줄긴 했지만 아직도 북한, 아프가니스탄 등에서 운용하고 있으며, 북한의 경우 무려 300여 대를 보유하고 있다. 북한의 An-2는 목제 프로펠러에 캔바스제 표면의 주익을 채용하여 레이더반사면적이 매우 좁고, 제한된 스텔스 성능을 갖추고 있다고 평가된다.

변형 및 파생기종

SKh-1	An-2의 원 제식명
An-2F	포병관측용 실험기. 트윈테일의 미익에 동체 하부에 관측창과 방어용 기관총 위치.
An-2L	소방용 항공기. (화학용제 살포)
An-2LV	소방용 항공기.
An-2P	승객운송용 An-2.
An-2S	의무후송기
An-2V	수상비행기. An-4로 불림.
An-2VA	소방용 비행정.
An-2ZA	대기관측 및 기상연구용 기체. An-6메테오로도 불림.
An-2D5	5인승 VIP 수송기
An-2D6	6인승 VIP 수송기
An-2T	An-2 초기형에 바탕을 둔 폴란드 생산형
An-2M/W	수상비행기 (폴란드 생산형)
An-2PK	극한지용 VIP 수송기
An-2PF	사진촬영용으로 개수된 기체
An-2PR/PRTV	라디오 및 TV방송 중계기
An-2R	농업용 모델. 1,300kg짜리 화학용제 탱크 탑재
An-2TD	12인승 공수투하형
An-2TP	여객/화물수송기. An-2TD를 바탕으로 제작.
An-2TPS	의무후송기
Y-5	중국 면허생산형.
Y-5A	중국의 첫 양산형.
Y-5B	개량형. 엔진과 항전장비를 신형으로 개수했고, 일부는 공수부대 강하를 위해 만들었다.
Y-5C	수상비행기.
Y-5D	폭격기 승무원 훈련용 기체.

An-12 컵 / 산시 Y-8

Antonov **An-12 Cub / Shaanxi Y-8**

AN-12BP

- 형식 4발 터보프롭 범용 수송기
- 전폭 38.0m
- 전장 33.10m
- 전고 10.53m
- 최대이륙중량 61,000kg
- 엔진 이브첸코 AL-20K 터보프롭 (4,000shp) × 4
- 최대속도 777km/h
- 실용상승한도 33,465피트
- 항속거리 5,700km
- 적재중량 20,000kg
- 무장 23mm NR-23 기관포 2문 (테일 터렛)
- 승무원 5명
- 초도비행 1958년

개발배경

An-12는 An-10 수송기에서 발전한 군용/민간용 화물수송기로서, 1958년에 프로토타입이 초도비행을 했다. 기본적으로 우수한 비행성능을 가지고 있어 한때 미 공군의 C-130과 나란히 세계 전술기 시장을 양분하는 대표적인 기체였으며 1973년에 생산을 종료할 때까지 군용/민간용으로 약 1,400여 대가 생산되었다.

특징

고익 형식에 화물실은 길이 13.5m, 폭3.0m, 높이 2.6로 비교적 큰 동체를 채택했으며 리어 로딩방식을 사용하고 있기 때문에 비행 중에도 뒷문을 열고 화물을 투하하거나 공수부대를 강하할 수 있다.

랜딩기어는 노즈가 2륜, 메인이 각 4륜으로 거친 비포장 활주로에서의 운용에 대비하고 있으며, 기수에는 항법사용 글래스를 설치하고 꼬리에는 방어용 23mm 연장 기관포를 장비한 전형적인 구소련군의 전술수송기다.

An-12를 바탕으로 한 파생형으로는 ELINT(전자정보수집)기인 컵-A/B, ECM(전자방해대책)기인 컵-C/D가 있다. 또한 대잠초계기형의 평가실험기 및 신형 전자장비의 테스트 기체도 존재한다. An-12는 범용성으로 인하여 동구권의 C-130으로 평가된다.

운용현황

표준 화물수송기형인 An-12BP는 1959년 이래 소련 공군에 수백 대가 배치되었으며 최고 전성기 때에는 2개 사단의 병사와 장비를 1,200km의 범위까지 전개할 수 있었다. 군용형은 1974년부터 좀 더 대형인 Il-76으로 교체되어, 유사시에 공군의 예비 수송기로 투입되도록 조직되었다.

현재까지도 러시아에서 100여 대를 운용하는 것으로 보이며, 동유럽, 아프리카, 인도, 말레이시아 등에서 군용/민간용으로 다수를 사용 중이다.

변형 및 파생기종

- **컵-A/B** | 전자정보기. A형은 공군 소속, B형은 해군 소속으로 전자정보수집(ELINT) 임무를 수행.
- **컵-C/D** | 전자방해기. C형은 공군, D형은 해군 소속.
- **Y-8** | An-12의 중국 복사판. An-12B를 면허생산하던 중국은 중소 국경분쟁으로 면허생산이 어려워지자 An-12B의 역설계를 통해 1969년부터 복사판을 생산하기 시작했다. 중국제 복사판은 8형(Y-8)으로 불리며 1974년 12월에 초도비행을 실시했다. 범용성이 뛰어나 수송기로서 뿐만 아니라 해상초계기, 조기경보기, 전자전지원기, 전자정보기 등으로 활용되었다. 특히 Y-8X 해상초계기에는 리튼 캐나다의 APD-504(V) 수색레이더를 장착하고 있다.

An-24 코크/An-26 컬/An-32 클라인

Antonov **An-24 Coke / An-26 Curl / An-30 Cline**

An-26B

형식	쌍발 터보프롭 중단거리 수송기
전폭	29.20m
전장	23.80m
전고	8.58m
최대이륙중량	24,000kg
엔진	이브첸코 AL-24VT (2,780 shp) × 2
최대속도	435km/h
실용상승한도	17,000피트
항속거리	2,660km
적재중량	5,500kg
캐빈크기	2.4 x 1.91 x 11.5 m
탑재량	표준팔레트 3개 병력 38~40명
승무원	4명
초도비행	1963년 (An-24) 1969년 (An-26)

개발배경

An-24는 구형 쌍발수송기를 대체하기 위해 개발한 단거리용 터보프롭 수송기로서 1963년부터 국내 노선의 주력 기종으로 사용했다. An-24는 동급 베스트셀러인 포커 F27과 쌍벽을 이루는 기종으로 평가된다.

특징

An-24는 여객기형과 함께 화물기형인 An-24T도 개발되었다. An-24 화물기형은 후방동체 아래에 카고 도어와 탑재용 호이스트를 장비했고 탑재화물의 공중투하도 가능하여 군용으로도 사용했다.

An-24 시리즈의 성공에 힘입어 본격적인 군용 화물수송기인 An-26이 1969년에 등장했다. An-24RT의 동력을 높이고 개량한 An-26은 바닥면에 전동 컨베이어를 장비한 화물수송기로서 공중 투하에 효과적이다. 한편 An-30은 An-24의 파생형으로 영공개방조약 감시 및 정찰 임무에 사용했다.

운용현황

An-26은 1,410대를 생산하여 구소련 국내에서 군용/민간용으로 널리 사용 중이며 동구권 국가에도 다수 수출되었다. 아프리카 일부 국가에 수출한 형은 폭격장비를 장착하기도 했다. An-26은 엔진 성능을 더욱 향상시킨 An-32로 점차 교체되었으며 중국에서는 Y-7이라는 명칭으로 생산되었다.

변형 및 파생기종

An-24 커브 | 단거리용 터보프롭 여객/수송기

An-26 컬 | An-24를 군용으로 발전시킨 모델. 1969년 등장. 후방동체에 로딩램프를 겸한 카고 도어를 설치하여 방해가 될 경우 동체 아랫면으로 슬라이딩식으로 수납할 수 있다. 오른쪽 엔진 나셀에 APU(보조동력장치) 겸용의 보조 제트엔진을 달아 단거리이착륙 성능을 높였다. 전방 동체의 좌측면에는 공중투하 시 기상적재사가 조준할 수 있는 블록창을 마련했다. 1981년에 발표된 개량형 An-26B는 30분 내에 여객형, 환자수송형, 공정부대형으로 바꿀 수 있다. 파생형으로 통신정보수집기 및 소방기가 있다.

An-32 클라인 | An-26의 엔진을 교체한 모델로 열대 및 고산지역에서 비행특성이 뛰어나다. 무려 350대 이상 생산되어 인도, 페루 등에서 운용 중이며, 미 공군 제6특수전비행대대도 훈련용으로 보유하고 있다.

An-70

Antonov **An-70**

An-70

형식 4발 프롭팬 대형 수송기
전폭 44.06m
전장 40.7m
전고 16.38m
최대이륙중량 145,000kg
엔진 D-27 프롭팬(13,880shp) × 4
최대속도 780km/h
실용상승한도 40,000피트
항속거리 6,600km
적재중량 47,000kg
승무원 3~5명
초도비행 1994년 12월 16일

개발배경

An-70 수송기는 1991년 파리 에어쇼에서 개발을 발표하고 이듬해인 1992년 모스크바 에어쇼에서 공개한 세계 최초의 4발 프로팬 수송기다. 구식 An-12 수송기의 후계기로 군용/민간용으로 운용이 가능한 기체로, 당초 구소련 공군의 예산으로 개발을 시작했다. 그 후 소련 체제가 붕괴하자 안토노프 설계국에서 60%의 개발비를 부담하고, 나머지의 2/3는 러시아 정부가, 1/3은 우크라이나 정부가 부담하는 공동개발의 형태를 취하고 있다. 한때 An-77이라는 명칭으로 영국에 판촉 활동을 벌이기도 했다.

특징

군용형 AN-70-100의 개발은 1975년부터 기초연구를 시작했으며, 당초 D-236 터보프롭 4발 엔진, 동체지름 5m의 기체로 1986년에 첫 비행을 할 예정이었다. 그러나 1984년에 페이로드 증가와 단거리이착륙 성능에 대한 요구로 프롭팬 장비로 변경했으며 동체지름도 5.6m로 훨씬 커졌다. 또한 신형 전자장비, 플라이-바이-와이어, 복합재료의 채택으로 시스템을 재설계했다. An-70은 4기의 D-27 엔진을 주익 앞쪽의 아랫면에 장비하고 있으며 지름 4.5m의 8엽 전방 프롭팬과 6엽 후방 프롭팬을 이중안전방식으로 구동하여 매우 경제적인 운항을 할 수 있다. 한편 수출형은 CFM56-5A1 터보팬 엔진을 제안하고 있다.

An-70의 외관은 고익저상식의 전형적인 전술수송기 스타일이며 슈퍼크리티컬 익형을 채택한 주익은 얕은 후퇴각에 비교적 소형이다. 반면에 수평/수직 미익은 대형이며 승강타 및 방향타는 더블 힌지 방식을 사용하고, 수평안정판의 앞전에는 아래위로 움직이는 슬레이트를 장착하고 있다. 슬레이트는 화물을 투하하거나 이착륙 시 종방향의 트림을 안정시키며 단거리이착륙 시 방향안정성을 높이는데 기여한다. 주익 뒷전에는 대형 2중 간극플랩을 장착하여 프롭팬의 기류를 이용하여 높은 양력을 얻을 수 있다.

이에 따라 An-70은 평상시 1,800~2,200m의 포장 활주로를 사용하나 이륙 중량을 줄이면 길이 600~900m의 비포장 활주로에서도 운용이 가능하다. 캐빈은 폭 4.00m, 높이 4.10m, 길이 18.75m(램프 포함 21.40m)의 화물실을 보유하고 있으며, 후방 로딩램프를 통하여 차량의 자주탑재 및 화물의 공중투하도 가능하다. 화물실은 무장병의 경우 1개 중대 병력 수준인 170명이 한 번에 탑승할 수 있는 규모이다.

An-70은 기체 구조에 복합재료를 광범위하게(24% 수준) 적용하여 경량화를 도모했는데, 이러한 특징은 수송기 분야에서는 선구적이다. An-70의 기체 구조는 설계수명 20,000회 비행, 25년 이상, 45,000비행시간을 목표로 하고 있다. 정비 소요도 연간 3,000~3,500비행시간 운용 시 1시간당 8~10명을 목표로 하고 있다.

운용현황

프로토타입기는 1994년 1월 20일에 처음 공개되어, 1994년 12월 16일에 첫 비행을 했다. 프로토타입기는 1995년 2월 10일 에스코트 비행을 하던 An-72와 공중충돌로 추락하여 승무원 7명이 모두 사망했다. 이로 인하여 1996년에 양산기를 인도하려던 계획은 연기되었다.

안토노프 설계국은 동급의 수요를 2,000대 정도로 낙관했으나, 우크라이나가 5대를 주문한 것 외에는 별다른 실적이 없는 상황이다. 또한 러시아는 2006년 4월 개발에서 탈퇴하기로 결정함에 따라 상황은 더욱 어려워졌다. 그러나 러시아 공군은 전력증강계획에 따라 60대를 도입할 예정으로, 2015~2016년부터 인수를 시작할 예정이다. 우크라이나 공군은 2013년부터 3대를 인수할 예정이었으나 일정이 연기되고 있으며, 러시아 공군은 개발 진도에 대한 불만을 표시했다.

An-72 코알러
Antonov **An-72 Coaler**

An-72A-C

형식 쌍발 터보팬 STOL 수송기/해상초계기
전폭 31.89m
전장 28.07m
전고 8.65m
최대이륙중량 34,500kg
엔진 로타레프 D-36 터보팬 (16,550파운드) × 2
최대속도 705km/h
실용상승한도 38,715피트
항속거리 4,800km
적재중량 10,000kg
무장 An-72P는 무장 탑재 : 23mm 기관포 포드, UM-23M 로켓런쳐 주익에 100kg 폭탄 최대 8발 장착
승무원 3명
초도비행 1977년 12월 22일

개발배경

An-72(코알러 A)는 An-26 터보프롭 수송기를 교체할 목적으로 개발한 구소련 최초의 단거리이착륙 제트 수송기다. 프로토타입을 2대 제작하여 1호기가 1977년 12월 22일에 첫 비행을 했다.

특징

주익 앞전의 위쪽에 터보팬 엔진을 장비하여 배기가스를 주익 아래쪽으로 내보냄으로써 양력을 높이는 USB(Upper Surface Blown) 방식을 사용하고 있다. USB 방식은 보잉 YC-14, NASA의 QSRA, 일본의 히쵸우(飛鳥) 등에서도 테스트 했으나 이를 실용화한 것은 An-72가 최초이자 유일하다. 그러나 설계자인 안토노프는 An-72의 단거리이착륙(STOL) 성능은 높지 않으며, 구소련에서 실용화한 큰 이유는 엔진의 위치가 높기 때문에 비포장 활주로에서도 이물질을 흡입할 위험이 낮기 때문이라고 설명한다.

프로토타입의 엔진은 D-36(추력 6,500kg)이었으나 최신형은 D-436(추력 6,500kg)으로 나셀의 뒤쪽에 클램셸 타입의 역추진 장치를 부착하고 있다. 한쪽 엔진이 정지할 시의 추력 불균형을 줄이기 위하여 엔진을 동체 쪽으로 바짝 붙여 장비한 점도 특징이다. 러더는 3분할 방식으로 통상 비행 시는 뒤쪽의 아랫부분만 사용하고 고속비행 시는 뒤쪽의 아래, 위쪽을 모두 사용하며, 한쪽 엔진 정지 시는 앞쪽도 사용하도록 자동으로 작동한다.

고온의 배기가스와 직접 접촉하는 주익 상면과 플랩, 나셀은 티타늄제로 되어 있다. 플랩은 엔진의 뒤쪽에는 더블 슬로티드 방식으로, 바깥쪽은 트리플 슬로티드로 장비했고, 앞전의 바깥쪽도 플랩을 장비했다. 수평미익의 앞전에는 플랩과 연동하는 슬레이트를 장착했다.

화물실은 폭 2.15m, 높이 2.20m, 길이 10.5m로 후방 램프 도어는 동체 아래로 미끄러지는 안토노프 특유의 설계방식을 채택하고 있다.

운용현황

An-72/-74 계열은 160대 이상 생산하여 군용으로는 20대를 러시아 공군에서, 4대를 페루 공군에서 사용하고 있다. An-76은 현재 러시아군에서 20대를 사용 중이다.

변형 및 파생기종

An-72A 코알러-C	양산형. 주익을 연장하고 앞전과 뒷전의 후퇴각을 2단계로 다르게 했으며 동체를 약 2m 정도 연장하여 실용성을 높이고, 승무원 2명으로 운항이 가능하게 개량했다.
An-72 코알러-B	민간형. 전천후 운항이 가능하며, 극지에서도 운용이 가능하도록 개발했다.
An-72T	화물운송기.
An-72TK	여객수송/화물운송 환장가능형.
An-72S 코알러-C	VIP 수송형.
An-74	극한지용 수송형.
An-76(An-72P)	An-72의 해상감시형. 23mm 기관포, 로켓탄, 폭탄을 장비하고 있다. 1992년 판보로 에어쇼에서 처음 공개했다.

An-124 러슬란

Antonov **An-124 Ruslan**

An-124

형식 4발 터보팬 대형 장거리 수송기
전폭 73.30m
전장 69.10m
전고 21.08m
최대이륙중량 405,000kg
엔진 이브첸코 D-18T 터보팬(51,590파운드) × 4
최대속도 865km/h
실용상승한도 31,170피트
항속거리 15,700km
적재중량 150,000kg
승무원 6명
초도비행 1982년 12월 26일

개발배경

An-124 수송기는 1985년 파리 에어쇼에서 서방측에 처음 공개한, 당시 세계 최대의 수송기였다. 현재는 보다 대형인 An-225가 출현했으나 실용 수송기로서는 An-124가 세계 최대급이다.

특징

외관상으로 T형 미익을 제외하고는 전체적으로 C-5A와 매우 흡사하다. 하지만 시기적으로 나중에 개발된 만큼 독특한 랜딩기어 구성, 복합재료의 광범위한 사용, 플라이-바이-와이어 조종계통 등의 신기술을 적용하여 C-5A보다 한 걸음 앞서 있다. 구소련에서 이러한 초대형 수송기 개발이 늦었던 것은 고(高)바이패스비의 대출력 엔진 기술 개발이 지연되었기 때문이며, An-124의 개발 성공은 구소련도 엔진 기술면에서 서방측에 근접했음을 단적으로 입증하고 있다.

화물실의 설계는 C-5A와 마찬가지로 앞부분에 화물문을 설치하여 앞뒤로 트이도록 했으며, 화물실 크기가 C-5A 갤럭시보다 한층 더 크지만 팔레트 탑재 시스템은 갖추고 있지 않다. 이에 따라 차량의 자주 탑재 이외에는 화물실 천정에 있는 크레인으로 탑재작업을 한다. 군용 수송기로서 MBT급 전차 및 SS-20 중거리 탄도미사일(ICBM) 탑재가 가능하며, 전략수송기임에도 비포장 활주로에서 운용이 가능한 전술수송기 능력이 추가되어 있다.

An-124의 능력을 보여준 사례로 1985년 7월 26일에 수립한 국제항공연맹(FAI) 대량탑재 기록이 있다. 이때 An-124는 171,219kg의 화물을 싣고 고도 10,750m까지 상승하는 성능을 보여주었다. 그 후 1987년 5월에는 구소련 영내의 순환코스를 무급유로 20,151km나 비행하기도 했다.

An-124의 파생형으로는 An-124-100이 있으며 An-124-100M도 1995년 말에 완성되었다. 또한 EFIS를 장비한 An-124-102, 200t의 물을 투하할 수 있는 소방형 An-124FFR도 계획 중이다. An-124는 1995년 말까지 54대를 생산했고, 현재도 연간 5대씩 생산하고 있다.

운용현황

현재 러시아 공군이 25대를 운용 중이며, 이외의 수요군은 없지만 국영 아에로플로트 항공사에서 1986년 1월부터 취항했다. 한편 최근에는 영국의 에어훨사(6)와 헤비리프트 카고사(8)에서 An-124를 임대하여 대형화물 수송용으로 사용하고 있다.

변형 및 파생기종

An-124-100 | 최대 이륙 중량을 392,000kg(페이로드 120,000kg)으로 낮춘 순수 민간형

An-124-100M | 서방제 전자장비를 탑재한 군용.

An-225 코사크

Antonov **An-225 Cossack**

An-225
- 형식 6발 터보팬 초대형 수송기
- 전폭 88.4m
- 전장 84m
- 전고 18.1m
- 최대이륙중량 640,000kg
- 엔진 로타레프 D-18T 터보팬 (51,600파운드) × 6
- 최대속도 850km/h
- 실용상승한도 33,000피트
- 항속거리 14,000km
- 적재중량 250,000kg
- 승무원 6명
- 초도비행 1988년 12월 21일

개발배경

1988년 11월 30일, 구소련 우크라이나 공화국의 수도 키예프에서 일반에 공개한 세계 최대의 항공기다. 전폭이 무려 88.4m로 에어버스 A380보다도 더 크다. 애칭인 "므리야"는 러시아어로 '꿈'을 뜻한다.

특징

An-225는 앞서 개발된 An-124를 기반으로 주익의 안쪽에 세 번째 엔진을 추가하면서 익폭을 15m 연장했으며 동체는 평행부분을 7m 연장했다. An-124와 같이 엔진은 D-18T를 6발 장비했으며 기체의 대형화에 따른 비행안정성 확보를 위하여 꼬리날개를 개량했다. 수평미익의 끝에는 A-10처럼 쌍수직미익을 부착했다. 엄청난 중량을 버티기 우해 랜딩기어는 An-124의 5개에서 7개로 증가하여 열차 바퀴와도 같은 인상을 준다.

구소련이 이러한 초대형기를 개발한 것은 구소련의 우주왕복선인 부란 및 에네르기아 로켓의 탱크와 부스터를 동체 뒷면에 탑재하여 수송하기 위해서다. 이에 따라 An-225는 지름 7~10m, 길이 70m의 대형화물도 탑재할 수 있다. An-225의 특징적인 쌍수직미익도 이러한 특이한 화물탑재 때문에 생겨났다. 부란을 탑재한 첫 비행은 1989년 5월 13일에 실시했다.

An-225은 후방 화물 로딩램프를 그대로 지니고 있어 통상의 화물 수송기로도 사용할 수 있는데, 탑재량은 C-5A의 2배에 이른다.

An-225는 1989년 3월 22일에 페이로드 156.3t을 싣고 총중량 508.2t으로 이륙하여 2,000km의 순환코스를 시속 813.09km의 평균속도로 3.5시간 동안 비행하는 기록을 수립하여 성능을 과시했다. 2004년 국제항공연맹은 An-225가 세운 240개의 기록을 기네스북에 제출했다.

운용현황

부란의 운송을 위해 오직 1대를 제작했다가, 소련의 붕괴로 부란 계획이 중지되자 운행을 정지하고 우크라이나에서 보관하고 있었다. 하지만 2001년부터 안토노프와 영국의 에어포일사가 공동으로 상용수송기로 운용하고 있다.

현재 An-225를 군용으로 채용한 국가는 아직 없다. 그러나 미국과 캐나다는 중동지역으로 병력과 장비를 파견할 때 An-225를 전세기로 이용하고 있다.

미국 | 보잉 |

C-17 글로브마스터III

Boeing **C-17 Globemaster III**

C-17

형식 4발 터보팬 수송기

전폭 51.75m

전장 53.00m

전고 16.79m

최대이륙중량 265,352kg

엔진 PW F117-PW-100 터보팬 (40,440파운드) ×4

최대속도 마하 0.76(907km/h)

실용상승한도 45,000피트

항속거리 7,630km

최대적재중량 77,519kg

캐빈크기 12.50 x 3.12 x 2.81m

탑재량 463L 팔레트 18개
병력 102명

승무원 총 3명(조종사, 부조종사, 기상적재사)

초도비행 1991년 9월 15일 (YC-15)
1992년 5월 18일 (양산기)

개발배경

C-17 수송기는 신속배치군(Rapid Deployment Force: RDF) 구상에 따른 새로운 개념의 군용수송기다. C-17의 도입으로 미 공군은 종래의 전략수송기와 전술수송기 개념을 통합하는데 성공했다.

특징

대형수송기를 최전선의 간이 비행장까지 운용한다는 구상은 C-5A 개발 때도 있었으나 C-17은 길이 910m, 폭 18m의 작은 활주로에서도 이착륙이 가능하고 폭 25m의 공간에서도 180° 회전이 가능하다. 탑재량은 C-5A에 미치지 못하더라도 크기는 C-141B 정도에 이착륙 성능은 C-130 이상인 기체가 요구되었는데, 이 정도 대형기가 단거리이착륙 기능을 갖추기란 매우 어려운 일이었다. YC-15에서 시험했던 EBF(Externally Blown Flap) 방식의 파워드 리프트를 채택하고 역추진 장치로 착륙거리를 단축하여 지상에서 후진이 가능하도록 설계했다.

탑재중량은 미 육군의 M1이나 M60의 같은 주력전차를 탑재하기 위하여 59t 이상 필요했으며, 항속거리는 최대 화물탑재 상태일 때 4,440km가 요구되었다. 이에 따라 C-17은 길이에 비하여 동체가 굵은 특징이 있으며 비행특성의 개선을 위하여 윙레트를 장착하고 있다. 화물의 탑재는 리어 로딩램프 방식을 사용하며, 탑재 시스템의 개선으로 단 1명으로 탑재작업 및 LAPES(초저공 낙하산 추출)도 가능하다. 화물 탑재 시스템 및 병사용 좌석, 부상병 수송용 들것도 수용 가능하며, 지상지원 설비 없이도 각종 임무의 수행이 가능하다.

C-17은 종래의 수송기에는 생각할 수 없었던 기동성과 생존성의 향상을 이루었으며 조종간 방식을 사용하면서도 방탄 및 구조/시스템의 안전성을 향상시켰다. 또한 조종석의 계기판도 컬러 CRT를 중심으로 EFIS, HUD를 장비하고 있다. 각종 시스템의 자동화로 2명의 승무원으로도 운항이 가능하며 로드마스터 1명을 포함하여 3명이 표준승무원으로 되어 있다.

운용현황

1993년 6월 14일에 6호기부터 실전부대 배치작업을 시작하여 사우스캐롤라이나 주 찰스턴 공군기지의 AMC 소속 제347수송비행단에 인도했고, 이 비행단은 1995년 1월부터 실전태세를 갖추었다.

C-17의 배치수량은 당초 210대로 예정했으나 그 후 예산이 대폭 삭감되어 120대로 줄어들었다. 한때 미 공군은 고가의 C-17을 747-400F와 C-5D로 대체하는 것을 검토했으나, 대테러 전쟁 등으로 수송 수요가 급증함에 따라 2002년 5월에 60대를 추가로 주문했다. 미 공군은 2013년 9월 12일 C-17 마지막 기체를 인수함으로써 223대 도입을 완료했다. 영국이 8대, 캐나다가 4대를 도입했고, 유럽 12개국은 나토(NATO) 공용으로 3대를 도입했다. 중동에서는 카타르를 필두로 UAE 등이 도입했고, 인도도 C-17 도입을 결정하여 2014년까지 10대를 인수할 예정이다. 주요국이 마지막 구매를 서두르는 가운데 보잉은 C-17의 생산을 2015년 종료할 예정이다.

C-32A 에어포스 투

Boeing C-32A Air Force Two

C-32A

형식 쌍발 터보팬 VIP 수송기
전폭 37.99m
전장 47.32m
전고 11.02m
최대이륙중량 115,668kg
엔진 PW2040 터보팬 (41,700파운드) × 2
최대속도 850km/h
실용상승한도 42,000피트
항속거리 10,186km
탑재량 승객 45명
승무원 16명
초도비행 1982년 2월 19일 (757 프로토타입)
1998년 2월 11일 (C-32A)

개발배경

미국 대통령 전용기인 에어포스 원에 대응하여, 부통령 전용기로 만든 것이 바로 C-32A 에어포스 투다. 원래 에어포스 투의 용도로 사용하던 VC-137 스트래토라이너의 노후화에 따라 후계기종으로 1996년 C-32A가 선정되었다.

특징

C-32A는 군의 사양에 맞추어 작전요구 성능에 맞는 기체를 제작하는 방식이 아니라 민간상용(commercial off-the-shelf: COTS) 기체를 개수하는 방식을 적용하여, 계약에서 도입까지 단 2년밖에 걸리지 않았다. C-32A는 COTS 방식으로 도입한 최초의 군용기다.

C-32A는 보잉 757-200 여객기를 바탕으로 제작하여 이전의 C-137보다 2배의 항속거리를 자랑한다. 또한 객실은 4개 섹션으로 나뉘어져 제1섹션에 통신실, 갤러리, 화장실, 10석의 비즈니스석이 있고, 제2섹션에 VIP를 위한 내실, 제3섹션이 참모진을 위한 비즈니스석 8석, 제4섹션에 비즈니스석 32석과 화장실 2개 및 옷장이 있다.

C-32A 내부에는 21세기에 걸맞는 항전장비를 탑재했다. 또한 부통령이나 정부 각료가 신속한 정책결정을 내릴 수 있도록 각종 통신장비를 완비하고 있다.

운용현황

C-32A는 부통령 전용기로 1998년 6월부터 모두 8대를 도입했다. 운용은 앤드류스 공군기지의 제89수송단 제1수송비행대대에서 담당하고 있다.

부통령 이외에도 대통령 부인, 장관급 정부 각료나 상·하원 의원이 C-32를 이용하기도 한다. 또한 짧은 거리를 이동할 때 대통령이 탑승하여 "에어포스 원"이 되기도 한다. 실제로 역대 대통령들은 747 여객기에 기반을 둔 거대한 VC-25A보다 C-32A를 더 선호하기도 했으며, 공항의 활주로가 짧을 경우에도 C-32A를 에어포스 원으로 이용한다.

미국 | 보잉 |

C-40 클리퍼

Boeing **C-40 Clipper**

C-40B

형식 쌍발 터보팬 VIP 수송기
전폭 35.8m
전장 33.6m
전고 12.5m
최대이륙중량 78,000kg
엔진 GE CFM 56-7B27 터보팬 (27,000파운드) × 2
최대속도 990km/h
실용상승한도 41,000피트
항속거리 5,600km
탑재량 승객 26~32명
승무원 10명
초도비행 1998년 9월 4일(BBJ)

개발배경

C-40 클리퍼는 보잉 737 여객기의 군용형으로 미 공군과 해군에서 도입하여 사용하고 있다. 737은 1960년대 등장한 여객기지만 지금까지 무려 5,000여 대 이상 팔리면서 세계에서 가장 많이 팔린 여객기로 기네스북에 오르기도 했다.

737은 1967년 4월 프로토타입이 초도비행을 하고 같은 해 12월 미 연방항공국(FAA)의 인증을 받아 1968년부터 여객운송을 시작했다. 그 이후로 무려 40여 년간 737은 엔진을 강화하고 동체를 연장했으며 항전장비를 첨단화하는 등 737-800ERX에 이르기까지 진화를 거듭해왔다.

특히 냉전 이후 국방예산을 절감하려는 각국의 노력에 따라 더 이상 군 작전 전용의 플랫폼 개발이 어려워지면서 범용성을 높게 평가받은 737 기종이 큰 인기를 끌고 있다. 737-300에 바탕을 둔 737 AEW&C, 737-800ER에 바탕을 둔 P-8A 등을 보더라도 이런 추세를 쉽게 알 수 있다.

특징

C-40은 바로 이런 추세에 따라 미 해군과 공군이 획득한 차세대 737 기종으로 해군은 C-9 나이팅게일을 교체하기 위하여, 공군은 정부요인이나 군 사령관급의 VIP 수송을 위하여 이 기종을 도입하기 시작했다.

한편 737 VIP수송기는 이미 미군이 채택하기 전부터 세계 각국의 정상들을 수송해왔는데 호주, 남아프리카공화국, 사우디아라비아, UAE, 이란, 인도네시아, 말레이시아, 멕시코, 칠레, 콜롬비아, 대만 등에서 정부수반용 특별기로 구매했으며 우리나라도 737-8Z3을 대통령 전용기로 사용하고 있다.

운용현황

미 해군은 2001년 4월부터 C-40A 9대를 도입하여 포트워스 해군항공기지의 제59군수지원비행대대(VR-57)에서 운용 중이다. 해군은 23대를 추가로 도입하여 낡은 C-9B를 교체할 계획이다.

미 공군은 C-40B 4대와 C-40C 6대를 도입했으며, C-40B의 첫 기체는 2002년 12월에 인수했다. C-40B는 구매한 것이지만, C-40C는 리스를 통해 운용할 계획이다. 리스 운용은 미 공군에서는 최초의 시도라고 한다.

변형 및 파생기종

C-40A | 미 해군 도입형. 보잉 737-700C를 바탕으로 개수했다. C-9 나이팅게일의 후계기로 2001년 4월부터 9대를 도입하기 시작했다. C-32A 획득사업처럼 COTS(민간상용기술) 기반의 획득전략으로 단기간 내에 전력화에 성공했다.

C-40B | 보잉 737-700 BBJ(Boeing Business Jet) 1의 미 공군형. BBJ는 한국에서는 삼성그룹 전용기(737-7EG BBJ)로 유명한 비즈니스 VIP 제트기로 "하늘의 집무실"이란 별명도 가지고 있다. 각 군 사령관이나 정부요인을 위한 특별기로 도입했다. BBJ 중에서도 높은 사양으로 만들어져 각종 군 전용 네트워크통신, 비화통신 장비 및 영상회의시설 등을 완비했다.

C-40C | 미 공군의 VIP수송형으로, 단순수송을 위해 만들어져 C-40B처럼 첨단장비를 내장하지는 않았다. 임무에 따라 42인승부터 111인승까지 다양한 설정이 가능하다.

KC-10 익스텐더

Boeing(McDonell Douglas) **KC-10 Extender**

KC-10A

- 형식 3발 공중급유/수송기
- 전폭 50m
- 전장 54.4m
- 전고 17.4m
- 최대이륙중량 265,500kg
- 엔진 GE CF6-50C2 터보팬(52,500파운드) × 3
- 최대속도 996km/h
- 실용상승한도 42,000피트
- 항속거리 7,032km
- 급유방식 붐식 / 프로브식
- 연료탑재량 최대 54,490갤런
- 적재중량 76,560kg
- 탑재량 463L 팔레트 27개,
- 승객 75명 + 팔레트 17개
- 승무원 총 4명(정/부조종사, 항공기관사, 급유조작요원)
- 초도비행 1980년 7월 12일

개발배경

미 공군은 차기 공중급유/화물수송기(Advanced Tanker Cargo Aircraft: ATCA) 사업을 진행하여 1977년 12월 사업기종으로 DC-10-30CF을 선정했다. ATCA 사업으로 등장한 KC-10A는 공중급유기이면서 해외전개 시에는 지원장비/인원수송기로도 사용한다.

특징

KC-10을 수송기로 활용할 경우 주화물실에는 20석을 설치하며 463L 팔레트 23개 탑재가 가능하고, 좌석까지 철거하면 27개 팔레트(약 77t)를 탑재할 수 있다.

KC-10A는 민간형 DC-10과 약 88%의 공통성을 유지한다. 바닥 아래의 화물실에는 7개의 연료탱크가, 후방 동체에는 공중급유 스테이션이 설치되어 있다. 공중급유방식은 플라잉 붐 이외에 드로그 방식도 가능하며 KC-10 자체도 다른 급유기로부터 급유가 가능하도록 기수에 급유구를 설치해 놓았다.

플라잉 붐 방식은 롤링 붐이라고 불리는 새로운 방식을 채택했다. 붐을 디지털 플라이-바이-와이어 컴퓨터로 자동제어하며 1분에 5,678ℓ를 급유할 수 있는데, 이는 KC-135보다 약 1.7배나 향상된 것이다.

드로그 급유장치는 동체 후방 플라잉 붐 옆에 한 군데만 설치했으나, 최종 60호기에서는 양쪽 주익 아래에 드로그식 급유 포드를 추가하는 테스트를 실시했다. 이후 기존 양산기는 업그레이드를 통해 드로그식 급유 포드를 장비하여, 해군과 해병대 항공기에 대한 급유가 가능해졌다.

초도비행은 1980년 7월 12일에 실시했으며 1981년 3월 17일에 미 공군에 인도를 시작하여 같은 해 말부터 실전배치를 시작했다. 생산은 1988년 11월에 종료했으며 최종 60호기는 1990년 4월에 인도했다.

운용현황

미 공군은 총 60대의 KC-10A를 도입했으며 1981년 전략공군사령부(SAC)에서 첫 기체를 인수하여 운용을 시작했다. 1982년 정비 중 폭발사고로 1대를 잃어 현재 59대를 운용중이다. 한편 네덜란드 공군도 2대의 KDC-10을 운용하고 있다.

변형 및 파생기종

KC-10A	미 공군용.
KDC-10	네덜란드 공군용. KLM 항공사가 보유했던 중고의 DC-10-30CF(2대)를 공중급유/화물수송기로 개조한 모델. 1995년 9월에 1호기 인도를 시작으로 총 3대를 도입했다.

미국 | 보잉 |

KC-46A(KC-767)

Boeing **KC-46A(KC-767)**

KC-767

형식 쌍발 공중급유/수송기
전폭 47.6m
전장 48.5m
전고 15.8m
최대이륙중량 186,880kg
엔진 GE CF6-50C2 터보팬(52,500파운드) × 2
최대속도 996km/h
실용상승한도 40,100피트
항속거리 7,032km
급유방식 붐식 / 프로브식
연료탑재량 최대 54,490갤런
적재중량 76,560kg
탑재량 463L 팔레트 19개 / 승객 200명 / 승객 100명 + 팔레트 10개
승무원 총 3명(정/부조종사, 급유담당)
초도비행 2005년 5월 21일

개발배경

KC-767은 보잉이 21세기 급유기 시장을 겨냥하고 경제성 높은 767-200ER 여객기를 바탕으로 만든 GTTA(Global Tanker Transport Aircraft)이다. GTTA란 명칭에서 알 수 있듯이 KC-767은 전 세계 어디든 날아가서 급유와 수송 임무를 동시에 수행할 수 있는 기체로 만들어졌다.

특징

KC-767은 1995년 일본이 급유기 소요를 제기함에 따라 개발을 시작했다. 1982년부터 운용을 시작한 767기는 무려 880대 이상이 만들어진 인기모델로 부품수급 등의 면에서 유리한 면이 많다. 무엇보다도 일본의 경우 이미 E-767 AWACS를 통해 767기를 운용하고 있다.

KC-767은 알루미늄 합금과 케블라 글라파이트 등 신소재를 채용하여 내구성을 강화했으며, 연료관과 펌프가 메인 캐빈 아래에 위치하여 메인 캐빈에서 급유와 수송의 용도에 따라 쉽게 설정을 변환할 수 있다.

조종석은 완전 디지털화하여 조종사 임무시현기(Pilot's Mission Display: PMD)를 장착하고 급유장치와 임무제어장비가 연계되도록 했다. 또한 록웰 콜린스의 통신항법장비에 더하여 원격공중급유를 위한 헬멧장착시현장치도 제안하고 있다. 급유방식은 붐과 드로그를 모두 지원하며, 특히 WARP (Wing Aerial Refueling Pod)를 장착한 비행시험을 2007년 4월 19일 성공리에 마쳤다.

미 공군은 2002년 낡은 KC-135E를 대체하기 위해 보잉의 KC-767 100대를 리스하기로 하고 KC-767A란 명칭을 부여했다. 그러나 2006년 1월 미 국방부는 국방예산 삭감을 이유로 리스계약을 취소했다.

2007년 4월 보잉은 KC-X 사업에 KC-767의 수정안을 제시했는데, 플랫폼이 될 기종을 767-200ER에서 767-200LR로 바꾼 것이었다. 새로운 제안에는 플라이-바이-와이어 붐, 777 여객기형의 플라이트덱, 원격급유장치 등이 포함되어 있었다. 그러나 2008년 2월 경쟁기종인 KC-30(A330 MRTT)가 KC-X로 선정되면서 KC-45A로 명명되었다.

하지만 GAO(회계감사국)가 사업선정상 문제점을 발견함에 따라 2008년 7월 KC-X 사업을 재공고했고, 2008년 9월 미 국방부가 소란이 끊이지 않던 KC-X 사업을 취소하기에 이른다. 2009년 9월 KC-X 사업은 다시 부활했으나, 이번에는 소요가 800대에서 373대로 줄어들면서 효율성과 경제성이 강조되었다. 결국 2011년 2월 24일 미 공군은 보잉의 KC-767을 차기 급유기로 선정했으며, KC-46A라는 명칭을 부여했다.

KC-46A는 보잉 767-2C의 기체에 보잉 787의 글래스 콕핏을 적용하고 있으며, 급유장치로는 플라이-바이-붐 방식의 최첨단 호스&드로그 시스템을 채용했다.

운용현황

KC-767의 첫 고객은 2002년 4대의 도입계약을 체결한 이탈리아였지만, 급유포드의 문제로 인도가 지연되어 2011년 3월까지 2대의 납품이 끝났다. 두 번째 수요군은 일본으로 2003년 4대를 계약하여 2010년 1월까지 모든 기체를 인도했다.

한편 미 공군은 2017년까지 KC-46A 초도분 18대를 도입하여 초도작전능력을 확보할 예정이다. 현재 사업에서 기존에 운영중인 KC-135 급유기 416대 중 179대를 KC-46A로 교체할 예정이다.

미국 | 보잉 | # KC-135 스트래토탱커

Boeing **KC-135 Stratotanker**

KC-135R

형식	4발 터보팬 공중급유기
전폭	39.88m
전장	41.53m
전고	12.7m
최대이륙중량	146,285kg
엔진	CFM 인터내셔널 CFM56-2B (F108-CF-100) (21,634파운드) × 4
최대속도	933km/h
실용상승한도	50,000피트
항속거리	5,550km
급유방식	붐식 / 프로브식(MPRS 장착 시)
연료탑재량	최대 31,275갤런
기타	승객 37명과 화물 37,648kg 운송 가능 463L 팔레트 최대 6개
승무원	총 3명(정/부조종사, 급유담당)
초도비행	1956년 8월 31일

개발배경

KC-135는 보잉사가 독자적으로 개발한 4발 제트수송기 367-80(보잉 707의 프로토타입기)을 기반으로 개발한 장거리 공중급유/수송기이다. 미 공군은 1954년 7월 15일에 초도비행에 성공한 367-80을 전략공군용 급유기로 채택하고 초도도입분 29대를 발주했다. 이에 따라 보잉은 1956년 8월에 KC-135A 1호기를 완성했다. 1965년에 생산을 종료할 때까지 KC-135 시리즈 732대를 미 공군에 인도했다.

특징

KC-135의 기본적인 구조는 민간용 707 여객기와 같으나, 후방 동체 아래에 플라잉 붐 방식의 공중급유장치를 장착하고 있으며, 급유 프로브를 부착하여 해군기에도 급유할 수 있다. 탑재연료는 모두 118,100ℓ(590드럼)나 되며 공중급유용 연료탱크는 캐빈의 바닥에 모두 들어가므로, 상부 데크에는 수송용 화물 탑재 공간이 남아 60명의 인원 또는 22.7t의 화물을 탑재하는 수송기로도 사용할 수 있다.

미 공군은 1975년 현용 KC-135A의 수명연장 작업에 착수하여, 기체 각부에 개수를 실시하고 엔진을 연비가 높은 GE/SNECMA CFM56-2B1 터보팬(군용명칭 F108-CF-100, 추력 9,980kg)으로 교체하기로 했다. 개수작업은 1983~1995년도 예산으로 실시했으며, 약 410대 이상이 개수를 거쳤다. 개수형 KC-135R의 프로토타입기는 1982년 8월에 첫 비행을 하고, 1984년 7월부터 개수기의 인도를 시작했다. 한편 KC-135E도 140기를 운용 중인데 이들 기체도 순차적으로 CFM56-2B 엔진으로 교체하고 있다.

KC-135는 꾸준한 업그레이드가 이루어져 다중급유장비(Multi-Point Refueling System: MPRS) 사업 등을 진행했다. MPRS는 날개에 Mk.32B 포드를 장착하여 급유 프로브를 갖춘 항공기에도 급유가 가능하다.

운용현황

미 공군은 모두 732대의 KC-135를 도입하여 현재까지도 300여 대를 보유하고 있다. 미 공군이 180대를 운용하며, 주방위군이 171대, 공군예비군에서 64대를 운용한다.

미 공군 이외에 프랑스 공군도 11대의 KC-135R을 운용 중이며 1993년부터 주익에 급유포드를 추가 장비하는 작업을 실시했다. 한편 터키(7)와 싱가포르(4)도 KC-135R를 도입하여 운용 중이다.

상당한 기령으로 인해 KC-135를 KC-X로 선정된 KC-46으로 교체할 예정이다.

변형 및 파생기종

KC-135A	스트래토탱커의 초도양산형.
KC-135D	RC-135A를 KC-135A 사양으로 개수한 모델.
KC-135E	개수형. 주방위군과 공군예비군이 보유한 KC-135A에 퇴역한 민간여객기의 JT3D(TF33-PW-102) 터보팬 엔진을 장착하여 연료탑재량을 20% 증가시켰다. 1982년에 개수작업 실시.
KC-135Q	SR-71 블랙버드 전용 급유기. 블랙버드가 사용하는 JP-7 연료를 탑재하도록 개수했다.
KC-135R	개수형. CFM56-2B 터보팬 엔진을 탑재하여 연료탑재량 50% 증가, 연비 25% 향상, 정비 소요 25% 감소, 소음 95% 감소 등 성능이 크게 향상되었다.
KC-135T	KC-135Q에 CFM56-2B 터보팬 엔진을 탑재한 모델.

미국 | 보잉 | # VC-25 에어포스 원

Boeing VC-25 Air Force One

VC-25

형식 4발 터보팬 요인수송기
전폭 59.64m
전장 70.51m
전고 19.33m
최대이륙중량 374,850kg
엔진 GE CF6-80C2B1 (56,700파운드) × 4
최대속도 마하 0.92
실용상승한도 45,100피트
항속거리 12,550km
탑재량 승객 102명
승무원 26명
초도비행 1990년 9월 6일

개발배경

에어포스 원, 즉 공군1호기는 미 공군이 운용하는 대통령 전용기를 가리킨다. 미 공군은 1962년 이래 대통령 전용기로 보잉 707을 VC-137이란 명칭으로 장기간 사용해오다가 기체의 노후화 및 소음문제로 인하여 교체할 필요를 느끼게 되었다. 후보기종으로는 MD DC-10과 보잉 747이 떠올랐는데, 1986년 6월 보잉 747-2B 2대를 VC-25A란 명칭으로 후계기로 채택했다.

특징

747 여객기는 동체 폭이 넓은 만큼 707보다 거주성이 우수하며 항속거리도 1,852km가 더 긴 11,000km에 달한다. 따라서 장거리 비행 시 급유를 위한 중간 기착의 필요성이 줄어들었다. 대통령 전용기인 747-200B는 기본적으로 민간형과 구조가 같으며, 엔진은 GE사의 CF6-80C2B1(추력 25,740kg) 터보팬 엔진을 탑재하고 있다.

또한 여행 중에도 대통령이 세계 각처와 연락을 취할 수 있도록 각종 통신장비를 탑재하고 있으며 엔진을 끄고 장시간 지상에서 계류할 때도 통신기능 및 냉난방을 유지하도록 APU(보조동력장치)를 2대 장비하고 있다. 통신장비로 비화장치, 암호장치 등을 장비하여 전선의 총연장길이가 384km에 달해 747 민간형에 비해 약 2배에 이르고 있다. 특히 VC-25는 EMP로부터 기체를 지킬 수 있는 것으로 알려지고 있다.

캐빈에는 대통령의 집무·휴식 공간, 수행원 및 보도기자석, 예비승무원석이 설치되어 있고 승무원 23명과 승객 78명이 탑승할 수 있다. 바닥 아래에는 100명이 7일간 생활하는데 필요한 식량을 저장하여 장기간의 여행에도 연료와 물을 보급 받지 않고 해결할 수 있다. 또한 바닥 아래에는 에어스테어(airstair: 항공기 승하차용 계단)를 부착하여 지상설비의 도움이 필요 없고, 긴급 시 항속거리 연장을 위하여 공중급유장치를 장비하고 있다.

각종 개조작업으로 기체의 자체 중량은 747-200B 여객기보다 20t 정도 증가하여 195t에 달한다. 한편 식량 등도 약 4.5t이나 탑재한다.

운용현황

2대의 기체는 앤드류스 공군기지에서 제89수송비행단 대통령수송단이 운용하고 있다. 2대의 테일넘버는 각각 28000과 29000으로 두 대가 번갈아가며 임무를 수행한다.

에어포스 원은 영화에서 소개된 것처럼 강력한 방어능력을 가지고 있지만 대통령을 보호하기 위하여 다른 방법을 사용하기도 한다. 예를 들어 2000년 3월 당시 클린턴 대통령이 걸프스트림Ⅲ를 타고 파키스탄을 방문했는데, 그 사이 VC-25는 미끼 역할로 에어포스 원 행세를 하면서 정상항로를 비행했다.

C-21

Bombardier(Learjet) C-21

C-21A

형식 쌍발 터보팬 수송기
전폭 11.97m
전장 14.71m
전고 3.71m
최대이륙중량 8,235kg
엔진 개럿 TFE731-2-2B 터보팬 (3,500파운드) × 2
최대속도 853km/h
실용상승한도 45,000피트
항속거리 3,690km
탑재량 승객 8명 + 화물 1,433kg
승무원 2명
초도비행 1971년 5월(LJ35 프로토타입)

개발배경

걸프스트림과 더불어 엄청난 성공을 거둔 비즈니스 제트기인 리어젯(Learjet)은 1960년대 등장한 이후 개량을 거듭해왔다. 그 결과 현재 비행하고 있는 리어젯은 이전의 모델들과 외양만 유사할 뿐 성능은 전혀 다른 차원의 항공기다. T자형 수직 미익과 함께 포드 장착식의 쌍발 터빈 엔진이 외양적 특징인데, 이는 걸프스트림과도 유사하다.

특징

리어젯 25 시리즈의 엔진을 TFE 731로 교체한 것이 리어젯 35 시리즈다. 35 시리즈는 25 시리즈와는 별다른 차이가 없었지만 엔진 교체로 인해 출력이 증가하고 소음이 감소하여 아예 시리즈 명을 교체했다.

대중적 성공을 거둔 리어젯 35 시리즈 가운데 군용으로 가장 많이 채용된 것은 리어젯 35A 모델이다. 특히 35A는 미 공군이 C-21A로 채용하여 활발하게 사용하고 있다.

현재 리어젯은 밤버디어가 인수하여, 밤버디어 리어젯 패밀리로 판매하고 있다.

운용현황

미 공군은 1984년 C-21의 도입을 시작하여 모두 78대를 획득했다. 보유기체 중 34대가 공군, 21대가 주방위공군 소속이다. 1997년 이후로는 모든 기체가 수송사령부 산하로 이관되어 VIP수송 및 연락기로 활약하고 있다.

이외에도 수많은 국가들이 리어젯을 VIP수송기/연락기로 사용하고 있는데, 스위스, 핀란드, 사우디아라비아, 아르헨티나, 브라질 등이 리어젯 35A를 사용 중이다. 한편 일본은 리어젯 36A, 페루, 마케도니아는 리어젯 25B, 유고슬라비아는 리어젯 25D 등을 사용한다.

변형 및 파생기종

LJ35 | 리어젯 35 시리즈의 최초양산형. 이전의 25 시리즈에 비해 길이가 13인치 길고 TFE731-2-2A 엔진을 채용했다. FAA의 인증은 1974년 6월에 받았으며 모두 64대를 생산했다.

LJ35A | LJ35의 개량형. 35A는 TFE731-2-2B 엔진을 채용했으며 윙팁탱크의 장착으로 연료탑재량도 3,524L로 늘어나 항속거리가 증가했다. 1976년부터 생산을 시작하여 400여 대 이상 팔렸다.

C-21A | 35A의 미 공군형. 8명의 승객과 1.26m³의 화물을 운반할 수 있다. 1984~1985년에 미 공군에 납품했다.

LJ36 | 리어젯 35의 개량형. 동체의 연료탱크를 확장하여 항속거리를 500마일 연장했으나, 캐빈은 18인치 줄어들었다. 일본 항공자위대에서는 U-36으로 부른다.

LJ36A | LJ36의 개량형. LJ35A처럼 엔진을 TFE731-2-2B로 교체함에 따라 최대이륙중량이 증가했다.

C212 아비오카

EADS CASA **C212 Aviocar**

C212-300
형식 쌍발 터보프롭 단거리이착륙 수송기
전폭 20.28m
전장 16.20m
전고 6.30m
최대이륙중량 7,700kg
엔진 하니웰 TPE331-10-R-513C (900shp) × 2
최대속도 370km/h
실용상승한도 26,000피트
항속거리 2,600km
최대적재중량 2,700kg
탑재량 무장강하병 24명
승무원 총 3명(조종사, 부조종사, 기상적재사)
초도비행 1971년 3월 26일

개발배경

스페인은 기존에 운용해오던 Ju 52/3m 수송기를 대체하기 위한 개념설계에 착수하여 C212를 선보였다. 1971년 3월에 초도비행을 마친 C212는 1974년부터 스페인 공군에 배치되기 시작했다.
양산형인 C212-100은 1970년대 초에 개발되어 164대가 생산되었으며, 1970년대 말에는 엔진 출력을 강화한 C212-200이 개발되어 약 240대가 생산되었다. 1987년부터는 C212-300이 등장했다. 총 생산대수는 민수형을 합해 약 450대에 이른다.

특징

가장 최신 모델은 C212-400으로 1995년에 등장했다. TPE 331-12 터보프롭 엔진을 채택하여 출력을 높였으며 항전장비를 현대화하고 캐빈의 쾌적성을 높인 모델이다.
C212는 다양한 라인업과 저렴한 비용으로 군용으로 성공했을 뿐 아니라 민간 커뮤터 겸용인 CN-235의 개발의 밑바탕이 되었다. C212는 우리나라 대한항공에서도 조종사 비행훈련용으로 1대를 사용 중이다.

운용현황

스페인 공군은 다양한 C212 모델을 운용하고 있으며, 미 공군 특수전사령부에서도 일부를 운용하고 있다. 이외에도 프랑스, 보스니아, 아르헨티나, 칠레, 콜롬비아, 멕시코, 수리남, 미얀마, 인도네시아 등 30여 개국에서 운용 중이다. 2005년에는 에콰도르 육군이 C212-400 2대를 도입했다. 한편 민간군사기업인 블랙워터는 같은 기종을 도입하여 아프간 대테러전쟁의 군수지원업무에 활용하고 있다.

변형 및 파생기종

C212-200 | C212의 개량형. 26명 수송가능. 현재 인도네시아에서 생산하고 있다.

C212-300 | 1984년 판보로 에어쇼에서 최초로 공개한 모델. 45°의 상반각을 지닌 윙렛을 설치했으며 최대이륙중량도 7,700kg으로 증가했다. 300시리즈는 하니웰의 TPE331-10R-513C 엔진을 채용했다. 1987년부터 생산을 시작했다.

C212-200M/300M | 병력수송형. 200M은 24명의 좌석을 갖추고 의무후송 시에는 스트레쳐 12개를 탑재할 수 있다. 300M은 무장 공수대원 25명, 또는 부상자용 들것 12개와 의사 및 위생병 4명을 태울 수 있으며 화물은 2.7t을 탑재할 수 있다. 이외에도 로켓런쳐나 기관포 포드를 장착할 수 있도록 개조할 수 있다. 또한 대잠용 300ASW, 전자전용 300DE, 해상초계용 300MP 등도 파생형으로 제시되었다.

C212-400 | C212의 발전형으로 가장 최신모델. 축마력 925의 하니웰 TPE331-12JR 엔진과 전자식 비행계기장치(EFIS), 통합식 엔진디스플레이장치(IEDS)와 비행관리장치(FMS)를 장착하고 있다. 최대이륙중량은 8,100kg, 최대탑재중량은 2,950kg, 최대순항거리는 2,465km로 성능이 현저히 향상되었다.

C-295M

EADS CASA C-295M

C-295M

형식 쌍발 터보프롭 범용 수송기
전폭 25.81m
전장 24.45m
전고 8.66m
최대이륙중량 23,200kg
엔진 PW 캐나다 PW127G 터보프롭 (2,645shp) × 2
최대속도 474km/h
실용상승한도 25,000피트
항속거리 4,500km
적재중량 9,250kg
탑재량 병력 75명 / 표준 팔레트 5개 의무후송시 스트레처 24개
승무원 3명
초도비행 1997년 11월 28일 (프로토타입)
1998년 12월 22일 (양산기)

개발배경

C-295M은 EADS CASA가 개발한 쌍발 터보프롭 수송기로 이전의 성공작인 CN-235 수송기를 확장한 모델이다.

특징

C-295M은 CN-235와 유사한 고익/쌍발 설계로 뛰어난 단거리이착륙 성능을 자랑하며, 이륙에는 670m, 착륙에는 370m 거리로 충분하다.

C-295M은 NVG와 호환 가능한 글래스 코크핏을 채용하고 있으며 두 개의 중앙 비행컴퓨터에 MIL-STD-1553B 데이터링크를 채용하고 있으며, GPWS(지표근접경보장치), SATCOM(위성통신시스템)을 갖추고 있다.

C-295M은 1997년 파리 에어쇼에서 처음 선을 보이고 1998년에 양산기가 초도비행을 했다. 양산기 생산 이후에는 스페인 공군에서 채용하는 등 상업적으로도 성공을 거두고 있다. EADS CASA와 레이시언은 팀을 구성하여 2007년의 미 육군/공군 통합수송기(JCA) 사업에 CN-235-300으로 참가했으나 선정되지는 못했다.

운용현황

1999년 스페인 국방부가 C-295M 13대를 채택하여 2001년 11월부터 2006년까지 도입을 완료했다. 또한 각국 공군에서 꾸준히 채택되어, 포르투갈(12), 폴란드(12), 브라질(12), 멕시코(9: 공군 5, 해군 4), 알제리(6), 체코(4), 콜롬비아(4), 칠레(3: 옵션 5), 이집트(3), 핀란드(2: ESM/ELINT사양, 옵션 4), 요르단(2), 가나(2) 등에서 도입했다.

CN-235M

EADS CASA **CN-235M**

CN-235M

형식 쌍발 터보프롭 다목적 수송기
전폭 25.81m
전장 21.40m
전고 8.18m
자체중량 2,420kg
최대이륙중량 16,500kg
엔진 GE CT7-9C3 (1,750shp) ×2
블레이드 해밀턴 스탠다드 14RF-37 4엽
최대속도 430km/h
실용상승한도 22,500피트
항속거리 1,528km
체공시간 3.5시간
최대적재중량 6,000kg
캐빈크기 9.35 x 2.70 x 1.90m
탑재량 무장병사 48명 또는 강하병 46명
승무원 조종사 2명 + 기상적재사
초도비행 1983년 11월 11일

개발배경

C-212 아비오카의 면허생산을 통하여 제휴관계를 맺어온 스페인의 CASA(현 EADS CASA)사와 인도네시아의 IPTN 사(현 더간타라)가 공동으로 개발한 쌍발 터보프롭 수송기이다.

특징

여압 원통형 단면을 지닌 캐빈은 최대폭 2.70m, 최대높이 1.90m, 전장 9.35m, 총용적 42.0m³으로 크기가 넉넉한 편이며 후방에는 로딩램프를 설치하고 있다. LD-2 콘테이너 4개 또는 88×125인치 팔레트 2개를 탑재할 수 있으며 무장병력 수송시에는 간이 시트를 사용하여 최대 48명까지 수송할 수 있다. 메인 랜딩기어는 간이 비행장에서의 운용을 고려하여 동체 옆 벌지 내에 설치하고 있다.

CN-235는 시장수요가 큰 민간용 커뮤터기에 맞추어 개발했기 때문에 군용 터보프롭 수송기의 가장 큰 단점인 소음이나 진동문제에 크게 신경을 썼으며, 민간용 부품을 많이 사용하여 고장이 적고 장비 가동율이 높은 장점이 있다. 따라서 군용수송기로도 호평을 받고 있으며 여객기 수준의 안락함을 느낄 수 있다고 한다.

운용현황

CN-235는 매우 성공적인 경수송기로 세계 각국에서 애용하고 있다. 군용은 1987년 2월 사우디아라비아를 시작으로 하여 인도네시아 공군/해군 24대, 스페인 공군 26대를 납품하고, 터키에서는 50대를 면허생산했으며, 현재 20여 개국에서 운용 중이다. 대한민국 공군도 1993년 11월부터 12대(CASA 제작)를 인수한 이후 1997년부터 8대(IPTN 제작)를 추가로 인수하여 현재 운용 중이다. 한편 한국 해양경찰도 4대를 주문하여 2011년 중반까지 2대를 인수했다.

변형 및 파생기종

CN-235M-10 | GE사의 CT-7A 터보프롭 엔진을 장착한 최초의 군용 양산모델.

CN-235-100/110 | GE사의 CT-9C 터보프롭 엔진을 장착한 군용 모델. 스페인에서 제작한 모델 100, 인도네시아에서 제작한 모델 110이 있다.

CN-235-200/220 | 이륙중량을 증가하고 기골강화를 통해 비행성능을 향상한 모델. 스페인 모델이 200, 인도네시아 모델이 220이다.

CN-235-300/330 | MIL-STD-1553B와 디지털 데이터링크, NVG 조종석을 채용한 최신 모델. 탈레스 탑덱 기상레이더, 솔리드 스테이트 조종실 음성기록기, TCAS, GPWS, 6x8인치 LCD 4개, 트윈 HUD, 토템 3000 링 레이저 자이로 INS 등을 내장하고 있으며, 객실 여압이 향상되었을 뿐만 아니라 공중급유도 가능하게 되었다.

KC-390
Embraer **KC-390**

KC-390
형식 쌍발 터보젯 수송기/급유기
전폭 33.91m
전장 35.06m
전고 10.26m
최대이륙중량 81,000kg
엔진 IAE V2500-E5 터보팬 (27,000~29,000lbf) × 2
최대속도 마하 0.8
실용상승한도 36,000피트
항속거리 2,445km
탑재량 23,600kg
병력 80명
M113 장갑차 2대
고기동 다목적 차량 3대
승무원 2명

개발배경

2006년 엠브라에르사는 C-130과 유사한 크기의 군용 전술수송기를 연구하기 시작하여 2007년 4월, 중형 수송기인 KC-390의 개념을 제시한다. 그리고 새로운 기체에 엠브라에르가 E제트 시리즈를 양산하면서 축적한 기술들을 구현했다. 브라질 공군이 지난 2009년 4월에 엠브라에르사와 미화 13억 달러 규모로 계약을 체결하면서, KC-390 프로그램은 개발 단계에 들어갔다.

특징

애초의 C-390 설계안은 엠브라에르가 제작하는 비즈니스 커뮤터기 E-190를 군용 화물기로 바꾸는 것에 불과했다. 그러나 록히드마틴의 C-130과 경쟁하기 위해서 기체가 커지면서 T자형 꼬리날개를 채용하는 등 기체 전반의 설계를 변형했다. 또한 KC-390은 후방 동체의 상부가 날개 박스의 뒤에서 시작해서 주먹코 모양으로 위로 올라간 형상으로 설계되었는데, 이는 천음속 영역에서 후방 동체 부분의 항력을 최소화하기 위함이다.

KC-390은 애초에는 수송기 역할만을 고려하여 C-390으로 불리다가, 이후에 급유 기능까지 고려하면서 KC-390으로 명명했다. 급유장치로는 애초에는 드로그 급유방식을 계획했지만 붐 급유방식도 고려하고 있다. KC-390의 엔진으로는 IAE의 V2500-E5를 선정했으며, 2013년까지 첫 시제 엔진을, 2015년까지 양산형 엔진을 제공할 예정이다.

조종계통은 최신 항전 디스플레이를 적용하여 5개의 대형 LCD 화면을 장착하며, 사이드 스틱에 커서 컨트롤 유닛을 포함한다.

KC-390 수송칸의 폭은 3.45m, 길이는 17.75m로, C-130보다도 더욱 크게 설계되었다. KC-390은 최대 80명의 병력이나 M113 장갑차 2대, 또는 고기동 다목적 차량 3대를 실을 수 있다.

운용현황

브라질 공군은 2015년 이후에 총 28대의 KC-390 수송기를 도입할 계획이고, 그 외에 아르헨티나, 칠레, 콜롬비아, 체코 및 포르투갈을 포함한 5개 국가가 프로그램에 참여하면서 총 32대를 도입할 예정이다.

C-20/37

Gulfsteam **C-20/37**

C-37A

형식 쌍발 터보팬 VIP 수송기
전폭 28.5m
전장 29.4m
전고 7.9m
최대이륙중량 40,370kg
엔진 롤스로이스BR710A1-10 터보팬 (14,750파운드) × 2
최대속도 943km/h
실용상승한도 51,000피트
항속거리 12,046km
승무원 5명
초도비행 1998년 7월 15일 (C-37A)

개발배경

걸프스트림 에어로스페이스는 원래 그러먼의 한 부서에서 출발하여 비즈니스 제트기의 대명사가 된 항공기 제조업체다. 특히 1960년대에 발매한 걸프스트림Ⅱ에서부터는 쌍발 엔진과 T자형 미익의 독특한 디자인을 구축했다. 현재 걸프스트림은 제너럴 다이내믹스가 인수하여 운영하고 있다.

특징

미국 정부와 군은 걸프스트림Ⅰ부터 걸프스트림Ⅴ에 이르기까지 군용으로 꾸준히 사용해왔다. 특히 걸프스트림Ⅲ/Ⅳ는 C-20이라는 명칭으로 각 군 수뇌부용 VIP수송기로 사용되고 있다. 한편 걸프스트림Ⅴ도 C-37A로 미 공군과 해군이 채용했으며, 최신형인 걸프스트림550도 C-37B로 미 해군에 채용되었다.
각 군에서 도입한 걸프스트림 항공기의 주된 임무는 특별수송임무(Special Air Mission)로, 미 정부와 군 수뇌부를 전시에 E-4B 공중지휘기까지 수송하는 것이다. 이에 따라 C-20/C-37 시리즈 기종에도 각종 통신장비와 비화장치를 장착했다.

운용현황

C-20은 C-140B 제트스타를 교체하기 위해 1983년 채용되었다. C-20은 현재 F·G·H형을 앤드류스 공군기지에서 운용하고 있다. C-37A는 1998년 도입을 시작하여 미 공군이 9대, 미 해군이 1대를 운용하고 있다. 한편 미 해군은 C-37B를 4대 도입하여 운용 중이다.
미국에서 뿐만 아니라 해외 각국의 군에서 걸프스트림을 VIP수송기로 운용하고 있는데, 신형 기체를 구입하기도 하지만 중고기를 운용하거나 리스하는 국가도 많은 편이다.

변형 및 파생기종

C-20A | 미 공군용 걸프스트림Ⅲ. 초도운용기체로 2002년 퇴역했다. 3대 도입.
C-20B | 미 공군용 걸프스트림Ⅲ. 항전장비가 강화된 모델로 8대 도입.
C-20C | 미 육군용 걸프스트림Ⅲ. C-20B 사양.
C-20D | 미 해군용 걸프스트림Ⅲ. C-20B 사양.
C-20E | 미 육군용 걸프스트림Ⅲ. 항전장비와 기체 내부를 개선.
C-20F | 미 육군용 걸프스트림Ⅳ. 14인승 VIP수송기.
C-20G | 미 해군용 걸프스트림Ⅳ. 범용수송기 사양으로 26인승. 카고도어와 카고 플로어를 채택.
C-20H | 미 공군용 걸프스트림Ⅳ. 특별수송 임무용 통신장비을 개선했으며, 항속거리가 증가하여 앤드류스 공군기지에서 유럽까지 직항 비행이 가능하다. 3대 도입.
C-20J | 미 육군용 걸프스트림Ⅳ. 항전장비, 조종석, 캐빈 등을 개선한 12인승 VIP수송기.
C-37A | 걸프스트림Ⅴ. 미 공군과 해군에서 도입했으며, 특별수송임무의 새로운 주력 기체다.
C-37B | 걸프스트림550. 해군 VIP수송기의 주역. 앤드류스 공군기지에 배치되어 VR-1이 운용한다.

Y-11/12

Y-12 II

형식	쌍발 터보프롭 범용 수송기
전폭	17.24m
전장	14.86m
전고	5.58m
최대이륙중량	5,700kg
엔진	PW PT6A-27 (680shp) × 2
최대속도	328km/h
실용상승한도	22,960피트
항속거리	1,340km
적재중량	1,700kg
탑재량	병력 17명 / 강하병 16명
승무원	2명
초도비행	1975년 12월 30일 (Y-11) 1982년 7월 14일 (Y-12) 1984년 8월 16일 (Y-12 II)

개발배경

Y-11 수송기는 안토노프 An-2의 면허생산 모델인 Y-5를 교체하기 위해 제작되었다. Y-11은 1974년 개발이 발표된 이후 75년 1월에 설계를 시작, 75년 12월에 초도비행을 하는 등 일사천리로 사업을 진행했지만 문화혁명으로 인하여 생산은 1977년에서야 시작할 수 있었다.

특징

9기통 공랭식 피스톤엔진을 장착한 Y-11은 작전능력에 다소 한계가 있는 기체였다. 한편 Y-11을 개량하여 터보프롭 기체로 만든 Y-11T1이 개발되었다. Y-11T1은 Y-12로 이름을 바꾸어 1982년 등장한다. Y-12는 PW 캐나다의 PT6A-27 터보프롭 엔진을 장착하면서 동체가 연장되고 탑재량이 증가하는 등 여러 가지 측면에서 전혀 다른 기체가 되었다.

운용현황

중국 공군이 소수의 Y-11을 채용했으나, 인기리에 채용한 것은 Y-12였다. Y-12는 캄보디아, 스리랑카, 에리트레아, 가이아나, 이란 공군에서 채용했으며 페루 경찰에서도 채용하고 있다. 또한 Y-12 II는 말레이시아, 파키스탄, 몽고, 페루, 스리랑카, 탄자니아, 케냐 등에서 공군용으로 운용하고 있다.

변형 및 파생기종

Y-11	단거리이착륙 범용 수송기. SMPC HS-6A 피스톤 엔진 장착.
Y-11B	미제 터보프롭 엔진을 장착한 개량형.
Y-11B(I)	항전장비 개량형.
Y-12	Y-12의 초도양산형. I PW 캐나다의 PT6A-11 터보프롭 엔진을 장착.
Y-12 Ⅱ	Y-12의 개량형. 더욱 강력한 PT6A-27 엔진을 장착.
Y-12 Ⅳ	Y-12 Ⅱ의 개량형.
트윈 판다	Y-12 Ⅱ의 해외수출형. PT6A-34 터보프롭 엔진을 장착.

러시아 | 일류신 |

Il-76 캔디드 / Il-78 마이다스

Ilyushin **Il-76 Candid / Il-78 Midas**

Il-76M

형식 4발 터보프롭 대형 범용수송기/특별임무기/공중급유기

전폭 50.50m

전장 46.59m

전고 14.76m

최대이륙중량 170,000kg

엔진 아비아드비가텔 D-30KP 터보팬(26,455파운드) × 4

최대속도 850km/h

실용상승한도 50,850피트

항속거리 6,700km

탑재량 병력 140명 / 강하병 120명

승무원 7명

초도비행 1971년 3월 25일

개발배경

Il-76은 1971년 3월 25일에 첫 비행을 하고 같은 해 파리 에어쇼에서 공개된 다목적 전략수송기다. 군용모델인 Il-76M이 1974년부터 소련 공군에 배치를 시작했고, 1977년부터는 민간형인 Il-76T가 아에로플로트에 취역했다.

특징

주익은 면적이 매우 넓으며 후퇴각이 작고 전체 날개폭에 걸쳐 앞전 슬레이트와 뒷전의 3단 플랩을 설치하여, 매우 강력한 단거리이착륙 성능을 발휘하도록 설계했다. 또한 소련기로서는 처음으로 제트엔진을 파일런에 설치했다. 폭 3.40m, 높이 3.46m, 길이 24.5m(램프부분 포함)의 넓은 화물실을 구비하고 있으며 C-141과 같은 방식으로 열리는 화물문을 갖추고 있다. 따라서 아래쪽으로 열리는 램프 겸용의 하단 도어로 차량의 자주탑재와 화물의 공중투하가 가능하다.

Il-76은 전천후 운용이 가능하도록 컴퓨터를 사용하는 자동항법장치, 자동착륙장치를 갖추고 있으며, 소련식으로 기수에는 유리로 덮인 항법사석을 설치했다. 메인 랜딩기어는 4개의 다리에 타이어를 각 4개씩 장착하고 있으며, 이륙 후 90°로 꺾어 안쪽으로 격납한다.

1980년부터 개량형인 Il-76MD, 1982년부터는 Il-76TD 생산을 시작했으며, 파생형으로는 소방용 기체인 Il-76DMP, AEW기인 베리에프 A-50 메인스테이, 공중급유기인 Il-78 마이다스 등이 있다. Il-76 시리즈는 무려 1,000대 이상 생산되었다.

운용현황

러시아 공군은 Il-76의 최대 운용국으로 현재 약 119대를 운용 중인 것으로 알려졌다. 세계 각국의 친러시아 국가에서 사용하고 있을 뿐 아니라 서방측에서도 화물전세기로 애용하고 있다.

변형 및 파생기종

Il-76M | 최초의 군용 양산형.

Il-76MD | 군용 개량형. 1980년에 등장. 기체의 총중량은 170,000~190,000kg으로 최대 페이로드는 40,000kg에서 48,000kg으로 향상되었으며 연료탑재량도 증가했다.

Il-76MF | 동체를 6.6m 연장하여 화물실 용적을 30% 늘리고, 엔진을 PS-90A-76(추력16,000kg)으로 바꾸어 페이로드를 52,000kg까지 끌어 올렸다.

Il-76SK | 공중지휘기. 동체 위에 원통형 레이돔을 설치했다.

Il-76VPK(Il-82) | 공중지휘기. 전방 동체 위에 위성통신용 안테나 돔을 설치하고, 동체 측면의 돌출부 전방에 전자장비 냉각용 공기흡입구, 주익 아래에 포드, 미익에 VLF 안테나를 장비하고 있다.

Il-78 | Il-76MD를 기반으로 개발한 구소련 공군 최초의 본격적인 공중급유기. 구식인 미야시시셰프 3MSZ/3MNZ 바이슨 공중급유기를 교체했다. 1970년대 말부터 개발을 시작하여 1987년부터 취역했다. 처음에는 기체에 급유 포드를 1개만 장비했으나 나중에는 3개로 개량하여, UPAZ-1A 급유 시스템이라는 프로브 앤드 드로그 방식의 급유 포드를 좌우 주익 아래 및 후방 동체 좌측에 장비하고 있다. Il-78은 동체의 화물실 내부에 2개의 원통형 연료탱크를 설치하여 28,000kg의 연료를 추가 탑재했다. 또한 이 연료탱크는 탈착이 가능하여 떼어낼 경우 일반 화물기로도 사용이 가능하다는 특징이 있었다. 그리고 Il-76과 같이 꼬리부에 총좌가 남아 있으나 기관포는 장비하지 않고 공중급유 감시원의 좌석으로 활용하고 있으며, 동체 꼬리의 아랫면에는 레이저 거리측정기도 장비하고 있다

Il-78M | 최신 양산형. 기체의 화물실 내부에 3개의 연료탱크를 고정식으로 장비하고 있으며 일반 화물기로의 전용이 불가능한 반면 자체 중량이 줄어드는 장점이 있다. 연료탱크의 용량 증가로 Il-78M의 급유가능 연료는 20,000kg이나 증가했으며 최대이륙중량도 210,000kg으로 증가했다.

C-1

Kawasaki C-1

C-1
형식 쌍발 터보팬 전술 수송기
전폭 30.60m
전장 29.00m
전고 9.99m
최대이륙중량 45,000kg
엔진 미쯔비시/PW JT8D-M-9 터보팬 (14,500파운드) × 2
최대속도 806km/h
순항속도 657km/h
실용상승한도 38,000피트
항속거리 1,297km
최대적재중량 8,000kg
탑재량 병력 60명, 강하병 45명
승무원 5명
초도비행 1980년 11월 12일

개발배경

C-1 수송기는 세계적으로도 드문 제트 중형 수송기로서, 남북의 길이가 긴 일본의 지형적 특성에 맞게 설계되었다. 오랜 기간 운용해왔던 C-46 코만도 수송기를 교체하기 위해 일본 항공자위대가 1970년대 초 C-X 사업을 추진한 결과 등장한 것이 C-1 수송기다.

특징

C-1은 표준상태로는 일본의 중앙부에서 규슈 또는 홋카이도의 최전방 비행장까지, 과적상태로는 규슈에서 홋카이도까지 한 번에 비행할 수 있는 성능을 지니고 있다. 또한 경하중시에는 전선의 간이 활주로에서도 이착륙할 수 있는 우수한 단거리이착륙 성능과 낮은 접지압력을 갖추고 있다. C-1의 1966년에 기본설계를 시작하여 1970년 11월 12일에 1호기가 초도비행을 실시했다.

굵고 짧은 동체는 지름이 3.8m이며 화물실 내부 크기는 10.6m×2.6m×2.5m로 2.5t 트럭을 탑재할 수도 있다. 한편 완전무장한 병사 60명 또는 완전무장한 공수부대원 45명이 탑승할 수 있다. 화물수송임무 시에는 지프형 차량 3대나 463L 팔레트 3개, 또는 105mm 유탄포와 견인트럭을 적재하며 이들 화물을 공중투하할 수도 있다.

C-1 수송기의 주익은 20° 후퇴각이며 애스펙트비 7.8 하반각은 5.5°이다. 주익의 두께비는 날개뿌리 부분에서 12%, 익단부에서 11%이며 익형 자체는 새로 개발했다. 8t의 화물 적재시 1,200m의 활주로에서 한쪽 엔진만으로도 안전하게 이착륙할 수 있다.

통신/항법장치로는 도플러 레이더, 전파고도계, 자동조종 장치, TACAN, ADF, UHF/DF, VOR/ILS를 비롯하여 UHF 및 VHF 라디오를 각 1대, HF 라디오는 2대 갖추고 있다. 또한 기상 레이더, LORAN 등도 갖추고 있다.

조종장치는 보조익이 스프링 탭을 겸하는 인력방식에 스포일러(횡조종 및 그라운드), 방향타, 승강타는 기계방식이다. 유압계통은 2중으로 승강타 계통은 인력으로 백업할 수 있다.

C-1의 생산은 가와사키 중공업이 주계약자로서 최종조립 및 전방 동체를 담당하고 있으며, 미쓰비시 중공업이 동체 및 미익, 후지 중공업이 주익, NAMC가 파일런과 가동익면, 신메이와가 적재장치 제작을 담당하고 있다.

운용현황

C-1은 1981년 말에 항공자위대의 수송항공단에 29대, 항공실험단에 2대를 배치 완료했다. C-1은 이후 사고로 4대가 추락하여 25대를 운용 중이며, 차기 수송기 C-2로 교체할 예정이다.

변형 및 파생기종

EC-1 | 전자전 지원/훈련용 기체. 1984년 C-1 양산 21호기에 도시바 J/ALR-1 신호정보수집 시스템을 개량한 신호정보수집 시스템을 장착한 기체이다. 동체 후부에 대형 안테나 페어링, 동체 측면에도 좌우 2씩에 소형 안테나 페어링을 설치해, 주위에 방해 전파를 발신한다. 이루마 기지의 전자전 훈련부대에 배치되었다.

C-1FTB | 단거리이착륙 실험기. 시제 1호기에 엔진을 FJR700 4기로 교체하여 USB 방식의 고양력 장치를 실험했다. 또한 2004년에는 P-X용으로 개발된 XF7-10 엔진 탑재 시험비행도 실시했다.

C-2 수송기 / P-1 대잠초계기

Kawasaki C-2 / P-1

C-2

형식 쌍발 터보팬 수송기
전폭 44.4m
전장 43.9m
전고 14.2m
최대이륙중량 141,400kg
엔진 GE CF6-80C2 터보팬 × 2
최대속도 980km/h
실용상승한도 40,000피트
항속거리 8,900km
적재중량 30,000kg 이상
승무원 총 3명(정/부조종사, 기상적재사)
초도비행 2010년 1월 26일

P-1

형식 4발 터보팬 대잠초계기
전폭 35m
전장 38m
전고 12m
최대이륙중량 80,000kg
엔진 IHI XF7-10 터보팬 x 4
최대속도 830km/h
실용상승한도 44,200피트
항속거리 8,000km
무장 폭탄 9,000kg 이상
AGM-84 하푼
ASM-1C
AGM-65 매버릭
Mk46/97식 어뢰 등
승무원 조종인원 3명 + 임무인원
초도비행 2007년 9월 28일

C-2 수송기

개발배경

2000년 말 일본 방위청(현 방위성) 기술연구본부는 차기 군용기 2종에 대한 개발 계획을 발표했다. 하나는 차기수송기 C-X로 항공자위대를 위한 고익 구조의 쌍발 수송기이고, 다른 하나는 차기 대잠초계기 P-X로 해상자위대를 위한 저익 구조의 4발 해상초계기였다. 특히 이 계획은 두 기종이 부품과 치공구(治工具)를 최대한 공용하여 비용을 아끼도록 요구했다.

이에 따라 2001년부터 가와사키를 주계약자로 C-X/P-X의 공동개발을 시작했다. 2003년 상세설계검토를 마치고 2004년 시험기 제작을 시작하여, 2007년 7월 4일 XC-2, XP-1 시제기를 선보였다.

특징

방위성이 차기수송기에 요구한 조건은 최소탑재량 26톤 이상 최대탑재량 37.6톤, 이륙중량 120톤 이상, 900m 단거리 착륙 능력 등 다양했다. 또한 공중급유장치와 야간비행능력도 중요한 요건으로 제시했다. 이런 조건을 충족시키면서 등장한 것이 XC-2와 XP-1 시제기인데, 수송기와 대잠초계기라는 전혀 다른 임무를 수행하는 기체의 특성상 기체의 공통성은 최소에 그쳤으며, 기체의 크기나 외형, 엔진 등은 전혀 다르다. 한편 가와사키 중공업은 이번 C-2 화물기 시제기를 시험비행 후 별다른 문제가 없으면 민간용 화물기로도 전환해 생산할 예정이다. 가와사키는 P-1 초계 플랫폼을 바탕으로 100인승 여객기를 개발하는 YPX 계획을 진행중이지만, 아직 괄목할 만한 성과는 나오지 않고 있다.

운용현황

2009년 중기 방위력 정비계획에 C-2 8대의 소요를 포함하고 있으며, 향후 최종적으로 40대를 도입할 예정이다. P-1은 4대의 소요를 포함되어 있으며, 약 70대 정도를 도입할 전망이다.

변형 및 파생기종

C-2 | 1970년대에 가와사키가 개발한 C-1 전술수송기를 대체하는 차기 수송기. 화물실은 16x4x4m의 크기로 약 30톤 이상의 화물을 운송할 수 있다. 한편 2007년 5월에 지상시험기에서 메인 랜딩기어의 크랙 현상이 발견되어 동년 중반으로 계획했던 시험비행은 12월 말로 연기했다.

P-1 | 신메이와가 1960년대에 개발한 US-1 비행정과 P-3C 대잠초계기를 대체하는 차기 대잠초계기. P-3C에 비해 항속거리나 초계비행시간이 증가했다. 전자주사식 레이더 등 첨단 항전장비를 갖추고 미군과의 상호 운용을 위해 P-8 포세이돈과 장비를 공통화하기로 했다. 엔진으로는 이시카와지마 하리마 중공업에서 만드는 XF7-10 터보팬 엔진을 장착할 예정이다. 초도비행은 2007년 9월 28일에 실시했다.

P-1 대잠초계기

C-5 갤럭시

Lockheed Martin(Lockheed) **C-5 Galaxy**

C-5B

형식 4발 터보팬 전략 수송기
전폭 67.88m
전장 75.54m
전고 19.85m
최대이륙중량 381,024kg
엔진 GE TF39-GE-1C 터보팬(43,000파운드) × 4
최대속도 919km/h (마하 0.77)
실용상승한도 35,750피트
항속거리 5,526km
최대적재중량 122,472kg
캐빈크기 4.11x5.79x43.8m
탑재량 병력/승객 최대 360명, 팔레트 36개와 병력 81명을 동시수송 가능
승무원 총 7명(정/부조종사, 항공기관사 2명, 기상적재사 3명)
초도비행 1968년 6월 30일 (C-5A)
1985년 9월 10일 (C-5B)
2006년 6월 19일 (C-5M)

개발배경

C-5 갤럭시는 대규모의 병력을 미국 본토에서 최전선까지 한꺼번에 공수하는 것을 목표로, 1963년에 시작한 CX-4 계획(나중에 CX-HLS로 명칭 변경)에서 탄생한 세계 최대급 군용 수송기다. An-124/-225가 등장한 지금도 규모 및 성능면에서 톱클래스를 자랑하고 있다. 프로토타입은 1968년 6월 30일에 첫 비행을 했다.

특징

미 공군은 훈련용 8대를 포함하여 모두 115대를 구입할 계획이었으나, 개발 지연으로 가격이 높아지자 81대만 생산하기로 결정했다. 마지막 C-5A는 1973년 5월에 인수했다. 그러나 별도의 신속배치군(Rapid Deployment Force: RDF) 구상에 따라 C-5의 재생산을 1982년 여름에 결정하여, C-5B가 개발되었다.

C-5A는 각종 비행성능의 요구치를 충분히 달성했을 뿐만 아니라 일부 초과하고 있으며, 베트남 전쟁 말기와 제4차 중동전쟁 당시 긴급 공수작전을 통하여 뛰어난 성능을 유감없이 발휘했다. 한편 C-5A는 70년대 중반 주익 크랙현상으로 인해 운용 중량을 제한하다가 주익을 강화하여 교체했다.

C-5B의 1호기는 1985년 9월 10일에 첫 비행을 하고, 1986년 1월 8일부터 수송공군(MAC)에 인도를 개시했으며 최종 50호기를 1989년 4월에 인도하면서 생산을 종료했다. C-5B는 그 후 일어난 걸프전에서 C-5A와 함께 놀라운 실적을 달성하여 진가를 발휘했다.

운용현황

현재 미 공군은 111대를 보유하고 있다. C-5는 기체수명이 상당히 남아있어 항전장비 현대화 작업을 진행하고 있으며, 최종적으로는 모든 기체를 C-5M 슈퍼 갤럭시로 개수하여 2040년까지 운용할 계획이다. 2011년 4월까지 모두 5대를 C-5M 사양으로 개수했다.

변형 및 파생기종

C-5A | C-5의 프로토타입 양산형. A형 사양으로 81대가 제작되었다. C-5A는 개발과정에서 중량 감소를 목적으로 주익의 구조를 단순화했기 때문에 1970년대 중반 주익에 크랙현상이 발생했다. 이로 인해 탑재중량이 제한되고 내구 비행시간을 8,750시간으로 제한했다. 결국 30,000비행시간을 견딜 수 있는 새로운 주익으로 교체작업을 실시하여, 개수 1호기를 1983년 2월에 완성했다. 테스트 결과 성능이 입증되어 보유한 77대의 개수 작업을 1987년까지 완료했으며, 이로써 C-5A는 통상 운항 시 30년의 내구 수명을 보증할 수 있게 되었다.

C-5B | C-5A의 개량형. C-5B는 새로운 주익과 함께 각종 최대중량을 끌어 올렸으며, 성능이 향상된 GE의 TF39-GE-1C 엔진으로 파워업하고, 전자장비를 개량했다.

C-5C | 대형화물 운반을 위한 특수기체. 1대는 345석의 장병 수송용으로, 2기는 방어시스템을 강화한 특수형으로 개조했다.

C-5M 슈퍼갤럭시 | 항전장비를 최신화한 개수형. 21세기에도 C-5를 효율적으로 운용하기 위하여 항전장비 개수사업(Avionics Modernization Program: AMP)을 적용한 기체로 2002년 12월 21일에 초도비행을 실시했다. 또한 CF6-80C2 엔진을 장착하여 추력을 22% 향상하는 것도 사업의 주요내용이다. 제436수송비행단이 현재로서는 유일하게 C-5M 비행대대를 운용하고 있으며, 111대 모두를 업그레이드할 예정이다.

미국 | 록히드마틴(록히드) |

C-130 허큘리스

Lockheed Martin(Lockheed) **C-130 Hercules**

C-130H

형식 4발 터보프롭 다목적 수송기
전폭 39.7m
전장 29.3m
전고 11.9m
최대이륙중량 69,750kg
엔진 롤스로이스(구 앨리슨) T56-A-15(4,591shp) ×4
블레이드 4엽 블레이드
최대속도 602km/h
실용상승한도 33,000피트
항속거리 7,876km
체공시간 3.5시간
최대적재중량 19,090kg
캐빈크기 12.50x3.12x2.81m
탑재량 463L 팔레트 6개 또는 CDS 번들 16개
병력 92명 또는 강하병 64명
승무원 총 5명(조종사, 부조종사, 항법사, 항공기관사, 기상적재사)
초도비행 1954년 8월 23일 (YC-130)
1964년 11월 19일 (C-130H)

개발배경

C-130 시리즈는 미국 최초로 터보프롭 엔진을 장비했으며, 공군과 육군의 통합사양에 따라 개발한 최초의 수송기다. 양산과 병행하여 계속적인 개량과 발전을 거듭하여, 군용 중거리 수송기 결정판이라는 평가를 받고 있다.

특징

C-130은 고익 형식의 굵은 동체, 리어로딩 방식, 동체 측면의 메인 랜딩기어 수납 돌출부 등 현대 군용 수송기의 표준사양을 확립한 기체다. 차량의 자주탑재가 가능하며, 대형화물의 공중투하, 공수강하에 유리하다. 또한 비포장 활주로에서도 이착륙이 가능하여 현재에도 전술수송기의 결정판으로 평가받고 있다.
C-130 시리즈는 수송화물 탑재방식에 있어서 463L 팔레트 탑재 시스템을 최초로 실용화한 기체로, 표준형 C-130은 군용 463l(2.2×2.7m) 팔레트를 6개까지 실을 수 있다. 463L 팔레트 탑재 시스템은 현재 민간용 수송기에서도 널리 사용되는 팔레트 탑재 시스템의 선구자 격이다. 이외에도 C-130에는 각종 군용차량 및 화포, 미사일을 탑재할 수 있다.

운용현황

C-130은 미 공군·해군·해병대를 포함하여 호주, 캐나다 등 세계 60여 개국에서 사용 중이며, 민간형인 L-100을 포함하여 2,100대 이상 생산되었다. 미 공군의 경우 현역 145대, 주방위군 181대, 예비군이 102대를 보유하고 있으며, 영국 공군도 66대를 허큘리스 C.1(C-130K)이라는 명칭으로 채용했다. C-130 허큘리스I 시리즈의 최종 기종은 C-130H로, 동체 연장형 C-130H-30을 포함하여 900대 이상 발주했다.

변형 및 파생기종

C-130A | 앨리슨 T56-A-1A 엔진을 장착한 최초의 양산 모델. 3엽 프로펠러를 장비. 1956년 12월부터 인도 시작.

C-130B | 앨리슨 T56-A-7 터보프롭 엔진을 장착하고 연료탑재량과 최대이륙중량을 향상시킨 모델. 1959년 5월 인도 시작.

C-130D | A형에 스키와 이륙보조추진용 제트장치를 장착한 모델

C-130E | 외부 연료탱크를 장착하고 최대이륙증량을 향상시킨 모델. 4엽 프로펠러를 채용했으며 도입은 1962년 8월에 시작.

C-130H | 강력한 앨리슨 T56-A-15 엔진을 장착한 모델. 기골과 내부시스템의 성능을 향상시켰으며, 1974년 6월부터 실전배치.

C-130H-30 | C-130H의 동체 연장모델

C-130K | 영국 공군용 C-130H. 허큘리스 C1로 분류하며 항전장비 등 내부 시스템에 자국산 장비를 많이 채용했다.

미국 | 록히드마틴 |

C-130J 슈퍼 허큘리스

Lockheed Martin **C-130J Super Hercules**

C-130J-30

형식 4발 터보프롭 다목적 수송기
전폭 39.7m
전장 34.69m
전고 11.9m
최대이륙중량 74,393kg
엔진 롤스로이스 AE2100D3(4,591shp) ×4
블레이드 다우티 R391 6엽 블레이드
최대속도 602km/h
실용상승한도 33,000피트
항속거리 5,250km
체공시간 3.5시간
항전장비 MODAR 4,000-컬러 기상레이더, AN/AAR-47 미사일 경보기, AN/ALE-47 방해책장비, AN/ALR-56M 레이더경보기, AN/ALQ-157 IR 대응장비, LAIRCM
최대적재중량 19,958kg
캐빈크기 17.00x3.12x2.81m
탑재량 463L 팔레트 8개 또는 CDS 번들 24개
병력 128명 또는 강하병 92명
승무원 조종사 2명 + 기상적재사
초도비행 1996년 4월 5일 (C-130J)

개발배경

현대의 대표적인 전술수송기라면 역시 C-130이다. 그러나 C-130은 1954년 8월에 초도비행을 한 이래 뚜렷한 개량 없이 운용되면서 구식 기체로 변하고 있다. 이런 C-130의 후계기종을 개발하기 위해 세계 각국이 노력을 기울이는 가운데, C-130의 원 제작자인 록히드마틴이 내놓은 해답이 바로 C-130J 슈퍼 허큘리스이다.

특징

C-130J의 개발 목표는 고출력·저연비의 신형 터보프롭 엔진을 장비하고, 각종 비행성능을 향상시키는데 있으며, 기체의 크기는 기존의 C-130과 동일하다. 엔진은 출력을 6,000shp으로 파워업한 롤스로이스 AE2100D3로 바뀌었으며, 프로펠러도 복합재료로 제작된 다우티 R391 신형 6엽 블레이드로 소음이 줄어들었다. 이에 따라 고도 6,100m까지의 상승시간은 C-130H의 19분보다 7분 단축한 12분이며 순항고도 및 순항속도도 향상되고, 연비도 17%가 개선되어 항속거리가 35% 향상되었다.

또 C-130의 개발 목표는 최신 전자장비를 장착하여 코크핏 및 시스템을 현대화하는 것이었다. 이에 따라 C-130J에서는 과거 각종 아날로그 계기판 대신 LCD와 HUD를 채용하고 있으며, 각종 시스템도 자동화했다. 이에 따라 승무원이 종전의 4명에서 조종사와 부조종사 2명만으로 운항이 가능해졌으며 임무에 따라 1명이 추가로 탑승하게 되었다.

운용현황

2010년 기준으로 세계 각국에서 모두 284대의 C-130J를 발주했고 이 중에 200대가 생산되었다.

미 공군은 C-130J 129대를 발주하여, 2011년 4월까지 89대를 인수했다. 이와 함께 미 해병대는 45대를 발주하여 38대를 보유하고 있으며, 주방위군, 공군, 해안경비대 등에서도 C-130J를 발주했다.

영국 공군은 허큘리스 C4(C-130J-30) 15대와 C5(C-130J) 10대 발주하여 2000년 초부터 실전배치했는데, 아프가니스탄 전쟁에서 C4 한 대가 사고를 당하면서 보유 대수가 24대로 줄어들었다.

이외에도 호주, 덴마크, 이탈리아, 노르웨이 공군에서도 C-130J를 발주했으며, 캐나다도 CC-130J 17대를 발주하여 2010년 6월부터 인수하고 있다. 대한민국 공군도 4대를 발주하여 2014년부터 인수할 예정이다.

변형 및 파생기종

C-130J-30 | C-130J의 동체 연장형. 동체를 약 15피트(4.6m) 연장했다.

KC-130J | C-130J의 미 해병대형으로 공중급유와 수송이 가능한 모델. 정찰감시 및 공격이 가능한 장착장비세트인 '하베스트 호크'를 장착하여, 헬파이어나 그리핀 미사일과 정밀유도폭탄을 투하하는 능력까지 갖추게 되었다.

MC-130H/P/J 컴뱃 탤런 II /컴뱃 섀도우 I · II

Lockheed Martin(Lockheed) MC-130H Combat Talon II / MC-130P Combat Shadow / MC-130J Combat Shadow II

MC-130J

형식 4발 터보프롭 특수전지원기
전폭 39.7m
전장 29.3m
전고 11.9m
최대이륙중량 74,389kg
엔진 롤스로이스 AE2100D3(4,700shp) ×4
블레이드 6엽 블레이드
최대속도 620km/h
실용상승한도 33,000피트
항속거리 5,250km
최대적재중량 19,958kg
캐빈크기 12.50x3.12x2.81m
승무원 조종사 2명 + 기상적재사
초도비행 1996년 4월 5일 (C-130J)

개발배경

C-130은 우수한 성능으로 인해 여러 가지 특수목적 기체로 개조되었는데 그중 하나가 바로 MC-130 시리즈 특수전지원기다. MC-130 시리즈는 특수부대의 은밀한 침투를 위하여 야간이나 악천후에서도 250피트 상공에서 비행할 수 있는 저공침투능력을 부여하기 위해 개발되었다.

특징

MC-130은 급격한 기동과 악천후 비행에 대비하여 기골을 보완했으며 고속/저시인성 투하를 위하여 꼬리부분을 강화했다.

특수임무를 위해 각종 항전장비를 탑재하고 있는데, 저공비행을 위한 지형추적레이더, FLIR(전방적외선감시장비), 전자전 장비는 물론이고 듀얼 링레이저 자이로, 통합 GPS 장치, 임무컴퓨터 등을 장비하고 있다. MC-130은 이런 장비를 통해 주야를 불문하고 표식 없는 지점도 정확히 찾아낼 수 있는 능력을 가지고 있다.

운용현황

MC-130 시리즈는 특수부대원의 침투 및 퇴출, 군수지원 임무를 수행하기 위한 기체로 미 공군 특수전사령부에서 운용하고 있다.

MC-130은 특히 베트남 전쟁에서 특수부대원의 침투/퇴출에 집중적으로 사용된 이래 호평을 받아 손타이 포로구출작전이나 이란 대사관 인질구출작전 등 위험성 높은 작전에 투입되었다. 이후에도 MC-130은 그라나다·파나마 침공, 걸프전에서부터 대테러전쟁에 이르기까지 매우 높은 활용도를 보이고 있다.

현재 미 공군은 MC-130H형 20대, P형 27대, W형 12대를 보유하고 있다. 또한 차기 특수전 수송기로 MC-130J형을 최대 69대까지 확보하여 특수전 항공전력을 현대화할 계획인데, 현재 2017회계년도까지 37대분의 예산을 확보한 상태다.

변형 및 파생기종

MC-130E 컴뱃 탤런 | C-130E를 개조한 저공침투작전용 기체. 9대를 제작했으며 공중급유 능력을 지니고 있어 구조 헬리콥터를 지원할 수 있다. 또한 풀턴 회수장치를 장비하여 탈출하는 인원이나 물자를 240km 속도로 낚아챌 수 있도록 했다.

MC-130H 컴뱃 탤런 Ⅱ | C-130H를 기반으로 제작된 특수부대 수송용 기체. 야간/악천후 작전능력을 높이고, 저공비행 능력을 개선한 형으로 1991년 중반부터 인도를 시작하여 24대 인도했다. 기수에는 AN/APQ-170 정밀지형추적/지형회피 레이더를 장비했으며, 2대의 전파고도계, 2대의 INS를 장비하고 GPS를 추가했다. 따라서 항법사는 레이더 화면과 적외선장비로 정밀한 지형추적 감시를 할 수 있으며, 미사일 경계장치를 비롯한 방어용 전자장비도 MC-130E에 비하여 대폭 개선했다.

MC-130P 컴뱃 섀도우 | C-130H을 바탕으로 한 특수전용 공중급유기. 1996년 이전까지는 탐색구난용("H")으로 분류하여 HC-130N/P로 운용했으나, 이후 공군 특수전사령부에 편입되면서, 병력수송능력까지 갖추어 MC-130P로 재분류되었다.

MC-130W 컴뱃 스피어 | C-130H를 기반으로 첨단 항전장비를 장착한 특수전 수송용 기체. 컴뱃 탤런이 퇴역하면서 2006년부터 특수전사령부에 배치되기 시작했다. 한편 W형은 12대를 모두 임시로 건십형인 '드래곤 스피어' 사양으로 개조하고 있다. 드래곤 스피어는 GAU-23/A 30mm 기관총과 정밀유도탄을 장착하고 공격임무를 수행하며, AC-130J의 부족분을 대신하여 전력공백을 메우고 있다.

C-2A 그레이하운드

Northrop Gruman(Gruman) **C-2A Greyhound**

C-2A

형식 쌍발 터보프롭 함모함상 수송기
전폭 24.56m
전장 17.32m
전고 4.84m
최대이륙중량 26,081kg
엔진 롤스로이스 T56-A-425 터보프롭(4,591shp) × 2
최대속도 574km/h
실용상승한도 10,210피트
항속거리 2,891km
최대적재중량 9,350kg
탑재량 승객 39명
승무원 총 4명(조종사, 부조종사, 승무원 2명)
초도비행 1964년 11월 18일

개발배경

작전 중인 항모에 필요한 부품, 보급품과 인원 및 우편물 등의 수송을 담당하는 항모함상 수송기(Carrier Onboard Delivery: COD)인 C-2A는 C-1A 트레이더의 노후화 및 C-1에는 탑재할 수 없던 대형 엔진과 로터블레이드 같은 대형 화물의 탑재를 목적으로 개발되었다.

기체 크기는 CVS-10, CVA-19급의 항모에서도 운용할 수 있도록 제한했다. 이에 따라 S-2 트래커를 기반으로 C-1A를 개발한 것과 마찬가지로 C-2A는 E-2A 호크아이를 바탕으로 개발했다.

특징

C-2 초기형은 1966년부터 1968년까지 19대를 생산했으며, 현재 12대를 사용 중이다. 노후화로 퇴역하는 C-1A의 대체와 C-2A의 감소에 대응하고자 1983년에 39대를 추가 조달하기로 결정, 1985년부터 1989년까지 조달했다. 신형 1호기는 1985년 1월 16일에 공개하여 같은 해 5월부터 배치했다.

신형 C-2는 상반각이 없는 수평 미익과 동체의 보강, A-6의 노즈 랜딩기어를 채택한 것 이외에는 기본적으로 E-2A와 같으며, 재생산에 따라 E-2C와의 공통화를 도모하면서 현대화했다.

페이로드는 C-130의 약 1/4에 불과하지만 후방 램프도어를 설치하여, MAC 규격의 463L 팔레트(2.74m×2.24m) 3개 또는 하프 팔레트 5개를 적재할 수 있다. 항속능력의 증가와 더불어 기수에는 공중급유용 프로브를 설치했으며 캐빈 내부에도 대형 연료탱크를 추가 장착할 수 있다.

운용현황

미 해군은 C-2A 36대를 도입하여 2개 비행대대와 훈련비행대에서 운용하고 있다. C-2A는 항모 보급임무를 주로 하지만, 미 해군의 특수전능력 강화에 따라 C-2A도 MC-130처럼 SEAL팀을 수송하는 특수전 항공기의 임무도 일부 담당하고 있다.

스위스 | 필라투스 |
PC-12 / U-28A
Pilatus PC-12 / U-28A

PC-12

형식 단발 터보프롭 수송기/연락기
전폭 16.27m
전장 14.40m
전고 4.26m
최대이륙중량 4,740kg
엔진 PW PT6A-67B (1,605shp) × 1
최대속도 500km/h
실용상승한도 30,000피트
항속거리 3,030km
적재중량 1,348kg
탑재량 9인석 / VIP 6~8인석 / 4인석 + 화물 (콤비형)
승무원 1~2명
초도비행 1991년 5월 31일

개발배경
1939년부터 항공기를 제작해온 필라투스는 단발 터보프롭 항공기 제작사로 명성을 날렸다. 민간과 군 시장에서 필라투스는 최첨단의 터보프롭 항공기를 제작하는 업체로 평가받고 있다. PC-12는 이런 필라투스의 최신 모델 중의 하나이면서 가장 대형 모델이기도 하다.

특징
PC-12는 1989년 개발을 발표하여 1991년 프로토타입 2대를 출고해 시험비행을 실시했다. 그러나 주익의 재설계가 필요하여 양산기는 1994년부터 판매하기 시작했다. PC-12는 단발 엔진을 장비했음에도 뛰어난 성능을 갖추어 경제성 높은 기체로 평가받고 있다. 특히 다양한 설정으로 사용이 가능하여 커뮤터기로서 뿐만 아니라 콤비형 수송기, 의무후송기 또는 다목적 감시용 기체로 판촉하고 있다.

운용현황
PC-12는 2010년 6월까지 1000대 이상 판매되었다. 대부분 PC-12를 기업 전용 항공기로 사용하고 있으며, 일부는 커뮤터기로 사용한다. 한편 군용은 핀란드(6), 남아프리카공화국(1), 스위스(1), 불가리아(1) 공군에서 채용했으며, 미 공군 특수전사령부에서 지원용 기체로 6대를 채용했다.

변형 및 파생기종
PC-12M | 다목적 수송형. 다양한 항전장비를 장착할 수 있도록 전원출력을 강화한 모델. 항로점검, 의무후송, 강하병 낙하, 공중촬영 등이 가능하다. 미국에서는 "PC-12 스펙터 준군사 특수작전용 항공기"로 판촉하고 있다.

U-28A | 미 공군 특수전사령부에서 채용한 모델. 2005년 8월부터 현재까지 20대를 실전배치했으며 3대를 추가로 발주했다. 특수전부대의 작전지원을 주 임무로 한다.

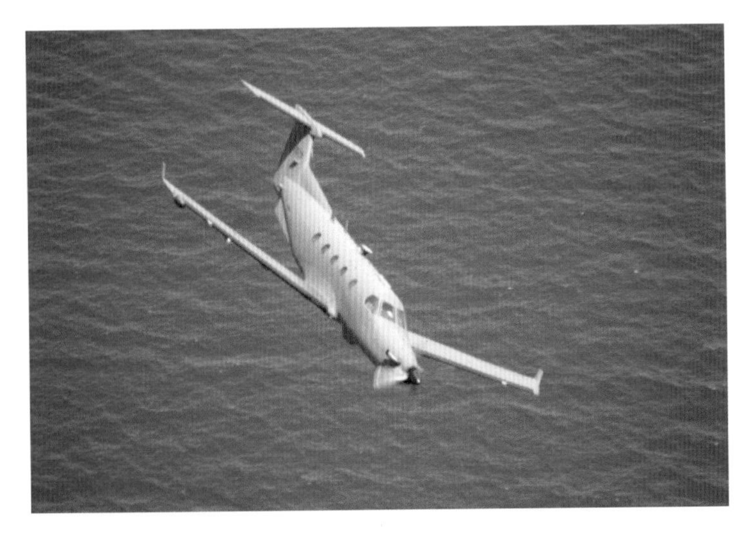

F406 캐러번 II

Reims/Cessna **F406 Caravan II**

F406

형식	쌍발 터보프롭 범용/특수임무용 경량 항공기
전폭	15.08m
전장	11.89m
전고	4.01m
최대이륙중량	4,468kg
엔진	PW 캐나다 PT6A-112 터보프롭(500shp) × 2
최대속도	424km/h
실용상승한도	30,000피트
항속거리	2,135km
최대적재중량	2,219kg
탑재량	승객 최대 12명
승무원	2명
초도비행	1983년 9월 22일

개발배경

1982년 중반 프랑스의 랭스 항공(Reims Aviation SA)은 프랑스 정부의 자금지원 아래 미국의 세스나와 손잡고 수송/범용의 비여압실 쌍발 터보프롭 경항공기를 개발했다. 새로운 항공기는 세스나의 404 타이탄 모델을 바탕으로 만들었으며, F406으로 불렸다.

특징

F406은 세스나 404와 같은 동체를 바탕으로 주익은 세스나 컨퀘스트 I 의 것을 채용하고, 나셀만 PW 캐나다의 엔진을 장착할 수 있도록 재설계했다. 꼬리부분은 컨퀘스트 II 와 동일하며 기수는 컨퀘스트 I 에서 왔다.

F406의 기본 항전장비로는 하니웰의 실버크라운 패키지를 채용하고 있다. 이 패키지에는 항법장비, 글라이드슬로프와 ADF를 포함한다. 옵션장비로는 골드크라운 패키지가 있는데, 여기에는 하니웰의 오토파일럿장비와 RDR 2000 기상 레이더가 추가된다.

F406은 커뮤터 항공기, 요인수송기, 화물기 등의 다양한 사양으로 내장을 설정할 수 있으며 측면에 1.24x1.27m의 카고도어를 장착할 수도 있다. 생산은 최초에는 세스나가 날개와 동체를 제공했지만 이후에 랭스가 기체의 모든 부분을 자체 생산했다. F406에 장착할 수 있는 또 다른 옵션으로는 배면에 장착하는 1.3m^3의 카고 포드가 있다. 강화섬유와 에폭시 레진, 노멕스 하니콤으로 구성된 포드는, 자체의 무게는 60kg이지만 무려 320kg의 화물을 수납할 수 있다.

좌석 옵션으로는 6석 또는 8석의 VIP 좌석 배치, 12명 또는 14명의 승객용 배치가 있다.

F406은 1983년 파리 에어쇼에 처음 데뷔하여, 1984년에는 프랑스에서, 1985년에는 미국 FAA에서 비행인증을 받았다. 2002년까지 약 96대를 생산했다. 2001년 7월부터는 F406 Mk II를 발매하고 있다.

운용현황

프랑스 세관과 프랑스 육군이 각각 13대와 2대를 구매했으며, 대한민국 해군이 5대를 구매하여 운용중이다. 이외에도 영국 해안경비대, 호주 세관 등에서 운용하고 있다.

C160 트랜살

Transport Allianz **C160 Transall**

C160F

형식 쌍발 터보프롭 수송기

전폭 40.00m

전장 32.40m

전고 11.65m

최대이륙중량 51,000kg

엔진 롤스로이스 타인 22 터보프롭(5,565hp) × 2

추진 4엽 프로펠러

최대속도 536km/h

실용상승한도 27,885피트

항속거리 최대 4,500km

캐빈크기 3.15x2.98x13.5m

탑재량 캔바스 좌석 승객 93명
의무후송시 스트레쳐 62개
화물 8톤

승무원 총 5명(조종사, 부조종사, 항공기관사, 전술장교, 기상적재사 등)

초도비행 1963년 2월 25일

개발배경

C160은 노라트라(Noratlas) 수송기의 후계기종으로 탄생했다. 노라트라 수송기를 운용하고 있던 프랑스와 독일은 후계기종을 공동으로 개발하기로 하고 노르(현재 아에로스파시알)와 MBB의 합작회사인 트랜살(TRANSALL: Transport Allianz)을 설립했다. 이로써 C160은 유럽 최초의 국제공동개발사업이 되었다.

특징

트랜살은 양국의 군 수요에 기초하여 설계했으며 1963년에 프로토타입기가 첫 비행을 했다. 생산은 동체를 독일, 주익을 프랑스가 분담하며 최종 조립은 양국에서 자국의 수요 분량만큼 담당하는 합리적인 방법을 채택했다. 프로토타입 3대와 동체를 0.5m 연장한 선행 양산형 6대에 이어 양산형 178대를 생산하여 1972년에 생산을 완료했다.

그 후 1977년에 프랑스의 요구로 생산을 재개하여 아에로스파시알, MBB 양사에서 50%씩 분담하여 프랑스 공군용 29대, 인도네시아용 3대를 생산했다. 이때 생산된 2차 생산분은 전자장비를 현대화하고, 주익의 구조를 강화했으며 주익 중앙부에 연료탱크를 증설하여 항속거리를 연장했다. 또한 최신형은 공중급유를 받을 수 있는 프로브를 장비하고 있다.

C160은 엔진으로는 롤스로이스의 타인 터보프롭을 채택했다. 화물실은 폭 3.15m, 높이 2.98m, 길이 13.5m로 C-130H보다 훨씬 크다.

독일과 프랑스 양국은 FLA 계획의 지연에 따라 1994년부터 고출력 엔진으로 파워업하고 탑재 전자장비를 신형으로 교체하여 성능 향상 및 수명 연장 사업을 진행했다.

운용현황

독일 공군이 110대를 도입했으며, 프랑스가 93대를 도입했다. 특히 프랑스 공군은 수송형 외에도 해군 공중통신중계기(Take Charge and Move Out: TACAMO)를 4대 발주하여 1987년 실전배치했다. 해외에서는 유일하게 남아프리카공화국이 C160을 9대 도입했다.

현재 C160은 운영수명을 넘겼으며, 남아프리카공화국에서는 이미 퇴역했다. 독일로부터 중고기를 수입한 터키는 아직도 운용하고 있다. 독일, 프랑스, 남아프리카공화국은 C160을 교체하는 차기 기종으로 에어버스 A400M을 선정했다.

변형 및 파생기종

C160D	독일 공군용 트랜살. 110대 도입.
C160F	프랑스 공군용 트랜살. 50대 도입.
C160Z	남아공 수출용 트랜살. 9대 도입.
C160T	터키용 트랜살. 독일의 중고기를 수입한 것으로 20대 도입.
C160P	우편수송기. 프랑스 공군이 C160F를 4대 개수하여 운용.
C160NG	프랑스 공군용 2차 생산분. NG는 차세대(Nouvelle Génération)를 의미. 29대를 도입하여 절반가량은 급유기로 개수함.
C160H	TACAMO 기체. 핵 잠수함의 지휘통제기로 4대 도입.
C160G 가브리엘	신호수집기. 2대 개수. 걸프전에 참전.
C160R	프랑스 공군의 C160F/NG의 현대화 개수형. R은 개량형(Renové)을 의미하며 항전장비를 개수했으며, 독일도 유사한 개수를 실시했다.

PART 3

C4ISTAR AIRCRAFT

감시통제기

현대 항공전이 네트워크중심전이 되면서 ISTAR(Intelligence, Surveillance, Target Acquisition and Reconnaissance; 정보, 감시, 표적획득 및 정찰)와 지휘통제 자산의 중요성이 더욱 강조되고 있다. 공군기 가운데 이러한 임무를 수행하는 기종을 감시통제기로 분류할 수 있다. 감시통제기는 감시정찰, 정보수집, 조기경보 및 통제, 전선통제 등의 임무를 수행한다. 세부적으로는 정찰기, 정보수집기, 조기경보통제기, 지휘통제기, 공중통제공격기 등으로 구분할 수 있는데, 본서에서 무인기는 별도로 분류했다.

냉전시대에는 군용기를 어떤 한 가지 무기체계를 위해 설계하고 제작했다. 이에 따라 해당 임무와 무기체계에 따라 다양한 기종이 등장했으며, 임무의 범위에 따라 기체도 각각 달랐다. 냉전의 종식과 함께 이런 비경제적인 획득 과정은 점차 사라지고, 최근에는 하나의 민수용 플랫폼을 바탕으로 해당 무기체계를 장착하는 형식으로 바뀌고 있다. 이런 추세에 따라 가장 성공적인 실적을 올리는 것이 보잉 737/767 시리즈로, 경제성 높은 민항기를 바탕으로 각종 장비를 장착하여 조기경보통제기나 정찰기, 해상초계기 등으로 활용하고 있다. 한편 중소국가에서는 이보다 더 작은 플랫폼을 선호하여, 소형 여객기를 바탕으로 조기경보통제기나 정보수집정찰기 등을 제작하고 있다.

ISTAR 군용기는 경량소형화 내지 무인화하는 추세다. 특히 U-2와 같은 유인기 대신 프레데터나 글로벌호크 같은 무인정찰기가 급부상하고 있다. 이에 더하여 정보수집 및 감시기술의 비약적인 발달에 따라 앞으로는 조기경보기와 정보수집기를 통합한 기체가 속속 등장할 것이다. 또한 KC-130J처럼 수송/급유에 더하여 감시정찰임무와 타격까지 동시에 수행하는 다목적 지원기의 등장은 지원기체의 새로운 미래를 보여주는 사례라고 할 수 있다.

A-50
Beriev/Ilyushin **A-50**

A-50
형식 4발 터보팬 공중 조기경보통제기
전폭 50.5m
전장 46.59m
전고 14.76m
최대이륙중량 170,000kg
엔진 PNPP 아비드비가텔 D-30KP 터보팬 (26,455파운드) × 4
최대속도 85km/h
실용상승한도 50,850피트
항속거리 6,700km
승무원 15명
초도비행 1977년

개발배경
A-50은 일류신 Il-76 수송기를 기반으로 개발한, Tu-126을 대신할 차기 공중조기경보기다. 시스템의 통합작업은 베리예프 설계국이 담당했다. NATO의 분류명칭은 "메인스테이"다.

특징
A-50은 베가 M 설계국이 개발한 슈멜 AEW&C 레이더 시스템을 탑재하고 있으며 러시아 공군 최초의 본격적인 AEW&C 시스템으로서 존재가치가 높다. 구소련 최초의 공중조기경보기였던 투폴레프 Tu-126에 탑재한 레이더 시스템이 목표의 방향과 거리만 탐지할 뿐 고도는 측정할 수 없었던 2차원 레이더 시스템인데 비하여, 슈멜 시스템은 룩다운 능력을 갖추고 있으며 미 공군의 E-3에 가까운 성능을 지니고 있다. MiG-21 정도의 목표물은 2.3km 정도에서도 탐지 가능하며, 선박은 400km 거리에서도 탐지할 수 있다. 그러나 전자장비의 무게가 E-3의 1.5배에 이르기 때문에 대형 수송기 Il-76을 기반으로 했음에도 승무원의 거주성은 좋지 않다. 슈멜 레이더 시스템은 개발 이후 개량을 거듭하여 데이터 처리능력을 향상한 슈멜 2를 A-50M에 탑재했고, 최신형인 슈멜-M은 1995년 등장한 A-50U에 탑재되어 있다. 레이더의 안테나는 직경 10.5m의 회전식 레이돔 내부에 수용한다.
A-50은 원거리에서 순항미사일과 폭격기 등 이동하는 목표 50~60개를 추적한 뒤 관련정보를 10대의 요격기에 전송·유도하여 요격한다. 최대 탐지거리는 800km에 동시에 추적 가능한 목표는 200개지만, 실제로 항적의 추적능력은 서구에 비하여 떨어지는 것으로 알려졌다. 그러나 지상목표나 저공침투 항공기에 대한 식별능력은 우수한 것으로 알려졌다.
A-50은 전자전에 대비한 ESM과 ECM 시스템도 탑재하고 있으며 기수에는 체공시간을 늘리기 위한 공중급유용 프로브를 장착하고 있다. 방공임무에 주로 투입되는 A-50과는 별도로 시험비행 중인 항공기나 미사일을 추적하여 데이터를 수집하는 별도의 기체가 존재하는데 "976"으로 불리고 있으며 80년대 후반 적어도 5대의 Il-76 이 "976"으로 개조되었다고 한다.

운용현황
1984년부터 방공부대에 배치를 시작했으며, 1992년까지 모두 42대를 생산했다. 현재 러시아 공군에서 A-50M 26대와 A-50U 2대를 운용중인 것으로 알려졌다. 이란도 A-50을 보유하고 있으며, 인도 공군도 3대를 운용하고 있다.
한편 조기경보기 확보를 위해 중국이 A-50을 수입하여 이스라엘 IAI의 팰콘 AESA레이더를 장비하려고 했으나, 미국의 방해로 무산되었다. 이에 따라 중국은 자국산 조기경보기인 KJ-2000 개발에 나섰다.

변형 및 파생기종
A-50M	공중급유 기능을 갖춘 현대화 모델로 러시아 공군이 운용 중.
A-50U	개수한 러시아 공군 모델.
이즈델리예 976 (SKIP)	사격장 관리 및 미사일 추적 기체로, 원래 Kh-55 크루즈미사일의 시험발사를 위해 제작한 것이다.
KJ-2000	중국산 조기경보기. 처음 주문한 기체에서 팰콘 레이더를 제거한 채 러시아로부터 플랫폼만 인수하여 자국산 조기경보 레이더를 장착했다. 나머지 2대는 Il-76MD를 바탕으로 역시 레이더를 장착하여 모두 3대를 도입했다. 한편 4번째 기체를 도입했다는 설도 있으나 확인되지 않고 있다. 2006년부터 실전배치에 들어간 것으로 보인다. KJ-2000은 레이돔 형식이지만 로터돔이 아니라 전자주사식 레이더를 장착했다.

미국 | 보잉 |

E-3 센트리

Boeing **E-3 Sentry**

E-3C

형식 4발 공중 조기경보 통제기
전폭 44.42m
전장 46.61m
전고 12.73m
최대이륙중량 150,820kg
엔진 PW TF33-PW-100A (21,000파운드) × 4
최대속도 853km/h
실용상승한도 29,000피트
항속거리 3,218km 이상
승무원 조종인원 4명 + 항공관제사 18명
초도비행 1975년 10월 31일 (E-3A)

개발배경

공중조기경보통제체계(Airborne Warning And Control System), 통칭 에이왁스(AWACS)로 불리는 E-3 센트리는 단순한 조기경보기(AEW)가 아니라 지휘통제기능까지 더한 한 차원 높은 항공기다. AWACS는 방어작전 시 제공전투기를 관제하고 공격작전 시 공격기 부대를 지휘하며, 공중급유 및 구조작전을 지원하는 역할을 맡고 있다. 1990년 8월 이라크가 쿠웨이트를 침공한 후 최초로 파견된 미국 공군기가 E-3라는 점에서 AWACS의 중요성을 이해할 수 있다.

특징

E-3는 보잉 707-320B 여객기를 플랫폼으로 하여 1970년 7월 개발을 시작했다. 양산형인 E-3A의 1호기는 1975년 2월에 초도비행을 하고 각종 테스트를 마친 뒤 1978년 2월에 취역했다. 최종 양산기(68호기) 납입을 마친 것은 1991년이었다.

E-3A의 회전식 레이돔(로터돔)은 직경 9.14m, 두께 1.83m로 웨스팅하우스사의 AN/APY-1 레이더와 IFF를 수용하고 있다. 레이더 사용 중에 로터돔은 10초에 1회 회전하며, 레이더 작동을 중지할 시에는 4분에 한 바퀴씩 회전한다. AN/APY-1 레이더는 파장 E/F밴드의 주파수를 사용하며 펄스 도플러, 펄스패시브 등 8종 모드로 작동한다. 일반적인 수색거리는 약 400km이며 탐지범위 안에 있는 600개의 목표물을 탐지하여 그중 200개의 목표물을 식별/추적할 수 있다. 수평선상에서는 수색거리가 약 800km에 달한다. IBM CC-1 컴퓨터로 레이더 및 IFF의 데이터를 기내에서 처리한 후 기내의 상황시현콘솔(SDC)에 표시한다.

이후에도 E-3는 정기적으로 성능을 향상하여 ECCM 능력 향상, ESM 기능 부여, 위성항법(GPS), 통합전술정보 배분 시스템(JTIDS), 탄도미사일 추적 능력 등을 갖추었다. 가장 최근에는 레이더시스템 향상사업(Radar System Improvement Program: RSIP)을 실시했다. RSIP는 레이더의 안정성, 정비성과 ECM 능력 등을 향상하는 사업으로 미국과 NATO가 공동으로 진행하여 2006년에 사업을 종료했다.

현재 미 공군은 네트워크중심전 능력을 강조하는 블록 40/45 업그레이드를 진행하고 있으며, 조종계통을 글래스 콕핏으로 바꾸는 AMP(항전장비 현대화 사업)를 계획하고 있다. 또한 미 공군은 E-8에 채용하여 경제성이 입증된 PW JT8D-219 엔진의 채용도 고려하고 있다.

운용현황

E-3는 모두 68대를 제작했는데 미 공군이 2대, NATO가 한 대를 잃었다. 미 공군은 현재 33대를 운용 중인데, 그중 28대를 항공전투사령부에, 나머지 4대를 태평양공군에 배속하고, 나머지 1대는 테스트용으로 보잉에서 운용 중이다. E-3는 대부분 미 본토에 주둔하며, 알래스카, 오키나와, 중동지역에도 전개하고 있다. 특히 최근에 연이은 대테러작전으로 인하여 NATO도 18대의 스탠다드 E-3A를 회원국이 공동 구매했다. NATO의 E-3는 룩셈부르크에 기지를 두고 각국에서 선발된 승무원들이 공동으로 운용한다. 이밖에 사우디아라비아(E-3A)가 5대, 영국(E-3D/센트리 AEW.1)이 7대, 프랑스(E-3F)가 4대를 운용하고 있다.

E-3 센트리는 2010년에 E-10 MC2A로 교체할 예정이었지만 예산부족으로 사업이 취소되었다.

변형 및 파생기종

E-3A 블록10 | 초도양산형. CC-1 컴퓨터와 9개의 콘솔을 장착. 미 공군이 모두 23대를 도입했다.

E-3A 블록15 | APY-2 레이더와 CC-2 컴퓨터를 장착한 개량형. 1대 생산.

E-3S 블록15 | 미국과 NATO 공통사양. APY-2와 CC-2를 탑재하고 통신기능을 강화했다. 미 공군이 9대, NATO가 18대, 사우디아라비아가 5대를 도입했다.

E-3B 블록20 | E-2A의 개수형. 블록10 22대와 테스트베드 기체였던 EC-137D 2대를 블록20 사양으로 개수했다. 이후 E-3B는 업그레이드를 통해 상황시현콘솔을 5개 추가했으며, 컴퓨터와 통신장비를 신형으로 교체하고 해상감시기능을 부여했다. 블록10의 나머지 1대는 보잉으로 보내 시험용 기체로 사용했다.

E-3C 블록25 | 블록20 업그레이드와 같이 콘솔을 3개 추가하고 해브퀵 장비를 탑재한 개수형. 미군이 보유한 블록15 기체 10대는 모두 이 사양으로 개수했다.

E-3B/C 블록30/35 | AWACS의 현대화 개수형. 1987년부터 2001년까지 32대를 개수. JTIDS, ESM, GPS-INS 등의 개수가 이루어짐. 기수 뒷부분 좌우측에 추가된 장착물로 쉽게 구별된다.

E-3D | 미군의 E-3A 중고기를 영국이 도입한 기체. 엔진은 CFM-56으로 교체했으며, APY-2 레이더와 로랄의 EW-1017 ESM 시스템을 장비했다. 모두 7대를 영국 공군용으로 재생산하여 1991년 3월부터 1992년 5월까지 인도했다. 최근 RSIP 개수를 거쳤으며 이글계획을 통하여 NCCT 능력을 부여할 예정이다.

E-3F | 프랑스 공군형. CMF56 엔진과 APY-2 레이더를 탑재. ESM 개수와 GPS 통합사업을 실시하여 E-3F의 현대화 사업을 마치고 2005년 6월 초도작전능력을 인증했다.

E-3G 블록40/45 | E-3의 최신개수형. 구형 컴퓨터를 최신사양으로 개수하여 네트워크전 수행능력을 향상시키는 것을 주목표로 하며, 현재 시험비행 중이다.

미국 | 보잉 |

E-4B 나이트워치

Boeing E-4B Nightwatch

E-4B
형식 4발 터보팬 공중지휘통제 항공기
전폭 59.64m
전장 70.51m
전고 19.33m
최대이륙중량 362,847kg
엔진 GE CF6-50E2 터보팬 (52,500파운드) × 4
최대속도 969km/h
실용상승한도 45,000피트
항속거리 12,600km
승무원 최대 112명
초도비행 1973년 6월 13일 (E-4A)

개발배경

보잉 E-4는 핵전쟁의 위기에 처했을 때 미국의 국가 최고 지휘권자(National Command Authorities: NCA), 다시 말하자면 대통령과 국방장관, 합참의장을 비롯한 주요 인사와 지휘관을 태우고 공중으로 날아올라 하늘에 머물면서 최고사령부 역할을 하는 기체다. 1973년에 기존의 EC-135 공중국가지휘본부(ABNCP)를 대체할 전진공중지휘본부(Advanced Airborne National Command Post)를 창설했다.

특징

보잉 747-200B 여객기를 모체로 한 E-4는 EC-135와 비교할 때 탑재력, 체공능력, 거주성 등이 한 단계 높아졌다. 캐빈의 바닥 면적은 429.2m²로 NCA의 작업실, 회의실, 브리핑실, 전투참모 작업실, 통신관제센터, 휴게실 등을 완벽하게 갖추고 있다. 공중급유 없이 최장 12시간 동안 공중에 떠 있을 수 있으며, 공중급유를 할 경우 엔진 윤활 계통의 작동한계인 72시간까지 체공할 수 있다.

NEACP(국가비상공중지휘소)의 임무는 세계 각국에 흩어져 있는 미군 사령부 및 각급 부대와 연락을 유지하는 것이며, 이를 위하여 EHF부터 VLF까지 다양한 파장의 통신 시스템을 탑재하고 있다. 동체 위에 있는 돔은 위성통신용 EHF 안테나를 내장하고 있으며, 기체 꼬리부에는 수중의 잠수함에 직접 명령을 내릴 수 있는 길이 6km의 LF/VLF 안테나가 있다.

특히 전자장비의 경우 핵폭발로 발생하는 강한 전자기 펄스(EMP)를 막기 위한 대책이 세워져 있으며, 각종 전자장비 및 냉각장치가 소비하는 막대한 전력을 충당하기 위해 각 엔진마다 150kVA 용량의 발전기를 2개씩 장착하고 있다.

운용현황

E-4A는 1974년 배치를 시작하여 NEACP로서 앤드류스 공군기지에서 대통령과 국방장관의 탑승에 대기한다. 한편 E-4B를 배치하면서 이전에 생산된 3기의 E-4A도 차례로 E-4B로 개조했다.

그러나 냉전 종결로 핵전쟁으로 인한 비상사태의 위협이 줄어들자, E-4B는 1994년부터 NAOC(National Airborne Operations Center)로서 연방비상관리국(Federal Emergency Management Agency: FEMA)의 비상기지로 사용하고 있다. 현재 미 공군은 4대의 E-4B를 운용 중이다.

평시에는 VC-25 "에어포스 원"에 대통령이 탑승하지만, 전시에는 대통령이 E-4B에 탑승하므로, 이 때는 E-4B가 "에어포스 원"이 된다.

변형 및 파생기종

E-4A | E-4의 1차 생산분. 1973년 6월 13일에 초도비행을 했으며 모두 3대를 생산되었다. 3호기부터 엔진을 F105(JT9D의 군용형)에서 F103-GE-100(CF6-50의 군용형)으로 바꾸었다.

E-4B | E-4의 2차 생산분. 장비가 더욱 충실해져 승무원의 숫자가 종전보다 2.4배 증가하여 94명이 되었다. 4호기 1대만 생산되었으며, 이전에 생산된 3대의 E-4A는 모두 E-4B로 개수되었다.

미국 | 보잉 |

E-6B 머큐리

Boeing E-6B Mercury

E-6B

형식 4발 터보팬 장거리 통신중계 항공기/비상지휘통제기

전폭 45.16m

전장 46.61m

전고 12.93m

최대이륙중량 155,128kg

엔진 CFM-56-2A-2 터보팬 × 4

최대속도 960km/h

실용상승한도 40,000피트 이상

항속거리 12,144km

승무원 조종인원 4명 + 통신인원 5명 + 임무별 추가인원

초도비행 1987년 2월 19일 (E-6A)

개발배경

E-6은 EC-130Q를 대신하여 미 해군의 TACAMO(Take Charge And Move Out)의 역할을 이어받은 기체로서 TACAMO Ⅱ라 불리고 있다. E-6는 지상이나 공중에 있는 지휘본부에서 하달하는 국가 최고지휘권자(NCA)의 명령을 접수하여 대양의 탄도미사일 잠수함에 VLF(초장파)로 송신하는 것을 주임무로 하며, 각종 통신시스템을 완벽하게 장비하고 있다.

특징

E-3 AWACS와 마찬가지로 보잉 707-320 여객기를 기반으로 개발되어 기체의 75%가 같지만 E-6은 엔진을 F108(CFM56)로 강화했다. 외관상 주익 끝의 위성통신용 UHF 안테나와 ESM을 수송한 포드, HF 수신 안테나가 특징이다.

핵심기능인 VLF 송신을 위해 후방 동체의 아랫면으로부터 길이 7.925m의 안테나선을 늘어뜨리는데, 안테나선 끝에는 무게 41kg의 정류판이 있어 안테나가 일정한 장력을 유지할 수 있게 한다.

승무원은 비행요원 4명과 기장(AC), 통신요원 7명으로 구성되어 있다. 보통은 기지로부터 1,850km 떨어진 지점에 진출하여 10.5시간 동안 공중에서 대기하면서 통신 중계임무를 수행하며 승무원을 18명으로 늘릴 경우 공중급유를 받으면서 72시간 동안 작전 가능하다.

E-6은 1983년 4월에 개발을 시작했으며, 미 해군에는 1989년 8월부터 모두 16대를 인도했다. 현재는 통합전략사령부 산하 제1전략통신비행단에 배치되어 미 본토에 전개 중이다. E-6의 제식명은 '허미즈(Hermes)'에서 1991년에 '머큐리'로 변경했다. 1992년부터는 전자장비의 개량계획(ABU)을 시작하여 밀스와 EHF 위성통신, MIL-STD-1553B 데이터버스, GPS 등을 채택하고 1997년까지 전체 E-6의 개조를 마쳤다.

운용현황

미 해군은 1989년부터 1992년까지 모두 16대의 EA-6A를 인수하여 운용했다. 한편 E-6A를 모두 개수한 E-6B는 1997년 12월부터 인수를 시작하여 2006년 12월에 모두 수령했다.

변형 및 파생기종

E-6A | TACAMO 기체로 전략핵잠수함과의 VLF 통신을 임무로 하는 기체. 모두 16대 도입.

E-6B | E-6A TACAMO에 지휘통제기능을 통합한 ABNCP(Airborne National Command Post) 기체. 미 공군의 비상지휘통제기인 EC-135의 퇴역에 따라 E-6A에 참모부의 지휘시설을 갖추도록 개수하여, 모든 E-6A 기종이 2006년까지 개수를 마쳤다. 현재 미 해군은 16대의 E-6B를 보유하고 있다.

미국 | 보잉/노스럽그러먼 |

E-8 조인트스타즈

Boeing/Northrop Grumman **E-8 J-STARS**

E-8C

형식 4발 터보프롭 전장 정찰기

전폭 44.42m

전장 46.61m

전고 12.93m

최대이륙중량 152,409kg

엔진 PW TF33-102C (19,200파운드) × 4

최대속도 973km/h

실용상승한도 42,000피트

항속거리 9,270km

승무원 조종인원 3명 + 임무인원 18명 (임무별로 다름)

초도비행 1988년 12월 22일 (E-8A)

개발배경

J-STARS(조인트스타즈)는 합동감시 및 목표공격 레이더 체계(Joint Surveillance and Target Attack System)의 준말로 J는 미 육군과 공군의 합동프로그램을 뜻한다. J-STARS의 본격적인 개발은 1985년 9월에 시작했고, 시제기인 E-8A 1호기가 1988년 12월 22일 초도비행을 했다.

특징

E-3 AWACS(공중조기경보통제기)가 공중목표를 탐지하는 것과 달리 E-8의 임무는 지상전에서 전투지역 감시 및 목표수색, 공격 유도, 휴전 감시 등이다. 미 공군은 공중 부분과 공지통신을, 미 육군은 지상스테이션 개발을 맡았다. 주계약자는 노스럽그러먼사로 기체의 개조작업까지 담당했다. E-8은 중고 B707-320 여객기를 개조하여 제작했으며 전반 동체 아래에 길이 9.1m의 카누형 페어링을 설치하여 내부에 노든사의 APY-3 I밴드 측시 레이더를 수용하고 있다.

APY-3 레이더는 지표의 정보를 사진처럼 보여주는 합성개구레이더(Synthetic Aperture Radar: SAR)와 이동 목표를 표시하는 도플러 레이더의 두 가지 모드가 있다. SAR 모드에서는 250km 이상의 거리에 있는 전차 크기의 목표물을 탐지하며, 도플러 모드에서는 이동 중인 장갑차량 등을 식별할 수 있다.

E-8은 고도 9,000~12,000m에서 순항 비행하며 8시간의 작전비행 시간 동안 100만㎢의 전투지역을 감시할 수 있다. 데이터는 Ku밴드의 주파수 호핑 데이터링크를 통하여 리얼타임에 가깝게 지상 스테이션 모듈(GSM)로 송신한다. GSM은 E-8과 마찬가지로 데이터를 표시하고 분석한다.

운용현황

E-8C는 1988년 초도비행 후에도 실용화를 목표로 개발·시험을 계속했으나, 걸프전 직전인 1991년 1월 12일 6대의 GSM과 E-8A가 개발이 끝나기도 전에 사우디아라비아에 급파되었다.

2대의 E-8C는 1월 14일부터 교대로 임무에 투입되어 정전 시까지 49일간 49소티 500시간의 작전비행 시간을 기록했다. 1995년 12월부터는 E-8A와 E-8C가 1기씩 NATO의 보스니아 작전지원에 따라 유럽에 전개했다.

이후 1996년 정식으로 배치된 E-8C는 1996년 보스니아-헤르체고비나의 NATO 활동, 1999년 코소보 항공전, 아프간 대테러전쟁, 제2차 걸프전 등에 참전하면서 가장 활발히 투입되는 부대가 되었다. 현재 미 공군에서는 제116항공통제비행단(ACW)이 유일하게 E-8C를 운용하고 있으며, 2005년 3월 23일 17번째 기체를 인수함으로써 도입을 종료했다.

변형 및 파생기종

E-8A | 테스트베드 기체. 이후에 훈련용 기체인 TE-8A로 개수했다.

E-8C | 조인트스타즈의 양산형. 총 18대를 생산했으나 17대만 공군에 인도하고 나머지 1대는 노스럽그러먼이 테스트베드 기체로 보존 중이다. 특히 공군에 납입한 마지막 7대는 블록20 사양을 적용하고 있으며, 나머지 블록10 기체도 2005년 8월까지 블록20으로 개수를 마쳤다. 현재는 JT8D-219 엔진 업그레이드를 실시하고 있다.

E-737 AEW&C

Boeing **E-737 AEW&C**

737 AEW&C

형식 쌍발 터보팬 공중 조기경보통제 항공기

전폭 34.3m

전장 33.6m

전고 12.5m

최대이륙중량 77,564kg

엔진 CFM 인터내셔널 CFM56-7B24 터보팬 (27,000파운드) × 2

최대속도 853km/h

실용상승한도 41,000피트

항속거리 7,040km

적재중량 19,831kg

승무원 조종사 2명 + 항공관제사 10명

초도비행 2004년 5월 20일

개발배경

보잉 737 AEW&C는 21세기 공중조기경보체계의 선두주자다. 정식명칭은 "737-300 AEW&C MESA 레이더 안테나"이며, 원래는 호주 공군의 5077 웨지테일 사업의 성능요구조건을 만족시키기 위해 설계된 기체다.

특징

737 AEW&C는 민항기로 유명한 737-300의 플랫폼에 다기능 위상배열(Multi-role Electronically Scanned Array: MESA) 레이더를 탑재했다.

737 AEW&C의 핵심이랄 수 있는 MESA 레이더는 L-밴드의 전자주사식으로 동체 윗면에 기다랗게 배치되는 다소 독특한 형태이다. E-3나 E-767이 로터돔에 내장하는 기계식 레이더의 경우 구동부품의 수명의 한계 및 고장, 또 그로 인한 정비의 어려움 등으로 인하여 운용에 있어 수요군의 무단한 노력을 필요로 하고 있다. 그러나 MESA 레이더는 전자주사식으로 기계구동장치가 없어 신뢰성이 그만큼 높아졌다.

MESA 레이더는 1994년부터 개발되어 왔으며 주요 프로토타입은 1996년 BAC 1-11 테스트 항공기에 탑재한 바 있다. BAC 1-11 테스트를 통해 노스럽그러먼은 오늘날과 같은 탑 마운트 어레이(Top Mounted Array: 일명 '탑햇' 어레이)를 안테나 형상으로 확정했다. 1998년 본격적인 개발에 착수해 2001년 볼티모어에서 시스템 통합을 실시했으며, 2005년 5월 최초의 레이더가 웨지테일 기체에 탑재되었다.

특히 MESA 레이더는 기존 AWACS 레이돔에 비해 중량이 절반에도 미치지 않으며 전력소모량도 적은 편이다. 따라서 두 개의 737-700 엔진으로도 레이더 및 기타 전자 장비를 구동할 수 있는 충분한 전력을 생산하므로 경제성 높은 737-700 상용기에 탑재할 수 있었다.

항공기 앞쪽에는 10인의 미션 오퍼레이터(임무 수행요원)와 콘솔이 위치한다. 관제사는 레이더, IFF 감시 정보, 기타 센서에서 수집한 데이터를 이용해 항공 영상에 대한 의사 결정을 내리고 이를 아군에 전달한다.

AWACS 레이더에 요구되는 가장 핵심적인 기능은 장거리 탐색 능력으로 MESA 레이더는 한 번에 최대 481km까지 탐지 가능하다. 또한 포착 중 선택지역의 세부스캔이 가능하여, 물리적인 회전에 의존하는 기계식 레이더에 비하여 뛰어난 성능을 발휘한다.

현재까지 보잉이 내놓은 조기경보체계 중에서 가장 진보한 모델이기도 하다. 미 공군은 737 AEW&C의 진보한 시스템을 새로 도입할 E-10 AWACS기에 적용할 예정이다.

운용현황

737 AEW&C의 첫 구매국인 호주는 1997년 보잉과 계약을 체결하여 2006년부터 기체를 인수하기 시작했다. 한편 터키도 피스 이글 사업을 통해 4대를 도입하기로 결정했다.

E-X(차기 조기경보기) 사업을 추진하던 대한민국 공군은 2006년 11월 7일 보잉과 계약을 체결하여 737 AEW&C 4대를 도입하기로 했다. 보잉과 E-X를 놓고 경쟁하던 IAI 엘타의 걸프스트림 G550 조기경보기는 2006년 8월에 사업대상에서 제외했다.

대한민국 공군은 737 AEW&C에 '평화를 지키는 눈'이라는 의미에서 '피스아이'라고 명명했다. 공군은 E-737 1호기를 2011년 8월 1일에 인수했으며, 2012년 10월 24일까지 나머지 3대 도입을 완료했다.

미국 | 보잉 |

E-767 AWACS

Boeing E-767 AWACS

E-767 AWACS
형식 쌍발 터보팬 공중 조기경보통제기
전폭 47.57m
전장 48.51m
전고 15.85m
최대이륙중량 174,635kg
엔진 GE CF-80C2B6FA 터보팬 (61,500파운드) × 2
최대속도 800km/h 이상
실용상승한도 40,100피트
항속거리 10,370km
승무원 조종사 2명 + 항공관제사 19명
초도비행 1994년 10월 10일

개발배경

1991년 12월에 보잉사는 생산이 끝난 E-3 AWACS를 대체하기 위하여 E-767 AWACS의 개발을 발표했다. AWACS기에 필수적인 장거리 체공 능력을 갖춘 보잉 767-200ER 여객기를 기반으로 했다. 미 공군은 발주하지 않았음에도 불구하고 개발 발표 후 1992년 12월에 일본 항공자위대에서 1993년도 예산으로 4대를 구입하기로 결정하여 화제가 되었다.

특징

E-767 AWACS의 기체 구조는 B767-200ER과 크게 다르지 않으며 최신형 E-3와 같은 AN/APY-2 레이더 시스템 및 관련 장비를 기내에 장착하고 있다. AWACS의 가장 큰 특징인 대형 로토돔을 후방 동체 위에 장착하고 있으며, 로토돔을 지지하는 2개의 프레임을 고정하기 위하여 장착 부위의 구조가 보강된 점이 여객기형과 다른 점이다. AN/APY-2는 E-3에 장착된 후에도 개량작업이 계속되고 있으며 E-767 AWACS는 E-3과 동등한 성능을 지니고 있으면서도 E-3과 비교할 때 객실 바닥 면적은 1.5배, 객실 공간은 2배 이상 넓기 때문에 장비의 탑재 능력과 거주성이 크게 향상되었다. 또한 레이더 시스템의 용량을 확장할 경우에도 상황표시 콘솔의 증설이 쉽다.

엔진은 1992년 10월에 민간형 767에 장착된 CF6-80C2로 선정했는데, 이 엔진이 일본 정부의 관용기 엔진과 공통성이 있기 때문이다. 엔진의 추력은 민간 여객기형과 같으나 AWACS기에 필요한 큰 소비력을 충당하기 위하여 각 엔진에 부착한 90KVA 용량의 발전기 1대를 150KVA 발전기 2대로 변경하여 최대 600KVA의 전력 공급이 가능하다.

1호기는 통상적인 비행 테스트를 마친 뒤 로토돔을 장착하고 1996년 9월 9일에 첫 비행을 했으며, 보잉 767 여객기가 AWACS의 플랫폼으로서 적합하다는 것을 입증했다. 2호기는 처음부터 전자장비를 완전하게 장착하고 주로 시스템 개발에 사용되었다. 두 대의 E-767 AWACS는 모두 194회에 걸친 비행시험을 통과하고 1998년 3월 일본에 인도되었다.

운용현황

일본 항공자위대는 2000년 5월 10일 모두 4대를 도입 완료하고 하마마쓰(浜松) 기지의 경계항공대/비행경계관제대에서 운용하고 있다.

P-8A 포세이돈

Boeing **P-8A Poseidon**

P-8A

형식 쌍발 터보팬 장거리 해상작전/대잠초계기
전폭 39.59m
전장 37.64m
전고 12.83m
최대이륙중량 85,139kg
엔진 GE CFM56-7 터보팬 (27,300파운드) × 2
최대속도 789km/h
실용상승한도 41,000피트
항속거리 2,222km
항전장비 APY-10 다목적 해상수색레이더, IFF, 견인디코이, EO/IR센서, ESM, IR/ECM,
무장 SLAM-ER 공대함미사일
기뢰 및 어뢰
내부 장착대 5개소, 외부 장착대 6개소
승무원 9명 (조종사 2명 + 승무원 7명)
초도비행 2009년 4월 25일

개발배경

P-8A 포세이돈은 P-3C를 대신하여 미 해군 대잠초계기로 활동할 터보팬 항공기이다. 미 해군은 1990년대 말 록히드마틴의 P-3C를 대신하여 해상초계 및 대잠전을 수행할 기체의 연구를 시작했다. 이 새로운 기체는 MMA(Multi-mission Maritime Aircraft)라고 불렸으며, MMA의 사업제안요구서를 2000년 2월 발송하면서 사업을 본격적으로 시작했다. 사업소요제기 시에 미 해군이 획득을 발표한 대수는 최초에는 251대였으나 이후 117대로 줄어들었다.

이후 MMA의 자리를 놓고 록히드마틴의 오라이온 21과 보잉의 737-800ERX 비즈니스 제트기가 최종후보에 선정되었다. 그리고 2004년 6월 보잉을 최종사업자로 선정하면서 보잉의 후보기를 P-8A 포세이돈으로 명명했다. 보잉은 2009년 4월 25일 초도비행을 실시했다. 보잉사는 개발일정을 앞당겨 2012년 3월 4일에 양산 1호기를 미 해군에 인도했다. MMA 사업에서 개발비용은 55억 달러, 획득비용은 200억 달러에 해당할 것으로 추산한다.

특징

P-8A의 바탕이 된 항공기는 보잉 737-800으로 737-900의 날개를 채택하고 있다. 보잉은 이미 사업자 선정과정에서 737-700을 바탕으로 한 737 BBJ2(Boeing Business Jet) 기술시연을 통해 항공기의 다양한 탑재능력을 과시한 바 있다.

P-8A는 보잉이 플랫폼 생산 및 통합을 담당하며, 엔진은 GE와 스네크마의 합작사인 CFM 인터내셔널이 제공한다. 또한 항전장비에서는 노스럽그러먼이 임무용 광전자/적외선(EO/IR) 센서, ESM 장비, IR/ECM 장비, 데이터링크를 제공하며, 레이시언이 APY-10 다목적 해상수색레이더와 SIGINT 솔루션, IFF, 견인디코이, 정보분배시스템 및 UHF SATCOM을 제공한다. 비행관리 및 무장통제는 스미스 에어로스페이스의 담당이다. 한 가지 특징은 기체의 탑재중량을 줄이기 위해 MAD(자기탐지기)를 제거한 것이다.

한편 미 해군은 2005년 11월 P-8A의 사전설계검토를 통하여 P-8A에 탑재할 무기체계를 검토했으며, 2007년 7월에 상세설계검토도 성공리에 마쳤다. 이에 따라 저율생산을 시작하여 2016년까지 모두 37대를 생산할 예정이다.

운용현황

미 해군은 2013년부터 P-8A의 실전배치를 시작했으며, 그해 11월 말 중국의 방공식별구역 선포에 대응하여 P-8A를 전진배치하기도 했다. P-8A가 완전작전능력(FOC)을 보유하게 되는 것은 2019년으로 예정되어 있으나, 제작사는 일정을 앞당기겠다고 공언하고 있다.

미 해군은 2019년까지 P-8A 117대를 도입할 예정이지만 국방예산 삭감의 여파로 2년 늦출 가능성도 있다고 본다.

한편 인도 해군이 2009년 P-8을 선정하여 P-8I 넵튠 12대를 2012년 12월부터 인수하기 시작했으며, 호주 해군도 2007년 P-8A를 선정하여 2016년부터 전력화를 시작할 예정이다.

미국 | 보잉 |

RC-135 전자정찰기 시리즈

Boeing **RC-135 Variants**

RC-135V

형식 4발 터보팬 전자정찰기
전폭 39.88m
전장 42.82m
전고 12.70m
최대이륙중량 136,077kg
엔진 PW TF33 터보팬 (18,000파운드) × 4
최대속도 966km/h
실용상승한도 41,750피트
항속거리 9,100km
탑재량 25~35명 (임무에 따라 상이)
승무원 4명
초도비행 1964년 5월 18일 (RC-135B)

개발배경

KC-135 스트래토탱커는 여러 가지 파생기종을 내놓았는데, 그중에서 아직도 유용하게 사용하는 것이 전자정찰기인 RC-135이다. RC-135는 모두 32대가 제작되었다.

특징

C-135에 바탕을 둔 전자정찰기가 최초로 등장한 것은 1960년대 중반으로 이후 RC-135B 10대를 새로 제작했다. RC-135B는 이후 수차례의 개수를 거치면서 U형과 V형으로 발전했다. 한편 기존의 C-135B 수송기를 개조하여 RC-135S와 W형을 제작했다. RC-135는 꾸준히 개량되어 왔는데 가장 최근에는 2005년부터 실시된 AMP(항전장비 현대화 사업)이 있다.

운용현황

미 공군은 현재 RC-135U 컴뱃센트 2대, RC-135V/W 리벳조인트 17대를 운용하고 있다. 이들은 전자정보 수집 및 분석에 있어 핵심적인 플랫폼으로 국가 차원의 전쟁이나 전장의 대규모 작전에서 필수적인 정찰기들이다.
한편 영국 국방성은 2011년 6월 퇴역하는 님로드 R1을 교체하기 위하여 RC-135W를 도입하는 계획을 2010년 3월 발표했다.

변형 및 파생기종

RC-135A | 1963년에 4대를 발주한 지도제작·조사용 사진정찰 모델. 초대형 카메라를 장착하고 세계 각지의 지도 제작에 사용된다.

RC-135B | 10대를 제작한 전자정찰형. 정찰장비로는 AN/USD-7을 탑재했다고 알려졌다.

RC-135C | RC-135B를 다시 개조한 전자정찰기로 전방 동체의 측면에 SLAR용 대형 페어링을 설치한 점이 특징이다.

RC-135D | 3대의 C-135A를 개조한 전자정찰기로 코튼캔디(Cotton Candy)란 코드네임으로 알려져 있다.

RC-135E | 코드네임 리벳 앰버(Rivet Amber). 기수의 롱노즈 레이돔과 전방 동체 오른쪽에 FRP 외판을 설치하여 강력한 SLAR을 탑재하고 있다. 주로 소련의 ICBM 실험 추적에 사용했으며 1969년 6월 1대가 사고로 추락했다.

RC-135M | 전자정찰기

RC-135S | 구소련 ICBM에 대한 TELINT 및 광학정보 수집기

RC-135U 컴뱃센트 | 전자정찰기. 대통령과 국방장관 등 국가지휘부에게 정보를 제공하는 역할을 수행한다. 특히 군뿐만 아니라 정보공동체에 전자정보를 지원하는 임무도 컴뱃센트의 몫이다.

RC-135V/W 리벳조인트 | 통합 정찰기. 전역 및 국가차원의 작전에서 실시간 정보수집, 분석 및 보급 임무를 담당한다. 다양한 센서류를 장착하여 다양한 지형표식과 전파장을 분석할 수 있으며 통합된 통신시설을 갖추고 있다. 조종사를 포함하여 30명 이상이 탑승하며 전자전 및 정보분석 인원이 대부분이다. 리벳조인트의 시스템 통합은 L-3 커뮤니케이션이 담당했다.

RF-4 팬텀 II

Boeing(McDonell Douglas) RF-4 Phantom II

RF-4C

형식 쌍발 터보젯 정찰기

전폭 11.71m

전장 19.17m

전고 5.03m

주익면적 49.2㎡

최대이륙중량 26,308kg

엔진 GE J79-GE-15 터보젯(17,000파운드) x 1

최대속도 마하 2.2

실용상승한도 59,400피트

작전행동반경 1,353km

무장 KS-72/87/127A 카메라
일부 기체에는 AIM-9 사이드와인더 장착

항전장비 APQ-99, APD-10 SLAR, AAD-18 IRDS, AN/AVD-2 LRS, ALQ-125 TEREC

승무원 2명

초도비행 1963년 8월 8일 (YRF-4C 프로토타입)

개발배경

F-4의 정찰형은 1962년 3월 미 공군이 RF-101의 후계기로 YRF-110A(뒤에 YRF-4C로 명칭변경)를 채용하기로 결정하면서 탄생하여, 1973년까지 모두 499대를 생산하여 1965년 10월부터 베트남 전쟁에 투입했다. 미 공군형인 RF-4C 이외에도 RF-4B(46대)와 RF-4E(146대)도 제작했다.

특징

RF-4C는 F-4C의 레이더를 소형인 APQ-99로 바꾸고, 여유 공간에 3군데의 카메라 스테이션을 설치한 모델로 KA-56/91, KS-72/87/127A 등 각종 정찰 카메라를 조합하여 탑재한다. RF-4C의 특징은 사진정찰 이외에도 AN/APD-10 SLAR(측시 레이더), AN/AAD-18 IRDS(적외선 탐지 시스템), AN/AVD-2 LRS(레이저 정찰 시스템) 등을 장착한 멀티센서 정찰기라는 점이며, 후기형에는 AN/ALQ-125 TEREC(전술전자정찰센서)와 디지털 항법 시스템(AN/ARN-101)을 추가, 정찰능력을 향상했다.

운용현황

현재 미 공군의 RF-4C는 전부 퇴역한 상태지만 스페인에 12대, 한국에 10여 대가 당분간 현역에 머물 것으로 보인다. 한편 미 해병대의 RF-4B는 모두 퇴역했으며, 서독(88), 이스라엘(12), 이란(16), 터키(8), 그리스(8), 일본(14)에도 수출했다. 일본은 RF-4E와 함께 F-4EJ(F-4E의 일본 항공자위대형)에 정찰포드(전술정찰, 장거리 사각 사진정찰, 전자정찰 등 3종류)를 탑재하여 RF-4EJ형으로 개수했다.

변형 및 파생기종

RF-4B | 엔진과 전자장비를 미 해병대 규격으로 바꾼 정찰형. 탑재장비는 기본적으로 RF-4C와 같으며 육상기지에서만 운용했다.

RF-4E | RF-4C의 엔진을 F-4E와 같은 엔진으로 바꾼 수출형. 정찰장비는 RF-4C와 같다.

DHC-8 / Q 시리즈

Bombardier(De Havilland Canada) **DHC-8 / Q**

DHC-8-Q400

형식 쌍발 터보프롭 수송기

전폭 28.42m

전장 32.84m

전고 8.34m

자체중량 17,185kg

최대이륙중량 29,257kg

엔진 프랫&휘트니 PW150A (5,071shp) × 2

최대속도 685km/h

실용상승한도 25,000피트

항속거리 2,522km

승무원 조종인원 2명

초도비행 1983년 6월 20일 (DHC-8-100)

개발배경

드해빌랜드 캐나다(현 밤버디어)의 대쉬 8은 중형 터보프롭 여객기로 성공한 기종이다. 1996년 이후에는 DHC-8 대쉬 8에서 밤버디어 Q 시리즈로 이름을 바꾸어 판매하고 있다.

특징

DHC-8은 DHC-7처럼 고익에 T자형 수직 미익을 갖추고 있으며, DHC-7의 4발 엔진 대신 더욱 강력한 쌍발 엔진을 탑재했다. 이에 따라 순항 성능이 우수하면서도 운용비용이 낮은 편이어서, 민간항공사뿐만 아니라 군으로부터 관심을 받게 되었다.

DHC-8은 소음이 작은 것으로 유명한 DHC-7보다 소음이 약간 많았고, 단거리이착륙 성능도 떨어지는 편이다. 그러나 여전히 1,000m 길이의 활주로에서 운용할 수 있어 군의 요구사항을 만족시킬 수 있다.

운용현황

밤버디어 Q 시리즈는 단거리이착륙 능력과 경제성을 바탕으로 수송기로 활용되고 있다. 캐나다 국방군, 미국 공군, 멕시코 해군, 케냐 공군, 스웨덴 해안경비대, 네덜란드/아루바 해안경비대, 미국 국토안보부 등에서 운용한다.

변형 및 파생기종

DHC-8-100	최초 양산형으로 37~40인승 항공기.
DHC-8-200(Q200)	강력한 PW123 엔진을 탑재한 모델.
DHC-8-300(Q300)	동체를 3.4m 연장한 50~56인승 항공기로 1989년부터 취역했다.
DHC-8-300A	탑재중량이 증가한 모델.
DHC-8-400(Q400)	70~78인승 동체 연장 모델. PW150A 엔진을 장착했다.
CC-142	캐나다 국방군의 수송기.
CT-142	캐나다 국방군의 항법훈련기.
E-9A	미 공군 사격장 통제기. 미 공군의 실탄사격훈련 시 멕시코 만 근처에서 민간항공기나 선박이 피해를 입지 않도록 통제하는 임무를 수행한다. 2대를 도입하여 틴들 기지에서 운용 중이다.

아틀란틱
Dassault(Breguet) Atlantique

Atlantique ALT2

형식 쌍발 터보프롭 해상초계기
전폭 37.42m
전장 33.63m
전고 10.89m
최대이륙중량 46,200kg
엔진 롤스로이스 타인 Mk21 2축 터보프롭(6,100shp) × 2
최대속도 648km/h
실용상승한도 30,000피트
항속거리 8,000km
무장 Mk46 / 무레네 어뢰, AM39 엑조세 / AS37 마르텔 대함미사일 내부수납 최대 2,500kg 탑재 가능 하드포인트 4개소 포함시 최대 3,500kg
승무원 13명
초도비행 1961년 10월 21일1981년 5월 8일 (ALT2)

개발배경

브레게사(현 다소)의 아틀란틱은 현재 일반화된 국제공동개발 군용기의 선구적 기체로 NATO군 공용 대잠초계기로서 1959년에 초도비행을 했다. 아틀란틱은 다른 현용 대잠초계기와는 달리 개발 초기부터 대잠 전용으로 개발된 것이 특징이다.

특징

1964년부터 1974년까지 생산하여 프랑스(40), 서독(20), 이탈리아(18), 네덜란드(9)에 인도했다. 프랑스는 1980년대에 들어 아틀란틱의 후계기로 대잠 시스템을 현대화한 개량형을 계획했다. 이 계획은 차세대 아틀란틱(Atlantigue Nouvelle Generation), 아틀란틱 Mk2 등으로 검토하다가 최종적으로 아틀란틱 2(ATL 2)로 명명했다.

ATL 2의 정식 개발은 1978년 9월에 시작하여, 기존 기체를 개조한 프로토타입이 1981년 5월 8일에, 양산 1호기는 1988년 10월 19일에 첫 비행을 했다. ATL 2는 1991년 2월에 취역하여 2001년까지 프랑스 해군용 28대를 생산했다. 한편 프랑스는 영국 공군에 ATL 3을 제안했으나 1996년 1월 님로드 2000에 패했고 이후 독일과 이탈리아에 기존기의 교체용으로 ATL 3을 제안했으나 역시 채택되지 못했다.

운용현황

네덜란드 해군은 엔진 고장으로 보유한 9대 가운데 3대를 잃었으며, 결국 P-3 오라이언으로 교체했다. 반면 한 대의 손실도 없던 독일 해군도 결국 P-3 8대를 도입하여 아틀란틱을 교체했다. 프랑스 해군은 1989년부터 ALT 2를 수령하기 시작하여 현재까지 모두 28대를 운용 중이다.

변형 및 파생기종

아틀란틱 ALT1 | 초도양산형. 1세대 아틀란틱.

아틀란틱 ALT2 | 아틀란틱 2세대 개량형. 기본 구조가 1세대와 같음에도 외판의 접착방법이 변경되어 내구 수명과 가동율이 좋아졌다. 항전장비도 일신되어 톰슨 CSF사의 이구아네(Iguane) 수색 레이더, 사당 음향분석장치, MAD, 미트라 125 전술 컴퓨터 등을 탑재하고 기수에는 탕고 FLIR를, 윙팁에는 아라르(Arar) 13A ESM 포드를 장착한다.

HC-144 오션 센트리

EADS CASA **HC-144 Ocean Sentry**

HC-144
형식 쌍발 터보프롭 중거리 정찰감시기
전폭 25.81m
전장 21.40m
전고 8.18 m
자체중량 2,420kg
최대이륙중량 15,400kg
엔진 GE CT7-9C3 (1,750shp) ×2
블레이드 해밀턴 스탠다드 14RF-37 4엽
최대속도 455km/h
해면상승률 895m/min
실용상승한도 22,500피트
항속거리 1,528km
최대적재중량 6,000kg
캐빈크기 9.65 x 2.70m
항전장비 NG LN92 링 레이저 자이로 INS, 트림블 TNL7900 오메가 GPS,
승무원 조종사 2명 + 승무원

개발배경

해상작전기인 CN-235MPA를 바탕으로 미 해안경비대를 위해 개발한 중거리 정찰감시기다. HC-144A는 미 해안경비대의 항공현대화 계획에 따라 레이시언과 EADS 노스아메리카에서 공동으로 개발했다. 애초에는 록히드마틴/노스럽그러먼 팀이 주계약자로 CN-235-300 MPA 2대를 해안경비대로 납품하여 HC-235A로 분류했으나 이후 EADS가 주가 되어 HC-114A를 납품하기에 이르렀다.

특징

평시에는 국토안보부 산하, 전시에는 국방부 산하라는 해안경비대의 특성에 따라 HC-144A는 해상감시, 구난·구조, 환경오염 감시, 마약거래 방지 등 다양한 임무를 수행할 수 있는 시스템을 필요로 했다. 이에 따라 HC-144A는 임무체계 팔레트(Mission System Palete)를 채용하여 임무에 따라 내장 시스템을 바꿀 수 있다.

HC-114A는 센서로는 스타사파이어Ⅲ 열영상장비, 텔레포닉스 AN/APS-143C 수색레이더를 장착하고 있으며 통신장비로는 VHF/UHF 무전기와 함께 INMARSAT 위성전화기를 장착했다.

운용현황

미 해안경비대에서 HC-144A 총 15대를 도입할 예정이다. 2006년 12월 첫 기체가 해안경비대로 인도되어 2009년에 초도작전능력을 인증 받았으며, 2010년 말까지 12대를 인도했다. 그 모체인 CN-235 MP 퍼쉐이더는 아일랜드, 스페인, 터키에서 채용 중이며, 더간타라가 제작한 CN-235 MPA는 인도네시아, 브루네이, UAE 등에서 채용 중이다.

변형 및 파생기종

CN-235MP 퍼쉐이더 EADS CASA에서 해안감시 및 국토보안 업무를 위해 개발한 장거리 감시정찰기. NG AN/APS-504(V)5 레이더와 FLIR 2000HP 등 센서류와 항법/통신장비를 통합한 FITS 임무시스템을 장착하고, 무장으로는 Mk 46 어뢰 또는 AM-39 엑조세 미사일 2발을 탑재할 수 있다. HC-144A의 베이스라인 모델이다.

CN-235MPA 인도네시아 IPTN(현 더간타라) 생산의 해상초계형. 마르코니 시스프레이 4000 레이더나 톰슨CSF의 오션마스터 100 레이더, AN/ASQ-508 자기이상탐지기(MAD)를 장착했다. Mk46 어뢰나 AM-39 엑조세 대함미사일로 무장할 수 있으며 2명의 임무관제사가 탑승한다.

R-99A/B

Embraer R-99A/B

R-99A

R-99B

형식 쌍발 터보팬 공중 조기경보통제기/신호정보수집기

전폭 20.4m

전장 14.44m

전고 6.75m

최대이륙중량 20,600kg

엔진 롤스로이스 AE3007A1 터보팬(7,426파운드) × 2

최대속도 833km/h

실용상승한도 37,000피트

항속거리 2,450km

항전장비 IRIS 합성개구레이더, 스카이볼 EO/IR, SIGINT 장비

승무원 조종인원 2명 + 임무인원 3명

초도비행 1999년 5월 22일 (R-22A) 1999년 12월 17일 (R-22B)

개발배경

브라질 엠브라에르사는 ERJ-145 커뮤터 제트기를 플랫폼으로 에리아이 AESA 시스템을 탑재한 EMB-145 에리아이 AEW&C를 개발했다. ERJ 항공기에 에리아이 레이더와 미션 시스템, 3대의 관제용 콘솔을 결합하여 조기경보기를 만드는 이 사업은 미국의 E-시스템(현 레이시언)이 주계약자가 되어 시스템통합을 담당했다.

특징

브라질은 EMB-145 AEW&C를 R-99A로 제식 채용하고 R-99B 항공기도 도입했는데, 이는 ISR 플랫폼인 EMB-145 RS/AGS(Remote Sensing/Airborne Ground Surveillence)이다. R-99B는 미 육군이 채용하려다가 실패한 AGS에 바탕을 두고 있어 신뢰성이 높은 시스템이다. 아마존감시체계(System for Vigilance of the Amazon: SIVAM) 도입사업에 의한 R-99A/B의 도입은 매우 성공적인 획득사례로 평가되고 있다.

운용현황

EMB-145 AEW&C는 브라질 공군이 R-99A라는 제식명으로 5대 채용했으며, 그리스 공군도 4대를 채용했다. 브라질 공군은 정보수집기인 R-99B도 3대 채용하고 있다.

그리스 공군 소속의 R-99는 2011년 리비아 비행금지구역 감시임무에 투입되기도 했다.

변형 및 파생기종

R-99A | 공중조기경보통제기. EMB-145 AEW&C. R-99A는 에리아이 AESA 레이더로 약 450km까지 탐지 가능하며 IFF(피아식별) 조사기와 첨단 데이터링크 등 항전장비를 장착하고, 이에 더하여 신호정보 수집능력도 보유한다.

R-99B | 정보수집기. EMB-145 RG/AGS. 영상정보, 신호정보, 통신정보와 신호정보까지 수집할 수 있는 다목적 정보수집 플랫폼으로 개발되었다. 합성개구레이더와 다영역 스캐너, 적외선 전방감시장치 등 다양한 첨단 항전장비를 갖추고 있다.

P-99 | 대잠초계기. EMG-145 RS/AGS의 해군형으로 대잠 작전뿐만 아니라 대수상전을 수행하는 해상작전기이다.

R-99B

미국 | 호커 비치크래프트 |

호커 800 시리즈

Hawker Beechcraft **Hawker 800**

Hawker 800XP

형식 쌍발 터보팬 중형 비즈니스 제트기
전폭 15.67m
전장 15.58m
전고 5.30m
최대이륙중량 12,752kg
엔진 하니웰 TFE 731-5BR 터보팬 (4,660파운드) × 2
최대속도 846km/h
실용상승한도 41,000피트
항속거리 4,540km
캐빈크기 1.83 x 1.75 x 6.50m
승무원 11명
초도비행 1983년 5월 26일 (호커 800)

개발배경

호커 800은 호커 비치크래프트(Hawker Beechcraft Corpor -ation)가 만드는 중형 비즈니스 제트기다. 호커 비치크래프트사는 그 이름만큼이나 복잡한 역사를 가지고 있다.

호커 800의 프로토타입은 1960년대 초에 당시 영국의 드해빌런드사가 개발한 8~14인승 DH125 쌍발 제트기다. DH125는 1963년 드해빌런드사가 호커 시들리사에 흡수되면서 Hs125로 바뀌었다. 1977년에는 호커 시들리가 국영 BAE로 흡수되어 BAE125가 되었으며, 다시 1993년 레이시언이 BAE로부터 비즈니스기 사업 부문을 인수하면서 호커 800이라는 명칭으로 불리게 되었다. 한편 1994년 레이시언은 비치크래프트를 인수·합병하여 레이시언 항공을 발족한다. 2006년 12월에는 모기업인 레이시언이 항공기 사업 부문을 GS 캐피탈 파트너에 매각하면서 2007년 3월 드디어 호커 비치크래프트로 회사가 바뀌게 되었다.

특징

호커 비즈니스 제트기는 30여 년간 개량을 거듭해 500, 600, 700, 800 시리즈로 발전하면서 850대 이상 생산되었다. 특히 1983년 5월 28일 초도비행을 한 800 시리즈는 초기의 125 시리즈에 비하여 넓은 실내공간을 갖추고, 수퍼 크리티컬 주익과 TFE731 엔진을 채택하고, 조종실의 윈드실드를 평면에서 곡면으로 개량하여 공기저항 및 실내소음을 낮추었다. 또한 계기판도 CRT로 개량했다.

호커 800XP(Extended Performance)는 레이시언이 사업부문을 인수한 후 처음 개발한 800의 파생형으로 1995년부터 생산을 시작했다. 호커 800XP는 기체의 항공역학 특성을 개선하여 비행성능 및 기내 환경을 개선하여 쾌적성을 높였다. 특히 호커 800XP는 대한민국 공군이 신호정보/영상정보 수집기의 플랫폼으로 채용했는데, 이는 호커 800RA로 분류한다. 한편 2005년 11월에는 호커 800XP의 후계기종인 850XP을, 2006년에는 호커 700과 호커 900XP를 발표했다.

운용현황

미 공군이 C-29A 항로점검기로 6대를 채용했다가 FAA(미연방항공청)에 이관하여 운용하고 있다. 일본 항공자위대에서도 U-125 항로점검기로 3대를 구매했다가 27대를 더 도입하여 U-125A 수색구난기로 사용하고 있다. 대한민국은 정보수집기로 호커 800RA/SA를 8대 운용 중이다.

변형 및 파생기종

BAE 125-800	사우디아라비아 공군에 판매한 VIP 수송기
C-29A	미 공군의 항로점검기. 1991년 FAA로 이관.
U-125A	수색구난기. 일본 항공자위대가 항로점검기로 1990년 3대를 도입했다가, 1994년 추가로 27대를 도입하여 수색구난임무에 운용하고 있다.
RC-800 백두 금강	대한민국 공군의 실시간 음성신호 수집분석 및 영상 레이더 시스템의 플랫폼. 총 3,600억 원의 예산으로 2000년 8대를 도입했다. '백두' 신호정보 수집기는 미국 E-시스템의 원격조종 감시체계(RCSS)를 탑재하여 한반도 내의 음성통신과 신호정보를 탐지하여 지상기지의 종합처리장비로 전송하며, '금강' 영상정보 수집기는 미국 록히드마틴의 영상레이더시스템(LAIRS-2)을 탑재하여 평양 이남의 지상에 있는 물체를 레이더로 탐지·식별하여 영상화할 수 있다. 수정된 레이더 영상 신호는 지상의 처리장비로 전송하여 영상 처리한다. LAIRS-2의 해상도는 0.3m 수준이어야 하나 실제 납입제품은 성능이 그에 미치지 못한다는 점이 국정감사에서 지적된 바 있다.

C-12 휴런 / RC-12 가드레일

Hawker Beechcraft **C-12 Huron / RC-12 Guardrail**

C-12F (비치 모델 B200C)

형식 쌍발 터보프롭 경수송기/전자전기
전폭 16.61m
전장 13.34m
전고 4.57m
최대이륙중량 5,670kg
엔진 PW 캐나다 PT6A-42 터보프롭 (850shp) × 2
최대속도 545km/h
실용상승한도 35,000피트
항속거리 2,205km
탑재량 6~8명 객실 탑승 최대 13명 탑승가능 객실 및 화물실은 여압실
승무원 2명
초도비행 1972년 10월 27일

개발배경

C-12는 비치크래프트사의 슈퍼 킹 에어 시리즈 항공기의 군용형이다. C-12의 각 형식들은 미 육군·공군·해군에서 사용했다. 커뮤터 기의 특성을 살려 C-12는 화물과 인력 수송, 의무후송 뿐만 아니라 전자전 임무 등 다양한 임무에 투입되었다.

특징

슈퍼 킹 에어 200시리즈를 처음 군에서 채용한 것은 1974년으로 미 육군이 C-12A를 장관급 장교의 연락용 기체로 도입했다. C-12A 90대를 도입한데 이어 1982년에는 미 해군이 랜딩기어를 강화한 UC-12B 66대를 도입했다.

한편, 비치사가 1979년부터 기초 설계를 시작한 20석 급의 컴퓨터 기인 비치 1900C의 군용형인 C-12J는 미 공군이 주방위군의 작전 지원기로 사용하던 콘베어 C-131의 후계기로 채택한다. 1986년 3월에 6대를 발주한 이후 1987년 9월부터 인도를 개시했으며, 마지막 기체를 1997년에 납입했다.

미 육군이 실시한 가드레일 사업의 플랫폼도 C-12였다. 미 육군은 C-12 플랫폼을 바탕으로 정보수집기를 제작했는데, 이에 따라 RC-12D/H/K/N/P/Q 등 다양한 버전의 기체가 제작되었다.

경수송기라고 하지만 VIP수송용으로 객실 내부는 매우 고급스럽게 꾸며져 있고, 병력수송용으로 사용할 경우 13석을 배치한다. 그 외 환자수송 시에는 6명을 들것에 실을 수 있고, 화물기로도 사용하도록 대형화물 취급문이 있어 단기간 내에 개조가 가능하다.

기체는 일부 장비가 미 공군 규격으로 바뀐 것 이외에는 기본적으로 민간형과 같다.

운용현황

C-12는 비치사로부터 총 499대를 도입했다. 그중 200대 정도는 미 육군·공군에서 경수송기로 사용했다. 약 90대는 미 해군·해병대의 수송용으로 사용했으며, 미 육군은 64대를 전자장비를 가득 실은 특수 용도로 사용해왔다. 현재 C-12는 순차적으로 퇴역하고 있으며 JCA로 교체할 예정이다.

비치 200/300/350 시리즈는 세계 각국의 공군에게 사랑받고 있어 영국, 이스라엘, 독일, 프랑스, 일본 등에서 사용하고 있다. 비치 1900C의 군용형은 이집트 공군과 대만 공군도 발주했다. 이집트 공군형 중 6대는 전자감시작전형이며 2대는 해상 감시형이다. 대만 공군용은 수송기이며 1988년 1월부터 인도를 개시했다.

변형 및 파생기종

C-12A	미 육군의 연락기. 비치크래프트 A200 모델을 기반으로 만들었다. 미 육군이 60대, 미 공군이 30대를 도입했다.
C-12C	C-12A의 개량형. PT6A-38 대신 PT6A-41 엔진을 장착했다. 미 육군이 14대를 도입했다.
C-12D	비치크래프드 A200CT의 군용형. 미 육군과 공군이 55대 도입했다.
C-12E	C-12A의 미 공군 개수형. PT6A-42으로 교체.
C-12F	공군의 작전지원기. 40대를 리스했다가 이후 구매. 육군이 20대, 주방위군이 6대 구입. 비치사의 B200C형이 바탕이나 유압식 랜딩기어 장착한 것이 차이점이다.
MC-12W	대테러전 수행을 위하여 미 공군이 2009년부터 도입한 감시정찰형. 킹에어 350/ER에 바탕을 둔 기체 370대를 도입했다.
RC 12D/H/K	비치의 A200CT 모델을 바탕으로 한 군용기. RC-12D 가드레일 V에는 USD-9 원격감청/탐지장치를 장착했다. 이외에도 TACAN, 무선데이터링크, ARW-83(V)5 공중중계기, 윙팁 ECM포드 등을 장비했다. C-12D를 개수하여 16대를 생산했으며, 추가로 6대를 RC-12H 가드레일 공통센서 기체로 도입했다. 한편 RC-12K형도 추가로 19대 도입했다.
RC-12N/P/Q	RC-12K의 항전장비 개수형. 레이시언이 K형 12대를 P형 사양으로, ESL과 로랄이 P형 3대를 Q형으로 개수했다. Q형은 위성통신연계 임무를 수행하는 기체로 1997년 인도했다.
UC-12B	미 해군 · 해병대가 도입한 비치 A200C모델이다. 78대를 도입했다.
UC-12F	범용수송용 기체. 1983년 미 육군과 주방위군에 각 6대씩 도입. 기본적으로 C-12F와 동일하다.
UC-12M	C-12F의 미 해군형. 12대 도입.

G550 CAEW

Israel Aircraft Industries(IAI) **G550 CAEW**

G550 CAEW

형식 쌍발 터보팬 공중 조기경보통제기
전폭 28.5m
전장 30m
전고 7.9m
최대이륙중량 41,277kg
엔진 롤스로이스 BR710 터보팬 (15,385파운드) × 2
최대속도 964km/h
실용상승한도 41,000피트 이상
항속거리 미상
승무원 조종사 2명 + 관제사

개발배경

이스라엘항공공산업(IAI)이 칠레 공군으로부터 주문을 받아 보잉 707을 개조하여 제작한 조기경계기로 엘타 일렉트로닉스사의 팰컨 AEW 시스템을 탑재하고 있다. 개조기(4X-JYI)는 1993년 5월 12일에 초도비행을 하고, 1993년 6월에 파리 에어쇼에서 공개되었다. 그리고 각종 시험을 거친 후 1994년에 칠레 공군에 인도되었다.

특징

EL/M-2075 팰컨 AEW 시스템은 AEW기의 주류인 E-2, E-3, A-50과 같은 로터돔 탑재형식과 달리 감시 레이더로 전자주사식 레이더를 사용하고 있다. 이에 따라 양 측면에는 길이 12m, 폭 2m, 두께 0.46m의 대형 평면 페어링을 부착했으며, 페어링은 후방 동체의 양 측면에도 장착이 가능하다. 또한 기수에는 지름 3m의 대형 레이돔을 장착했고, 꼬리부 아래쪽에도 6개의 레이더 안테나를 부착하여 결과적으로 360° 전방향 감시가 가능하다.

영국 공군의 조기경계기인 님로드 AEW3 역시 기수와 꼬리에 대형 레이더를 장착, 각각 180°씩 감시하도록 하여 360° 전방향 감시효과를 보았는데, IAI 팰컨 707도 여기에서 힌트를 얻은 것으로 보인다. 그러나 칠레 공군형은 후방 동체 좌우 측면의 페어링과 꼬리부의 6개 안테나가 없기 때문에 감시 범위는 260°로 제한되어 있다. 양 주익의 끝에는 페어링 속에 EL/L-8312 ESM을 장비하고 있다.

한편 IAI사는 자사의 AESA 레이더를 B-707 이외에도 보잉 747, C-130, Il-76과 같은 대형기뿐만 아니라 걸프스트림과 같은 비즈니스 제트기에도 장착 가능하다고 밝혀왔다. 그리고 이를 증명하듯 G550 CAEW(Conformal Airborne Early Warning)를 발표했다.

G550 CAEW는 걸프스트림의 장거리 비즈니스 제트기인 G550을 플랫폼으로 팰컨 레이더 발전형을 장착하고 있다. 특히 기수와 측면 등에 EL/W-2085 레이더패키지를 컨포멀 사양으로 기체에 내장하고 있다.

전자주사식 레이더를 장착한 AEW 기체로는 팰컨 이외에 보잉 707 AEW&C와 사브 340 AEW&C 등이 실용화되었는데 종래 레이더 형식의 기체와 비교할 때 성능 및 가격 면에서 이점이 큰 것으로 평가되고 있으며, 미 공군의 차기 조기경보기도 AESA 레이더를 장착할 예정이다.

운용현황

칠레 공군이 최초의 도입국으로 1대를 채용했으나 여러 가지 시스템 문제로 인하여 가동률이 낮은 것으로 전한다. IAI는 A310 탑재형을 호주에, B-767 탑재형을 한국에 제안한 바 있으며, 한국의 경우 걸프스트림 G550을 바탕으로 한 AEW&C를 제안했지만 결국 실패하고 말았다. 중국은 2000년에 IAI로부터 팰컨 시스템을 구매했으나 미국의 압력으로 거래가 무산되었다. 한편 인도는 팰컨 시스템 3세트를 구매하여 Il-76을 플랫폼으로 운용할 예정이다.

이스라엘도 G550 CAEW를 도입하기로 하고 2006년에 첫 기체를 인수하여 개조를 시작했다. 이스라엘은 G550 CAEW를 "에이탐(Eitam)"으로 명명하고 2006년부터 2008년까지 모두 3대를 도입했다. 이스라엘 이미 2005년 G550 1대를 인수하여 SIGINT(Signal Intelligence: 신호정보수집)기로 개수한 바 있다.

한편 싱가포르도 기존의 E-2C의 교체기종으로 G550 CAEW를 결정하여, 2009년 G550 CAEW 4대를 인수했다. 이외에도 미군이 G550을 C-37B라는 명칭으로 VIP 수송기로 운용하고 있으나, 이 기체는 IAI의 개조를 거치지 않은 걸프스트림 상용기체다. 미국 이외에도 터키, 스웨덴, 그리스, 쿠웨이트 등의 정부에서도 G500/550 시리즈를 VIP 수송기체로 사용하고 있다.

변형 및 파생기종

G550 CAEW | G550 걸프스트림의 조기경보기 모델. 엘타의 EL/W-2085 센서 패키지를 장착하였으며, 에이탐(Eitam)이란 이름으로 불린다.

G550 SEMA | G550 걸프스트림의 전자전 지원기 모델. SEMA는 Special Electronic Missions Aircraft(특수전자임무항공기)의 준말로, 전자전 지원장비의 통합을 IAI에서 담당했었다.

G550 급유기 | G550 걸프스트림의 공중급유기 모델. IAI에서는 G550의 공중급유기를 계획 중에 있다.

Il-38 메이

Ilyushin Il-38 May

Il-38

형식 4발 터보프롭 해상정찰/대잠초계기

전폭 37.42m

전장 39.60m

전고 10.16m

최대이륙중량 63,500kg

엔진 AL-20M 터보프롭 (4,250shp) × 4

최대속도 722km/h

실용상승한도 32,800피트

항속거리 7,200km

무장 전방과 후방의 내부 폭탄창에 호밍 어뢰, 소노부이, 핵/통상 폭뢰 탑재 가능

항전장비 "웨트아이"수색레이더, MAD 등

승무원 10명

초도비행 1967년

개발배경

Il-38은 터보프롭 여객기인 Il-18을 기반으로 개발한 대잠초계기다. 1960년대 구소련 최초로 디지털 컴퓨터를 이용한 수색/탐지 시스템인 베르쿠트 J밴드 레이더 시스템을 기수 아래에 탑재한 초계기 개발 지시가 일류신 설계국에 내려왔다. 이에 따라 1961년 9월에 Il-38의 프로토타입기가 초도비행을 했고 1965년에 생산이 시작되어 1967년에 해군 항공대에 취역했다.

비슷한 시기에 투폴레프 설계국에도 베르쿠트를 탑재한 초계기(Tu-142)의 개발 지시가 내려졌는데, 양 기체가 경쟁을 벌여 Il-38은 중거리 해역(해안에서 2,000km까지)의 초계를 담당하고 Tu-142는 장거리 해역(4,000km까지)의 초계를 담당하게 되었다.

특징

Il-38과 Il-18의 뚜렷한 차이점은 군용 장비 탑재에 따른 무게 중심의 변화에 대응하여 주익의 위치를 앞으로 옮긴 것이다. 또한 Il-38은 동체의 앞뒤에 폭탄창을 설치하고, 전방 동체 아래에 수색용 레이돔을 장비했다. 동체 꼬리에는 MAD(자기탐지장치)를 부착하여 전체 길이가 약 4m 늘어났다.

대잠초계기로 소노부이 발사관과 음향탐지 시스템을 갖추고 있으며, 폭탄창에는 어뢰·폭뢰·기뢰를 탑재한다.

57대를 생산하여 5대는 인도 해군에 수출했다. 1970년대 현대화 계획에 의하여 1대의 Il-38에 신형 수색탐지장비를 탑재하고, 공중급유장치를 추가하여 1973~1974년 중에 테스트를 실시했다. 그러나 예산부족으로 계획은 취소되고, 새로운 코순 시스템을 탑재한 TU-142 개량형을 개발했다.

운용현황

소련 해군은 1967년부터 50여 대의 Il-38을 수령했다. 러시아 해군은 현재까지도 26대를 운용 중인 것으로 알려졌다. 특히 2010년 12월 러시아의 Il-38이 동해에 등장하여 미일 해군연합훈련이 중단되기도 했다.

한편 Il-38의 유일한 해외 운용국인 인도는 1977년부터 중고기를 5대 도입하여 운용했으나, P-8I 넵튠을 교체기종으로 채택했다.

EC-130H 컴패스 콜 / EC-130J 코만도 솔로III

Lockheed Martin(Lockheed) EC-130H Compass Call / EC-130J Commando Solo III

EC-130J

형식 4발 터보프롭 특수임무 지원기

전폭 40.3m

전장 29.7m

전고 11.8m

최대이륙중량 74,390kg

엔진 롤스로이스 AE2100D3 터보프롭(6,000shp) × 4

최대속도 540km/h

실용상승한도 28,000피트

항속거리 4,260km

승무원 총 10명(정/부조종사, 비행시스템담당, 임무지휘관, 기상적재사, 전자통신담당 5명 등)

초도비행 1982년

개발배경

미 공군의 수송기로 당대 최대의 세력을 가진 C-130E는 여러 가지 특수기체로 개조되었는데, 이들 가운데 가장 많은 전자장비로 무장한 것이 바로 EC-130H 컴패스 콜이다. EC-130H 컴패스 콜은 전자전 공격과 지휘통제를 담당하는 기종으로 베트남전에서부터 걸프전까지 맹활약했던 EC-130E ABCCC(Airborne Battlefield Command & Control Center)의 뒤를 잇는 항공기다.

특징

EC-130H의 주임무는 적 통신망을 교란하여 아군에 대한 대처능력을 붕괴시키는 것으로 강력한 전자전 공격능력으로 아군과 동맹국군, 또는 특수전부대를 지원한다. 여기에 더하여 EC-130H는 전선지휘통제 임무도 수행한다.

한편 미 공군은 새로운 세대의 허큘리스인 C-130J를 바탕으로 한 EC-130J 코만도 솔로도 도입했다. "하늘의 방송국"이라고 부를 수 있는 EC-130J는 AM, FM, HF, TV 및 각종 군 통신 주파수대역에서 정보작전 및 민사심리전을 수행할 수 있는 능력을 가지고 있다.

EC-130J는 EC-121 코로넷 솔로(Coronet Solo)가 수행하던 역할을 이어받는 기종이다. 1980년대에는 EC-130H가 잠시 코로넷 솔로의 임무를 대신 수행하기도 했었는데, 이 기체는 발리언트 솔로로 불리며 그라나다 침공과 파나마 침공을 지원했다.

운용현황

EC-130H 컴패스 콜은 모두 14대가 운용되고 있으며 제41·43전자전비행대대에서 운용 중이다. EC-130H는 그나라다 침공, 파나마 침공, 걸프전 등에서부터 최근의 대테러 전쟁에 이르기까지 미군의 주요한 전쟁에서 전자전 공격 및 SEAD(적 방공망 제압) 임무지원 등 다양한 임무를 소화하고 있다.

EC-130J/SJ는 J형 3대와 SJ형 4대를 도입하여 미 공군 특수전사령부 예하 제193특수전비행단(주방위군 소속)에서 운용하고 있다. EC-130J는 배치와 동시에 걸프전, 보스니아 내전 등에 참가하여 민사심리전을 수행했고, 특히 걸프전에서는 "걸프만의 목소리" 방송을 통해 수많은 이라크 병사의 항복을 유도했다. 이후에도 아프간 대테러전쟁, 제2차 걸프전, 리비아 사태 등에 이르기까지 민사심리전의 핵심으로 활약했다.

변형 및 파생기종

EC-130H 컴패스 콜	전자전 공격 및 전장 지휘통제용으로 개조한 C-130 수송기. 적군 통신망에 대한 방해교란임무를 수행한다. 현재 블록20/30/35 업그레이드를 거친 기체들이 현역에 있으며, 대부분의 기체를 2012년까지 적의 조기경보레이더에 대한 전자전 공격능력을 갖추는 블록35 사양으로 개수할 예정이다. 주요임무 장비는 BAE가, 항공기 시스템 통합은 L3가 담당했다. 탑승원은 정/부조종사, 항법사, 항공기관사, 전자전요원 2명, 임무지휘관, 암호요원 4명, 획득요원, 항공정비사 등 13명이다. EC-130H는 F-16CJ와 EA-6B와 함께 미군 전자전 전력의 3대 작전기체이다.
EC-130J 코만도 솔로III	C-130J에 바탕을 둔 민사 정보작전기체. 각종 주파수대역으로 송출 가능한 전자장비를 갖추고 있다.
EC-130SJ 수퍼J	EC-130J를 바탕으로 특수부대 침투능력을 부여한 기체. HAHO/HALO 등 고공침투 임무에 사용할 수 있으며, JPADS(정밀유도낙하산) 투하임무에도 사용할 수 있다.

EP-3E 에리스Ⅱ

Lockheed Martin(Lockheed) EP-2E ARIES II

EP-3E

- 형식 쌍발 터보프롭 전자정보수집기
- 전폭 30.36m
- 전장 35.57m
- 전고 10.27m
- 최대이륙중량 63,394kg
- 엔진 롤스로이스 T-56-A-14 터보프롭(4,900shp) × 4
- 최대속도 746km/h
- 실용상승한도 28,300피트
- 항속거리 4,408km
- 항전장비 APS-134(V) 레이더, AN/ALD-9(V) 통신밴드 DF, AN/ALQ-108 IFF 재머, AN/ALR-44 ECM 수신기, AN/ALR-76 ES장비, AN/ALR-81(V) 레이더밴드 수신기, AN/ALR-82 신호감청 수신기, AN/ALR-84 레이더밴드 수신/처리장치, AN/ARR-81 통신정보 수신기, AN/ASQ-192 비화기, AN/AYK-14 메인 컴퓨터, AN/ULQ-16(V) 다중펄스 분석기, AN/URR-71 통신밴드 수신기, AN/URR-78, AN/USH-26 신호기록장치, AN/USH-33 데이터기록장치, AN/USH-34 신호기록/복제장치, IP-1159 펄스 분석기, IP-1515 시현기, MU-962 메모리 확장장치, OE-319 안테나 유닛, OE-320 DF 안테나, OM-75 신호복조기
- 승무원 조종인원 5명 + 신호정보수집 인원 15~19명
- 초도비행 1968년 9월 18일

개발배경

EP-3E는 해군의 유일한 신호정보수집/정찰기로 소위 말하는 "스파이 항공기"다. EP-3E는 기존의 해군 SIGINT 항공기인 EP-3B BATRACK과 EP-3E ARIES DEEPWELL을 대체하여 함대 신호정보 수집을 담당할 뿐만 아니라 실시간 통신/영상전송중계를 통하여 함대사령관의 결정에 핵심적인 정보를 제공한다.

특징

EP-3E는 ARIES Ⅱ라는 명칭으로 불리는데 ARIES는 공중정찰 통합전자시스템(Airborne Reconnaissance Integrated Electronic System)의 준말이다. 이름에서도 알 수 있듯이 EP-3E에는 각종 전자장비들이 가득 차있다. 주변국의 전파 · 통신 및 전투기 · 지상 레이더 · 함정 등의 전파 신호를 항공기 안에서 수집하고 또 분석해야 하므로 이는 당연한 일이다.

특히 EP-3E는 첨단기술을 요구하는 기체인 만큼 항전장비는 지속적으로 업그레이드되어왔다. 특히 센서체계 개선사업(Sensor System Improvement Program: SSIP)을 통해 스토리 텔러/스토리 북/스토리 클래식 통신시스템과 함께 AN/ULQ-16를 장착했다.

한편 2004년 중반부터 미 해군은 육군과 함께 공중공통센서(Aerial Common Sensor: ACS) 사업을 진행했는데, 이 사업에서 해군형 기체도 도입할 예정이어서 결국 EP-3E는 ACS로 교체되는 결과를 가져올 것으로 예상했으나, 이 사업은 2006년 종료되었다. 이에 따라 EP-3E는 일단은 2020년 이전까지 운용할 계획이나 결국 P-8A 플랫폼으로 바뀔 것으로 보인다.

운용현황

미 해군은 모두 12대의 P-3C를 EP-3 사양으로 개조하여 사용해왔으며 현재 11대를 운용하고 있다. EP-3E는 보이지 않는 곳에서 비밀감청임무를 수행하면서 눈에 띄지 않는 역할을 수행해왔다. 특히 1993년 모가디슈 총격전에서는 작전본부로 추락한 헬기의 영상을 실시간으로 전송하는 등 뛰어난 능력을 과시했다.

EP-3E는 2001년 4월 1일 하이난다오(海南島) 사건으로 인해 일반의 주목을 받게 되었다. 오키나와 공군기지에서 출격하여 괴선박을 추적하던 EP-3E는 6시간의 임무를 마치고 귀환하던 도중, 요격에 나선 중국 해군항공대의 J-8 편대와 마주치게 되었다. J-8 한 대와 EP-3E가 충돌하면서 J-8 전투기는 두 동강이 나고 조종사는 사망했다.

이로 인해 EP-3E는 하이난에 강제착륙하고 기체와 조종사들은 중국 측에 억류당했다. 한편 조종사와 탑승원들은 첩보장비로 가득한 기체의 비밀을 지키기 위해 착륙과 동시에 기내의 모든 민감한 장비를 파괴했다고 한다. 탑승원들이 먼저 미국으로 송환되었으며 기체는 분해된 이후 미국으로 옮겨져 재조립된 이후 다시 일선으로 복귀했다고 한다.

P-3 오라이언

Lockheed Martin **P-3 Orion**

P-3C Orion update III

형식 4발 터보프롭 장거리 해상작전기/대잠초계기
전폭 30.37m
전장 35.61m
전고 10.27m
최대이륙중량 64,410kg
엔진 롤스로이스 T-56-A-14 터보프롭(4,910shp) × 4
최대속도 761km/h
실용상승한도 28,300피트
작전행동반경 4,407km
무장 AGM-84 하푼, AGM-84E SLAM, AGM-84H/K SLAM-ER/EER, AGM-65F 매버릭 등 각종 미사일 Mk 62/65 퀵스트라이크 기뢰 총 9,072kg 의 무장 탑재 가능
항전장비 APS-137(V)5 ISAR, AAS-6 IRDS, ALR-66 ESM 등
승무원 12명
초도비행 1958년 8월 19일 (시제기 YP3V-1)

개발배경

P-3 오라이언은 1960년대에 실용화한 대형 대잠초계기로 현재까지 세계 각국에서 주력 대잠작전(Anti-Submarine Warfare: ASW) 항공기로 사용하고 있다. 1975년 8월 미 해군이 P-2V 넵튠 후계기종 선정사업을 시작하자 록히드사는 당시 개발 중이던 L-188 엘렉트라 4발 터보프롭 여객기의 발전형을 제시하여 1958년 4월에 선정되었다.

엘렉트라 3호기를 개조한 항공역학 테스트기가 1958년 8월 19일에 첫 비행을 했으며, 프로토타입인 YP3V-1(YP-3A)은 1959년 11월 25일 첫 비행에 성공했다. 양산형인 P-3A의 실전부대 배치는 1962년 8월에 시작하여 1964년까지 157대를 인도하는 등 개발에서 부대배치까지 진행이 신속하게 이루어졌다. 1965년에는 엔진을 파워업한 P-3B의 배치를 시작하여 모두 144대를 생산했으며, 호주(10대), 뉴질랜드(5대), 노르웨이(5대)에도 수출했다.

특징

P-3A/B는 넵튠과 비교할 때 항속력과 ASW 장비/승무원의 수용능력이 증가했으며 여압캐빈을 채택하여 거주성이 향상되어 작전 능력을 강화했다. 그러나 액티브/패시브 음향탐지 시스템과 같은 ASW 장비는 SP-2H와 크게 다른 것이 없다. 미 해군이 P-3C를 배치함에 따라 P-3A/B는 예비역으로 물러났다.

프로토타입인 YP-3C는 1968년 9월부터 테스트를 시작했으며, 양산형 P-3C는 다음해 9월부터 부대배치를 시작하여 모두 118대를 인도했다. P-3C는 운용기간 동안 꾸준히 개수 작업을 계속하여 1975년 1월 P-3C 업데이트 I, 1977년 8월부터 업데이트 II, 1981년 5월부터 업데이트 II.5가 배치되었다. 1984년 5월부터는 P-3C의 최종 모델인 업데이트 III의 인도를 시작하여 1990년 4월 17일에 미 해군에 최종호기(P-3C, 266호기)를 인도했다.

한편 1983~1984년 중에 록히드가 P-3C 생산공장을 캘리포니아 주 버뱅크에서 팜데일로 이전하면서 일시적으로 생산이 중단되었다. 그러나 1990년에는 다시 조지아 주 마리에타로 이전하면서 대한민국 해군형 P-3C 8대를 생산했으며 1호기를 1995년 6월 28일 출고했다. 그러나 한국 해군형 생산이 끝난 후 생산라인은 다시 폐쇄했다.

미 해군은 P-3C의 발달형인 P-7A, P-3C 업데이트, P-3H 오라이언 II의 개발계획을 추진했으나 냉전 종식 후 국방예산 감소로 모두 취소되었다. 그러나 미 해군은 현재 보유하고 있는 P-3C 업데이트 III/IIIR을 P-8A 포세이돈으로 교체할 예정이다.

운용현황

미 해군은 1969년부터 P-3 시리즈를 무려 500여 대 가까이 도입했으며, 꾸준한 개수를 통해 현대화를 추구해왔다. 현재 오랜 기령으로 인해 수명평가를 하고 있으며, 2010년에는 130대 수준으로 축소한 바 있다. 1991년에는 무려 24개였던 P-3C 비행대대는 현재 그 절반인 12개에 지나지 않는다. 수출형 P-3C는 대한민국 해군(16대: P-3C 8대, P-3CK 8대)을 비롯하여 이란(P-3F, 6대), 호주(20대), 캐나다(CP-140 14대/CP-140A 3대), 일본(3대), 네덜란드(13대), 노르웨이(4대), 파키스탄(3대) 등에 80여 대를 수출했으며 태국 해군은 P-3A 6대를 구입하여 P/UP-3T(2대는 스페어 보관용)로 사용하고 있다. 한편, 일본 해상자위대는 1995년까지 P-3C II.5/III/IIIT 102대를 도입(99대는 가와사키 중공업이 생산)했으며 SIGINT기인 EP-3 4대와 함대 훈련지원기인 UP-3을 4대를 도입했다.

변형 및 파생기종

P-3A | 초도양산형. 157대 생산.

TP-3A | 훈련용 기체. P-3A에서 대잠장비를 제거하고 12대를 개수했다.

UP-3A | 수송용 P-3A. 38대를 개수했다. 또한 VIP/참모 수송기도 5대를 추가로 개수했다.

WP-3A | 기상정찰기. 4대 개수.

P-3B | 2차 양산형.

P-3C | 3차 양산형. ASQ-114 디지털 컴퓨터를 탑재하여 각종 센서로부터 얻은 정보를 처리, 기억하는 A-NEW라고 불리는 시스템을 도입했으며, 음향 센서도 AQA-7(V) DIFAR(지향성 주파수 분석/기록 시스템)을 탑재하여 최대 31개의 소노부이를 동시에 모니터(A/B형은 최대 6개가 한계)할 수 있게 하는 등 ASW 작전 능력이 비약적으로 향상되었다. 또한 P-3C의 레이더는 360° 전체를 커버할 수 있는 APS-115를 장착하고 있으며 ALQ-78 ESM과 AXR-13 저광량 TV 카메라가 포드식으로 장착되어 있다. 118대 생산.

P-3C 업데이트 I | 개량형. 컴퓨터 메모리 용량과 처리 능력을 강화했다. 31대 생산.

P-3C 업데이트 II | 센서 및 무장 개량형. AGM-84 하푼 미사일 탑재가 가능하고, AXR-13 대신 AAS-6 IRDS(적외선 탐지 시스템)를 기수 아래에 장착했다. 44대 생산.

P-3C 업데이트 II.5 | 항법장비와 대잠수함 통신능력을 강화한 개량형. 24대 생산.

P-3C 업데이트 III | 항전장비와 무장을 강화한 현대화 개수형. 50대 생산. 디젤잠수함 성능이 향상됨에 따라 업데이트의 필요성이 커져 유닉스의 ASQ-212 미션 컴퓨터를 도입하고, AIP(대수상작전능력강화사업)에 따른 APS-137(V)5 ISAR 레이더를 탑재하여 지표면 영상화 능력을 추가했다. AGM-65 매버릭 미사일을 운용할 수 있는 장거리 광전자 센서를 탑재하고, ALR-66 ESM, 새로운 UYS-1 ASP(음향 신호처리) 시스템, 기체 부식방지 장비 등을 추가했다. 기존 P-3C도 같은 사양으로 개조하여 업데이트 III R로 불리고 있다.

S-3 바이킹

Lockheed Martin(Lockheed) **S-3 Viking**

S-3B Viking
형식 쌍발 터보팬 대잠 전투기
전폭 20.93m
전장 16.26m
전고 6.23m
최대이륙중량 23,832kg
엔진 GE TF34-GE-2 터보팬(9,275파운드)×2
최대속도 814km/h
실용상승한도 35,000피트
항속거리 5,558km
적재중량 3,175kg
승무원 4명
초도비행 1972년 2월 20일

개발배경

대잠기 분야의 명문인 록히드사가 함상기 개발에 경험이 많은 LTV의 협조를 얻어 S-2 트래커의 후계기 계획인 VSX에 따라 개발한 세계 최초의 제트함상ASW기이다. S-3은 개발형인 YS-3 단계가 없이 직접 양산형을 개발하여 일정을 단축한 것으로 유명하며, 1972년 1월에 1호기가 첫 비행을 하고 1974년 2월부터 부대배치를 시작했다. 1978년까지 모두 187대를 생산하여 14개 대잠비행대(VS)에 배치했다.

특징

S-3A는 항모 운용에 적합한 최소 크기에 최대 강도로 설계했으며, 내부에는 소노부이 리시버/프로세서 같은 음향 센서와 레이더, ESM, MAD, FLIR와 같은 비음향센서가 유니백사제 AYK-10GPDC(범용 디지털컴퓨터)와 연결되어 있다. 주익은 항속성능 및 저속 특성을 고려하여 애스펙트비가 크고 후퇴각은 작게(25% 익현에서 15°) 설계했으며, 앞전과 뒷전 폭의 80%를 플랩 설치 공간으로 할애했다.

조종실 뒤에는 조종사, 부조종사 겸 비음향센서 조작원이 자리 잡고 그 뒤쪽에 TACCO(전술운영요원)와 SENSO(음향센서 조작원)가 나란히 자리 잡는다. 캐빈 뒤쪽은 전자장비실이며 그 아래 앞쪽에는 폭탄창, 뒤쪽에는 소노부이 슈트를 설치했다.

1981년 미 해군은 S-3A의 WSIP(무장 시스템 개량계획) 개발을 록히드사에 발주하여 시험 개조한 S-3B 1호기가 1984년 9월에 첫 비행을 했으며, 그 후 121대분의 개조 부품이 1994년까지 인도되었다.

S-3B는 고성능 음향 정보처리 시스템 UYS-1 프로튜스, 역합성개구형 레이더 APS-137을 채택하여 P-3C에 버금가는 성능을 갖추게 되었으며, ESM과 ECM 장비를 개량하고, AGM-84 하푼 미사일 운용 능력을 추가했다. 미 해군이 항모 탑재기들의 다용도성을 추구하면서 S-3B도 하푼 이외에 SLAM 및 Mk 82 범용폭탄을 탑재하고 대지공격임무나 공중급유(버디 급유방식)임무도 담당하게 되었다.

운용현황

미 해군에서 S-3B는 2009년 1월 마지막 비행대대를 해체함으로써 현역에서 물러났으며, 잔존 기체들은 보존처리되었다. 특히 A-6 인트루더와 A-7 코르세어Ⅱ가 퇴역한 이후 슈퍼 호넷이 도입되기 전까지는 항모 내에서 유일하게 공중급유임무를 수행할 수 있는 기체였다.

걸프전에서 S-3B는 대잠임무 대신 매버릭을 장착하고 대지공격임무를 수행했으며, ADM-141 TALD 디코이를 운용했다. 이후 코소보전과 아프간전, 2차 걸프전에서도 계속 활약했다.

한편 대한민국 해군은 제한된 예산하에 P-3 초계기 전력을 보강하기 위하여, 18대의 S-3B 구매에 관심을 표하고 있다.

변형 및 파생기종

S-3A	초도양산형. 186대 생산.
S-3B	항전장비 개수형. S-3A로부터 119대를 개수했다. AN/APS-137 ISAR, JTIDS 등을 장착하고 AGM-84 하푼 발사능력을 부여했다. 1984년 9월 13일에 초도비행을 했다.
ES-3A 섀도우	전자전 지원기. APS-137 ISAR을 장착했다. S-3A에서 총 16대를 개수했으며, 1991년 5월 15일 초도비행을 했다. 2개 비행대대가 창설되어 EA-6B처럼 함상 ELINT 임무를 수행했으나 1998~1999년 모두 퇴역했다.
KS-3A	공중급유기 제안형. YS-3A를 바탕으로 1대를 제작했다. 급유용 연료 16,600ℓ를 탑재할 수 있다.
KS-3B	S-3B를 기반으로 한 버디 급유식 공중급유기 제안형.
US-3A	승객 6명을 태울 수 있는 함상연락기. 1998년에 퇴역했다.

E-2 호크아이

Northrop Gruman(Gruman) **E-2 Hawkeye**

E-2C

형식 쌍발 터보프롭 함상 조기경보기
전폭 24.56m
전장 17.54m
전고 5.58m
주익면적 65.03㎡
최대이륙중량 24,687kg
엔진 롤스로이스 T56-A-427 터보프롭(5,100shp) × 2
최대속도 626km/h
실용상승한도 38,000피트
항속거리 2,854km
항전장비 APS-145, APX-100, ALQ-217, JTIDS
승무원 조종사 2명 + 관제사 3명
초도비행 1960년 10월 21일
1971년 1월 20일 (YE-2C)
2007년 8월 3일 (E-2D)

개발배경

세계 최초이자 유일하게 처음 설계 단계부터 공중조기경보(Airborne Early Warning: AEW) 전용기로 설계한 미 해군의 함상 AEW기가 바로 E-2 호크아이다. 그러먼사는 제2차 세계대전 때부터 AEW기에 관한 풍부한 경험과 실적을 쌓아왔으며, 1956년 12월에 동체 상부에 커다란 고정식 레이돔을 설치한 E-1B(WF-2) 트레이서를 개발하여 1960년에 실전배치함으로써 본격적인 미 해군의 함상 AEW 시대를 열었다.

특징

E-2는 함정에 장비된 NTDS(Naval Tactical Date System)와 대응하는 ATDS(Airborne Tactical Date System)의 공중 플랫폼으로써 1956년에 구상을 시작하여 1959년 3월에 그루먼사를 개발사로 선정했다(구명칭 W2F-1). E-2가 성공할 수 있었던 것은 UHF 레이더와 고공에서 저공에 이르는 목표물을 포착할 수 있는 이동목표 표시(넌코히런트 MTI) 기술의 개발로 가능했다.

TV에서도 사용하는 UHF 주파수 대역은 안테나가 크지 않고 해면 클러터 제거가 쉬운 장점이 있다. 직경 7.32m, 두께 0.76m의 회전식 레이돔 가운데에 안테나가 들어있으며 돔 자체는 10초에 1회 회전한다. 레이더는 멀티패스(해면을 경유하는 발사)를 이용하여 목표의 고도를 측정할 수 있으며 지지빔이 기체에 고정되어 있지 않기 때문에 E-3과 달리 레이더 작동 중에는 뱅크각이 없는 선회비행(플랫턴)을 요구한다.

레이더를 탑재한 기체로서 함상기의 제한규격을 만족시키기 위하여 대형 수직 미익을 포기하고 4장으로 쪼개어 수평미익 위에 설치하는 아이디어를 짜내기도 했다. 가는 동체의 가운데 부분에는 3명의 레이더 조작요원이 회전식 좌석에 앉아서 좌측의 콘솔에 나타난 정보를 처리하도록 배치했다. 또한 함상기로서 캐터펄트 사출을 위해 최초로 런치바 방식을 채택했다.

E-2A의 항공역학 실험용 1호기는 1960년 10월 21일에, 전자장비 실험용인 3호기는 1961년 4월 19일에 첫 비행을 했다. 한편 E-2C 1호기가 1972년 9월에 초도비행을 했다. 그 후의 생산형은 탑재 전자장비를 개량했음에도 계속 E-2C형으로 불리지만, 크게 그룹 0/1/2로 구분한다.

레이더의 기본 형식과 UHF 대역에 변화가 없음에도 APS-96, 111, 120, 125, 138, 139, 145의 순서로 발전했다. 개량작업의 핵심은 육지 상공 목표물의 처리, 복잡하고 강력한 그라운드 클러터 환경에서의 이동하는 목표물 탐지 및 추적이며, 추적작업도 수동에서 자동으로 개량되었다. 기존 양산기에도 꾸준히 신형 레이더 장착 개수작업을 진행하고 있다.

한편 E-2C의 기체에는 수동탐지시스템(PDS)을 장비했으며 전방 동체 위에는 전자장비 냉각용 공기흡입구를 대형화하여 E-2A/B형과 쉽게 구별할 수 있다.

E-2 호크아이 시리즈는 미 해군 함대의 눈으로서 그 중요성을 인정받아 21세기에도 계속 획득할 예정이다. E-2D는 2010년부터 인도를 시작했으나, 초도작전능력은 2014년쯤 인증될 예정으로 알려졌다.

운용현황

E-2A는 1964년 1월부터 부대배치를 시작했고, 1965년 10월에는 항모에 전개하여 베트남 전쟁에 투입되었다. 미 해군의 E-2C 조달사업은 1994년 3월에 통산 139호기(시제기 2대를 포함)로 일단 종료하나 1994년 말 36대를 추가 발주하

여 2007년에 마지막 기체를 받아 총 176대를 도입했다. 또한 미 해군은 E-2D 어드밴스트 호크아이를 75대 도입할 예정이다.
미국 이외의 이스라엘(4), 이집트(6), 싱가포르(4), 프랑스(2), 일본 항공자위대(13)에서 E-2C를 채용했으며, 1997년부터 인도한 프랑스 수출형 이외에는 그룹 0에 속한다. 한편 대만은 E-2B를 개수하여 APS-138을 장비한 개량형을 E-2T란 명칭으로 1995년부터 4대 인수했다. 일본 항공자위대는 보잉 E-3의 높은 가격에 따라 구입을 포기하고 대신 1979년에 E-2C 채용을 결정했다. 부대배치는 1983년부터 시작했으며 1994년까지 13대를 구입하여 경계항공대를 편성했다.

변형 및 파생기종

E-2A | 초도양산형. APS-96 레이더 탑재. 59대 생산.

E-2B | E-2A의 개수형. 베트남 전쟁에서 무더운 날씨 때문에 전자장비가 잦은 고장을 일으킴에 따라 개수. 1967~1971년 신뢰성 향상사업을 통해 아날로그 컴퓨터를 리튼 L-304 범용 디지털 컴퓨터로 교체했다. A형 중 52대를 개수.

E-2C 그룹0 | 호크아이의 발전형. 처음에는 APS-120 레이더를 탑재했으나 신호를 디지털 처리하는 APS-125, APS-138 레이더로 교체했다. 100대 생산.

E-2C 그룹1 | APS-139 레이더와 출력을 5100shp로 강화한 T56-A-427 엔진을 장착했으며 1988년에 실전배치. 18대 생산.

E-2C 그룹2 | 20년간의 AEW 기술을 집적한 대규모 개수사업. 사이드로브를 줄인 TRAC-A(Total Radiation Aperture Control Antenna)의 APS-145 레이더를 장착하여 수평선 너머 560km까지 탐지할 수 있으며 약 2,500km³의 공간을 수색하여 2,000개 이상의 목표를 가동적으로 탐지·추적하며 동시에 40개 이상의 목표물을 요격관제할 수 있다. 이외에도 APX-100 IFF, ALQ-217 ESM, JTIDS 등을 장착했다. 또한 CEC(협동교전능력)를 위한 항전장비를 갖추고 있다.

E-2C+ | NP2000 디지털 제어식 8엽 프로펠러를 장착하는 모델로 2001년에 초도비행에 성공했으며, E-2C 뿐만 아니라 C-2A 전기종에 적용할 예정이다.

E-2D AHE | E-2를 바탕으로 제작한 호크아이의 21세기형. 전구 항공 미사일방어(TAMD) 작전에 투입할 수 있도록 전장 상황인식 능력을 향상하는 것이 사업의 핵심. APY-9 AESA 레이더를 장착하고 2011년부터 해군에 인도하기 시작했다. 75대 생산 예정.

RF-5E

Northrop Gruman(Northrop) **RF-5E**

RF-5E

형식 쌍발 터보젯 정찰기
전폭 8.13m
전장 14.45m
전고 4.07m
주익면적 17.3㎡
자체중량 4,410kg
최대이륙중량 11,214kg
엔진 GE J85-GE-21B 터보젯(5,000파운드) x 2
최대속도 마하 1.64
실용상승한도 51,800피트
전투행동반경 1,405km
승무원 1명
초도비행 1972년 8월 11일 (F-5E)

개발배경

경량급 전투기의 베스트셀러인 F-5E의 기수부분을 개조하여 각종 정찰장비를 탑재한 전술정찰기다. 12대를 생산하여 말레이시아 공군(2대)과 사우디아라비아 공군(10대)에 인도했으나, 89대나 생산했던 RF-5A와 비교할 때 상업적으로 크게 성공하지는 못했다.

특징

RF-5E의 특징은 정찰장비를 팔레트에 탑재하기 때문에 임무에 따라 신속하게 교환이 가능하도록 설계했다는 점이다. 탑재 정찰장비로는 가시광선용 카메라에 KS-87B 시리얼 프레임 카메라, KA-56E(저고도용), KA-95B(중고도용), KA-93B(고고도용) 등 3가지 종류의 파노라믹 카메라를 장착할 수 있으며, KS-147A 장거리 사각 촬영용(LOROP) 카메라 및 RS-710E 적외선 라인 스캐너 등을 장비할 수 있어 성능면에서는 RF-4C의 90%에 해당하는 능력을 갖추고 있다.

걸프전 당시에도 사우디아라비아 공군의 RF-5E(LOROP 탑재형) 4대가 참전하여 다국적군의 전술정찰기 부족 현상을 메워 주었다. 현재 전방 및 하방 감시 적외선 스캐너, 측방 감시 레이더(SLAR), 측방감시 멀티모드 레이더(SLAMMR)를 탑재하고 비디오카메라를 베이스로 한 데이터링크를 구성하여 실시간으로 정보입수가 가능한 화상전송 시스템의 탑재를 검토하고 있다.

RF-5E는 목표조준 레이더 및 기관포 1문 대신 0.74㎥의 정찰장비 탑재공간을 확보한 것 이외에는 F-5E와 무장 탑재력이 동일하며 3개의 외부연료탱크를 탑재한 상태에서 2발의 방어용 AIM-9 사이드와인더 미사일을 탑재할 수 있다.

RF-5E는 제한적인 사진정찰능력을 지닌 RF-5A 보다 성능면에서 크게 향상되었다. 생산 종료 이후에도 싱가포르 공군은 1990년부터 3년에 걸쳐 노스럽사의 기술협조로 F-5S 8대를 RF-5S로 개수했다. 또한 싱가포르 공군의 성공적인 개수 작업을 지켜본 대만 공군도 10대의 F-5E를 RF-5E 타이거게이저로 개수했다.

운용현황

RF-5E는 대만, 말레이시아, 사우디아라비아, 이란 등에서 운용 중이며 싱가포르는 RF-5S를 운용하고 있다.

미국 | 레이시언 |

ASTOR 센티넬 R1

Raytheon **ASTOR Sentinel R1**

ASTOR

형식 쌍발 터보팬 중형 전장정찰기
전폭 28.51m
전장 30.31m
전고 8.23m
최대이륙중량 43,500kg
엔진 롤스로이스 BR710 (17,000파운드) × 2
최대속도 895km/h
실용상승한도 50,000피트
항속거리 12,000km
항전장비 SAR-MTI, NDLS, CDL
승무원 조종인원 2명 + 임무인원 3명
초도비행 2004년 5월 26일

개발배경

1999년 봄 레이시언은 영국 정부로부터 13억 달러 규모의 계약을 수주하여 공중원격레이더(Airborne Stand Off Radar: ASTOR) 사업자로 지정되었다. ASTOR 사업은 전장 감시를 위해 미군의 조인트스타즈와 같은 공대지 레이더를 탑재한 감시 항공기를 도입하는 사업이다. 레이시언은 록히드마틴-BAE 시스템즈 팀, 노스럽그러먼과 같은 유수한 경쟁사를 제치고 ASTOR의 사업자로 선정되었다.
미국의 조인트스타즈처럼 ASTOR 사업도 영국 육군과 공군의 공동사업으로, 1980년대 유럽 중부의 소련군 이동상황을 감시하는 CASTOR(Corps Airborne Standoff Radar) 사업이 그 기원이었다. 소련의 붕괴로 사업은 방향을 잃었지만 걸프전 당시 미군의 조인트스타즈 활용 사례를 본 영국은 다시 사업을 부활시켰다.

특징

ASTOR의 플랫폼이 되는 항공기는 밤버디어의 글로벌 익스프레스 비즈니스 제트기다. 한때는 걸프스트림V 혹은 EJR-145를 플랫폼으로 고려하기도 했지만 결국 넓은 캐빈과 충분한 전력여분을 가진 글로벌 익스프레스를 채택했다.
ASTOR의 핵심은 SAR-MTI(Synthetic Aperture Radar-Moving Target Indicator) 시스템으로 U-2에도 사용한 ASARS-Ⅱ(Advanced Synthetic Aperture Radar Type 23) 레이더 시스템의 업그레이드 버전이다. 데이터링크로는 Ku밴드와 L밴드를 채용했으며, L-3 커뮤니케이션의 NCCT(Network Centric Collaborative Targeting) 패키지를 통해 정보를 통합했다.
한편 ASTOR는 시스템 운용을 위해 3명의 탑승원을 필요로 하는데, 조인트스타즈가 17명을 요하는데 비하여 매우 적은 수다. 이는 기술의 발달로 자동화 비율이 증가했을 뿐만 아니라 데이터를 지상국에서 동시에 처리하기 때문이라고 한다. ASTOR는 슈타이어 6륜 구동 기동차량에 기반한 이동 지상국 2개와 동시에 운용한다.

운용현황

영국 공군은 모두 5대의 ASTOR 항공기를 도입했으며, 영국군 제식명은 센티넬 R1(Sentinel Reconnaissance Mk1)이다. 1호기는 2007년 6월 영국 공군에 인도되었는데, 2010년 영국 국방성은 아프간 파병이 끝나면 높은 유지비용을 소요하는 센티넬을 퇴역시키겠다고 발표했다.

S100B 아거스

Saab **S100B Argus**

S100B

형식 쌍발 터보프롭 공중 조기경보통제기
전폭 21.44m
전장 20.57m
전고 6.97m
최대이륙중량 13,155kg
엔진 GE CT7-9B 터보프롭 (1,750shp) × 2
최대속도 467km/h
실용상승한도 25,000피트
항속거리 1,732km
승무원 조종인원 2명 + 관제사 3명
초도비행 1994년 1월 17일

개발배경

사브 340 AEW&C는 사브 340B 커뮤터기를 베이스로 개발한 저가의 공중조기경보통제기(AEW&C)다. 레이더로는 에릭슨사가 1985년부터 개발한 PS-890 에리아이(Erieye) 공중조기경보 레이더를 장착했다. 이미 사브 340B는 스웨덴 공군이 범용수송기로 사용하는 기체이기 때문에 도입에 별다른 문제는 없었다. 사브 340B AEW&C는 1993년 2월에 발주하여 1994년 1월 17일에 초도비행을 했다.

특징

상부에 레이더를 장착했기 때문에 발생하는 방향 안정성 저하를 막기 위하여 사브 340B AEW&C 꼬리부분에는 2매의 대형 벤트럴 핀을 부착했다. 또한 전자장비의 전원공급과 냉각을 위하여 동체 끝에 사브 2000처럼 APU를 장비하고 있다.

PS-890 에리아이는 S밴드의 측방감시공중레이더(SLAR)이다. 에리아이는 100개의 방사소자를 지닌 전자주사식 레이더로서 합성개구레이더(SAR)와 같은 리얼빔 방식을 사용한다. 주사 범위는 좌우 110°, 상하 10°이며 전투기 크기의 목표를 350km 거리에서 탐지할 수 있어 조기경보임무를 수행하기에 충분한 능력을 지니고 있다. 가늘고 긴 상자형 안테나 페어링은 길이 약 9m로 완전 솔리드 스테이트화 되어 있으며 안테나의 무게는 900kg에 불과하다. 이 시스템은 메트로 3 정도의 기체에도 탑재할 수 있기 때문에 탑재범위가 넓다.

최고 속도는 485km/h 이하로 정해놓고 있으며 180km 떨어진 초계 지점에서 7~9시간 동안 머물면서 초계 임무를 수행할 수 있다. 또한 주익 아래에 보조 탱크를 장착하면 1.5시간 정도 비행시간을 연장할 수 있다.

기내에는 3명의 승무원이 레이더를 조작하며 수정한 데이터는 UHF/VHF 데이터링크(4800bps)를 통하여 지상의 관제소에 송신하며, 요격기에 대한 관제는 원칙적으로 지상에서 하도록 되어 있다. 스웨덴 공군은 사브 340B AEW&C의 채용을 결정하고 1993년 12월 계약을 체결했다. 스웨덴 공군이 새로운 AEW&C에 부여한 명칭은 S100B(시스템명은 FSR890)다.

운용현황

스웨덴 공군은 사브 S100B 6대를 1995년부터 도입하기 시작하여 현재 운용하고 있다. 한편 S100B 중 2대는 그리스 공군에게 임대하여 EMB-145 AEW&C가 배치되기 전인 2003년까지 운용된 바 있다. 또한 태국이 2대를 주문하여 2011년 8월에 1대를 운용하기 시작했고, UAE도 2대를 주문한 상태다.

PART 4

TRAINER AIRCRAFT

훈련기

냉전 종식 및 전 세계적인 군비 축소로 인하여 전투임무기의 개발이 주춤한 것과는 대조적으로 훈련기 분야는 신형 개발이 활발하게 이루어지고 있다. 훈련기는 어느 나라건 보유하고 있고 전체 보유 수량에서 차지하는 비중도 크다. 이는 훈련기가 전투기처럼 돋보이는 존재는 아니지만 평시든 전시든 상관없이 존재 가치가 높으며, 특히 전투기 등의 일선 조종사 양성에 필수적인 기체이기 때문이다. 특히 기종의 특성상 초급 훈련기나 중급 훈련기는 조금만 노력하면 중소국가에서도 개발이 가능하기 때문에 현재 초·중등훈련기 시장은 전성기를 맞이하고 있다.

훈련기는 기종 자체의 성능만으로는 좋고 나쁘다는 평가를 직접 내리기 어려운 특징이 있다. 훈련기 조종이 너무 어려우면 초보자에게는 위험하며, 조종이 너무 쉬우면 기량 연마에 부적당하기 때문이다. 조종사의 훈련은 일반적으로 초등·중등·고등 비행훈련의 각 단계별로 진행하지만, 예산 절감을 위해 상당수 국가는 초·중등 및 고등 과정으로 구성된 2단계 훈련 과정을 선호하고 있으며, 훈련기도 그 용도에 맞게 제작되고 있다.

초·중등과정에서는 주로 사용하는 훈련기는 고(高)마력의 터보프롭 훈련기로 쇼츠 투카노, 필라투스 PC-7/9, 한국우주항공산업 KT-1 등이 있다. 이들 가운데 가장 최신형 기체인 KT-1은 쇼츠나 필라투스의 경쟁기종보다 우수한 비행성능을 바탕으로 터키와 인도네시아에 수출하는 등 앞으로 전망이 밝다. 터보프롭 훈련기는 슈퍼투카노와 KA-1의 경우에서처럼 대게릴라전이나 전선통제 등의 임무를 수행할 수 있어 상황에 따라 유용한 전력으로 활용할 수 있다는 장점도 있다.

한편 고등 전환훈련과정에서는 아음속의 제트기를 사용하여 알파젯이나 호크, T-38 등이 굳게 자리를 지켜왔다. 그러나 기체 노후화에 따라 이들을 대체할 기종으로 러시아, 중국의 동구권 기체로 Yak-130, MiG-AT, L-15 등이 개발되었으며, 서구 사양의 기체로는 아에르마키의 M346과 한국우주항공산업의 T/TA-50이 등장했다. 한편 오랜 기간 베스트셀러로 경공격기 등으로도 영역을 넓혔던 호크도 신형 기체를 선보이면서 터보팬 고등훈련기 시장이 후끈 달아오르고 있다. 특히 고등훈련기는 항전장비와 무장을 장착할 수 있어 주력 전투기를 보조하는 2선급 지원전투기로서도 손색이 없다.

KT-1 웅비

Korea Aerospace Industries (KAI) **KT-1**

KT-1

형식 단발 터보프롭 복좌 훈련기

전폭 10.60m

전장 10.26m

전고 3.67m

주익면적 16.01㎡

자체중량 1,910kg

최대이륙중량 2,540kg(무장시 3,311kg)

엔진 PT6A-62 터보프롭(950shp) x 1

최대속도 574km/h

실용상승한도 38,000피트

최대항속거리 1,688km

승무원 2명

초도비행 1991년 12월 12일(시제 1호기)

개발배경

대한민국 정부는 1980년대 초 제공호를 면허생산하면서 축적한 항공기 제작기술을 바탕으로 항공산업을 육성할 방안을 찾고 있었다. 이 과정에서 비교적 기술 난이도가 낮은 저속 훈련/지원기를 개발대상으로 확정하고 1986년부터 개념연구에 착수했다. 연구 결과 복좌 터보프롭 항공기를 대상으로 정하고 1990년대 중반 실전배치를 목표로 KTX(한국형 차세대 훈련기) 1단계 사업을 시작했다.

국방과학연구소가 개발을 담당한 KT-1은 공군이 운용하던 T-41B 초등훈련기와 T-37C 중등훈련기를 대체하는 것을 목표로 했다. 또한 해외 수출도 겨냥하여 미국 항공법을 기준으로 하고, 군용기로서의 성능을 만족시키기 위해 군사규격을 적용하여 설계했다. 특히 KT-1은 동급 기종 가운데 처음으로 100% 컴퓨터 설계를 적용했으며, 그 결과 미 군사규격분류 클래스 Ⅳ 및 FAR/JAR23 곡예비행 카테고리를 충족하는 우수한 성능의 단발 터보프롭 항공기로 태어나게 되었다.

특징

KT-1은 1991년 시제 1호기의 조립과 초도비행을 마쳤다. 이후 시제 3호기부터는 엔진을 강화하고 기체를 크게 했으며, 주날개의 상반각을 6° 높여 동급 항공기 중에서는 유일하게 배면 스핀이 가능한 항공기로 거듭났다. 1995년 KTX-1은 3호기의 출고와 함께 웅비(雄飛)로 명명되었다.

KT-1은 동급 항공기 중에서 최고의 스핀 성능과 낮은 실속속도를 갖고 있으며, 편대비행, 야간비행, 계기비행, 저/중고도 항법비행, 그리고 기본훈련에 요구되는 기동비행이 가능하다. KT-1은 일체형 주날개를 채용하여 일부가 파손되더라도 하중을 지탱할 수 있는 등 신뢰성 또한 높은 기체로 평가받고 있다. 또한 KT-1은 지상에 정지한 상태에서도 조종석으로부터 탈출하더라도 생존할 수 있는 '0ft-0kts' 사출좌석을 장착했으며, 최신 군표준장비를 채택하여 이미 운용 중인 항공기와의 호환성을 유지하고 있다.

KT-1은 1998년 중반 사용군의 운용시험평가를 실시하여 1998년 말 "전투용 사용가" 판정과 규격 제정을 완료함으로써 공군 전력에서 포함되었다. 현재 KT-1의 생산은 KAI(한국항공우주산업)가 담당하고 있다.

운용현황

현재 대한민국 공군은 KT-1을 조종사를 양성하는 초·중등 훈련에 사용하고 있다. 2000년 11월에 양산 1호기를 실전배치했으며, 총 85대를 도입했다.

한편 KT-1의 우수성은 해외에서도 인정받아 2003년 인도네시아에 7대를 수출한 이후 5대를 추가로 수출했다. 그리고 2007년 7월에는 터키와 15대의 추가 구매를 옵션으로 40대 수출계약을 맺었다. 2012년 11월에는 페루가 KA-1과 KT-1을 각 10대씩 주문했다.

변형 및 파생기종

KT-1B	KT-1의 인도네시아 수출형. 항전장비를 강화했다.
KT-1C	KT-1의 무장수출형. 조종석은 기존의 아날로그 계기 대신 글래스 콕핏을 실현했으며, 주익에 5개의 하드포인트를 장착했다. 2004년 프로토타입이 공개된 이후 2005년에 초도비행에 성공했다.
KT-1T	KT-1의 터키 수출형.

T-50 / TA-50 골든 이글

Korea Aerospace Industries (KAI) **T-50 / TA-50 Golden Eagle**

T-50

형식 단발 터보팬 초음속 훈련기/경공격기
전폭 9.45m
전장 13.14m
전고 4.94m
자체중량 6,441kg
최대이륙중량 11,985kg
엔진 GE F404-GE-102 터보팬(17,775파운드) x 1
최대속도 마하 1.5
실용상승한도 48,500피트
최대항속거리 2,592km
항전장비 하니웰 H-746G GPS-INS, HG9550 레이더고도계
승무원 2명
초도비행 2002년 8월 20일(프로토타입)

개발배경

대한민국 정부는 KT-1의 개발에 이어 항공산업 육성의 다음 단계로 초음속 항공기 개발을 추진했다. 이에 따라 삼성항공(현 KAI)과 미국 록히드마틴이 초음속 항공기를 공동개발하기로 하고 KTX-2(2단계 차세대 훈련기 사업)를 실시했다. 이후 T-50으로 명명된 이 항공기는 1992년 탐색개발에 착수한 이후, 1997년 국책사업으로 체계개발에 착수했다. 이후 사전설계검토는 1999년에, 상세설계검토는 2000년에 실시했다.

록히드마틴의 참가는 KFP(한국형 전투기 사업)의 절충교역으로 이루어졌는데, 항공기 개발에서 KAI는 설계, 해석, 체계종합분야 및 시제기 조립, ILS/훈련체계 개발을 담당했고, 록히드마틴사는 각종 기술지원과 항전/비행제어 개발을 담당했다. T-50은 세계 최초로 동시 공학적인 최첨단 디지털 개발기법을 적용하여 개발 일정을 앞당겼다.

특징

T-50은 F-16 전투기와 비교했을 때 부피가 89%, 중량이 77%에 해당하며, 첨단 전투기조종사 양성에 적합한 우수한 기동성을 갖고 있다. 또한 장차 각종 첨단 항전장비를 장착하면 공대공 및 공대지 무장이 가능하므로 전술훈련입문기로서뿐만 아니라 경공격기로서도 충분한 잠재성을 갖고 있다.

T-50의 조종계통은 3중 디지털 플라이-바이-와이어를 채용하고 있으며 HUD, 다기능 시현기, 일체형 스틱장치(HOTAS) 등 최신장비를 갖추고 있다. 플라이-바이-와이어를 채택한 훈련기는 T-50이 최초이다. 조종석은 탠덤 배열이며 탑재형 산소발생장치(OBOGS)를 장비하고 있다.

또한 엔진으로는 세계적으로 인기가 높은 GE F404-GE-102를 채용하여 최고 마하 1.5의 속도를 낼 수 있다. F404 엔진은 디지털 엔진제어 방식으로 신속한 추력조절이 가능하며, 엔진 정지상태에서도 재점화가 가능한 2중 회로장치와 엔진자동감지장치를 장착하여 사고를 예방할 수 있다.

T-50의 기체수명은 1만 시간, TA-50은 8,334시간에 이르는데, 대당 100억 원의 비용으로 수명연장사업을 실시하면 수명은 16,668시간으로 2배 증가한다. T-50은 현존하는 세계 유일의 초음속 고등훈련기로 다른 기종에 비해 우수한 성능을 갖고 있어 21세기 고등훈련기 시장에서 유력한 후보로 손꼽히고 있다.

운용현황

T-50은 2005년에 양산 1호기가 대한민국 공군에 인도되었으며, 현재 공군은 순수 훈련기체인 T-50 50대, 리드인 파이터인 TA-50 22대, FA-50 60대의 순으로 도입할 계획이다.

한편 T-50은 현재 아랍에미리트 공군의 훈련기 선정사업에서 최종사업후보였으나, 아에르마키 M346에 패배한 바 있다. 그러나 지난 2011년 5월 25일 인도네시아 공군이 T-50 16대를 4억 달러에 구매하기로 계약함으로써 처음으로 해외에 수출되었다. 이외에도 폴란드, 이라크, 이스라엘 등이 T-50에 관심을 보이고 있어 추가 수출이 예상된다. 또한 제작사인 KAI는 미군의 고등훈련기 T-38의 대체기종으로 T-50을 판촉하고 있어 귀추가 주목된다.

변형 및 파생기종

T-50 | 순수 고등훈련기. 기체의 성능은 유지하되 레이더와 무장을 제외한 염가판이다.

T-50B | 공군의 특수비행팀인 '블랙이글' 전용 기체.

TA-50 | 전술입문훈련기. 레이더와 고정무장(20mm 기관총) 등으로 기본적인 무장능력을 갖춰 전술훈련 능력을 보유하고 있다.

FA-50 | 로우급 전투기 또는 경공격기. 레이더와 무장에 더하여 전자전장비 등 생존장비, 전술데이터링크 등 항전장비를 완비하고 JDAM, WCMD 등의 정밀무장 투하능력을 보유한 기체이다.

L-39/139 알바트로스

Aero L-39/139 Albatros

L-39C

형식	단발 복좌 고등훈련기/경공격기
전폭	9.46m
전장	10.93m
전고	4.77m
주익면적	18.8㎡
자체중량	3,565kg
최대이륙중량	5,600kg(외부무장장착)
엔진	이프첸코/프로그레스 AI-25TL(1720kg) × 1
최대속도	마하 0.80
실용상승한도	36,100피트
최대항속거리	1,352km
무장	최대 1,100kg
승무원	2명
초도비행	1968년 11월 4일

개발배경

MiG-15 및 MiG-19 전투기를 면허생산한 경험을 보유한 체코의 아에로사는 1955년에 독자적으로 설계한 제트훈련기인 L-29 델핀의 개발에 착수했으며, 체코 공군의 수요 이외에도 바르샤바 조약기구 동맹국가의 기본훈련기 경쟁에서 소련의 Yak-30 및 폴란드의 TS-11를 누르고 최종 기종으로 선정되어 아에로사의 기술력을 알리고 3,700여 대에 이르는 대량생산의 길을 열었다. L-29의 성공으로 기반을 굳힌 아에로사는 1960년대에 후속 기종인 L-39 개발에 착수했다.

특징

L-39는 시제기가 1968년 11월 4일에 초도비행을 했으며, 1970년 초에 체코슬로바키아 정부가 양산을 결정하여 L-29 델핀 훈련기의 성공을 이어받아 동구권 국가의 훈련기 시장에서 2,800대 이상을 발주받는 기록을 세웠다.

L-39는 직렬 복좌의 단발 제트기로 후방석은 한층 높게 설치하여 전방시계를 확보하도록 했다. 엔진은 구소련제 이프첸코/프로그레스 AI-25L(최대추력 1,720kg) 터보팬 엔진을 탑재하여 연료소비가 적은 것이 장점이다. 기체 설계의 가장 큰 특징은 엔진 공기흡입구가 동체 측면의 위쪽에 있어서 간이비행장에서 이착륙할 때 이물질 흡입으로 인한 엔진의 파손을 방지할 수 있다는 것이다.

주익은 앞전에서 6° 26′, 25% 익현에서 1° 45′의 얕은 후퇴각을 가지며 중고속 영역에서의 기동성 확보에 주안점을 두고 있다. 주익 뒷전의 안쪽에는 2중 간극 플랩을 설치하여 이륙 후 속도가 310km/h에 이르면 자동으로 접히도록 했다.

L-39는 기본적으로 훈련기이지만 상당한 공격능력을 갖고 있으며, L-39ZA, L-39ZA/MP의 두 가지 타입은 L-39ZO를 경공격형으로 개량한 기체이다. L-39는 고정무장은 없으나 동체의 아랫면에 23mm GSh-23 2포신 기관포 팩을 장착할 수 있다. 또한 양쪽 주익의 아랫면에 설치된 4개소의 하드포인트에도 외부 무장을 장착할 수 있으며, 주익 내측은 500kg, 주익 외측은 250kg까지 탑재할 수 있다. 최대외부탑재량은 L-39ZA가 1,100kg, L39ZA/MP가 1,000kg으로 제한되어 있다.

대표적인 탑재무장으로 L-39ZA의 경우 500kg 폭탄 2발, 250kg 폭탄 4발, 100kg 폭탄 6발 탑재하며, 57mm S-7 로켓탄을 15발을 탑재할 수 있는 UB-16-57 로켓탄 포드 4개, 적외선 유도 공대공미사일, 광학정찰포드 등 다양한 무장과 장비를 탑재할 수 있다.

L-39ZA/MP도 기본적으로 L-39ZA와 같은 무장을 탑재하며 서방제 무장인 2.75인치 CVR-7 로켓탄 포드와 AIM-9L 사이드와인더 공대공미사일을 장착할 수 있다.

무장조준/발사 시스템으로는 L-39ZA에 전기제어방식의 ASP-3 NMU-39 자이로스코프 조준장치, FKP-2-2 건카메라를 설치했다. L-30ZA/MP에는 서방측 장비인 이스라엘의 엘비트사의 HUD를 부착한 WDNS(Weapon Delivery Navigation System)와 비디오 카메라를 장착했다.

운용현황

L-39 시리즈는 개발국가인 체코를 비롯하여 러시아, 헝가리, 루마니아, 슬로바키아, 불가리아, 우크라이나, 아르메니아, 아제르바이잔, 키르기즈스탄, 리투아니아 등 동구권 국가를 비롯하여 아프가니스탄, 알제리, 앙골라, 방글라데시, 캄보디아, 쿠바, 에티오피아, 가나, 북한, 리비아, 나이지리아, 시리아, 태국, 우간다, 베트남, 예멘 공군 등에서 운용 중이다.

변형 및 파생기종

L-39C	기본훈련기.
L-39V	표적견인용 단좌기.
L-39ZO	L-39C의 주익강화형.
L-39ZA	경공격형.
L-39ZA/MP	L-39ZA의 무장 시스템을 서방측 전자장비로 교체한 다목적형.
L-39MS	L-59와 같은 동체를 사용한다.
L-139 알바트로스 2000	엔진을 하니웰 TFE731-4-1T(추력 1,851kg)로 교체하고 전자장비를 서방측 제품으로 탑재한 기체. 1993년 5월 8일 초도비행을 했다.

체코 | 아에로 | # L-59/159 슈퍼 알바트로스/알카

Aero **L-59/159 Super Albatros/ALCA**

L-59E

형식 단발 복좌 고등훈련기/경공격기

전폭 9.54m

전장 12.20m

전고 4.77m

주익면적 18.8㎡

자체중량 4,030kg

최대이륙중량 7,000kg

엔진 ZMDB 프로그레스 DV-2 터보팬 엔진(2,200kg) × 1

최대속도 864km/h(고도 5,000m)

실용상승한도 38,785피트

최대항속거리 2,000km

무장 GSh-23L 기관포팩 1문, 주익 하드포인트 4개소에 외부 무장 최대 1,290kg 탑재 가능

승무원 2명

초도비행 1986년 9월 30일

개발배경

아에로 L-39MS 알바트로스는 기본형인 L-39C가 엔진의 추력이 부족한 점을 보완하기 위해 1980년대에 개발한 파생형이다. 3대의 시제기가 제작된 L-39MS는 1986년 9월 30일에 1호기가 초도비행을 하면서 양호한 개량작업 결과를 확인할 수 있었다. 이에 따라 L-39MS는 L-59라는 정식 명칭으로 양산을 준비하게 되었다.

특징

기본형인 L-39와 비교할 때, L-59는 기체구조를 강화하고, HUD를 포함한 전자장비 및 추력이 강화된 신형 엔진을 탑재한 고성능의 기체로 탈바꿈했다. 구소련과 체코슬로바키아가 공동개발한 DV-2 터보팬 엔진은 추력이 2,200kg으로, 기존의 L-39에 탑재한 엔진보다 우수했다.

L-39와의 차이점은 신형 경량 플랩, 탭이 없는 보조익, 완전 전동식 승강타, 신형 브레이크가 적용된 랜딩기어 등을 들 수 있다. L-59는 외형상 L-39 시리즈와 차이점이 없어 보이지만, 기수의 끝부분이 날카롭고 수직미익의 디자인도 바뀌었다.

양산형 L-159는 2,340kg의 무장을 하드포인트 7개소에 탑재할 수 있다. 하드포인트는 양쪽 주익에 3개소씩, 동체 아래에 1개소가 설치되어 있다.

체코 공군형 L-159에 탑재할 엔진으로 아에로사는 미국제 얼라이드 시그널/ITEC F124-GA-100 터보팬 엔진(추력 2,858kg)을 선정했다. 미국제 고성능 엔진을 탑재함에 따라 L-159는 비행성능이 L-39보다 30~100%가 향상되어 마하 0.85의 속도를 낼 수 있게 되었으며, 해면상승률은 2,819m/min으로 기본형인 L-39보다 대폭 향상되었다. 아에로사는 수출형 L-159에 롤스로이스 아도어 엔진 또는 CDV-2 터보팬 엔진을 제안하고 있다.

단좌형인 L-159는 후방석 위치에 연료탱크(297kg)를 설치하고 후방 동체의 폭을 넓혔으며, 제로제로 방식의 사출좌석과 복합재료 및 세라믹 방탄장갑을 조종석에 설치했다. 전자장비는 대폭 변경했는데, 체계종합업체로는 엘빗 및 섹스탄과 경쟁한 록웰/콜린즈가 낙찰되어 MIL-1553B 디지털 데이터버스를 설치했다. 새로운 전자장비로는 HOTAS, 플라이트 비전 FV-3000 HUD, 하니웰 H-764G 링 레이저 자이로 GPS/INS 항법장치, 얼라이드 시그널 벤딕스/킹 컬러 액정 디스플레이, NVG 등을 설치했다.

생존장비로는 GEC-마르코니 스카이가디언 200 레이더 경보장치, 빈텐 비콘 78 시리즈 455 ECM 등을 탑재했다.

운용현황

L-59의 양산 1호기는 이집트와 튀니지의 발주로 제작했으며, 1989년 10월 1일에 초도비행을 했다. 6대의 초기 생산형은 슬로바키아 공군에 인도되었다. 이집트는 미국 얼라이드 시그널 벤딕스/킹사의 전자장비를 탑재한 L-59E 48대를 약 2억 달러에 발주하여 1993년 1월 29일부터 1994년 초까지 인수했다. 튀니지도 이집트와 같은 L-59E를 12대 발주했다.

1994년에는 체코 공군의 전투기 입문과정/경공격기 요구안에 따라 L-59 발전형을 개발하기 시작했다. L-59 복좌형 1대를 개조하여 만든 L-159의 시제기가 1997년 6월 12일에 롤아웃했으며 9월에 초도비행을 했다. 체코 공군은 L-59의 단발 경전투/공격형인 L-159를 72대 획득했다. 한편 예산에 부담을 느끼고 있는 체코는 보유기종의 절반 이상을 중고기로 판매하고자 이란, 이라크 등에 판매를 제안하고 있다.

변형 및 파생기종

L-59	L-39의 발전형 복좌 훈련기.
L-59E	L-59의 이집트 수출형.
L-59T	L-59의 튀니지 수출형.
L-159	L-59의 발전형으로 단좌 경전투/공격기. 서방제 항전장비와 하니웰 F124 엔진을 장착했다.
L-159T	L-159를 바탕으로 한 복좌 훈련기.

AT-3 쯔창(自强)

AIDC AT-3 Tzu-chiang

AT-3B

형식 쌍발 복좌 고등훈련기/경공격기
전폭 10.46m
전장 12.90m
전고 4.36m
주익면적 21.93㎡
자체중량 3,856kg
최대이륙중량 7,938kg
엔진 하니웰 TFE-2-2L 터보팬 엔진(1,588kg) × 2
최대속도 904km/h
실용상승한도 48,065 피트
최대항속거리 2,279km(표준연료상태)
무장 외부무장 최대 2,721kg 탑재 가능
승무원 2명
초도비행 1980년 9월 16일(시제기) 1984년 2월 6일(양산형)

개발배경

독자적인 항공산업을 육성하고자 대만이 첫 번째로 개발에 착수한 제트훈련기가 바로 AT-3이다. AIDC가 주계약자가 되어 미국 노스럽사와 기술협력을 하는 형식으로 1975년 개발계약을 체결하여 2대의 XAT-3 시제기를 제작했다. 시제 1호기는 1980년 9월 16일에 초도비행에 성공했다.

특징

직선익을 가진 쌍발 탠덤 복좌 제트훈련기인 AT-3은 개럿 TFE731-2-2L 엔진을 탑재하고 있다. 당초 대만 공군이 운용 중이던 F-5 전투기와의 공용성을 도모하고자 J85 터보젯 엔진을 장착하려고 했으나, 수출허가 문제로 결국 민수용으로 구입이 가능한 TFE731 터보팬 엔진을 입수하게 되었다. 반면에 파워에 여유가 있는 엔진을 장착한 덕분에 연비가 향상되었고, 비행성능도 좋아졌다. 비행훈련용인 AT-3는 무장을 탑재하는 전술훈련에도 사용이 가능하나 경공격 임무에 사용하고 있지 않으며, 양산형 AT-3에 항법/공격 시스템을 탑재하고 경공격 임무에 사용이 가능한 AT-3B를 별도로 개발했다.

AT-3는 일체형 주익을 세미 모노코크 구조의 동체와 연결하는 극히 일반적이고 간단한 형식으로 설계했으며 기술제휴사인 노스럽사의 F-5 전투기와 비슷한 면이 엿보인다. 2명이 탑승하는 조종석에는 제로제로 사출좌석을 설치했으며, 오른쪽으로 개폐하는 캐노피는 수동으로 조작한다. 기내연료는 동체와 수직미익에 수납하며, 주익은 드라이윙(dry wing: 날개에 연료를 넣지 않는 설계 방식. 이 경우 연료는 모두 동체 내부에 들어감)으로 되어 있다.

운용현황

대만 공군은 AT-3를 정식으로 채택하여 60대를 도입했다. 이후 1990년까지 모든 기체가 대만 공군에 인도되었다. 대만 공군의 공군사관학교 소속 전투기 훈련비행대대에서 AT-3 훈련기를 운용하고 있으며, 별도로 경공격기인 AT-3B는 공군본부 직할부대인 제35비행대대에서 운용하고 있다.

변형 및 파생기종

AT-3 | 고등비행훈련기.

AT-3A | AT-3B와 같은 공격 시스템을 구비한 본격적인 단좌 공격기. F-5 전투기를 보좌하는 공격기를 목표로 했으나, 국산 전투기인 IDF의 개발이 시작되면서 개발계획이 중지되었다.

AT-3B | AT-3를 개조한 경공격기. 1980년대 말 본격적인 근접항공지원기로 개발했다. 이에 따라 2대를 개조하여 시험평가를 하고, 대만 공군이 보유한 AT-3 중에서 14대를 1989년부터 개조하기 시작했다. 개조한 기체는 AT-3 훈련기와 달리 녹색계통의 위장무늬로 도장을 했다. 기수에 웨스팅하우스 AN/APG-66T 레이더 FCS를 탑재했으며, 전방석에 수동으로 조절할 수 있는 조준기와 기록 카메라를 설치했다. 후방석 아래에는 무장베이를 설치하여 신속하게 각종 무장을 바꾸어 탑재할 수 있다. 동체 센터라인과 주익하면에 각 2개소씩 모두 5개소의 하드포인트를 설치하여 폭탄이나 로켓탄과 같은 지상공격용 무장을 최대 2,721kg까지 탑재할 수 있다. 주익단에는 방어용으로 天劍 1형(TC-1) 공대공미사일을 탑재한다. 임무용 전자장비로는 HUD/WAC와 리튼사의 레이저 자이로식 관성항법장치(INS) 등을 탑재하고, 조종간에는 HOTAS 개념을 적용했다. 또한 야간작전을 위해 조종석 조명은 NVG와 연동되게 했다.

AT-3C | AT-3의 업그레이드 모델. 표준형 AT-3의 업그레이드를 시작하여 하니웰사의 관성항법장치와 신형 조준기를 설치했다.

M-345

Alenia Aermacchi M-345

M-311

형식 단발 터보팬 중등 제트훈련기/경공격기

전폭 8.51m

전장 9.53m

전고 3.73m

주익면적 12.6㎡

공허중량 2,200kg

최대이륙중량 3,100kg(훈련형)

기내연료용량 910ℓ

초과금지속도 마하 0.80

해면상승률 1,478m/min

실용상승한도 12,200m

최대항속거리 1,389km(기내연료)

페리항속거리 1,796km

엔진 PW 캐나다 JT15D-5C(1,447kg)×1

무장 로켓탄 포드, 일반 폭탄, 기관총 포드 등 최대 1,090kg 외부 탑재 가능

승무원 2명

초도비행 1981년 4월 10일(S-211)

개발배경

M-311은 원래 SIAI-마르케티사에서 S-211의 발전형으로 자체 개발한 터보팬 단발의 중등 제트훈련기이다. M-311의 기본형인 S-211은 1호기가 1984년 4월 10일에 초도비행에 성공했는데, 필리핀(19대)과 싱가포르 공군(30대)에 수출되었을 뿐, 상업적으로 성공하지는 못했다.

SIAI-마르케티사를 인수한 아에르마키사는 2004년 7월에 S-211을 현대화하여 개량한 발전형 개발 계획을 발표했으며, 이에 따라 새롭게 등장한 기종이 M-311이다. S-211의 시제기를 개조하여 제작한 M-311의 시제기는 2005년 6월 1일에 초도비행을 실시했다. 아에르마키는 2012년 M-311을 M-345로 재명명했다.

특징

M-311은 주로 탑재 전자장비를 최신형으로 업그레이드했는데, 조종실에 HUD와 3대의 컬러 MFD를 장착하여 완전한 글래스 콕핏을 구현하고 있다. MFD는 전방석과 후방석에 모두 장착하고 있으며, 전방석 HUD 표시정보를 후방석 MFD에 표시하는 기능이 있다. 옵션으로 무빙 맵 디스플레이도 장착할 수 있다. 좌석은 마틴 베이커 Mk.10 경량형 제로제로 사출좌석을 설치했다.

기체의 구조는 기본적으로 전작 S-211과 같고, 캔틸레버(cantilever) 형식의 주익은 25% 익현에서 15.5°의 후퇴각을 가지며 훈련기로서는 상식적인 NASA GAW-1 익형을 채택하고 있다. 주익은 동체와 결합하면서 2°의 하반각을 가진다. 주익 뒷전플랩은 안쪽은 파울러 플랩(fowler flap), 바깥쪽은 보조익으로 되어 있고, 앞전은 플랩이 없는 고정식으로 간단하게 설계되어 있다. 수평미익은 주익과의 간섭을 피하기 위해 다소 높게 설치했다.

엔진은 S-211과 같은 프랫&휘트니 JT15D 터보팬 엔진을 장착했지만 S-211은 추력 1,132kg의 JT15D-4C 엔진인 반면, M-311은 추력 1,447kg의 JT15D-5C 엔진으로 파워업했다. 또한 이에 따라 최대이륙중량이 S-211은 2,750kg이었으나 M-311은 훈련형은 3,100kg, 무장형은 4,000kg으로 대폭 증가했다.

기체의 외부 탑재물은 주익 아랫면의 하드포인트 4개소에 장착하며 장착 중량은 내측이 350kg, 외측이 250kg이다. 또한 동체 중심선에는 중량 90kg의 하드포인트가 있으나 최대 외부탑재량은 1,090kg으로 제한되어 있다. 탑재 무장은 주로 로켓탄 포드, 일반폭탄, 기관총 포드 등이다.

M-311은 기본적으로 훈련기로 개발하여 판매하지만, 각종 무장을 장착할 수 있는 무장통제 시스템을 옵션으로 탑재할 수 있어 경공격기로도 사용할 수 있다.

운용현황

아에르마키사는 신형 제트훈련기로 재개발한 M-345를 각국에 제안했으나 아직까지 뚜렷한 실적은 없다. 한편 2008년 5월 28일 아에르마키와 보잉은 M-345와 M-346 공동 판매협약에 서명했다.

M-346 마스터

Alenia Aermacchi **M-346 Master**

M-346

형식	쌍발 복좌 고등훈련기/경공격기
전폭	9.72m
전장	11.49m
전고	4.76m
주익면적	23.52㎡
자체중량	4,610kg
최대이륙중량	9,500kg
엔진	하니웰 F124-GA-200(2,836kg) × 2
최대속도	1,255km
실용상승한도	45,000피트
최대항속거리	1,890km
무장	하드포인트 9개소에 3,000kg
승무원	2명
초도비행	2004년 7월 15일(M-346 P01)

개발배경

러시아 공군의 신형 훈련기를 목표로 야코블레프 설계국이 개발한 Yak-130은 개발 자금을 유치하기 위해 1999년 12월에 이탈리아의 아에르마키사와 공동협력을 하기로 합의하고 Yak/AEM-130을 개발하기 시작했다. Yak/AEM-130은 러시아식 설계에 일부 장비품에 서방측 제품을 조합한 혼합형으로 개발했으나, 서방국가에 판매하기 위해서는 기체 외형을 제외한 모든 부분을 서방측 기준으로 개발할 필요가 있었다.

이에 따라 2000년 7월 Yak/AEM-130을 기본으로 장비품을 모두 서방측 표준기준에 적합하도록 새로운 모델을 개발한다는 합의에 도달했고, 아에르마키사는 M-346의 제조 및 판매권리를 취득했다. 서구형 모델의 개발에는 아에르마키사가 49%를 출자하고, 나머지는 야코블레프사와 소콜사가 절반씩 출자하며 10%는 그리스의 HAI가 출자하고 있다.

특징

아에르마키사는 2000년 7월 25일에 M-346의 개발을 정식으로 발표하면서 유럽 각국의 공군이 공동으로 보유할 수 있는 중등/고등 제트훈련기 계획인 유로트레이너(Euro-trainer) 그룹의 요구에 적합한 기체임을 내세웠다. 아에르마키사는 유로트레이너 그룹의 요구에 맞도록 Yak-130을 개조하여 제작할 수 있는 권리를 보유하고 있다.

기체의 기본형상은 Yak-130과 크게 다르지 않으나, 새롭게 설계하면서 좀 더 세련된 디자인으로 바뀌었다. 직렬 복좌의 조종석은 최근의 경향에 따라 후방석을 전방석보다 높게 설치하여 양호한 전방 시계를 확보했으며, 전방석에서 −16°, 후방석에서 −6°의 하방 시계를 확보했다. 주익은 앞전에서 31°의 후퇴익을 가지며, 앞전에는 대형 LEX를 전방석까지 연장하여 고받음각에서의 비행안정성을 확보했다. 시제기에는 KEX 펜스를 설치했으나, 양산형에서는 폐지할 예정이다. 주익 LEX 아래에는 공기흡입구와 덕트가 있다.

엔진은 Yak-130에 사용한 ZMK DV-2S(클리모프 RD-35, 추력 2,200kg)와 동급 엔진인 하니웰 F124-GA-200 터보팬 엔진을 쌍발로 장착했다.

Yak-130과 M-346의 가장 큰 차이점인 조종석 계기판에는 전방석에 3대, 후방석에 4대의 5×5인치 컬러 액정 MFD를 설치하여 유로트레이너의 참가국이 보유한 유로파이터 타이푼과 기본적인 공통성을 확보하고 있다. 이 밖에도 M-346은 MFD와 더불어 HOTAS, FADEC 엔진과 더불어 글래스 콕핏을 구현하고 있으며, 기수 우측에는 항속거리를 연장할 수 있는 공중급유용 프로브를 설치할 수 있다.

M-346은 최신 고등훈련기의 흐름에 맞춰 무장능력도 갖추려고 노력하고 있다. 주익과 동체에 9개소의 하드포인트를 확보하고 있으며, 동체 중앙 600kg, 주익 내측 1,050kg, 주익 중앙 550kg, 주익 외측 300kg, 주익단 150kg 등 모두 4,400kg의 외부탑재량을 확보하고 있다.

주요 무장으로 AIM-9 사이드와인더, AGM-65 매버릭, 마텔 Mk.2, 로켓탄 포드, 브라임스톤 공대지미사일 등을 탑재할 예정이다.

운용현황

이탈리아 공군이 최초의 고객으로 2009년 M-346 15대를 도입하기로 했다. 현재 아에르마키사는 유력한 수출대상국인 칠레, 폴란드, 포르투갈, 싱가포르, 아랍에미리트 등을 대상으로 활발한 판촉활동을 하고 있다. 특히 48대를 요구한 아랍에미리트의 훈련기 사업에서는 2009년 KAI의 T-50을 제치고 최우선협상대상자로 선정되었으나, 사업세부를 놓고 진통을 겪고 있다. 또한 2010년 7월에는 싱가포르가 M-346 12대를 계약하기도 했다. 2012년 2월에는 이스라엘이 기존에 훈련기로 사용하던 A-4H/N 스카이호크를 대체하기 위하여 M-346을 30대 도입하기로 했다.

MB339
Alenia Aermacchi **MB339**

MB339

- 형식 단발 복좌 고등훈련기/경공격기
- 전폭 11.22m
- 전장 11.24m
- 전고 3.99m
- 주익면적 19.30㎡
- 자체중량 3,430kg
- 최대이륙중량 6,350kg
- 엔진 롤스로이스 바이퍼 Mk680-73(1,996kg) × 1
- 최대속도 817km/h(고도 9,100m)
- 실용상승한도 48,000피트
- 최대항속거리 1,965km
- 무장 주익 하드포인트 6개소에 미사일, 로켓탄, 폭탄 등 최대 2,040kg 탑재 가능
- 승무원 2명
- 초도비행 1985년 12월 17일(MB339C)

개발배경

걸작 제트훈련기인 MB326을 개발하여 경험을 축적한 아에르마키사가 새롭게 선보인 MB339는 MB326을 바탕으로 전방 동체를 대폭 개량한 후계 기종이다. 1972년 아에르마키사는 MB326과 아에리탈리아 G91T를 모두 대체하기 위한 차세대 제트훈련기의 연구개발을 이탈리아 공군과 계약했으며, 9가지의 설계안을 놓고 검토한 끝에 탄생한 기종이 바로 MB339이다. MB339는 대폭적인 성능향상보다는 저렴하고 신뢰성이 높은 비행훈련용 기체를 확보하는 데 주안점을 두고 개발했다.

특징

MB339는 기체구조 면에서 MB326K와 공통점이 많으나, MB326에서 지적된 후방석의 시계불량을 개선하기 위해 후방석을 전방석보다 높게 설치했다는 점이 다르다. 전방 동체의 개량 이외에도 수직미익의 면적을 확대하고 후방 동체 아랫면에 벤트럴 핀을 추가했다.

1975년 2월에 이탈리아 공군은 요구사항에 적합한 탑재 엔진으로 롤스로이스/피아트 바이퍼 632-43 터보젯 엔진을 선택했다. 1976년 8월 12일에는 시제 1호기인 MB339X가 초도비행에 성공했으며, 1977년 5월 20일에는 시제 2호기가 초도비행을 했다.

MB339는 앞서 개발된 MB326과 비교할 때, TACAN 항법컴퓨터, 계기착륙장치, IFF, VHF/UHF 무선통신기 등 전자장비를 충실하게 탑재했고, 연료탑재량은 동체 내부와 고정식 익단 연료탱크에 모두 1,100kg을 탑재할 수 있으며, 별도로 주익에 325ℓ 용량의 외부연료탱크를 탑재한다.

MB339는 무장훈련과 부가적인 용도로 경공격 임무를 수행할 때 최대 2,040kg의 무장을 외부에 탑재할 수 있으며 고정무장은 없다.

운용현황

이탈리아 공군의 고등제트훈련기인 MB339의 양산형 기체는 1차분 100대의 발주를 받아 1979년 8월부터 인도되기 시작했다. MB339는 실용화된 제트훈련기 중에서 신뢰성이 높다. 기본형인 MB339A는 이탈리아 공군을 비롯하여 6개국에 수출했으며, 별도의 개조 기체인 15대의 MB339PAN은 이탈리아 공군의 곡예비행팀에서 사용 중이다. MB339A의 인도는 1987년에 종료했으며, 1994년에 보충분 6대를 추가 인도했다.

MB339는 MB326을 사용하는 국가를 중심으로 아르헨티나 해군(10), 두바이 공군(7), 가나(4), 말레이시아(13), 나이지리아(12), 페루(14), 뉴질랜드(18), 에리트레아(6) 등에 수출되었다. MB339 시리즈는 시제기를 포함하여 모두 213대를 생산했으며, 2004년에 생산을 종료했다.

변형 및 파생기종

- MB339A | 기본형.
- MB339PAN | 이탈리아 공군 특수비행팀 '프레체 트리콜로리(Frecce Tricolori)' 전용 모델.
- MB339AM | MB339A의 말레이시아 수출 모델.
- MB339AN | MB339A의 나이지리아 수출 모델.
- MB339AP | MB339A의 페루 수출 모델.
- MB339C | 신형 디지털 항전장비를 장착한 훈련기 개수 모델. AIM-9L 사이드와인더 공대공미사일과 AIM-65D 매버릭 공대지미사일, 마텔 공대함미사일 등을 탑재할 수 있으며, 기수에는 PO702 레이저 거리측정기를 장착했다. 1호기는 1985년 12월 17일 초도비행을 했다.
- MB339CB | MB339C의 뉴질랜드 수출 모델.
- MB339CD | MB339C의 이탈리아 공군형. 조종계통과 항전장비를 현대화했다.
- MB339CE | MB339C의 에리트레아 수출 모델.

SF.260

Alenia Aermacchi(SIAI Marchetti) **SF.260**

SF.260

형식	단발 피스톤 / 터보프롭 기본 훈련기
전폭	8.35m
전장	7.10m
전고	2.41m
주익면적	10.1㎡
자체중량	779kg
최대이륙중량	1,350kg
엔진	라이커밍 O-540-E4A-5 왕복엔진(260hp) × 1
최대속도	324km
실용상승한도	19,000피트
최대항속거리	1,315km(기내연료)
무장	최대 1,100kg
승무원	하드포인트 2~4개소에 최대 300kg 탑재 가능
초도비행	1970년 10월 10일(SF.260M)

개발배경

이탈리아에서 탄생한 SF.260은 왕복 엔진을 탑재한 군민 겸용 훈련기로, 곡예비행이 가능한 스포츠항공기로서 군용 훈련기에서 찾아보기 힘든 멋진 외형으로도 유명하다. 1호기인 아비아밀라노 F.250은 1964년 7월 15일에 초도비행을 했으며, 이어서 제작한 2호기인 F.260과 함께 훈련기로서의 시장점유 가능성에 주목한 SIAI-마르케티사는 1966년에 제작 및 판매권을 인수하여 군용형인 SF.260M을 개발했으며, 경무장을 탑재할 수 있는 SF.260W 워리어를 개발하여 판매활동을 시작했다.

특징

SF.260M의 1호기는 1970년 10월 10일에 초도비행을 했으며, 계기비행훈련도 가능한 장비를 탑재했다. 현재 SF.260 시리즈의 생산은 SIAI-마르케티사를 인수한 아에르마키사가 담당하고 있다.

SF.260W 워리어는 기본적으로 SF.260M과 같은 기체이며 주익에 2개소 또는 4개소의 하드포인트를 설치하여 기관총 포드, 로켓탄 포드 및 폭탄을 탑재할 수 있는 경공격기로, 기체 외부의 최대 탑재량은 300kg이다. 주로 게릴라 소탕 임무나 무장훈련에 사용된다.

SF.260W의 탑재 엔진을 출력 350hp의 앨리슨 250-B17D 터보프롭 엔진으로 변경한 SF.260TP는 1980년에 시제 1호기가 초도비행을 한 성능향상형이다. 엔진을 터보프롭화하면서 비행성능이 향상되었으나 하드포인트와 기체 외부 탑재량은 SF.260W와 같다. 다만 엔진의 출력 증가에 따라 프로펠러가 2엽에서 3엽으로 변경되어 외부에서 쉽게 구별할 수 있다.

현재 SF.260W와 SF.260TP의 생산은 종료되었다.

SF.260W/SF.260TP은 다양한 무장을 장착할 수 있으며, 장착 가능한 대표적인 외부 무장으로는 FN 7.62mm 기관총 포드(탄약수 500발), FFV 12.7mm 기관총 포드(탄약수 250발), W18-50 2인치 로켓탄 포드(18발), AL7-70 2.75인치 로켓탄 포드(7발), AL8-68 68mm 로켓탄 포드(8발), LAU-32 2.75인치 로켓탄 포드(7발), 마트라 F2 68mm 로켓탄 포드(6발), 68-7 68mm 로켓탄 포드(7발), 300kg급 일반 폭탄 및 정찰포드와 80ℓ 외부연료탱크 등이 있다.

기체 구성으로 볼 때 저익 단엽기이며, 주익단에는 연료탱크를 고정 장착했다. 랜딩기어는 앞바퀴처럼 3륜 형식이며, 유압을 사용해 펼친다. 조종석은 병렬 복좌이며 필요에 따라 관측자가 탑승하도록 후방에 좌석을 1개 추가로 설치할 수 있다. 조종장치는 2중 조종계통으로 되어 있으며 좌우 어느 쪽에서도 조종이 가능하다.

변형 및 파생기종

SF.260M	SF.260을 바탕으로 한 군용 기본 모델.
SF.260AM	훈련기 기본 모델. 이탈리아 공군이 38대를 구입했다.
SF.260ML	리비아 수출 모델. 240대를 생산했다.
SF.260W 워리어	경공격기 모델. SF.260과 같은 기체이나 무장장착대를 장비하여 대게릴라 작전이나 무장훈련에 사용할 수 있다.
SF.260TP	성능향상 모델. 터보프롭 엔진을 장착하여 비행성능을 향상시켰지만, 하드포인트와 기체 외부 탑재량은 SF.260W와 동일하다. 엔진 출력이 증가하면서 프로펠러가 2엽에서 3엽으로 바뀌어 외부에서 쉽게 구별할 수 있다.

영국 | BAE 시스템즈 |

호크 Mk. 50/60

BAE Systems **Hawk Mk. 50/60**

Mk.50

형식 단발 복좌 고등훈련기

전폭 9.39m

전장 11.96m

전고 4.10m

주익면적 16.72㎡

자체중량 3,382kg

최대이륙중량 5,700kg

엔진 롤스로이스 아도어 Mk.151-01 터보팬(2,420kg) × 1

최대속도 926km/h

실용상승한도 50,000피트

최대항속거리 2,428km

무장 외부무장 최대 2,270kg

승무원 2명

초도비행 1974년 3월 21일(시제기)

T-59(대한민국 공군)

개발배경

호크는 세계 20여 개국에서 사용하고 있는 대표적인 제트 고등훈련기이며, 단좌형 호크 200과 미 해군의 함상훈련기 형인 T-45 고스호크와 더불어 발주수량이 800대가 넘는 베스트셀러 기종이다. 기본적인 설계는 평범하지만 단순함에서 나오는 견고함과 편리성, 간편한 정비성 등의 장점에 힘입어 오랜 기간 생산하면서 개량을 계속한 것이 성공 요인이라고 할 수 있다.

노후한 폴랜드 나트(Folland Gnat) 및 복좌형 헌터를 대체할 후계기로 개발한 HS.1182 모델은 1972년에 호크 T. Mk 1이라는 명칭으로 영국 공군이 176대를 대량 발주하면서 제작에 착수했다. 1호기는 1974년에 완성했으며, 시험개발용으로 5대의 시제기를 제작하여 1976년 11월에 양산기를 인도하기 시작했다.

특징

호크 T. Mk 1은 곡예비행 및 계기비행부터 무장투하훈련에 이르기까지 폭넓게 사용할 수 있는 훈련기이며, 간단한 지상공격이나 방공전투에도 사용할 수 있도록 설계했다. 가벼운 좌우 일체형 주익은 25% 익현에서 21.5°의 후퇴각을 가지며, 저익 배치로 동체와 결합하여 튼튼하게 설계했다. 저익 배치의 주익, 짧은 랜딩기어, 넓은 휠 트랙이 조화를 이뤄 이착륙시 훈련생의 부담을 줄여주며, 전방석과 후방석의 높이 차이가 큰 선구적인 설계를 채택했다.

탑재 엔진은 영국 공군의 재규어 공격기와의 공통성을 고려하여 롤스로이스 아도어 터보팬 엔진을 애프터버너 없이 단발로 탑재하며, 이전의 구형 훈련기와 같이 후방 동체를 분리할 필요 없이 간단하게 문을 열고 엔진을 바로 내려서 교환할 수 있도록 되어 있다. 이렇게 충실한 현장 편의성과 실용성을 우선적으로 추구하는 설계 덕분에 호크 훈련기는 베스트셀러로 성공할 수 있었다.

설계하중은 +8G/-4G이며, 주로 30mm 건 팩을 장착하는 동체 중심선의 하드포인트와 함께 주익에 4개소의 하드포인트에 각종 무장을 탑재할 수 있고, 주익단에는 공대공미사일 전용 발사대를 설치했다.

호크 T. Mk1은 영국 공군에 처음 인도할 당시에는 무장탑재 능력이 높지 않았으나, 1983년부터 1986년까지 AIM-9L 사이드와인더 공대공미사일을 탑재할 수 있도록 89대를 T. Mk 1A로 개조했다. 호크 T.Mk 1A는 팬텀 전투기가 퇴역한 이후에 발생하는 NATO군의 방공전력을 보조하는 요격임무에 사용했다.

1989년부터 1995년에는 144대의 호크 훈련기에 새로 제작한 주익으로 교환하는 개조작업을 실시했으며, 1998년부터는 80대의 호크 훈련기에 후방 동체를 개조하여 운용수명을 연장하는 개조작업을 실시했다.

최초 모델인 호크 Mk. 50 시리즈는 아도어 Mk. 851(추력 2,360kg) 엔진을 탑재했다. 1983년 등장한 개량형 호크 Mk. 60 시리즈는 탑재 엔진을 아도어 Mk. 861 엔진(추력 2,590kg)으로 변경하여 무장탑재능력을 높이고 최대이륙중량을 증가시켰다.

운용현황

최초의 수출형 호크 Mk. 50 시리즈는 1980년 이후 핀란드, 인도네시아, 케냐 등에 수출되었다. 1983년부터는 개량형인 호크 Mk. 60 시리즈가 등장하여 아부다비, 두바이, 쿠웨이트, 사우디아라비아, 한국, 스위스, 짐바브웨 등에 수출되었다.

변형 및 파생기종

호크 T. Mk 1 | 영국 공군형(176대).

호크 T. Mk 1A | 호크 T. Mk 1의 개량형(89대).

호크 Mk. 51 | 핀란드 공군형(50대).

호크 Mk. 51A | 핀란드 공군 추가 발주형(7대).

호크 Mk. 52 | 케냐 공군형(12대).

호크 Mk. 53 | 인도네시아 공군형(20대).

호크 Mk. 60 | 짐바브웨 공군형(8대).

호크 Mk. 60A | 짐바브웨 공군 추가 발주형(5대).

호크 Mk. 61 | 두바이 수출형(9대).

호크 Mk. 63 | 대한민국 공군형(20대). 공군에서는 T-59로 분류하고 있는데, 국산 훈련기 T-50이 도입됨에 따라 2013년 4월 4일 퇴역했다.

호크 Mk. 63A | 아부다비 수출형(20대).

호크 Mk. 63C | 호크 Mk. 63의 업그레이드형(15대).

호크 Mk. 64 | 아부다비 추가 발주형(4대).

호크 Mk. 65 | 쿠웨이드 공군형(12대).

호크 Mk. 65A | 사우디아라비아 수출형(30대)

호크 Mk. 66 | 사우디아라비아 추가 발주형(20대)

호크 Mk. 67 | 스위스 공군형 (20대).

호크 T. MK 1A

호크 Mk.100

BAE Systems **Hawk Mk.100**

Mk. 128

형식 단발 복좌 고등비행훈련/경공격기
전폭 9.94m
전장 12.43m
전고 3.98m
주익면적 16.7㎡
자체중량 4,480kg
최대이륙중량 9,100kg
엔진 롤스로이스 아도어 Mk. 951 터보팬(6,500lbf) × 1
최대속도 마하 0.84
실용상승한도 44,500피트
최대항속거리 2,520 km
무장 외부무장 최대 3,000kg 탑재 가능
승무원 2명
초도비행 1992년 2월 29일(Mk. 102)

호크 MK.115

개발배경

호크 Mk. 50/Mk. 60 시리즈의 공격능력을 강화하여 본격적인 공격기로 사용할 수 있도록 복합임무 기체로 다시 태어난 수출전략 기종이 바로 호크 Mk. 100이며 호크 시리즈의 제2세대 기종이라고 할 수 있다. 1982년 브리티시 에어로스페이스(현재의 BAE 시스템즈)가 개발계획을 발표했으며, 시제기는 1987년 10월에 초도비행을 했다. 호크 Mk. 100 시리즈는 기존의 호크 Mk. 50/Mk. 60 시리즈와 크게 다르지 않지만, '컴뱃 윙(Combat Wing)'이라고 불리는 신형 주익을 중심으로 무장 시스템 훈련기로서 완전한 전투능력을 가진 지상공격기로 개발했다.

특징

호크 Mk. 100 시리즈는 우선 구조가 강화된 주익은 폭이 9.93m로 넓어졌으며, 주익단에는 사이드와인더 공대공미사일 전용 발사대를 장착하도록 개량했다. 그리고 주익 앞전에는 고정식 드룹(droop)을 설치하여 마하 0.3~ 마하 0.7에 이르는 속도영역에서의 양력발생을 높였으며, 조종성을 향상시켰다. 주익 뒷전 플랩은 수동으로 조작하는 공중전 플랩을 적용했다.
기수 부분에서 가장 눈에 띄는 변경사항은 조종석의 전방을 길게 연장한 것이며, 옵션으로 전방감시용 적외선(FLIR) 및 레이저 거리측정기(LRF)를 장착할 수 있다. HUD/WAC을 사용하여 무장을 운용하며, 모든 탑재 전자장비는 MIL-STD-1553B 데이터버스에 연결되어 있다. 조종석에는 HUD이외에도 컬러 CRT 디스플레이도 장착할 수 있다. 각종 기기는 스로틀 레버에 적용된 HOTAS로 조작할 수 있다. 기체의 중량 증가에 대응하여 엔진은 최대추력이 2,652kg으로 높아진 롤스로이스 아도어 Mk. 871로 바꾸었다. 기체 외부의 하드포인트는 주익단의 미사일 발사대를 포함하여 7개소로 늘어났으며, 최대무장탑재량은 Mk. 60 시리즈와 같은 3,000kg이다.

운용현황

호크 Mk. 100 시리즈를 최초로 발주한 국가는 아부다비이며 1989년에 18대를 발주했다. 양산형 기체는 1992년 2월 29일에 초도비행에 성공했다. 이후 오만, 말레이시아, 인도네시아, 캐나다, 바레인, 남아공, 호주 등 여러 국가에서 호크를 도입하고 있다.

변형 및 파생기종

호크 Mk.102 | 아부다비 수출형(13대). 기수 끝부분에 레이저 거리측정기를 설치했으며, 그 외에 레이더 경보장치도 설치했다.

호크 Mk.103 | 오만 공군 수출형(4대). FLIR, 레이저 거리측정기, 스카이 가디언 레이더 경보장치를 모두 장비했다.

호크 Mk.108 | 말레이시아 공군 수출형(10대).

호크 Mk.109 | 인도네시아 공군 수출형(8대).

호크 Mk.115 | 캐나다군 수출형(22대). 캐나다군이 부르는 명칭은 CT-155이다.

호크 Mk.120 | 남아프리카공화국 공군 수출형(13대). 엔진을 아도어 Mk. 951로 바꾼 무장훈련기. 2003년 10월 2일에 1호기가 초도비행을 했다.

호크 Mk.127 | 호주 공군 수출형(33대). '컴뱃 윙'을 장착한 전술 입문훈련기체로, F/A-18과 같은 레이아웃의 조종석을 구현했다. 1호기가 1999년 12월 16일에 초도비행을 했다. 3대의 MFD를 사용한 글래스 콕핏을 구현하고 야간비행에 적합하도록 기내 조명을 NVG에 맞도록 조절할 수 있다. 각종 전자장비도 제일선의 전투기에 준하도록 고급 장비를 적용했다. 최대 3,084kg의 무장을 탑재하여 유사시에는 경공격기로 사용할 수 있다.

호크 Mk.128 | 영국 공군/해군형(44대). 영국 공군이 최신형 타이푼 전투기의 조종사를 양성하기 위한 최종단계의 훈련과정에 사용할 수 있는 MFTS(Military Flight Training System)를 필요로 하자, BAE사는 호주 공군의 호크 Mk. 127 LIFT를 발전시킨 호크 Mk. 128 LIFT를 제작하여 2007년부터 영국 공군에 인도했다. 영국 공군은 호크 T2로 분류한다.

호크 Mk.129 | 바레인 공군 수출형(6대).

호크 Mk.132 | 인도 수출형(66+57대). 인도 공군은 무장훈련용으로 66대를 도입하면서 24대는 직도입했고 42대는 인도 HAL에서 면허생산했다. 한편 인도는 2008년에 57대를 추가 도입하기로 결정하여 공군이 40대, 해군이 17대를 인수할 예정이다. 이로써 인도는 호크 시리즈의 최대 고객이 되었다.

호크 MK.120

미국 | BAE 시스템즈/보잉 |

T-45 고스호크

BAE Systems/Boeing **T-45 Goshawk**

T-45A

형식 단발 터보팬 함상 훈련기
전폭 9.39m
전장 11.99m
전고 4.08m
주익면적 17.7㎡
자체중량 4,460kg
최대이륙중량 6,387kg
엔진 롤스로이스 F405-RR-401 터보팬(5,527lbf) x 1
최대속도 1,038km/h
실용상승한도 42,500피트
최대항속거리 1,288km
승무원 2명
초도비행 1988년 4월 16일

개발배경

고스호크는 BAE 호크를 미 해군의 함상 고등훈련기로 개량한 모델이다. T-2C 및 TA-4J를 대신하는 훈련 시스템인 VTX-TS 구상에 대하여 미국 내 7개 팀이 8가지 모델을 제안했고, 1981년 11월에 맥도넬더글러스/BAE팀의 호크 Mk. 60이 프로토타입으로 선정되었다. FSD 1호기는 1988년 4월 16일 첫 비행을 했으며, 양산형 1호기는 1991년 12월 16일에야 첫 비행을 했고, 1992년 1월부터 미 해군에 인도되었다. 당초 약 470대를 생산할 계획이었으나, 현재 200여 대로 축소되었다.

특징

T-45는 BAE의 호크와는 전혀 다른 기체라 할 정도로 변모했다. 함상기화하기 위해 착함용 어레스팅 후크와 캐터펄트 런치바를 설치하여 랜딩기어를 강화했으며, 착함 진입시의 조종안정성을 확보하기 위해 주익의 앞전에는 슬레이트를 설치했고, 스피드 브레이크는 후방 동체 아래에서 측면으로 옮겼다.

또한 수평미익과 수직미익의 면적을 늘렸고, 수평미익의 앞쪽 미익과 수직미익의 앞쪽에 기류를 안내하는 SMURF(Side Mounted Unit Root Fin)라는 스트레이크를 부착했으며, 벤트럴 핀도 추가했다. 엔진은 FSD 단계에서는 호크 Mk. 60과 같은 것을 장착했으나, 파워 부족이 지적되어 양산형에서는 호크 Mk. 100과 같은 아도어 F405-RR-401로 바꾸었다.

T-45A의 훈련부대는 TW-1과 TW-2의 2개 비행단, 4개 비행대가 편성되었으며, TW-2는 1994년 1월부터 비행훈련을 시작했다. 1996년 10월 인도한 양산 73호기부터는 일명 글래스 콕핏이라 불리는 사양으로 개량하여 T-45C라고 불렀다. 또한 기존 기체도 1998년 이후 항전장비 현대화개수사업을 통해 T-45C 사양으로 개량했다.

운용현황

T-45는 1991년부터 실전에서 운용되기 시작하여 2007년 3월에 200번째 기체가 인도되었다. 미 해군은 최종적으로 223대의 T-45를 획득할 예정으로 2035년까지 운용하게 된다.

변형 및 파생기종

T-45A | 기본형 함상훈련기.

T-45B | 해군의 지상훈련기 제안형. 미 해군은 원래 함상에서 운용하지 않는 T-45B를 도입하고자 했지만, 비용절감을 위해 TA-4와 T-2의 업그레이드를 선택했다.

T-45C | T-45A의 개수형. 글래스 콕핏을 갖추고 있으며 INS 등 항전장비를 강화했다.

알파젯

Dassault/Dornier **Alphajet**

Alphajet E

형식 쌍발 복좌 고등훈련기
전폭 9.11m
전장 11.75m
전고 4.19m
주익면적 17.5㎡
자체중량 3,345kg
최대이륙중량 8,000kg
엔진 SNECMA/터보메카 라르작 터보팬(1,350kg) × 2
최대속도 998km/h
실용상승한도 48,000피트
최대항속거리 2,940km
무장 최대 2,500kg 외부 탑재 가능
승무원 2명
초도비행 1973년 10월 26일(시제기)

개발배경

1960년대에 프랑스와 서독은 장래에 필요한 고등훈련기 연구를 각자 시작했다. 1968년에 양국은 서로의 구상을 통합하려는 협의를 시작했으며, 1969년 7월에 공동개발 및 생산에 합의했다. 개발 제안으로 제출한 다소/브레게/도르니에 그룹의 TA 501, SNIAS/MBB 그룹의 E.650 유로트레이너, VFW/포커 그룹의 VFT291 등을 비교 심사한 결과 1970년 7월에 TA501을 선정했다. 브레게 126과 도르니에 P.375를 토대로 공통성을 높여 통합한 이 설계안이 바로 알파젯이다. 엔진은 안전성이 높은 쌍발기를 강력하게 희망하는 서독의 요구에 따라 SNECMA/터보메카 라르작 엔진 2대를 탑재하기로 결정했다.

특징

알파젯의 주익 형상은 견익 배치의 후퇴익이며, 엔진은 동체의 양쪽 측면에 장착했다. 조종석은 탠덤 복좌로, 후방석을 한 단계 높게 설치했다. 좌석은 사출좌석으로, 프랑스는 마틴 베이커 AJRM4를, 서독은 스텐셀 S-III-S3를 장착했다.
프랑스 공군은 알파젯을 T-33을 대체하는 고등훈련기로 계획하고 있었던 반면, 서독 공군은 조종사의 훈련을 미국에 위탁하고 있었으므로 알파젯을 피아트 G91R/3를 대체하는 경공격기로 계획하고 있었다. 따라서 기본설계는 같더라도 양국 공군의 요구사항에 따라 탑재하는 장비가 크게 다르다.
서독 공군은 알파젯 A를 서유럽이 침공을 당할 경우 지상군을 지원하는 경공격기로 사용할 계획이었기 때문에 2중 자이로식 관성항법장치, 도플러 항법 레이더, HUD, 마우저 27mm 기관포 등을 탑재했으며, 프랑스 공군은 알파젯 E를 평소에는 훈련기로 사용하며 유사시를 대비해 동체 아래에 DEFA533 30mm 기관포 포드를 장착한다. 겉으로 볼 때 프랑스 공군의 알파젯 E는 기수가 둥근 모양이나, 서독 공군의 알파젯 A는 매우 날카로운 모양이다.
알파젯은 1972년 2월에 양국 정부로부터 개발 승인을 받았으며, 프랑스에서 조립한 시제 1호기가 1973년 10월 26일에 초도비행을 했다. 독일에서 조립한 2호기는 1974년 1월 9일에 초도비행을 했다. 한편, 프랑스 공군의 양산 1호기는 1977년 11월 4일에 초도비행을 했으며, 1978년부터 훈련부대에 배치되었다. 서독 공군의 양산 1호기는 1978년 4월 12일에 초도비행을 했다.
서독 공군은 장기간 운용한 알파젯의 수명연장(MLU)과 전투효율개선(ICE)을 실시하여 재입력이 가능한 무장 및 전자장비를 탑재했으며, 엔진도 추력이 높아진 라르작 04-C20으로 바꿨다. 한편, 1990년대에 냉전체제가 붕괴하자, 서독 공군은 부대를 대폭 재편하면서 재래식 전력의 감축을 단행했다. 이에 따라 경공격기로 사용하던 알파젯을 용도 해제할 것을 결정한 뒤 1999년까지 모두 퇴역시키고 일부는 해외에 매각했다.
알파젯은 프랑스와 서독 이외에도 해외 국가에 다수 수출했으며, 경공격기로 사용하는 국가도 많다. 알파젯 2(알파젯 NGEA)는 엔진을 라르작 04-C20으로 파워업하고 기수에 레이저 거리측정기를 설치한 공격력 강화형으로, 관성항법장치와 HUD를 탑재하고 있다. 무장은 지상공격용 폭탄을 비롯하여 마트라 R.550 매직 공대공미사일을 탑재할 수 있다.
알파젯을 본격적인 공격기로 개발한 알파젯 3 ATS(랜시어)는 톰슨-CSF사의 레이더와 FLIR 포드, 내장형 능동/수동 ECM 장비를 탑재하여 주야간/전천후 공격, 대함공격, 무장정찰 등의 임무를 수행할 수 있다. 조종석은 글래스 콕핏을 구현했으며, 탑재무장으로 AM39 엑조세 공대함미사일을 탑재할 수 있으나 실제 발주는 이루어지지 않았다. 알파젯 시리즈는 1992년에 생산을 종료했다.

운용현황

알파젯은 본가인 프랑스와 독일을 비롯하여 12개국이 사용 중이다. 사용국가로는 벨기에(알파젯 E), 카메룬(알파젯 MS2), 코트디부아르(알파젯 E), 이집트(알파젯 MS2, 알파젯 E), 프랑스(알파젯 E), 독일(알파젯 A), 모로코(알파젯 E), 나이지리아(알파젯 E), 포르투갈(알파젯 A), 카타르(알파젯 E), 태국(알파젯 A), 토고(알파젯 E) 등이 있다.

변형 및 파생기종

알파젯 A	독일 공군의 경공격기.
알파젯 E	프랑스 공군의 고등훈련기.
알파젯 2	알파젯 E의 공격능력 강화형. 이전 명칭은 알파젯 NGAE(Nouvelle Generation Appui/École)이다.
알파젯 MS1	이집트 수출용 근접지원 프로토타입.
알파젯 MS2	엔진 추력향상, 전자장비 개량, 매직 미사일, 랜시어 타입의 글래스 콕핏을 적용한 성능향상형.
알파젯 ATS(Advanced Training System)	본격적인 공격형. 신형 전자장비 및 글래스 콕핏이 특징이며, 이전 명칭은 랜시어(Lancier)이다.

C-101 아비오젯

EADS CASA(CASA) **C-101 Aviojet**

C-101

- 형식 단발 복좌 중등훈련기
- 전폭 10.60m
- 전장 12.50m
- 전고 4.25m
- 주익면적 20.0㎡
- 자체중량 3,500kg
- 최대이륙중량 5,600kg
- 엔진 개럿 TFE731-3-1J 터보팬 (1,683kg) × 1
- 최대속도 796km/h
- 실용상승한도 42,325피트
- 최대항속거리 1,352km
- 무장 외부무장 최대 1,150kg
- 승무원 2명
- 초도비행 1983년 11월 16일 (C-101BB)

개발배경

스페인의 항공업체인 CASA(현재는 EADS CASA)가 개발한 비행훈련기이다. 개발 과정에서 독일 MBB사 및 미국 노스럽사와 기술협력을 했다. 단발 터보팬 엔진의 탠덤 복좌 제트훈련기인 C-101 아비오젯은 1977년 6월 27일에 시제기가 초도비행을 했다. 모두 4대가 제작된 시제기는 1978년 말까지 모든 기체가 제작되어 시험평가를 위해 스페인 공군에 인도되었다. 시험평가 결과 스페인 공군은 훈련기로 채택할 것을 결정했으며, E.25(Mirlo)라는 명칭으로 60대를 발주하여 1980년 3월부터 양산기를 인수하기 시작했다. 스페인 공군에 인도된 최초의 생산형은 C-101EB-01라고 불린다.

특징

스페인 공군은 C-101EB-01을 중등비행훈련과 무장훈련에 사용하지만, 수출형은 발주국의 요구에 따라 공격능력을 추가할 수 있도록 엔진을 개럿 TFE731-2-2J(1,588kg)에서 TFE731-3-1J(추력 1,679kg) 터보팬 엔진으로 파워업한 C-101BB를 개발했다.

C-101BB는 주익 아랫면에 있는 6개소의 하드포인트에 폭탄과 같은 무장을 탑재할 수 있으며, 동체 중심선에는 기관포 팩을 장착할 수 있다.

C-101BB를 본격적인 공격기로 발전시킨 C-101CC형은 1983년 11월 16일에 1호기가 초도비행을 했다. C-101CC의 엔진은 추력 1,951kg의 TFE731-5-1J 터보팬 엔진으로 바꿨으며, 하드포인트 수는 C-101BB와 같지만 최대이륙중량이 늘어나면서 무장탑재량과 연료탑재량도 증가했다.

C-101CC-02는 수출 전용 모델로, 칠레 공군이 구입을 결정하여 T-36과 함께 A-36 알콘(Halcón)이라는 명칭으로 자국에서 면허생산했다. 칠레에서 면허생산을 담당한 업체는 에나에르(ENAER)로, A-36에 탐색레이더를 장착하여 시이글(Sea Eagle) 공대함미사일 발사능력을 부여한 A-36M을 독자적으로 개발해 칠레 공군에 제안했으나, 실제 발주는 이루어지지 않았다.

대신 칠레 공군은 프랑스 SAGEM사와 계약하여 1997년에 12대의 A-36를 EFIS 콕핏으로 개량했으며, 개량한 기체는 알콘 2(Halcón 2)라고 불린다. 알콘 2는 HUD, HOTAS, GPS/INS을 사용하는 항법/공격 시스템을 탑재하여 지상공격 및 공중전투 능력을 향상시켰다.

성능향상형인 C-101DD는 C-101 시리즈의 최종형으로, 1985년 5월 25일에 시제기가 초도비행을 했으며, 엔진은 C-101CC와 같은 TFE731-5-1J 엔진을 장착했다. C-101DD의 최대 특징은 신형 전자장비를 탑재한 것으로, GEC 애비오닉스 AD6601 도플러 관성플랫폼 및 무장조준 컴퓨터, HUD, AN/ALR-66 RWR, 채프/플레어 디스펜서를 탑재하고 있다. 조종석에는 HOTAS 개념을 도입했으며, 지상공격능력을 높이기 위해 AGM-65 매버릭 공대지미사일 운용능력을 부여한 점이 특징이다.

운용현황

최대 운용국은 스페인으로 76대를 도입했다. 이외에 칠레가 T-36이란 명칭으로 13대를, 요르단이 C-101CC 모델 13대를 도입했다.

변형 및 파생기종

C-101EB	기본 중등훈련기.
C-101BB	C-101EB의 수출형.
C-101CC	무장능력향상형. 칠레는 C-101BB-02를 T-36 알콘이라는 명칭으로 면허생산했으며, C-101CC-04는 요르단 공군에 수출했다.
C-101DD	경공격형. 수출을 목적으로 개발한 경공격기이나 발주가 없어 실제 양산에 이르지 못했다.

브라질 | 엠브라에르 |

EMB-312 / T-27 투카노

Embraer **EMB-312/T-27 Tucano**

EMB-312

형식 단발 터보프롭 기본훈련기

전폭 11.14m

전장 11.42m

전고 3.90m

주익면적 19.40㎡

자체중량 2,420kg

최대이륙중량 3,190kg

엔진 P&W 캐나다 PT6A-68A(1,300shp) × 1

최대속도 557km/h

실용상승한도 42,325피트

최대항속거리 1,568km

무장 12.7mm 또는 7.62mm 기관총 포드(탄약수 500발) 2개, 250파운드 폭탄 4발 또는 로켓탄 14발

승무원 2명

초도비행 1980년 8월 16일 (EMB-312)

개발배경

투카노는 브라질 공군이 사용하던 T-37C 복좌 제트훈련기를 자국산 기종으로 대체하고자 1978년부터 개발한 복좌형 터보프롭 훈련기이다. 설계 당시부터 단거리이착륙 성능과 기동성을 중시했으며, 수출을 고려하여 국제 표준규격에 적합하게 개발했다.

특징

투카노는 동급 훈련기로서는 세계 최초로 사출좌석을 설치하는 등 혁신적인 설계를 채택했다. 제트기 조종사의 훈련에 적합하도록 비행 특성을 제트훈련기와 비슷하게 설정했으며, 시계를 확보하기 위해 전방석과 후방석을 높이 차이를 두어 앞뒤로 배치하고, 폭이 좁은 동체와 P-51 전투기와 비슷한 평면 형상을 가진 주익과 미익을 조합한 점이 특징이다.

투카노는 현재까지 15개국에서 650대의 발주를 확보한 브라질 최초의 베스트셀러 군용기이자 엠브라에르사가 세계적인 항공기 제작회사의 대열에 진입하는 데 크게 기여한 기종이다.

1985년 3월에는 영국 공군이 제트 프로보스트 제트훈련기를 대체하는 기종으로 130대의 S.312 투카노를 채택하면서, 영국 공군의 요구 성능에 맞춰 엔진을 얼라이드시그널(AlliedSignal)사의 TPE331-12B으로 파워업하고 기체구조를 강화하고, 캐노피 및 계기류를 변경하고, 기체수명을 12,000시간으로 연장하는 등 개량을 실시하여 쇼츠사에서 생산하도록 했다. 1988년 9월에 1호기가 영국 공군에 인도되었다.

엠브라에르사는 1991년부터 엔진의 출력을 1,600shp로 높여 비행성능을 개량한 EMB-312H(나중에 EMB-314로 명칭 변경) 슈퍼 투카노를 개발하여 미국 해군·공군이 추진하는 JPATS 프로그램에 노스럽사와 공동으로 제안했으나, 경쟁기종인 PC-9에 패배했다. 그러나 다용도기로서 많은 국가들을 상대로 판촉 활동을 벌이고 있으며, 10년간 500대 판매를 목표로 하고 있다.

운용현황

브라질 공군은 투카노에 T-27이라는 정식명칭을 부여하여 133대를 조달하기로 결정했으며, 1983년 9월부터 인수를 시작했다.

이집트도 120대의 투카노를 발주하여 자국에서 조립생산했다. 1985년부터 이집트 공군에 40대, 이라크 공군에 80대가 인도되었다. 이후 이집트 공군은 14대를 추가 발주했다.

1985년 영국 공군이 기본훈련기로 S.312 투카노 130대를 채택함에 따라 투카노는 전성기를 구가하게 되었다. 영국제 훈련기로 새로 태어난 쇼츠 투카노는 이 밖에도 베네수엘라, 아르헨티나, 페루 공군에 175대를 판매되었으며, 쿠웨이트 및 캐나다 공군에도 28대를 인도되었다.

한편 프랑스 공군도 1989년에 마지스테르 제트훈련기의 후계기종으로 영국 공군과 같은 주익 구조 강화형 EMB-312F 투카노를 선정했다. 발주량은 50대이며 1993~1997년 인수했다.

변형 및 파생기종

EMB-312	기본양산형.
T-27	브라질 공군용 복좌 기본훈련기.
AT-27	브라질 공군용 복좌 경공격기.
EMB-312F	프랑스 수출형. 기체 구조를 강화함과 동시에 프랑스제 항전장치를 장착했다.
쇼츠 투카노	성능이 개선된 수출 모델로, 엔진과 항전장치를 개량했다. 영국이 130대, 케냐가 12대, 쿠웨이트가 16대를 도입했다.
EMB-312H	미군 차기초등훈련기 선정사업을 위해 만든 모델. 엠브라에르는 노스럽그러먼과 손잡고 사업에 참가했으나 실패했다. 이 모델을 바탕으로 EMB-314 슈퍼 투카노가 등장했다.

T-7

형식	단발 복좌 초등훈련기
전폭	10.04m
전장	8.59m
전고	3.71m
주익면적	16.50㎡
자체중량	1,104kg
최대이륙중량	1,585kg
엔진	롤스로이스 250B17F 터보프롭(450shp) × 1
최대속도	376km/h
실용상승한도	25,000피트
최대항속거리	1,352km
승무원	2명
초도비행	2002년 7월 9일(양산 1호기)

개발배경

일본 방위청은 1978년부터 1998년까지 20여 년간 사용해 오던 T-3를 대체하기 위해 새로운 초등훈련기 도입사업을 추진했다. 무려 30여 개 업체가 선정에 참가했으나, 후지 중공업과 필라투스가 최종후보로 선정되었다. 결국 1998년 8월 후지 중공업이 필라투스의 PC-7을 제치고 사업자로 선정되었다. 사업선정 비리로 인해 자민당 간부가 구속되는 등 진통을 겪으면서 잠시 사업이 중단되었으나, 이후 후지 중공업이 사업자로 재선정되었다.

T-3는 원래 미 해군의 T-34 멘터를 기본으로 만든 기종인데, 후지 중공업이 내세운 기종은 T-3의 개량형인 T-3改 모델이었다. 이 기종은 이후 T-7으로 분류되었다.

특징

T-7은 설계기획단계부터 운용유지비용을 절감하기 위해 기존의 T-3 훈련기와 부품 공통화를 추구했다. 이에 따라 기존의 T-3 정비체계로도 60%나 T-7의 정비가 가능했다. 그러나 엔진 및 항전장비 등은 신형으로 교체했다.

엔진은 T-3의 라이커밍 피스톤 엔진 대신 롤스로이스 250B17F 터보프롭 엔진을 탑재하여 출력과 기동성을 크게 향상시켰다. 터보프롭 엔진 장착으로 인해 소음이 감소했고, 엔진의 크기와 무게도 줄어들어 기체의 균형을 맞추기 위해 기수 부분을 T-3보다 길게 했다.

학생조종사를 배려하여 조종석을 더욱 넓히고 각종 계기의 시인성을 높여 고등훈련기인 T-4에 더욱 쉽게 적응할 수 있도록 설계했다.

운용현황

일본 항공자위대는 T-3을 대체하기 위해 T-7 49대를 발주했다. 양산기체는 2002년 9월 처음으로 항공자위대에 인도되었으며, 2003년 3월 27일 부대사용승인과 함께 제식명 T-7을 부여받았다. 현재 49대가 모두 인도되어 운용 중이다.

JJ-7 / FT-7

Guizhou Aircraft Industry Corporation **JJ-7 / FT-7**

JJ-7

형식 단발 터보젯 고등훈련기
전폭 7.15m
전장 14.88m
전고 4.10m
주익면적 35.0㎡
자체중량 5,292kg
최대이륙중량 8,150kg
엔진 리양 WP-7B 터보팬(13,448lbf) × 1
최대속도 마하 2.05
실용상승한도 59,060피트
최대항속거리 1,010km
승무원 2명
초도비행 1985년 7월(JJ-7)

개발배경

JJ-7은 J-7을 기반으로 한 복좌 훈련기로, J-7II의 기골을 바탕으로 하고 있다. JJ-7은 러시아의 MiG-21U "몽골-A" 훈련기와 설계나 특징이 매우 유사한데, 그도 그럴 것이 JJ-7은 MiG-21U의 복사판이기 때문이다. 중국은 1979년 이집트로부터 MiG-21U 1대를 입수하여 역설계를 통해 JJ-7을 탄생시켜 1985년 7월 초도비행을 실시했다.

특징

JJ-7은 J-7II의 우수한 비행성능에 기초했지만, 이착륙 속도를 증가시키는 바람에 기동성이 다소 떨어진다. 배면익은 J-7에서는 수직으로 1개만 있었던 것이 JJ-7에서는 2개로 늘어났다. 또한 연료탱크를 증설하면서 동체의 부피도 다소 증가했다.

조종석 시야가 협소하고 특히 교관석의 시야는 극히 제한되어 있다는 단점이 있다. 캐노피는 모두 오른손으로 열 수 있으며, 교관이 이착륙을 관측할 수 있도록 페리스코프를 장착했다. 조종계통은 2중식이며, 조종실에는 에어컨도 장비하고 있다.

WP-7B 터보젯 엔진을 장착하고 있으며, 226식 거리측정 레이더를 탑재했다. 이외에도 SM-8AE 광학조준기, CT-3 무전기, BDF-4B 수평유지계, LZ-2-II 컴패스 등을 장착했고, 후기형에는 HUD와 레이더 경보기도 장착했다.

무장으로는 30mm 기관포를 장착하고 있지만, 탄환적재량은 60발에 불과하다. 또한 주익에는 PL-2, PL-5 등 공대공 미사일이나 로켓발사기를 장착할 수 있으며, 기타 추가 무장도 장착할 수 있다.

운용현황

JJ-7은 1987년부터 양산을 시작하여 중국 공군에 배치하기 시작했다. 중국 공군과 해군은 J-7과 J-8을 조종전환훈련기로 애용했다. 현재 중국은 JJ-7을 대체하기 위해 JL-9과 JL-15를 도입 중이다. 그러나 중국은 2011년 초에도 JJ-7을 꾸준히 운용하여 공군이 40대, 해군이 30대를 운용하고 있다.

한편 JJ-7의 수출형인 FT-7는 제3세계에서 인기가 있어서 파키스탄, 스리랑카, 미얀마, 나미비아, 나이지리아 등이 FT-7을 도입했다.

변형 및 파생기종

JJ-7	MiG-21U의 복사판.
JJ-7II	HUD와 록웰 콜린스의 항전장비를 장착한 항전장비 개수형. 1990년 11월 초도비행을 했다.
FT-7	JJ-7의 수출형.
FT-7A	이집트 등 기존의 MiG-21U 훈련기 사용국들을 위한 개수형. 원래 러시아제 사출좌석을 제거하고 중국제 사출좌석을 장착했으며, 캐노피를 변경하여 사출시 안전성을 높였다.
FT-7B	JJ-7II의 수출형. 이 모델부터 마틴베이커 사출좌석을 장착하기 시작했다.
FT-7M	F-7M의 훈련기형. HUD를 기본으로 장착하기 시작했다.
FT-7P	FT-7의 파키스탄 수출형. 레이더를 장비하여 실전가능한 것이 특징이다.
FT-7PG	파키스탄 수출형으로 파키스탄 공군이 도입한 F-7P에 대응하는 훈련기이다. 후방석을 0.5m 높게 설치함에 따라 페리스코프를 제거했다. 2002년 3월 초도비행을 했다.

T-1A 제이호크

Hawker Beechcraft **T-1A Jayhawk**

T-1A
형식 쌍발 터보팬 비즈니스제트기/훈련기
전폭 13.25m
전장 14.75m
전고 4.24m
자체중량 4,127kg
최대이륙중량 7,303kg
엔진 PW JT15D-5B 터보팬(2,900lbf) x 2
최대속도 860km/h(마하 0.78)
실용상승한도 41,000피트
최대항속거리 3,890km
승무원 3명(교관 1명+ 생도 2명)
초도비행 1991년 7월 5일

개발배경

미 공군은 급유기/수송기 조종사의 비행훈련에 폭격기/전투기 조종사용 훈련기인 T-38 탈론(Talon)을 사용했다. 그러나 전투용 기체와 지원용 기체의 비행 특성이 다를 뿐 아니라 T-38의 노후화에 따른 수량 감소로 T-38기에 부하가 심해져 이에 대한 개선의 필요성이 제기되었다.

이에 미 공군은 급유기/수송기훈련체계(Tanker/Transport Training System: TTTS) 사업을 추진하여 1990년 2월 21일 비치젯 400T를 T-1A 제이호크라는 명칭으로 채용하기로 결정했다.

특징

비치제트 400T는 민간형인 400A에 군용 전자장비를 설치하고 윈드실드를 강화한 개량형이다. T-1A는 조종실에 5개의 CRT 화면을 배치하여 최신 기종으로의 전환에 불편이 없도록 배려했다.

원래 T-1A는 일본 미쓰비시가 만든 MU-300 쌍발 터보팬 비즈니스 제트기에 바탕을 두고 있다. MU-300은 미쓰비시 MU-2의 후계기로 1970년대 후반에 개발한 비즈니스 제트기인데, 당시로서는 최초로 CAD/CAM을 이용하여 제작한 최신 기종이었다. MU-300은 성능이 매우 우수한 기체로, 미쓰비시는 이 기체를 미국 시장에서 본격적으로 판촉하기 위해 미국에서 다이아몬드 I 이라는 이름으로 판촉을 시작하고 1981년 FAA 인증을 받기도 했다.

그러나 다이아몬드 I 의 판매는 신통치 않아 예상보다 적은 62대만을 생산하는 데 그쳤고, 성능을 강화한 다이아몬드 II 도 발매했지만 이 또한 별다른 판매 실적을 올리지 못했다. 결국 미쓰비시는 다이아몬드 II 의 설계와 항공기 64대분의 부품을 미국의 비치에 매각했고, 이로부터 비치제트 400이 탄생하게 되었다.

한편 1997년에는 62대의 T-1A에 GPS 항법장치를 장착하는 업그레이드 사업이 실시된 바 있다.

운용현황

T-1A는 1992년 1월부터 도입하기 시작해서 1993년부터 동 기종으로 교육을 실시했다. 1997년도까지 총 180대가 인도되었으며, 5개 비행대가 편성되었다.

조종 생도는 T-37 교육과정을 마친 후 TTTS로 직접 옮겨가게 되며 TTTS과정은 10개 과목에 78소티를 이수해야 한다. TTTS는 기체와 함께 시뮬레이터 등을 포함한 통합훈련 시스템으로, 기체는 레이시언사가 담당하나 전체 시스템의 주계약자는 맥도넬더글러스(현 보잉)였다.

변형 및 파생기종

미쓰비시 MU-300 / T-400	비치제트 400의 프로토타입기. 미쓰비시 항공은 MU-300의 미국형인 다이아몬드 II 의 설계를 1985년 비치에 매각했다. 한편 MU-300은 일본에서도 T-400이란 제식명으로 자위대의 훈련용 기체로 사용했다.

T-6A 텍산 II

T-6A
형식 단발 터보프롭 기본/중등훈련기
전폭 10.19m
전장 10.16m
전고 3.23m
주익면적 16.29㎡
자체중량 2,135kg
최대이륙중량 2,858kg
엔진 PW 캐나다 PT6A-68 터보프롭 (1,100shp) x 1
최대속도 573km/h
실용상승한도 31,000피트
최대항속거리 1,667km
승무원 2명
초도비행 2000년 5월 23일

개발배경

T-6A는 미 공군과 해군이 동시에 추진하는 차기 초등훈련기 선정사업인 JPATS(Joint Primary Aircraft Training System) 사업의 결과 등장했다.
미 공군은 말도 많고 탈도 많았던 NGT 계획에 따라 세스나 T-37의 후계기로 페어차일드 T-46을 선정했다. 그러나 페어차일드사의 경영능력 부족으로 개발이 지연되자, 1987년에 T-46 개발을 취소하고 후속책으로 PATS(초등훈련 시스템) 계획을 추진하면서 위험 부담을 줄이기 위해 신규 개발이 아닌 기존 기체를 기반으로 한 발전형 중에서 후보를 물색하기로 했다.
한편 미 해군도 비치 T-34C의 노후화로 후계기를 선정할 필요가 있었다. 이에 따라 1988년 12월 미 공군과 해군은 협조 각서를 조인하고 1991년 11월 통합운용 요구사양을 제시하게 되었다. 요구사양은 제트기와 터보프롭기의 제한을 두지 않으며 사출좌석, 후방석 시계 확보, 여압식 조종실, 순항속도 250kt(최소)/270kt(목표), +6G/-3G의 기체강도, 운용수명 24년/19,000비행시간 등을 충족해야 한다는 것이었다.
또한 기체와 함께 GBTS라 불리는 지상 훈련용 소프트웨어/시뮬레이터 시스템도 포함하도록 했다. 특히 논란이 많았던 조종석 배치의 경우 미 공군이 초급 학생에 유리한 병렬 배치를 요구했으나, 미 해군은 독립심을 기르는 데 유리한 탠덤 배치를 요구했다. 미 공군이 이를 받아들임으로써 프롬비아 제트 스퀄러스, 텔레다인 라이언 T-46 개량형, 사브 2060(105 개량형)은 탈락하고 말았다.
한편 JPATS로 필라투스 PC-9 Mk 2가 선정되자, 프로펠러기가 JPATS로 선정된 것이 의외라는 반응이 많았다. 원래 미 공군은 제트훈련기를 요구했고, 유일한 미국제 후보기인 세스나 사이테이션 제트(Cessna Citation Z)도 여기에 초점을 두었었다. 그러나 곡예비행시 미세한 방향타 조작이 필요한 프로펠러기가 조종사 선발 및 훈련에 효과적이라는 미 해군의 강력한 주장에 따라 프로펠러기를 선정한 것이다.
JPATS의 후보기로는 비치/필라투스 PC-9 Mk 2 외에 록히드/아에르마키/롤스로이스/MB339 T버드 II, 록웰/ MBB 팬레인저, 세스나 525 사이테이션 제트, CASA C-101, IAR-99 쇼임, 세이버라이너/SOCATA TB31 오메가 등이 응모했다. 많은 후보기들 중 1995년 6월 필라투스 PC-9 Mk 2가 선정되었으며, T-6A 텍산 II로 명명되었다.

특징

T-6A의 특징은 90% 동체일체형 구조로 설계하고 PMU(Power Mangement Unit)를 엔진에 적용하여 출력증가 반응시간을 감소했다는 것이다. 또한 토크 현상을 최소화하기 위해 러더트림 자동조절기능을 가진 트림보조장치를 사용하고 있다. 또한 조류 충돌에 대비하여 윈드실드를 보강했다.
T-6A는 심사 당시 큰 주목을 받은 스핀 회복 특성을 위해 대형 벤트럴 핀을 추가했다. 엔진은 1,700shp의 P&W 캐나다 PT6A-68 엔진을 1250shp로 낮추어 사용하며, 고정무장은 없다. 강력한 엔진을 장착하여 최대속도 600km/h, 상승력 1,600m/min의 비행성능을 발휘하는 T-6A는 2차대전 당시의 전투기와 맞먹는 고성능을 발휘한다.

운용현황

T-6A는 2000년 5월 23일 미 공군에 실전배치되기 시작하여, T-37을 대체하여 훈련임무에 사용되고 있다. 미 해군에

서는 2003년에 초도작전능력을 인증하여 실전배치했다. 미 공군은 2010년까지 모두 454대의 T-6를 도입했다. 미 해군의 도입예정대수는 328대이다.

한편 미국에 앞서 캐나다에서도 NATO 훈련용으로 24대를 도입했으며, 그리스 공군도 45대를 도입했다. 이라크 공군도 15대를 도입하여 2009년부터 인수했다.

변형 및 파생기종

T-6A | T-6 기본형. 미 공군과 해군, 그리스 공군에서 채용하고 있다.

T-6A NTA | T-6A의 그리스 공군용 무장형. 로켓 포드와 건 포드, 폭탄 및 외부연료탱크를 장착할 수 있다.

T-6B | T-6A의 발전형. 2005년에 소개된 모델로 글래스 콕핏을 채용했다. HUD와 6개 다기능시현기, HOTAS를 갖추고 있다.

AT-6B | T-6B의 무장형. 무장투하훈련 및 경공격기 임무에 사용한다. T-6B와 같이 디지털 콕핏을 갖추었으나, 데이터링크와 광전자 센서를 통합하여 효율적인 무장운용이 가능하다. 또한 엔진출력을 1,600마력으로 향상시켰고, 기골도 보강했다.

T-6C | T-6B의 발전형. 주익 아래에 하드포인트를 장착했다.

CT-156 하버드 Ⅱ | 캐나다에서 도입한 기종. 정확히는 도입이 아니고 밤버디어에서 캐나다 국방군에 리스하는 형식으로 운용하고 있다. CT-155 호크기를 기반으로 하여 조종석을 배치한 것이 특징이다.

JL-8 / K-8 카라코럼

Hongdu Aviation Industry(Nanchang) **JL-8 / K-8 Karakorum**

JL-8/K-8

형식 단발 복좌 기본훈련기/경공격기
전폭 9.63m
전장 11.60m
전고 4.21m
주익면적 17.02㎡
자체중량 2,757kg
최대이륙중량 4,332kg
엔진 하니웰 TFE731-2A-2A(1,633kg) × 1
최대속도 800km/h
실용상승한도 42,651피트
최대항속거리 1,560km
무장 외부무장 최대 943kg 탑재 가능
승무원 2명
초도비행 1990년 11월 21일(시제기)

개발배경

중국과 파키스탄은 장기간 방위 및 항공우주분야에서 협력관계를 구축해왔는데, 훈련기/경공격기 분야 협력으로 탄생한 것이 바로 JL-8/K-8이다. 1986년에 공동개발을 시작하여 신형 훈련기 JL-8을 탄생시켰다. JL-8은 이후 중국과 파키스탄의 국경에 위치한 카라코럼 산맥의 이름을 따서 K-8로 이름을 바꾸었다.

K-8은 중국 공군이 장기간에 걸쳐 운용한 CJ-5/CJ-6 및 JJ-5의 후계기와 파키스탄 공군이 운용하는 T-37 및 JJ-5의 후계기에 대한 요구사항을 통합하여 개발비용을 절감하고 낮은 가격으로 수출시장에 도전하기 위해 개발한 제트훈련기이다.

중국의 CATIC과 난창 항공(현 훙두 항공), 파키스탄의 PAC가 자체자금으로 기체를 개발하기 시작했으며, 중국의 국가예산은 투입되지 않았다. 양국의 합의에 따라 PAC는 25%의 작업을 분담하며 수평미익의 제작과 관련된 모든 작업을 책임지고 있다.

개발을 시작할 당시에 중국과 미국은 우호적인 외교관계를 유지하고 있었으며 장차 수출 판매시 미국제 부품을 사용할 것을 전제로 설계를 진행했다. 그러나 1989년 천안문 사건 발발로 미국이 기술수출을 중단함에 따라 개발일정에 차질을 빚기도 했다. K-8은 1990년 초도비행을 성공리에 마친 이후 기본훈련기의 베스트셀러로 자리매김하고 있다.

특징

JL-8/K-8은 넓은 비행영역에서 양호한 조종성을 갖도록 설계했다. 이를 위해 후퇴각이 없는 주익을 채택하여 실속속도를 165km/h로 낮추고 마하 0.8의 한계속도를 달성했다. 저속에서 양호한 조종특성을 가지려면 예측 가능한 실속 및 스핀 특성이 중요한데, 이 기술은 아에르마키사와 공동으로 풍동실험을 실시했다. 풍동실험에 이은 구조설계에서 중국 기술진은 K-8의 하중제한을 +7.33G/-3G로, 내구수명은 20년간 운용할 수 있는 8,000시간으로 설정했다.

시제기는 모두 5대를 발주했는데, 2호기는 지상에서의 구조시험에 사용하고, 1호기는 1990년 11월 21일에 초도비행을 했으며 공식적인 초도비행은 1991년 1월 11일에 실시했다.

기체는 테이퍼드 윙(Tapered Wing: 날개 뿌리에서 끝으로 갈수록 두께가 작아지는 날개)을 저익으로 배치한 매우 표준적인 레이아웃이며, 동체의 양측면에는 간단한 모양의 공기흡입구가 있다. 당초 비행시험용 엔진으로 개럿 TFE731 터보팬 엔진을 선택했으나, 중국 공군에 인도하는 기체에는 가격이 낮은 프로그레스/ZMKB AI-25TL(추력 1,720kg)을 사용한다. 고온 및 고지에서의 성능을 높이기 위해 수출형 및 무장훈련형에는 추력이 높은 TFE731 엔진의 탑재를 검토하고 있다.

무장훈련 및 경공격 임무용 K-8은 기관포, 폭탄, 로켓탄을 운용할 수 있으며, 독자개발한 무장조준기를 장착하고 있다. K-8은 주익 아랫면에 하드포인트 4개소가 있으며, 동체중심선에는 GSh-23 23mm 기관포 포드를 장착할 수 있다.

K-8은 탠덤 복좌의 조종석을 채택하고 있으며 교관의 전방시야를 확보하고자 후방석을 높게 설치했다. 조종석에는 마틴 베이커 Mk.CN10LW 경량 제로제로 사출좌석을 설치했다. 중국 공군에 인도하는 양산형에는 일반적인 아날로그식 계기와 중국제 전자장비를 탑재하나, 파키스탄 양산형에는 GEC 애비오닉스의 HUD 및 록웰 콜린즈 EFIS-86(T)-5 등 최신장비를 탑재한다.

운용현황

현재까지 연간 24대의 비율로 무려 500대 이상 생산되어 각국에서 운용 중이다. 개발국인 중국은 모두 400대를 주문하여 1995년에 1호기를 인수했다. 이후 중국은 낡은 JJ-5 기종을 모두 JL-8로 교체하고 있으며, 2011년 초까지 190대를 인수했다. 파키스탄은 T-37을 대체하기 위해 K-8을 80여 대 주문했으며, 현재 40여 대를 인수한 것으로 알려져 있다. 한편 이집트는 무려 120대를 주문하여 80대를 수입하고 40대를 면허생산했다. 이외에도 미얀마(60), 스리랑카(7), 잠비아(8), 수단(12), 나미비아(12), 짐바브웨(12) 등이 K-8을 도입했다.

변형 및 파생기종

K-8E | 이집트 수출형.

K-8J | 중국 공군형.

K-8VSA | 기술개발용 테스트베드.

중국 | 홍두 항공(난창) |

JL-10 / L-15 팰컨(猎鹰)

Hongdu Aviation Industry(Nanchang) **JL-10/L-15 Falcon**

L-15

- 형식 쌍발 복좌 고등훈련기
- 전폭 9.48m
- 전장 12.27m
- 전고 4.80m
- 주익면적 20.0㎡
- 자체중량 6,500kg
- 최대이륙중량 9,500kg
- 엔진 ZMKB 프로그레스 AI-222K-25F(4,200kg) × 2
- 최대속도 마하 1.4 이상
- 실용상승한도 5,493피트
- 최대항속거리 3,100km
- 승무원 2명
- 초도비행 2006년 3월 13일(시제기)

개발배경

L-15는 2001년 9월 개발을 발표한 초음속 고등훈련기로, 2002년 11월에 주하이(珠海) 에어쇼에서 모형이 처음 공개되었다. 러시아 야코블레프 설계국과 협력하여 기체를 설계하고 있음이 2004년 중반에 확인되었으며, 기체 외형도 야코블레프 Yak-130과 비슷하다. 1호기는 2005년 9월 23일에 롤아웃하여 2006년 3월 13일에 초도비행을 했다.

특징

L-15는 직렬 복좌의 중익 쌍발기 형태로, 주익은 후퇴각을 가진 테이퍼드 윙이다. 후방석은 Yak-130처럼 전방석보다 한 단계 높게 설치해 양호한 전방시계를 확보하고 있다. 좌석은 제로제로 사출좌석이며, 조종석에는 HUD 및 컬러 MFD, HOTAS를 사용한 글래스 콕핏 개념을 적용했다.

주익의 앞전에는 전체 폭에 걸쳐 앞전 플랩을 설치했으며, 중간 부분에 도그투스를 설치했다. 주익 뒷전의 내측에는 파울러 플랩, 외측에는 보조익을 설치했다. 주익단에는 중국제 PL-9C 적외선유도 공대공미사일을 장착할 수 있다. 주익의 안쪽과 동체의 결합부분은 Yak-130과 같이 대형 LEX를 설치했는데, 이 부분의 설계는 야코블레프 설계국과 긴밀하게 협력하고 있다고 알려져 있다. 미익은 간단한 형태의 단일 수직미익과 일체형 수평미익으로 구성되어 있다.

엔진은 러시아제 ZMKB 프로그레스 AI-222K-25F(추력 4,200kg)를 국산화한 WS11(추력 3,478kg) 터보팬 엔진을 쌍발로 탑재하며, L-15에 탑재할 WS11의 후보 엔진으로는 2004년 11월 장래 발전 추세에 따라 추력 4,200kg까지 파워업이 가능한 AI-222 엔진을 채택했다. 2대의 엔진은 일반적인 방식대로 동체 후방에 나란히 배치했으며, 대형 LEX의 아랫면에 고정식 공기흡입구를 설치하여 고받음각에서 엔진으로 충분한 양의 공기가 들어가도록 했다.

랜딩기어는 간단한 앞바퀴식 3륜형이며, 비행제어계통은 신형 훈련기에 걸맞게 4중 디지털 플라이-바이-와이어를 사용하고 있다.

L-15는 기체의 형상에서 뛰어난 기동성을 갖추고 있음을 알 수 있으며, 최대 30°의 받음각에서도 비행이 가능한 수준이라고 알려져 있다. 고등훈련기로서 L-15가 가지고 있는 이러한 높은 비행성능은 중국의 신형 전투기인 J-10이나 J-11(Su-27SK) 전투기를 조종하는 조종사를 효과적으로 훈련시킬 수 있는 수준의 비행성능이 필요했기 때문이다. 허용 비행하중은 +8G/-3G로 알려져 있는데, 직접적인 경쟁관계에 있는 JL-9보다 높은 수준이라고 한다.

Yak-130에서 발전한 이탈리아의 M-346과 같이 L-15는 다양한 무장을 장착할 수 있도록 설계되었으며, 아직 본격적으로 레이더 FCS를 비롯한 무장 시스템을 탑재하고 있지 않으나, 장래에는 경공격기로 발전할 수 있는 잠재성이 높다.

L-15는 주익의 아랫면에 각 2개소씩 모두 4개소, 그리고 주익단 미사일 발사대에 있는 2개소를 합쳐 총 6개소의 하드포인트에 폭탄, 로켓탄, 공대공미사일, 공대지미사일 및 외부 연료탱크를 탑재할 수 있다. 최근 고등훈련기는 무장운용능력을 갖춰 전술입문과정까지 소화할 수 있도록 설계하는 것이 일반적인 추세인데, L-15의 경우 Yak-130급의 우수한 비행성능을 보유하고 있으므로 장래에 J-10 전투기를 보조하는 경전투기로 발전할 여지가 충분하다.

JL-9/FTC-2000의 경쟁기종인 L-15는 현재 중국 공군의 차세대 고등훈련기 후보로 경쟁하고 있다. 홍두 항공은 시험평가용으로 4대의 시제기를 발주받았으며, 2007년 초까지 2대를 납품하여 시험평가 중이다.

운용현황

현재 L-15는 중국 공군의 고등훈련기를 목표로 하고 있으나, 향후 수출시장에 도전할 경우 낮은 가격을 내세워 T-50이나 M-346과 경쟁할 가능성이 높다. L-15는 2013년 7월 중국 공군에 인도되어 JL-10이라는 정식 명칭을 받고 실전 배치되었다. 2012년 주하이 에어쇼에서 잠비아가 6대를 주문하여 2013년부터 인수하고 있으며, 베네수엘라와 파키스탄 등에서 관심을 보이고 있다.

Il-103

Ilyushin Il-103

T-103(대한민국 공군)

IL-103

형식 단발 피스톤엔진 경항공기
전폭 10.56m
전장 8.00m
전고 3.135m
주익면적 14.71㎡
자체중량 900kg
최대이륙중량 1,310kg
엔진 텔레다인 컨티넨탈 IO-360ES-4B 피스톤 엔진(210shp) x 1
최대속도 220km/h
실용상승한도 9,840피트
최대항속거리 800km
탑재량 최대 395kg
탑승원 조종사 1명 + 승객 3명
초도비행 1994년 5월 17일

개발배경

Il-103은 러시아 항공산업 최초로 서구와 동구권의 규격을 동시에 만족시키는 것을 목표로 개발한 기체다. 원래 Il-103은 약 500여 대에 이르는 러시아의 군용 및 민간용 훈련기 시장을 겨냥해 만들었다.

Il-103은 1990년에 개발사업이 시작되어 1993년 후반에 초도비행을 할 예정이었지만, 1994년 초까지 연기되었다. 그러나 러시아와 미국에서 항공인증을 받은 이후 주목받는 기체로 성장했다.

특징

Il-103은 서구시장을 겨냥하여 텔레다인 컨티넨탈 IO360 엔진을 장착했으며, 서구의 항전장비도 장착할 수 있도록 했다. 모델은 2가지로 발매되어 훈련기형은 2인석, 비즈니스 수송형은 4~5인석으로 되어 있다. 서구에 판매하기 위해 1998년에는 미국의 FAA 인증(A45C E)을 받기도 했다.

1996년 러시아의 항공인증 이후, Il-103은 LMZ(미그 계열사)가 생산을 맡아 1997년부터 양산하기 시작했다. 1997년 파리 에어쇼에서 Il-103은 곡예비행을 선보이면서 대중의 관심을 불러일으켰다. 이런 비행은 동급 비행기에서는 찾아볼 수 없는 Il-103만의 뛰어난 기동성을 과시하기에 충분했다.

Il-103은 악천후에서도 운용이 가능하며, 뛰어난 비행성능을 바탕으로 짧은 활주로에서도 운용이 가능하다. 또한 단단한 랜딩기어 덕분에 급조활주로에서도 운용할 수 있다. 비행조종계통은 전통적인 수동방식을 채택하고 있으며, 조작 실수로 위험한 상황이 발생해도 회복능력이 뛰어나 첫 비행을 하는 조종사에게 적합한 기종으로 평가받고 있다.

그러나 Il-103의 가장 큰 장점은 바로 경제성이다. 대당 가격이 16만 달러 선으로 동급에서 저렴한 축에 속하고, 14,000시간의 비행과 2만 회의 착륙을 실시할 수 있다. 안전 운행기간은 약 15년 정도라고 제작사는 발표하고 있다.

운용현황

대한민국 공군은 현재 Il-103 23대를 운용 중으로, 2004년부터 도입을 시작했다. 공군은 2006년 도입을 완료한 후 T-41B를 퇴역시키고 Il-103을 조종입문과정에 사용하고 있다. Il-103은 공군의 명명법에 따라 T-103으로 불린다. 페루 공군은 1999년에 훈련용으로 6대를 도입했으며, 라오스 공군도 21대를 발주했다.

한편 2011년 6월 21일 훈련비행 중이던 T-103 1대가 추락하여 2명이 사망하는 사고가 발생하기도 했다.

변형 및 파생기종

Il-103	러시아 내수용.
Il-103-10	수출용 커뮤터기. 원거리 수송을 위해 GPS를 장착하는 등 항전장비를 전폭적으로 업그레이드했다.
Il-103-11	수출용 훈련기. 러시아 내수용 기체를 바탕으로 항전장비를 소규모로 업그레이드했다.
T-103	Il-103의 대한민국 공군 모델. 러시아에 빌려준 경협차관을 대신하여 무기를 도입하는 불곰사업에 따라 2006년까지 23대를 도입했다. 최초 도입 당시 기체에 냉난방장치가 없어 계절에 따라 훈련에 영향을 받게 되자, 2007년 전용 냉난방기를 제작하여 설치하기도 했다.

일본 | 가와사키 | # T-4

Kawasaki **T-4**

T-4
형식 쌍발 복좌 중등훈련기
전폭 9.94m
전장 13.02m
전고 4.60m
주익면적 30.84㎡
자체중량 3,790kg
최대이륙중량 7,500kg
엔진 IHI F3-IHI-30 터보팬(1,670kg) × 2
최대속도 1,039km/h
실용상승한도 50,000피트
최대항속거리 1,670km
무장 외부무장 최대 1,150kg 탑재 가능
승무원 2명
초도비행 1985년 7월 29일(XT-4)

개발배경

T-4는 일본의 항공자위대에서 사용하는 중등훈련기로, T-3/T-7 프로펠러기를 사용하는 초등훈련과정을 수료한 학생조종사에게 본격적인 중등비행과정을 훈련시키기 위해 개발한 아음속 제트기이다.

1981년 4월에 일본의 방위청은 장기간 사용한 T-1 및 T-33A를 대체할 후계기종인 MT-X의 요구사양을 제시하고, 같은 해 9월에 가와사키 중공업의 설계안을 채택할 것을 결정했다. 가와사키 중공업이 주계약자(분담률 40%)가 되어 T-4의 개발과 생산을 맡고 미쓰비시 중공업과 후지 중공업이 부계약자로 협력했다. 탑재할 엔진은 1982년 10월에 이시가와지마 하리마에서 개발한 F3-IHI-30 터보팬 엔진으로 결정했다.

XT-4의 기본설계는 1981년부터, 상세설계는 1982년부터 시작했으며, 1983년에는 시제기 제작에 착수할 정도로 매우 빠른 속도로 진행했다. 시제 1호기는 1985년 4월에 제작을 완료하여 1985년 7월 29일에 초도비행을 했다. 이후 4대의 시제기를 완성하여 시험비행을 마친 후 1988년 6월 28일에 양산형 1호기의 초도비행을 실시했다. 1988년 7월 28일에는 방위청 장관의 사용승인을 받아 같은 해 9월부터 양산형을 인도하기 시작했다.

특징

T-4 중등훈련기는 2차대전 이후 일본 정부가 정책적으로 육성한 항공기술을 결집하여 개발한 순국산 항공기이다. 이전에 국산 항공기로 개발한 NAMC YS-11의 경우는 영국제 터보프롭 엔진을 사용했으며, 미쓰비시 T-2 훈련기의 경우 역시 초음속 비행이 가능한 기체는 국내에서 개발했으나 엔진을 외국에서 수입했다. 그러나 T-4의 경우 기체의 개발은 가와사키 중공업이 주도하고 엔진의 개발은 이시가와지마 하리마 산업(IHI)이 담당했다.

일반적인 형상이나 조종타면, 플랩, 에어브레이크 등에 복합재료를 최대한 사용하여 기체 중량을 줄였다. 전자장비는 J/ASN-3 링 레이저 자이로 AHRS, J/ASK-1 에어 데이터 컴퓨터, 디지털 데이터버스, HUD 등 최신 장비를 탑재했으며, OBOGS 및 캐노피 파쇄 탈출방식 등 최신 기술을 채택했다.

주익은 천음속 비행에 적합하도록 25% 익현에서 27.5°의 후퇴각을 가지며, 도그투스와 작은 스트레이크를 설치해 저속에서부터 고아음속에 이르기까지 양호한 조종안정성과 스핀 특성을 지니고 있다. 고정무장은 없으며, 무장훈련용으로 주익에 설치된 2개소의 하드포인트에 훈련용 폭탄이나 로켓탄을 장착할 수 있다.

운용현황

T-4는 1998년부터 항공자위대에 인도하기 시작했다. T-4 훈련부대로는 1989년 10월에 제31교육비행대가 편성되었고, 다음해 3월에 제32교육비행대가 편성되었다. 2개 비행대에 이어 각 전투비행대 및 정찰비행대, 그리고 지원부대에 훈련 및 업무연락용으로 많은 기체가 각 비행대에 차례로 배치되었다. 1994년에 8대가 블루 임펄스 곡예비행대에 인도되었다.

이후 T-4은 2001년 3월에 마지막 T-1A/B를 대체하면서 일선부대의 배치가 완료되었으며, 2003년 3월 6일에 마지막 기체가 인도되었다. T-4의 생산대수는 4대의 XT-4 시제기를 포함하여 모두 212대이며, 15년 동안 꾸준하게 생산되면서 일본 항공산업의 발전에 크게 기여하고 있다.

변형 및 파생기종

XT-4 | 시제기.
T-4 | 양산형.
T-4A | 블루 임펄스 곡예비행형.

IA-63 / AT-63 팜파

LMAASA(FMA) IA-63 / AT-63 Pampa

IA/AT-63

형식 단발 터보팬 고등훈련기/무장훈련기

전폭 9.69m

전장 10.93m

전고 4.29m

주익면적 15.63㎡

자체중량 2,821kg

최대이륙중량 5,000kg

엔진 개럿 TFE731-2-2N 터보팬 (3,500파운드) x 1

최대속도 819km/h

실용상승한도 42,325피트

최대항속거리 1,853km

무장 30mm DEFA 기관포 2문
하드포인트 4개소에 최대 1,550kg 무장 탑재 가능

승무원 2명

초도비행 1984년 10월 6일

개발배경

IA-63 팜파는 모레인 솔니에르(Morane-Saulnier) MS760를 교체하기 위해 개발했다. 기체의 개발은 모레인 솔니에르를 면허생산했던 FMA(Fabrica Militar de Aviones: 아르헨티나 항공기 제작소)가 담당했는데, 독일 도니에르가 기술지원을 맡았기 때문에 알파젯 훈련기로부터 많은 영향을 받았다. 실제로도 두 기체 사이에 눈에 띄는 차이점을 찾기 힘들 정도이다.

특징

IA-63은 엔진으로 군용 대신 민간 비즈니스 제트용으로 가장 많이 판매된 개럿 TFE 731(1,560kg)을 선택한 것이 가장 큰 특징이다. 지름이 큰 민간용 엔진을 사용한 관계로 설계에 어려움이 많았는데, IA-63은 알파젯의 원래 디자인인 여유 있는 쌍발 엔진의 공간에 지름이 큰 단발 엔진을 장착했다.

같은 엔진을 사용하는 스페인 CASA C101 아비오젯과 비교할 때 주익면적이 4분의 3 정도밖에 되지 않는다. 또한 항속력이나 탑재 능력에 욕심을 부리지 않고 최고 고속 및 고기동성에 중점을 두어 설계했다. 주익은 애스펙트비 6, 두께비 14.5(익근부)~12.5%(익단)의 직선익이며, 제한 마하수는 M0.8이다. 착륙속도를 줄이기 위해 플랩을 대형화했다.

지상공격훈련을 위해 양 주익에 2개소씩 하드포인트를 마련했으며, 모두 6발의 Mk 81폭탄(125kg급)과 동체 아래에 30mm 기관포 포드를 장착할 수 있다. 이 경우 전투행동반경은 360km(Hi-Lo-Hi, 전투 5분, 여유연료 30분) 정도이다.

팜파는 공군기 및 해군기를 합쳐 원래 100대 정도가 양산될 계획이었지만, 아르헨티나 경제가 파탄남에 따라 초도분만 생산하고 생산을 중단했다. 이후 아르헨티나 정부의 방위산업 민영화 방침에 따라 FMA가 록히드마틴에 매각되면서 LMAASA(Lockheed Martin Aircraft Argentina S.A.)가 개량형인 AT-63를 생산했다.

운용현황

아르헨티나 공군은 원래 64대를 도입할 계획이었으나, 1980년대에 IA-63 팜파 20대를 인수한 후 예산부족으로 추가 기체를 인수하지 못했다. 이후 1999년 9월 아르헨티나 공군은 LMAASA로부터 AT-63 추가분 6대를 인수하고 기존의 기체에 대한 업그레이드사업을 실시했지만, 현재 운용대수는 절반도 못 미치는 것으로 알려져 있다.

변형 및 파생기종

IA-63	팜파의 초도양산분. 아르헨티나의 경제대란으로 인해 20대를 생산하는 데 그쳤다.
보우트 팜파 2000	미 공군과 해군의 통합 초등훈련기(Joint Primary Aircraft Training System) 사업에 LVT/보우트가 제안한 기종. T-6에 패배했다.
AT-63	FMA를 인수한 LMAASA가 아르헨티나 공군에 제시한 팜파의 개량형. 엔진 업그레이드와 함께 항전장비의 현대화가 이루어졌다.

T-38 탈론

Northrop Grumman(Northrop) T-38 Talon

T-38A

형식 쌍발 터보젯 초음속 고등훈련기

전폭 7.7m

전장 14.14m

전고 3.92m

주익면적 16㎡

자체중량 3,270kg

최대이륙중량 5,485kg

엔진 GE J85-5A(2,900파운드) x 2

최대속도 마하 1.3

실용상승한도 50,000피트

최대항속거리 1,835km

승무원 1명

초도비행 1959년 3월 10일

개발배경

T-38은 노스럽사가 자체 개발한 N-156 경전투기에서 파생한 미 공군의 초음속 고등훈련기다. 노스럽사가 자체 개발한 N-156이 이후 수출·원조용 경전투기인 F-5로 탄생하여 세계적인 인기를 누렸지만, 미 공군은 그런 경전투기에는 큰 관심을 갖지 않았다. 당시 미 공군은 경전투기를 기반으로 한 T-33 고등훈련기를 높이 평가하고 있었기 때문에, 노스럽사는 F-5를 T-33을 교체하기 위한 고등훈련기로 생산했다. 그것이 바로 T-38이다.

특징

T-38은 센추리 시리즈의 개발로 얻게 된 설계기술을 응용하여 항공역학 구조설계를 절묘하게 조화시켜 소형 경량의 기체임에도 비행성능이 뛰어나다. 또한 아음속부터 초음속에 이르는 전 영역에 걸쳐 조종성과 안정성이 우수하고 신뢰성, 정비성, 가동율이 좋아 훈련비용 절감효과가 있다. 이에 더하여 쌍발 엔진 덕분에 안전성이 높아 완벽한 훈련기라는 평가를 받고 있다.

한 가지 단점은 항속거리가 1,852km(1,000nm)로 짧은 편이기 때문에 훈련 공역이 넓은 미국의 경우 문제가 없으나, 많은 해외 국가들은 T-38 대신 F-5B를 사용하고 있다. F-5는 보조연료탱크를 탑재할 수 있으며, 다목적으로 사용할 수 있다는 장점이 있지만, 고정무장은 없다.

최근에는 전용 초음속 훈련기를 개발해 사용하는 것은 비경제적이라고 생각하여 재규어나 T-2처럼 공격기를 겸하는 훈련기를 개발하는 경우가 많으나, 현실적으로 훈련비용을 계산해보면 T-38을 능가할 훈련기는 없는 실정이다.

T-38은 대부분 T-38A 사양으로 만들었고, 일부는 무장훈련기로 제작했다. 기령이 오래된 관계로 2003년부터 모든 기종에 대한 수명연장사업을 실시해 T-38C 사양으로 개수하고 있다.

운용현황

최초의 양산기는 1961년 3월에 부대배치가 시작되었으며, 1972년까지 1,187대가 생산·배치되었다. 미 공군은 T-38에 대한 의존도가 매우 높은 편이어서 아직도 546대를 운용중이며, 수명연장사업을 통해 2020년까지 운용할 전망이다.

변형 및 파생기종

N-156T | 노스럽의 설계안.

T-38A | 복좌 고등훈련기.

T-38A(N) | 우주비행사 훈련기. NASA에서 채용했다.

AT-38A | 무장사격훈련기. 소수의 T-38A를 개조했다.

DT-38A | 드론 조종을 위한 해군 T-38A.

NT-38A | 연구시험용 기체.

QT-38A | 무인표적기.

AT-38B | 무장훈련기.

(A)T-38C | (A)T-38의 개량형. 기골을 보강하고 엔진을 J85-5R 사양으로 개수하면서 추력도 10% 이상 향상되었다. 또한 항전장비로는 GPS-INS, HUD, TCAS 등을 장착했다.

PC-7 터보 트레이너

Pilatus **PC-7 Turbo Trainer**

PC-7

형식 단발 터보프롭 기본훈련기
전폭 10.40m
전장 9.77m
전고 32.1m
주익면적 16.6㎡
자체중량 1,350kg
최대이륙중량 2,700kg
엔진 PW 캐나다 PT6A-25A(541shp) × 1
최대속도 500km/h
실용상승한도 33,000피트
최대항속거리 1,352km
무장 하드포인트 4개소에 최대 600kg 탑재 가능
승무원 2명
초도비행 1978년 8월 18일(프로토타입)

개발배경

스위스 공군이 사용하던 왕복엔진 훈련기인 P-3의 후계기종으로 개발을 시작하여, P-3 시제 1호기의 엔진을 프랫앤휘트니 PT6A 터보프롭 엔진으로 교체하고 기체구조를 보강한 시제기를 제작하여 1966년 4월 1일에 초도비행에 성공했다. 스위스 공군은 터보프롭형 훈련기를 채택하되 성능향상과 조종성 개선과 같은 여러 가지 개량사항을 제작회사에 요구했으며, 개량작업을 마친 양산형의 초도비행은 10년 이상이 경과한 1978년 8월 18일에 이루어졌다.

PC-7은 터보프롭 엔진을 장착한 기본훈련기의 선구적인 기종으로서 실용화된 이후 높은 성능을 주목받아 스위스 공군을 비롯한 22개국에서 채택했다. 현재 제작회사인 필라투스사는 훈련기 시장을 주도하는 주요 업체로 성장했다.

특징

PC-7은 연료소모가 적은 터보프롭 엔진의 사용하여 종전의 제트엔진을 장착한 중등훈련기보다 경제성이 높아 훈련기 시장의 재편을 주도한 기종이다. PC-7의 양산형 기체에는 최대출력 650마력인 PT6A-25 엔진을 탑재하며 542마력으로 감소시켜 사용하고 있다.

PC-7은 강력한 추력 덕분에 무장투하훈련도 가능하여 주익 아랫면에 모두 4개소의 하드포인트를 설치하고 외부에 최대 600kg의 무장을 탑재할 수 있다. 필라투스사는 발주하는 국가의 요구에 따라 PC-7을 경공격기로 사용할 수 있다고 밝혔으나, 실제로 채택한 국가는 소수에 그치고 있다.

새로운 훈련기인 PC-7의 성공에 힘입어 필라투스사는 출력을 강화한 독자적인 모델인 PC-9을 개발하여 성장을 거듭하고 있다. PC-7에서 발전한 PC-9은 미국 JPATS 계획에 대응하여 비치크래프트사와 공동으로 비치 Mk. II를 제안하여 최종 선정됨에 따라 T-6 텍산 II가 탄생했다.

이러한 PC-9의 발달 과정에서 축적한 신기술을 PC-7에 적용하여 탄생시킨 기종이 바로 PC-7 Mk. II이다. PC-7 Mk. II의 조종석은 PC-9의 조종석 스타일을 채택했다. 원래 PC-7은 전방석과 후방석의 높이에 차이가 없어 후방석에 탑승하는 교관의 전방시계가 좋지 않은 단점이 있었으나, PC-7 Mk. II는 PC-9과 같이 후방석을 전방석보다 한 단계 높게 설치하여 후방석에서도 양호한 전방시계를 확보했다. 또한 기체의 외형도 나중에 개발된 PC-9과 비슷하여 본래의 PC-7과는 전혀 다른 느낌을 주고 있다.

PC-7 Mk. II에 탑재한 엔진은 PT6A-25C(850마력을 700마력으로 감소)로 바꾸어 PC-7과 비교할 때 약 30% 정도 출력이 향상되었다. 엔진의 출력 증가에 대응하여 프로펠러도 3엽 블레이드에서 PC-9와 같은 4엽 블레이드로 바꾸었다.

PC-7 Mk. II는 남아프리카 공군의 요구사항을 기초로 하여 개발한 기종으로, 1호기가 1992년 9월 28일에 초도비행을 했다. 한편, 이전의 PC-7과 같이 무장훈련을 할 수 있도록 4개소의 하드포인트를 설치할 수 있으나, 남아프리카 공군 수출형은 정치적인 이유로 하드포인트를 제거하고 인도했다. 현재 PC-7 Mk. II를 경공격 전용 기종으로 운용하는 국가는 없다.

운용현황

PC-7 시리즈는 1978년 이후 현재까지 500대 이상이 판매된 베스트셀러 훈련기이다. 현재 아랍에미리트(31), 앙골라(25), 오스트리아(16), 볼리비아(24), 보츠와나(7), 브루나이(4), 차드(2), 칠레(10), 프랑스(5), 과테말라(12), 이란(35), 이라크(52), 말레이시아(46), 멕시코(88), 미얀마(17), 네덜란드(13), 남아공(60), 수리남(3), 스위스(40), 우루과이(6)에서 운용 중이다. 2011년 6월에는 인도가 PC-7을 기본훈련기로 채택하여 75대를 발주한 상태이다.

변형 및 파생기종

PC-7	2인승 기본훈련기.
PC-7 Mk II	PC-7의 성능개량형.
NCPC-7	PC-7을 IFR 글래스 콕핏으로 개량한 스위스 공군형.

PC-9

Pilatus **PC-9**

PC-9
형식 단발 복좌 터보프롭 기본훈련기
전폭 10.11m
전장 10.69m
전고 3.26m
주익면적 16.29㎡
자체중량 1,725kg
최대이륙중량 3,200kg
엔진 PW 캐나다 PT6A-62(950shp) × 1
최대속도 593km/h
실용상승한도 37,992피트
최대항속거리 1,593km
무장 최대 1,220kg까지 외부 탑재 가능
승무원 2명
초도비행 1984년 5월 7일(시제기)

개발배경

터보프롭 기본훈련기인 PC-7으로 대성공을 거둔 필라투스사는 PC-7의 기본설계를 이어받아 엔진의 출력을 강화하고 비행영역을 확대하여 폭넓은 비행훈련이 가능하도록 1982년 5월에 신형 훈련기의 개발에 착수했다. PC-7은 우수한 성능을 가진 터보프롭 훈련기로서 베스트셀러 기종이나, 기본설계가 오래된 PC-3의 기체를 이어받고 있으며, 고등비행훈련의 영역까지 아우르기에는 엔진의 출력에 한계가 있었다.

필라투스사는 1982년~1983년에 PC-7을 사용하여 신형 기체의 항공역학 비행시험을 실시했으며, 이어서 2대의 시제기를 제작하기 시작했다. 시제 1호기는 1984년 5월 7일에 초도비행을 했으며, 시제 2호기는 같은 해 7월 20일에 초도비행에 성공했다. 신형 훈련기는 PC-9이라고 명명되었으며, 1985년 9월 19일에는 곡예기로 형식증명을 취득했다.

특징

PC-9의 기체 형상은 그동안의 개발 경험을 활용하여 PC-7과 비슷한 형태로 설계했으며, 탠덤 복좌의 조종석은 전방석과 후방석에 15cm의 높이 차이를 두어 PC-7의 결점으로 지적되던 후방석의 전방시계를 대폭 개선했다. 좌석은 마틴 베이커 Mk. 11A 사출좌석을 설치하여 승무원의 생존성을 향상시켰다.

주익은 25% 익현에서 1도의 후퇴각을 가지며 저익 형식으로 동체와 결합된다. 랜딩기어 수납 부분에서 바깥쪽으로 이어지는 외익 부분에는 7도의 상반각을 주었다. 주익에는 각각 3개소씩 모두 6개소의 하드포인트(PC-7은 4개소)가 있으며, 내측과 중앙은 250kg, 외측은 110kg까지 무장을 탑재할 수 있어 경공격 임무에도 사용이 가능하다.

프랫 & 휘트니 캐나다 PT6A-62 터보프롭 엔진을 장착하며 최대출력 1,150마력을 950마력으로 감소시켜 사용한다. 제조사의 설명에 따르면, 엔진의 출력이 강력한 PC-9 한 기종이면 초등비행훈련부터 고등비행훈련까지 충분히 교육할 수 있기 때문에 여러 기종을 운용하는 것보다 경제적이라고 한다. 그러나 처음으로 조종간을 잡는 초보훈련생들은 현실적으로 다소 과중한 스트레스를 느끼는 것이 사실이며, 실제로 PC-9 훈련기를 도입하여 운용하는 국가들의 경우 소형 기초훈련기를 사용하는 초등훈련과정을 두어 운영하고 있다. 그러나 PC-9은 강력한 파워를 활용하여 경공격기용이나 근접지원용으로 충분히 사용할 수 있는 기종이기도 하다.

운용현황

PC-9은 현재 12개국에 244대가 판매되었으며, 대부분의 국가에서 비행훈련용으로 사용하고 있다. 경공격기로 사용하는 국가는 현재 슬로베니아뿐이다.

현재 앙골라(4), 호주(67), 불가리아(6), 크로아티아(20), 키프로스(2), 이라크(20), 아일랜드(8), 과테말라(14), 멕시코(2), 미얀마(10), 오만(12), 사우디아라비아(50), 슬로베니아(11), 스위스(14), 태국(36)에서 운용 중이다.

변형 및 파생기종

PC-9	복좌 기본훈련기.
PC-9 Mk.II	미국 JPATS 제안형. 엔진을 PT6A-68(최대출력 1,708마력을 1,100마력으로 감소)으로 바꾸어 비행성능을 향상시켰다. 미 공군과 해군이 공동으로 추진하는 JPATS 계획의 최종후보 중 하나였으나, 결국 호커 비치크래프트사의 T-6A 텍산 II가 채택되었다.
PC-9/A	호주 공군형.
PC-9B	독일 공군 표적예인용 기체.
PC-9M	PC-9 성능향상형. 1997년부터 제작이 시작된 성능향상형으로 현재 PC-9 시리즈의 주력 생산형이다. PC-7 Mk. II에 설치했던 대형 도설 핀을 적용하여 종방향 비행안정성을 향상시키고 조종간 조작에 필요한 힘을 낮추었다. 또한 주익과 동체의 페어링 형상을 개량하여 저속에서의 조종성을 개선하고 실속속도를 낮추었다. 또한 기본 탑재장비를 GPS/INS, HOTAS, 채프/플레어, 하니웰 EFIS로 향상시켰다. 슬로베니아 수출형은 휴도르닉(Hudournik)이라고 불린다. 휴도르닉은 외부탑재량이 1,250kg으로 증가했으며, 1999년 11월에 초도비행을 했다.

PC-21

Pilatus PC-21

PC-21

형식 단발 복좌 터보프롭 고등비행훈련기
전폭 8.77m
전장 11.19m
전고 3.92m
주익면적 14.9㎡
자체중량 2,250kg
최대이륙중량 4,250kg
엔진 PW 캐나다 PT6A-68B 터보프롭(1,600shp) × 1
초과금지속도 778km/h
최대속도 630km/h
실용상승한도 38,000피트
최대항속거리 1,333km
무장 하드포인트 4개소에 최대 1,150kg 외부 탑재 가능
승무원 2명
초도비행 2002년 7월 1일(시제기)

개발배경

1998년 11월 고성능의 터보프롭 훈련기를 대량생산·판매해온 스위스의 필라투스사는 점차 성능이 향상되고 있는 제일선 전투기의 조종사를 효과적으로 양성하기 위해 고등훈련 시스템을 자체 비용으로 개발하는 데 착수했다.

1991년 1월에 본격적으로 개발에 착수한 필라투스사의 기술진은 첫째, 당시의 터보프롭 훈련기를 능가하는 공력특성, 둘째, 강력하고 유연성이 높으며 비용대비효과가 우수한 통합훈련 시스템, 셋째, 당사의 터보프롭 훈련기를 능가하는 수명주기비용에 주안점을 두었다.

이렇게 해서 탄생한 신형 훈련기 PC-21 1호기는 2001년 4월 30일 필라투스 공장에서 롤아웃했다. 2002년 7월 1일 초도비행을 했고, 같은 해 영국 판보로 에어쇼에서 처음으로 일반에 공개되었다.

특징

PC-21를 개발하면서 추구한 목표는 훈련기의 레벨을 높이는 것이었다. 즉, 2차대전 당시에 사용한 전투기 엔진과 맞먹는 1,600마력의 고마력 터보프롭 엔진으로 파워업함으로써 비행영역을 대폭 확장하고 조종성능을 개선하여 종전에 PC-7이나 PC-9이 담당한 중등비행훈련과 고등비행훈련의 중간 영역을 고등비행훈련의 영역까지 확장하자는 것이었다. 이렇게 하면 제트 고등훈련기보다 저렴한 운영비용으로 21세기의 조종사를 훈련시킬 수 있다는 장점이 있다. 동시에 필라투스사는 경쟁이 심한 터보프롭 기본훈련기 시장에서 고등훈련기 시장으로 사업영역을 넓힐 수 있다.

21세기의 조종사를 훈련시킨다는 취지를 갖고 개발한 PC-21은 기본적으로 전후방석에 높이 차이가 있는 탠덤 복좌의 터보프롭 단엽기인 PC-9의 설계를 이어받고 있다. 엔진은 PC-9의 플랫 & 휘트니 PT6A-62(1,150마력)에서 출력이 높아진 PT6A-68B(1,600마력)로 바꾸고, 프로펠러를 고속비행 및 고기동 비행이 가능하도록 새로 설계한 5엽 블레이드로 교체했다. 가장 크게 눈에 띄는 주익은 종전 PC-9의 직선익에서 앞전에서 12도 42분의 후퇴각을 가지는 테이퍼드 윙으로 바꾸었으며, 외형상으로도 디자인이 매우 미려하다. 주익의 변경에 따라 전폭은 8.77m(PC-9 10.13m), 주익면적은 14.9m²(PC-9 16.29m²)로 축소되었다. 한편, 기수부분에 경사각을 주어 전방석에서는 11도, 후방석에서는 4도 40분의 양호한 하방시계를 확보했다.

주익면적 감소에 따라 익면하중이 높아졌으며, 한편으로는 최대이륙중량이 4,250kg(무장탑재)으로 증가했으나 엔진의 변경에 따라 출력이 증가하여 마력당 중량은 오히려 감소하여 고성능 훈련기를 목표로 하기에 부족함이 없다.

필라투스사는 PC-21이 신세대 전투기 훈련에 대응할 수 있는 완전히 새로운 21세기의 훈련 시스템이라고 설명하고 있다. 예를 들면, PC-21에서 F/A-18 전투기로 직접 기종을 전환할 수도 있다고 한다.

신세대 훈련기답게 조종석도 PC-7이나 PC-9과는 전혀 다르다. 전방석과 후방석의 주요 계기판에는 3대의 액티브 매트릭스 방식의 컬러 다기능 시현기(MFD)를 설치했으며, 시제기에서는 일반적인 아날로그 계기류는 전혀 찾아볼 수 없다.

필라투스사는 PC-21을 자체 예산으로 개발했으며, PC-7, PC-9, PC-7 Mk. II를 개발한 명문 업체답게 PC-21 역시 각국 관계자의 관심을 모으고 있다. 필라투스사는 PC-21급 훈련기 시장이 향후 약 1,000대 규모에 이를 것으로 보고 있으며, 기체와 함께 훈련 시스템을 패키지로 제안하고 있다.

운용현황

PC-21의 첫 번째 고객은 싱가포르 공군이었다. 록히드마틴 STS(Simulation, Training and Support)에서 싱가포르에 전체 훈련 시스템을 공급하며, PC-21은 훈련 시스템의 일부분으로 2006년 11월에 19대가 인도되었다.

스위스 공군은 2007년 1월에 6대의 PC-21을 발주하여 연말까지 인도받았으며, 2대를 추가 주문한 상태이다. 2003년부터 퇴역한 호크를 대체하여 PC-21을 운용하고 있다. 한편 아랍에미리트도 25대를 발주했다.

Yak-130

Yakovlev **Yak-130**

Yak-130

형식 쌍발 복좌 중등훈련기/경공격기
전폭 9.73m
전장 11.50m
전고 4.76m
주익면적 23.52㎡
자체중량 5,700kg
최대이륙중량 9,000kg
엔진 클리모프 AI-222-25 터보팬 (4,852lbf) × 2
최대속도 1,050km/h
실용상승한도 42,660피트
최대항속거리 2,546km
무장 최대 3,000kg 외부 탑재 가능
승무원 2명
초도비행 1996년 4월 25일(시제기)

개발배경

1980년에 구소련 시대부터 바르샤바 조약기구의 공통 훈련기인 L-29/L-39를 사용해오던 구소련/러시아 공군과 ROSTO가 구형 훈련기를 대체하기 위해 200대의 신형 훈련기를 요구했다. 1990년에는 항공공업국가위원회가 개발을 공식 승인했으며, 설계안 심사 끝에 1995년에 MiG-AT와 Yak-130가 예비후보로 선정되었다. 한편 야코블레프 설계국(OKB)은 UTS-Yak라는 명칭으로 1991년에 이탈리아의 아에르마키사와 공동개발사업을 진행했으며, 이 사업으로 아에르마키 M-346이 태어나게 되었다.

개발용 시제기인 Yak-130D는 1994년 11월 대중에 공개되었으며, 1996년 4월 25일에 초도비행을 했다. 한편 2002년 3월 MIG-AT와 경쟁한 결과, Yak-130이 러시아 공군에 후보기종으로 선정되었다. 2003년 최초의 선행 양산 기체를 제작하기 시작했다. Yak-130은 러시아 최신예 훈련기로서 4.5세대 전투기나 T-50 파크파 같은 5세대 전투기의 훈련에 적합한 기종으로 성장했다.

특징

Yak-130은 전방시계를 확보하기 위해 납작한 기수를 아래로 휜 형상으로 만들었으며, 기체 전체는 블렌디드 보디에 가까운 곡선형이며 미려한 스트레이크를 가지고 있어 항공역학 측면에서 매우 신선한 느낌을 주고 있다. 주익은 블렌디드 보디와 자연스럽게 결합하도록 중익 형태로 배치했으며, 동체의 꼬리부분을 뒤로 연장하여 수평미익을 장착했다.

Yak-130는 공기흡입구의 설치 위치가 낮아 FOD의 위험성이 높은 편이다. 따라서 시제기는 FOD를 방지하기 위한 그물망이 있고, 양산형은 옵션으로 장착할 수 있다.

기체는 알루미늄 합금으로 제작했으며, CFRP 복합재료를 조종면에 사용했다. 경공격기 모델은 케블러 장갑판을 엔진 및 조종석 주위에 배치했다. 탠덤식 조종석에는 즈베즈다 K-36LT3.5 제로제로 사출좌석을 설치했다.

Yak-130은 디지털 항전장비를 갖춘 최초의 러시아 항공기이다. 전자장비로는 HUD, MFD를 비롯한 러시아 레니네츠사 및 이탈리아 GFSA/FIAR사의 제품을 탑재하여 글래스 콕핏을 구현하고 있다. 비행조종계통은 BAE 시스템즈사의 디지털 시스템을 탑재하며, 수동 및 4중 계통의 플라이-바이-와이어 방식으로 자동모드를 사용하여 최대 35도의 받음각에서 비행할 수 있다.

엔진은 클리모프와 슬로바키아의 포바즈케 스트로야르네(Povazske Strojarne)와 공동개발한 DV-2S(RD-35, 양산 명칭은 ZMKB-프로그레스 AI-225-25) 터보팬 엔진을 채택해 양쪽 주익의 아랫부분에 배치했다. 엔진의 경우 발주선의 요구에 따라 러시아제 엔진인 RD-2500이나 AL-55로 변경이 가능하다.

Yak-130의 기수는 MiG-AT보다 크기가 커서 레이더 FCS를 탑재하기에 유리하며, NIIP 주코프스키사가 개발한 8GHz~12.5GHz의 주파수를 사용하는 Osa 또는 Oca 레이더를 탑재할 수 있다. 이 레이더는 5m²의 반사면적을 갖는 목표물을 정면에서 85km까지 탐지할 수 있으며, 최대 8개 목표물을 동시에 추적할 수 있다. 또한 기수에는 옵션으로 레이저/TV 무장유도 시스템을 장착할 수 있어 무장훈련에 효과적이다.

무장은 9개소의 하드포인트에 R-73 또는 서방제 공대공미사일, 공대지미사일, 로켓탄 포드, 대전차 미사일, UPK-23 23mm 기관포 포드 등을 최대 3,000kg까지 탑재할 수 있으며, 러시아제 무장 이외에 서방제 무장도 탑재가 가능하다.

운용현황

2006년까지 기본 비행시험 및 무장시험을 종료했으며, 2007년부터 러시아 공군에 인도할 양산형 생산에 착수했다. 2009년 관련 인증을 마치고 러시아 공군에 납품 준비를 마쳤으며, 2010년 2월에 양산 1호기를 인도했다. 러시아 공군은 최소 72대를 도입할 예정이다.

최초의 해외수출국은 알제리로, 알제리는 2006년 3월 16대를 발주하여 2010년 첫 기체를 인수했다. 리비아가 발주했다가 내전 이후 주문을 취소했으며, 시리아도 36대를 발주했으나 역시 내전으로 인한 수출제한조치에 따라 인수하지 못하고 있다.

변형 및 파생기종

Yak-130	복좌 고등훈련기.
Yak-133	단좌 경공격기.
Yak-133IB	전투폭격기형.
Yak-133R	정찰기형.
Yak-133PP	재밍 포드를 탑재한 전자전기.

PART 5

UNMANNED AERIAL VEHICLE

무인기

21세기에 들어 무인항공기(無人航空機)는 비약적인 발전을 거듭하며 항공전력의 중핵으로 등장하고 있다. 무인기(Unmanned Aerial Vehicle: UAV)란 조종사가 기체에 직접 타지 않는 항공기를 가리키며, 보통 지상이나 다른 항공기에 탑승한 조종사가 원격조종한다. UAV는 손톱 정도에서부터 전투기 수준에 이르기까지 크기가 다양하며 보통 임무·비행고도·크기 등에 의하여 분류한다.

임무에 따라 UAV를 구분하면 우선 훈련용 모의표적으로 사용되는 무인표적기를 들 수 있다. MQM-107은 본격적으로 군용으로 사용된 최초 무인기였다. 최근 가장 많이 사용되는 것은 바로 무인정찰기이다. 무인정찰기는 정찰/목표탐지용 기체로 광학/전자정찰 임무를 수행할 수 있다. 무인정찰기는 장시간 체공이 중요하므로 대부분 커다란 날개로 활강이 가능한 고정익기로 설계된다. 비무장형과 무장형으로 나뉘며 보통 중·저고도에서 활동하는 무인정찰기는 무장을 운용하고 있다. 가장 대표적인 무장형 무인정찰기가 바로 MQ-1 프레데터와 MQ-9 리퍼이다. 고고도 정찰기로는 6만 피트 상공에서 반경 6,000km를 정찰하는 RQ-4 글로벌호크가 대표적이며, 스텔스성을 갖춘 RQ-170 센티넬 같은 기종도 활약하고 있다.

21세기 가장 주목받는 UAV는 역시 무인전투기(UCAV)이다. 최초의 무인전투기들은 보통 스스로 체공하다가 목표를 향해 자폭하는 정도의 수준으로 하피와 같은 자살공격기가 대표적인 사례였다. 그러나 기술이 비약적으로 발전하면서 MQ-1 프레데터처럼 원래 정찰기에 헬파이어 미사일 등의 무장을 장착하고 운용할 수 있게 되었다. GPS유도폭탄 등 다양한 무장을 운용하게 되자 이제 공격임무를 수행할 수 있는 무인전투기 개발이 본격화되었다. 가장 대표적인 것이 함재기용 무인전투기인 X-47B로, 스텔스 성능을 갖춘 전익기 형상인 X-47B는 2013년 5월에 항공모함에서의 이륙시험을 성공리에 마쳤다. 세계 각국도 무인전투기 개발에 나서 영국의 '타라니스', 프랑스의 '뉴론', 독일의 '바라쿠다', 이탈리아의 SKY-X 등을 개발중이며, 러시아와 중국도 스텔스 전익기 형상의 무인전투기를 개발하고 있다.

RQ-101 나이트 인트루더 300

Korea Aerospace Industries[KAI] RQ-101 Night Intruder 300

RQ-101 Night Intruder 300
형식 군단급 무인기
전폭 6.4m
전장 4.7m
전고 1.5m
자체중량 215kg
총중량 300kg
최대속도 185km/h
순항속도 120~150km/h
상승한도 15,000ft
운용반경 80km
체공시간 6시간

개발배경

RQ-101은 한국에서 독자적으로 개발한 최초의 무인 정찰기로 육군 군단급 작전부대에서 주·야간 공중정찰, 전장 감시용으로 운영한다. 국방과학연구소에서 주관하고 국내 주요 전문업체가 참여하여 1991년부터 개발을 시작, 2000년 8월에 개발을 완료했다. RQ-101 무인기의 양산은 한국항공우주산업(KAI)에서 담당했으며 2001년부터 시작하여 2004년에 생산을 종료했다.

RQ-101은 전체적으로 미국 RQ-2 파이오니어와 유사하며 국내 작전환경에 적합하도록 개발되었다. 감시장비는 동체 아래에 탑재하고 있으며 지상장비와 교신하기 위한 안테나는 동체 위에 설치하고 있다.

2008년 12월부터 2011년 3월까지 RQ-101 군단 무인기의 영상감지체계 성능을 개량하는 사업을 진행하여 고성능 장거리 영상감지기로 교체했다. 동시에 지상통제장비/발사통제장비 및 비행조종컴퓨터를 최신형으로 업그레이드했다.

특징

레이아웃은 전체적으로 RQ-2 파이오니어와 비슷하나, 파라포일을 전개할 경우 동체 뒷부분에 설치한 프로펠러를 보호하기 위하여 프로펠러 가드를 설치한 점이 특징이다. 기체는 전체적으로 복합재를 사용하여 가볍게 제작되었으며 이동하기 편하도록 분해·조립이 가능하다. 동체 윗부분에 지상통제소(GCS)와 연결하는 방향성 안테나를 설치하고 GPS 안테나, 피아식별기(IFF) 안테나는 동체 앞부분에 설치했다.

감시정찰임무의 핵심장비인 영상감지기는 주간/야간 일체형 카메라를 자세안정화 장치에 탑재하고 있으며 고화질 해상도를 얻을 수 있는 2세대 감지기 센서를 탑재하여 연속 줌 기능, 표적 자동추적이 가능하다.

탑재장비는 모듈화하여 동체에 내장하고 있으며 항법감지장치, 영상압축장치, 비행조종컴퓨터, 감지기제어유닛, 극초단파/대역확산 수신기, 무선처리기 탑재 통신제어기 등을 포함하고 있다. RQ-101은 지상통제소에서 원격으로 제어하며 비상시 통신이 두절될 경우 자동귀환시스템이 작동하여 스스로 발사지점으로 되돌아올 수 있도록 설계되어 있다.

발사할 때는 차량에 탑재한 전용 발사대를 사용하거나 자력으로 활주하여 이륙하며 귀환할 때는 일반적으로 활주로를 사용한다. 그리고 이용 가능한 활주로가 짧거나 긴급상황일 경우 기체에 내장된 파라포일을 펼치고 안전하게 착륙할 수 있다.

운용현황

대한민국 육군의 군단급 부대에서 현재 운용중이다.

변형 및 파생기종

Night Intruder 100 | 기체를 경량화한 사단급 무인기. KAI 자체 개발.

RQ-2 파이오니어

AAI Corporation/Israel Aircraft Industries[IAI] RQ-2 Pioneer

RQ-2 Pionner
형식 전술 무인기
전폭 5.2m
전장 4.3m
총중량 205kg
페이로드 34kg
엔진 Sachs SF 350(26hp) × 1
최대속도 204km/h
순항속도 120km/h
상승한도 15,000ft
행동반경 185km
체공시간 5시간

개발배경

중동전쟁에서 실시간으로 감시정찰이 가능한 TV카메라 탑재 무인정찰기의 필요성을 절감한 이스라엘군의 요구에 대응하여, IAI사에서 개발한 소형 무인정찰기 시제품을 기반으로 미국 AAI사와 공동으로 개발한 모델이 바로 RQ-2 파이오니어(Pioneer)이다.

1986년에 미국 해군에서 아이오와급 전함의 사격관측용으로 운영하기 시작했으며 이후 해병대에서 운용하면서 정찰, 관측, 탐색구조, 심리전 등 다양한 임무에 사용하고 있다.

특히 1991년 걸프전에서 미 해군 전함 위스콘신호에서 발사한 대형 포탄의 탄착점 관측을 위해 발진한 파이오니어 무인기에 이라크 병사가 항복을 표시한 일화가 유명하다.

함정에서 운영할 경우 발진할 때는 보조 로켓을 사용하여 캐터펄트로 사출하며, 귀환할 때는 그물을 이용하여 안전하게 회수할 수 있다. 육상기지에서는 일반적으로 활주로에서 자력으로 이착륙이 가능하지만 여의치 않을 경우 차량에 탑재한 캐터펄트와 그물을 사용하여 운영할 수 있으며, 활주로가 짧을 경우 어레스팅 후크를 사용할 수 있다.

특징

26마력급 왕복엔진을 동체 후방에 탑재하고 감시센서를 동체 중앙에 탑재한 상식적인 레이아웃으로, 개발 이후 다른 무인기 설계에 큰 영향을 주었다. 34kg의 페이로드를 탑재하고 5시간 비행할 수 있으며 C밴드 데이터링크를 사용하여 원격으로 통제한다. 감시센서는 주간용 TV카메라와 야간용 적외선카메라를 하나로 묶어서 짐볼에 탑재하여 비행자세나 진동과 관계없이 선명한 영상을 촬영할 수 있다. 주야간 감시정찰용으로는 성능이 부족하지 않지만 페이로드의 제한으로 항속거리가 100마일 이내이며 무장은 탑재하지 않는다.

운용현황

정찰 및 관측임무에 적합하도록 개발된 소형기종으로 모두 175대가 생산되어 미 해군·해병대에서 현재 35대 정도가 운영되고 있다. 미 해군은 함상에서 운영하는 것을 감안하여 RQ-8 파이어스카웃 무인헬기로 대체하고 있다.

변형 및 파생기종

RQ-7 Shadow | 개량형.

RQ-7 섀도우 200

AAI Corporation **RQ-7 Shadow 200**

RQ-7 Shadow 200
형식 전술 무인기
전폭 4.3m
전장 3.4m
총중량 170kg
페이로드 27kg
엔진 UEL AR-741(38 hp)×1
최대속도 203km/h
순항속도 111km/h
상승한도 14,000ft
행동반경 125km
체공시간 5~6시간

개발배경

RQ-7 섀도우(Shadow) 200은 RQ-2 파이오니어의 후속 기종이다. 미국 육군과 해병대의 여단급 부대에서 사용할 목적으로 개발하던 RQ-6 아웃라이더(Outrider)의 개발이 중지되자 1999년에 대체기종으로 AAI사의 섀도우 200을 RQ-7이라는 명칭으로 채택했다. 미 육군은 가솔린 왕복엔진을 사용하여 주야간 EO/IR 센서를 탑재하고 50km의 행동반경을 4시간 이상 비행할 것을 요구했다.

섀도우 무인기의 개발은 AAI사에서 담당했으며, 1991년 초도비행 이후 장기간에 걸쳐 자체 개발을 진행하여 2002년에 양산 1호기를 납품했다. 섀도우 200은 미 육군·해병대를 비롯하여 6개 국가에 수출하고 있다. 섀도우는 파이오니어 대비 출력이 높아진 38마력급 로터리 엔진을 사용하여 엔진의 무게를 줄였으며 감시센서의 개발은 이스라엘 IAI사와 협력하고 있다. 엔진의 소형화 덕분에 파이오니어 대비 항속시간이 향상되었다. 파이오니어와 달리 촬영한 영상으로 확인한 목표물을 레이저 포인터로 추적할 수 있는 기능을 가지고 있다.

특징

짐볼 방식으로 안정화된 EO/IR 센서를 액체 질소로 냉각하여 선명한 영상을 얻는 기능을 갖추고 있다. 파이오니어와 유사하게 촬영한 영상을 C밴드 데이터링크를 경유하여 지상통제소(GCS)에 실시간으로 전송할 수 있다. 섀도우의 조종은 지상에서 통제하며 인공위성을 경유하지 않는다. 기본적인 레이아웃은 RQ-2 파이오니어와 비슷하며 꼬리날개를 역V자형으로 개량했다. 이륙은 전용 캐터펄트를 사용하며 착륙할 때는 함재기처럼 어레스팅 후크를 사용한다.

운용현황

2002년 이후 100대 이상 납품했다. 현재 주요 고객은 미 육군이며, 이라크와 아프가니스탄에서 감시정찰 임무에 사용되었다. 2007년에 미 해병대가 RQ-7 섀도우와 스캔 이글을 도입하면서 RQ-2 파이오니어를 대체했다. 미 해군은 직접 섀도우 무인기를 구매하지는 않았으나 미 육군과 협조하면서 작전에 활용하고 있다.

해외에서는 호주 육군, 이탈리아 육군, 파키스탄 공군, 루마니아 공군, 스웨덴 육군, 터키 공군이 채택했다.

변형 및 파생기종

RQ-7A Shadow 200	초기 납품 모델.
RQ-7B Shadow	2004년 이후 납품 모델. 주익 연장. 연료탑재량 증가로 항속시간이 6시간으로 향상되었다.
Armed Shadow	81mm 유도 박격포탄을 탑재한 무장형.
Shadow 600	기체를 대폭 대형화한 개량형으로 52마력 로터리 엔진을 탑재했다.

RQ-11 레이븐

AeroVironment **RQ-11 Raven**

RQ-11 Raven

형식 소형 전술 무인기
전폭 1.4m
전장 0.9m
총중량 1.9kg
페이로드 0.3kg
엔진 전기모터
순항속도 48km/h
상승한도 15,000ft
행동반경 18.5km
체공시간 90분

개발배경

RQ-11 레이븐(Raven)은 미국 육군·공군·해병대에서 주로 시가전이나 야전, 특수작전에서 근거리 정찰에 사용하는 소형 무인정찰기이다. 날개폭이 약 1m, 중량이 약 2kg 정도의 소형 무인기로, 휴대용 가방에서 꺼내어 조립한 다음 손으로 던져서 날리는 아주 간단한 방식을 사용하고 있다. 추진장치는 충전식 배터리를 동력원으로 전기모터 프로펠러를 구동하는 방식을 사용하며 상승한도는 약 15,000피트이나 일반적으로 약 1,000피트 고도에서 사용한다. 비행속도는 45~97km/h, 항속거리는 10km 정도이다.

레이븐은 이전에 개발한 플래시라이트 소형무인기(SUAV)와 패스파인더 기술시범개발사업을 통합하여 2002년부터 개발이 시작되었다. 실제 전장에서 대대급 부대에서 사용하기 위한 미 육군의 긴급 요청으로 RQ-11A 패스파인더 레이븐이라는 임시 모델을 생산하여 공급했다. 초기 모델은 22,000시간 이상 실전에서 운용하면서 추가적인 요구사항을 개발회사에 요청했으며 2005년 10월에 완성된 모델이 등장했다. 실전에서 검증된 성능을 기반으로 2006년 10월부터 RQ-11B 모델을 본격적으로 양산하기 시작했으며 2006년부터 곧바로 미 육군의 여단전투단(BCT)에서 실제로 운영하기 시작했다.

특징

주로 험비 차량에 탑재하는 지상의 통제소에서 원격으로 운영할 수 있으며, GPS를 사용하는 자율비행도 가능하다. 통제장치는 노트북 컴퓨터 형식으로 간단하게 설계되어 있으며 버튼을 눌러서 발진하는 장소와 복귀하는 장소를 지정하면 중간과정은 자동으로 비행하도록 되어있다. 탑재하는 센서는 매우 컴팩트한 크기로 주간용 컬러 CCD카메라와 야간용 적외선카메라를 탑재하고 있다. 1대의 가격은 약 3만 5,000달러, 무인기를 포함한 시스템 전체의 가격은 약 25만 달러이다.

운용현황

현재 미 육군·공군·해병대 및 특수전사령부에서 5,000대 이상 운영하고 있으며 호주, 체코, 덴마크, 에스토니아, 스페인, 영국, 이라크, 이탈리아, 케냐, 레바논, 네덜란드, 노르웨이, 루마니아, 사우디아라비아, 태국, 우간다, 예멘 등에서 도입하여 운영하고 있다.

변형 및 파생기종

RQ-11A 레이븐A | 현재 생산을 종료한 초기 모델.

RQ-11B 레이븐B | 개량형. 현재 생산 중이다.

스캔이글

Boeing/Insitu **ScanEagle**

ScanEagle

형식 소형 전술 무인기
전폭 3.1m
전장 1.2m
총중량 17kg
페이로드 6kg
최대속도 130km/h
순항속도 91km/h
상승한도 16,400ft
행동반경 111km
체공시간 15시간

개발배경

보잉과 인시투(Insitu)가 공동으로 개발한 스캔이글(ScanEagle)은 여러 가지 면에서 종전의 무인기와 다른 기술적인 특징을 가지고 있으며, 향후 등장할 무인기의 방향성을 보여주는 기종이라고 할 수 있다. 스캔이글을 개발한 인시투사는 1994년에 설립한 무인기 전문 회사로 750명이 직원이 근무하고 있으며 현재는 보잉의 자회사이다

스캔이글은 무게가 18kg에 불과한 소형 무인기로 가격이 저렴하고 운영이 간단하다. 발사할 때는 SuperWdge라고 불리는 전용 레일을 사용하고 회수할 때는 스카이후크(Skyhook)라고 불리는 수직으로 세운 와이어에 후크가 걸리도록 하는 매우 간단한 방법을 사용하고 있다. 장소가 협소한 산악지형이나 함정에서 간편하게 운영이 가능한 장점이다.

불과 1.5마력에 불과한 왕복엔진을 탑재한 스캔이글은 90~130km/h의 속도로 최대 20시간 비행할 수 있으며 고도 16,000피트까지 상승이 가능하다. 실제로 크기가 매우 작은 스캔이글은 전장 상공을 비행할 때 눈에 잘 띄지 않아 발각될 위험이 적다.

스캔이글은 본래 시스캔(Sea Scan)이라고 불리는 민간용 무인기에서 파생되어 개발되었다. 시스캔은 참치잡이 어선에서 사용하는 기상정보 수집용 소형 무인기로, 보잉은 시스캔 무인기의 기술적 가능성을 인식하여 인시투사와 전략적인 제휴를 체결하고 군용 무인기인 스캔이글을 개발했다. 스캔이글은 2002년 6월에 첫 비행에 성공했으며 2005년부터 미 해군에 납품하기 시작했다. 스캔이글의 시스템 가격은 320만 달러로, 4대의 비행체와 지상통제소, 원격 비디오 터미널과 발사 및 회수장비를 포함하고 있다.

특징

스캔이글의 핵심은 전투지역 상공에서 사전에 계획한대로 자동적으로 감시정찰 임무를 수행하고 귀환하도록 하는 기술로, 2004년 8월부터 이라크 전쟁에 실전투입한 바 있다. 기체의 크기가 작은 관계로 감시센서는 일체형 EO/IR 센서를 짐볼에 탑재했으며 반경 100km 범위까지 진출하여 20시간 이상 비행을 지속할 수 있다. 기본적으로 스캔이글은 활주로와 같은 지원시설이 전혀 필요가 없으며 발사 역시 로켓추진 방식이 아닌 공기압을 사용하는 방식으로 탐지위험을 줄이고 있다.

2008년에는 보잉과 ImSAR 공동으로 나노 SAR 레이더를 탑재하는 테스트를 실시했으며, 2009년에는 나이트 이글(Night Eagle)이라는 명칭으로 신형 적외선카메라를 탑재하여 야간작전능력을 높인 스캔이글 블록E 모델을 테스트했다.

운용현황

미 해군에서 2005년부터 운영하고 있으며 2009년 4월에는 해적에게 납치된 상선의 구명정을 감시하는 임무에 투입했다. 미 해군 이외에 호주, 캐나다, 말레이시아, 콜롬비아, 네덜란드, 일본, 싱가포르, 튀니지, 영국에서도 운영하고 있다.

변형 및 파생기종

RQ-21 Integrator	개량형. 최대이륙중량 60kg.

헤르메스 900

Elbit Systems **Hermes 900**

Hermes 900

형식 고고도 무인기
전폭 15m
전장 8.3m
총중량 1,180kg
페이로드 350kg
엔진 Rotax 914 × 1
최대속도 220km/h
순항속도 112km/h
상승한도 30,000ft
체공시간 36시간

개발배경

헤르메스(Hermes) 900은 이스라엘의 방산업체인 엘비트에서 개발한 차세대 다목적 고고도 무인기로 30시간 이상 비행하면서 넓은 지역을 감시정찰하는 임무에 적합하도록 개발한 기종이다. 상승고도는 30,000피트에 달하며 광역감시, 정보수집·감시, 표적식별, 정찰 및 통신중계 등 다양한 임무를 수행할 수 있다. 성능으로 볼 때 상당히 컴팩트한 사이즈로 개발되어 주익 폭은 약 15m, 전체 무게는 약 970kg이고 탑재중량은 약 350kg으로, 상당한 고성능을 목표로 개발된 기종임을 알 수 있다.

2009년 12월에 첫 비행에 성공했으며 2010년 5월에 이스라엘 공군과 5,000만 달러 규모의 납품계약을 체결하였다. 헤르메스 900은 300,000시간 이상 운영 실적을 가진 엘비트 헤르메스 450 중고도 무인기를 발전시킨 기종으로 두 기종은 운영호환성이 높은 장점이 있다. 지상감시 이외에 해상초계 임무에도 사용할 수 있으며 감시장비를 교환하여 다양한 임무에 적용할 수 있다. 현재 RQ-4 글로벌호크가 차지하고 있는 고고도 무인기 시장에 진입하는 헤르메스 900 기종의 향후가 주목된다.

특징

전체적인 레이아웃은 미국의 MQ-9 리퍼 중고도 무인기와 비슷하며 엔진을 기체의 후방에 배치하고 있다. 감시임무의 핵심장비인 EO/IR 및 레이저 장비는 기수의 아래쪽에 배치하고 있으며 통신 안테나는 기수 위쪽에 설치한 점도 리퍼와 비슷하다. 고고도에서 장시간 비행할 수 있도록 기체 내부에는 환경제어장치를 갖추고 있어 각종 탑재장비를 보온/냉각할 수 있다. 모듈식으로 교환할 수 있는 임무장비 패키지로는 EO/IR레이저, SAR, 통신정보, 전자정보, 전자전, 광역 스캐닝 장비 등이 개발되어 있다.

운용현황

최초 고객인 이스라엘 공군에 납품하고 있으며 칠레, 콜롬비아, 멕시코에 수출했다.

MQ-1 프레데터

General Atomics **MQ-1 Predator**

MQ-1 Predator
형식 중고도 무인기
전폭 16.8m
전장 8.2m
총중량 1,020kg
엔진 Rotax 914F(115hp)×1
최대속도 218km/h
순항속도 130km/h
상승한도 25,000ft
행동반경 926km
체공시간 24시간 (무장탑재시 16시간)
무장 AGM-114 헬파이어×2

개발배경

제너럴아토믹스사가 개발한 중고도 무인항공기 RQ-1 프레데터(Predator)는 미국제 무인기 중에서 가장 큰 성공을 거둔 기종이다. 프레데터는 원래 정찰용으로 개발되어 헬파이어 미사일을 탑재하는 MQ-1 무장정찰기로 발전했으며, 1995년 실전배치 이후 보스니아, 아프가니스탄, 파키스탄, 이라크 및 예멘 작전에 참가한 실적으로 가지고 있다. 또한 본 기종을 한층 더 발전시킨 MQ-9 리퍼, MQ-1C 그레이 이글 등이 등장했다.

프레데터는 무인기를 단순하게 운영하는 것이 아니라 무인기 4대와 지상통제소(GCS), 위성통신사이트를 한데 묶어서 약 55명의 전담요원이 운영하는 하나의 거대한 시스템으로, 초기 양산형인 RQ-1K 무인기를 사용하는 시스템인 RQ-1A, 개량형인 RQ-1L 무인기를 사용하는 시스템인 RQ-1B로 구분한다. RQ-1이라는 명칭이 보여주는 것처럼 미국 펜타곤이 운영하는 무인기 중에서 가장 먼저 실전배치에 성공한 기종으로, 공격임무를 포함하는 다목적 기종으로 발전하면서 2005년에 MQ-1으로 명칭이 변경되었다.

개발은 1994년 1월에 미국 펜타곤의 DARPA와 ACTD 과제로 시작되었다. 제너럴아토믹스는 무인기 4대와 지상통제소로 구성되는 시스템을 3세트 개발하여 납품하는 계약을 체결했는데, 1995년 4월 비행시험에 성공하면서 같은 해 7월에 미국 CIA가 조기에 인수하여 발칸 반도에 전개하여 운영했다.

2000년부터는 아프가니스탄에 전개하기 시작했으며 미 공군은 60대의 프레데터를 구입하여 실전에서 운영했다.

특징

프레데터는 미리 입력한 프로그램의 경로에 따라 자동비행이 가능하며, 암호화된 데이터링크와 위성통신을 이용하여 지상통제소에서 1명의 조종사와 1명의 센서요원이 팀을 이루어 원격으로 통제할 수 있다. 발칸 반도 분쟁 당시 전개한 프레데터의 경우 위성을 이용한 데이터링크가 완성되지 않아 운영에 제약이 있었으나, 2000년 이후 E-8 J-STARS 및 위성을 이용하는 데이터링크가 완성되어 지구 반대편에 위치한 미국 본토에서 직접 운영이 가능하도록 발전했다.

프레데터의 기체는 비교적 단순하게 설계되었으며 기수에 컬러TV카메라 · 레이저 지시기로 구성된 통합센서가 설치되어있다. 레이저 지시기는 목표물을 확인하고 거리를 측정할 수 있으며 헬파이어 미사일을 유도할 수 있다. MQ-1 프레데터는 2발의 AGM-114 헬파이어 미사일을 탑재할 수 있으며, 감시정찰임무에 적합하도록 소음이 적은 4기통 엔진과 프로펠러를 동체 후방에 탑재하고 있다.

운용현황

MQ-1 프레데터는 120대 이상 생산되어 미 공군·해군·육군에서 킬체인의 핵심전력으로 운영중이다. 이외에 이탈리아, 모로코, 터키, UAE에 수출되었다

변형 및 파생기종

RQ-1 Predator	최초의 정찰기형.
MQ-1 Predator	무장탑재 개량형.
MQ-1C Grey Eagle	장거리 비행이 가능한 미 육군용 개량형.
MQ-9 Reaper	터보프롭 엔진을 탑재한 개량형.

MQ-9 리퍼
General Atomics **MQ-9 Reaper**

MQ-9 Reaper

- 형식 중고도 무인기
- 전폭 16.8m
- 전장 9.1m
- 총중량 4,763kg
- 페이로드 1,700kg
- 엔진 Honeywell TPE 331-10Y(900 hp)×1
- 최대속도 444km/h
- 순항속도 222km/h
- 상승한도 50,000ft
- 행동반경 3,065km
- 체공시간 24시간(무장탑재시 14~20시간)
- 무장 GBU-12 레이저 유도폭탄, GBU-38 JDAM, AGM-114 헬파이어 공대지미사일

개발배경

MQ-9 리퍼(Reaper)는 MQ-1 프레데터를 대폭 개량하여 장거리 항속능력과 높은 감시정찰능력 및 공격능력을 부여한 헌터킬러 무인기이다. 원형인 MQ-1 프레데터와 비교할 때 기체가 대형화되었으며 특히 늘어난 탑재중량을 감안하여 MQ-1에 탑재한 115마력급 왕복엔진을 강력한 파워를 가진 950마력급 터보프롭 엔진으로 변경하여 MQ-1 대비 3배에 가까운 순항속도를 확보하는데 성공했다. MQ-1 프레데터의 제작회사인 제너럴 아토믹스에서 시제품을 개발했으며, 초기에는 RQ-1B라는 명칭으로 RQ-1을 개량한 3종을 제작했다. MQ-1의 동체는 그대로 두고 주익폭을 20m까지 연장한 프레데터 B-001은 하니웰 TFE331-10T 터보프롭 엔진을 탑재했다. 프레데터 B-002(RQ-1 프레데터 C)는 엔진을 윌리엄스 FJ44-2A 터보팬 엔진으로 변경한 제트기 타입이며, 프레데터 B-003은 기체를 대형화하고 주익폭을 25.6m까지 연장했으며 프레데터 B-001과 같은 하니웰 TFE331-10T 터보프롭 엔진을 탑재했다. 미 공군은 테스트 결과 프레데터 B-003 모델을 MQ-9 리퍼라는 명칭으로 채택했다.

특징

MQ-9 리퍼의 가장 큰 특징은 주익에 설치한 6개의 하드포인트로서 항속거리를 연장하는 외부연료탱크를 비롯하여 헬파이어 미사일, 레이저 유도폭탄을 탑재하여 지상공격임무를 수행할 수 있으며, 스팅어 공대공미사일까지 탑재할 수 있다. 또한 장래에는 JDAM GPS 유도폭탄과 사이드와인더 공대공미사일 탑재가 예정되어 있다.

하드포인트의 탑재중량은 주익 안쪽이 1,500파운드, 주익 중앙이 600파운드, 주익 바깥쪽이 200파운드이다. 기체가 대형화되었으나 전체적인 외관은 MQ-1 프레데터와 비슷하며 다만 무장탑재에 따른 간섭현상을 방지하고자 꼬리날개가 위쪽 방향으로 변경되었다.

운용현황

2007년에 전력화한 이후 이라크와 아프가니스탄의 실전에 곧바로 투입되어 감시정찰임무와 함께 지상목표물 공격임무에 투입되었다. 특히 2008년에는 F-16 전투기를 운영하는 미 공군의 제174전투비행대대와 교대하여 MQ-9 리퍼를 배치하여 사상 처음으로 유인기를 무인기로 교체하는 기록을 세웠다. 미 공군은 2011년부터 2018년까지 모두 372대를 구매할 예정이다. 해외국가로는 영국, 이탈리아가 채택했고, 호주, 독일, 터키, 프랑스도 도입할 예정이다.

변형 및 파생기종

Avenger | 터보팬 엔진을 탑재한 무인공격기.

하피
Israel Aircraft Industries(IAI) **Harpy**

Harpy
- 형식 무인 공격기
- 전폭 2.1m
- 전장 2.7m
- 엔진 UEL AR731 로터리 엔진 (38hp)×1
- 최대속도 185km/h
- 항속거리 500km

개발배경
하피(Harpy)는 이스라엘 IAI사가 개발한 공격용 무인기로, 일반적으로 감시정찰임무를 주로 담당하는 다른 무인기와 전혀 다른 개념으로 개발되었다. 하피 무인기의 주된 개발 목적은 고성능 탄두를 탑재하고 적의 지대공미사일기지와 레이더기지 같은 방공시설을 공격하는 것이다. 중동지역 전장환경에서 얻은 교훈을 반영하여 이스라엘이 독자적으로 개발한 하피는 지상이나 함선에서 손쉽게 운반하여 운영할 수 있도록 설계되었으며, 기체를 분해하여 밀폐식 발사대 겸 컨테이너에 넣어 운반한다.

하피는 1990년대 초부터 개발이 시작되었으며, 1994년에 이스라엘과 중국이 하피를 구입하는 5,500만 달러 계약을 체결하면서 국제적인 화제가 되었다. 중국이 하피를 구입하면서 무인기 운영 기술을 입수하게 되자 미국은 고도의 군사기술이 유출되는 것을 문제삼고, 이스라엘에게 2004년에 업그레이드하여 이미 인도한 기체를 회수하여 개조한 다음 다시 수출하도록 요구했다. 미국은 하피를 개발하는데 사용한 일부 부품에 미국의 기술을 사용했다고 주장했으나, 이스라엘은 모든 부품을 자체 기술만으로 개발했다면서 다음 해인 2005년에 모든 기체를 중국에 인도했다. 이 사건은 이후 JSF(Joint Strike Fighter) 개발사업에서 이스라엘이 참여할 때 이스라엘의 파트너 참여 등급을 낮추는 데 결정적인 영향을 끼쳤다.

특징
하피 무인기는 기체 뒷부분에 37마력급 로터리 엔진을 탑재하여 푸시 방식으로 추진하며, 최대속도는 약 185km/h이고 행동거리는 500km에 달한다. 일단 발사된 다음 자체추진 동력으로 목표지점 상공에서 머물다가 적 방공무기의 전파를 탐지하면 곧바로 돌진하는 방식으로 운영한다. 특수한 용도에 적합하도록 다른 무인기와 달리 독특한 기체 레이아웃으로 설계되었으며 델터익을 주익에 적용하여 장시간 체공과 고속비행이 모두 가능하다. 그리고 꼬리날개 없이 주익 윙렛으로 대체하고 있으며 특별한 데이터링크나 통제시스템도 갖추고 있지 않다. 기체 앞쪽에는 70파운드급 고성능 폭약을 탑재하고 있어 적의 레이더 안테나 등을 파괴할 수 있다.

운용현황
개발국인 이스라엘군에서 운영하고 있으며 2004년에 중국에 첫 수출한 이후 칠레, 인도, 터키, 한국에 수출되었다.

변형 및 파생기종
Harop | 개량형.

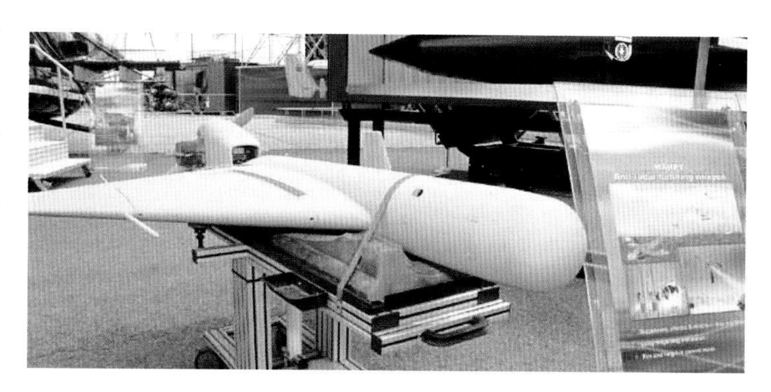

RQ-5 헌터

IAI/Northrop Grumman **RQ-5 Hunter**

RQ-5 Hunter

형식 전술 무인기
전폭 10.4m
전장 7.0m
총중량 885kg
페이로드 127kg
엔진 HFE(57hp)×2
최대속도 203km/h
순항속도 130km/h
상승한도 18,000ft
행동반경 370km
체공시간 18시간

개발배경

RQ-5 헌터(Hunter)는 미 육군의 사단 및 군단급 지휘통제용으로 개발된 단거리 무인정찰기로서 다른 무인기와 달리 활주로를 이용하여 이착륙을 한다. 다만 착륙할 때는 어레스팅 기어를 사용한다. 당초 미 육군 해군 해병대의 통합사업으로 시작했으나 1996년에 사업이 중단되고 제한적으로 양산이 이루어졌다. 소수이기는 하나 현재까지 미 육군에서 운영하고 있으며 발칸 반도 분쟁(1995~2002년)과 이라크 전쟁(2003년), 아프가니스탄 전쟁(2008년)에서 실전에 투입되었다. 2004년에는 15대의 RQ-5A를 MQ-5B로 개량했다. RQ-5B는 탑재 전자장비와 주익을 개량하여 무장탑재가 가능하도록 변경되었다. 헌터 무인기는 원래 IAI에서 개발했으며 미국 TRW(나중에 노스럽그러먼으로 흡수)와 협력하여 미 육군에 납품했다.

특징

헌터의 가장 큰 특징은 엔진의 배치 형태로, 일반적으로 단발 엔진을 사용하는 다른 무인기와 달리 쌍발 엔진을 채택하여 동체의 앞뒤에 각각 57마력급 왕복엔진을 탑재하고 있다. 미 공군 O-2A 관측기에서도 사용한 이러한 엔진 배치는, 한쪽 엔진이 정지하더라도 무게중심에 변동이 없이 안정적인 비행이 가능한 장점이 있다. 헌터의 경우 쌍발 엔진을 채택하여 엔진의 파워가 충분하므로 페이로드에 여유가 있어 항속시간이 RQ-2 파이오니어의 2배 이상에 달한다.

무인기와 지상통제소의 통신은 C밴드 데이터링크로 연결되며 MQ-5B로 개량하면서 탑재한 ARC-210 통신중계기의 도달거리가 향상되었으나 위성을 연결하여 운영하고 있지는 않다.

운용현황

미 육군에서 약 20대를 운영하고 있으며 점차 MQ-1C 그레이 이글로 교체되고 있다. 해외국가로는 벨기에 공군이 3세트를 구매하여 운영하고 있다.

변형 및 파생기종

RQ-5A	최초 생산 모델로 MQ-5B로 개량. 20대 생산.
RA-5B	개량형. 6대 생산.
MQ-5A	GBU-44/B 바이퍼 스트라이크 무장 탑재형. 3대 생산.
MQ-5B	개량형. GBU-44/B 탑재. 15대 생산.

MQ-8 파이어스카웃

Northrop Grumman **MQ-8 Firescout**

MQ-8 Firescout

형식 수직이착륙 전술 무인기
로터직경 8.4m
전장 7.0m
총중량 1,429kg
페이로드 272kg
엔진 롤스로이스 250-C20W(320hp)×1
최대속도 217km/h
상승한도 20,000ft
행동반경 278km
체공시간 6시간

개발배경

텔레다인 라이언(Teledyne Ryan)사(나중에 노스럽그러먼으로 흡수)가 미 해군의 요구에 따라 개발한 감시정찰, 전장인식, 표적확인 임무용으로 개발한 무인기로서 가장 큰 특징은 수직이착륙이 가능한 헬기를 플랫폼으로 사용했다는 점이다. 초기 모델인 RQ-8A는 슈와이저 330 소형헬기를 기본으로, 개량형인 MQ-8B는 슈와이저 333을 기본으로 개발했다.

미 해군은 RQ-2 파이오니어의 퇴역에 따른 대체 기종을 검토했는데, 기본적으로 함상에서 운영하기 위해서는 고정익 무인기보다는 회전익 무인기가 적합하다는 결론에 도달했다. 요구성능은 탑재량 90kg, 항속거리 200km, 고도 6,000m에서 3시간의 체공능력, 풍속 46km/h(24kt)의 해상 조건에서 함정에 착함이 가능한 비행성능과 평균 고장간격 190시간을 제시했다.

미 해군의 요구에 대하여 벨 헬리콥터, 시코르스키, 텔레다인 라이언-슈와이저 등 3개 팀이 경쟁하여 2000년 봄에 텔레다인 라이언-슈와이저 팀의 설계안이 승리했다. 기종 결정 이후 RQ-8A 파이어스카웃(Firescout)이라는 명칭으로 개발이 시작되었으며 함정에서의 안전을 위하여 본래의 가솔린 왕복엔진을 대신하여 롤스로이스 250-C20 가스터빈 엔진을 탑재하고 사용연료를 JP-8로 변경했다. 프로토타입은 2000년 1월에 무인 자력비행에 성공했다.

파이어스카웃은 기수 아래에 주야간 EO/IR 카메라와 레이저 거리측정기를 포함하는 센서 터렛을 탑재하고 있으며 함정이나 험비 차량에 탑재하는 조종 시스템을 사용하여 200km 거리까지 직접 통제할 수 있다. 그 이상의 먼 거리까지 진출할 경우 RQ-4 글로벌호크의 데이터링크를 연결하여 통제할 수 있다.

RQ-8A 파이어스카웃은 2006년 1월에 항해중인 도크형 상륙함의 갑판에 무사히 착함하는데 성공했다.

미 해군은 파이어스카웃의 성능에 만족하지 못하고 2001년에 연구개발비용을 삭감했는데, 이후 미 육군이 미래전투체계인 FCS사업에 사용할 무인기로 파이어스카웃에 관심을 가지고 2003년에 7대의 RQ-8B(2006년에 MQ-8B로 명칭 변경)를 평가목적으로 구매했다. MQ-8B는 4개의 블레이드를 채택하여 3개의 블레이드를 가진 RQ-8A보다 소음이 감소하고 성능이 향상되었다. 메인 로터의 개량으로 최대 이륙중량은 3,150파운드로 RQ-8A 대비 500파운드가 증가했다. 한편 동체 옆쪽의 스터브 윙에는 헬파이어 대전차미사일, 바이퍼 스트라이크 유도폭탄, 70mm 레이저유도로켓 등을 탑재하여 지상목표물에 대한 공격이 가능하며 탄약이나 의약품, 포급품을 수송하는 임무에도 사용할 수 있다.

한편 기본 플랫폼인 슈와이저 330/333 헬기의 탑재능력 부족이 지적되어 벨 407 헬기를 기본으로 MQ-8B의 원격조종시스템을 탑재한 MQ-8C가 개발중이다. MQ-8C는 화물을 탑재하는 공간을 갖추고 있어 수송임무에 사용할 것으로 보이며 2014년에 실전배치할 예정이다.

특징

파이어스카웃 무인기는 기본 플랫폼인 슈와이저 330/333 헬기를 바탕으로 대폭적인 개량을 거쳤으며 가장 중요한 센서의 경우 모듈화하여 임무에 맞게 교환이 가능하도록 설계하였다. 기본적으로 탑재하는 EO/IR 및 레이저 조준장치 이외에 전술 합성개구레이더(TSAR), 이동목표물탐지(MTI), 신호정보수집(SIGINT), 지뢰탐지시스템(ASTAMIDS), 전술데이터링크(TCDL) 모듈을 탑재할 수 있다.

운용현황

당초 미 해군은 168대를 구매할 계획이었으나 96대로 발주수량을 감축했으며 현재 27대의 MQ-8B 파이어스카웃을 운영중이다. 아프가니스탄에서 실전에 투입되었으며 리비아 작전에서 1대가 추락한 것으로 알려져 있다.

변형 및 파생기종

RQ-8A	슈와이저 330을 기반으로 개발한 초기형. 미 해군용.
RQ-8B	슈와이저 333을 기반으로 개발한 개량형. 미 육군 및 해군용.
MQ-8B	RQ-8B에 무장을 탑재한 모델.
MQ-8C	벨 407을 기반으로 개발중인 개량형. 미 해군용.

RQ-4 글로벌호크

Northrop Grumman **RQ-4 Global Hawk**

RQ-4 Global Hawk

형식	고고도 무인기
전폭	39.9m
전장	14.5m
총중량	14,628kg
페이로드	1,360kg
엔진	롤스로이스 AE-3007H (3,447hp)×1
최대속도	630km/h
순항속도	574km/h
상승한도	60,000ft
행동반경	10,000km
체공시간	28시간

개발배경

RQ-4 글로벌호크(Global Hawk)는 미국 통합군 사령부가 요구한 장시간 비행이 가능한 감시정찰 및 정보수집 플랫폼으로 1995년에 시험개발이 시작되었다. 2대의 프로토타입 중에서 1호기는 1998년 2월 28일에 에드워즈 공군기지에서 첫 비행에 성공했다.

이후 개발작업은 1998년 10월 1일부터 라이트 패터슨 공군기지에 위치한 정찰시스템계획국 산하 항공시스템 센터에서 총괄했다. 프로토타입의 비행성공에 따라 본격적인 개발이 진행되었으며 모두 7대의 프로토타입을 제작했다.

1999년 6월부터는 군용기로서 적합성 평가를 시작했으며 무인 자율비행이 가능하도록 본격적인 개발이 시작되었다. 2000년 4월에는 대서양을 횡단하는 장거리 비행에 성공했다. 2001년 3월부터는 본격적인 EMD 단계에 진입했으며 테러와의 전쟁으로 개발작업은 더욱 탄력을 받아 진행되었다. 이후 2002년에는 프로토타입 3호기를 아프가니스탄에 파견하여 실전 적합성을 테스트했다.

2003년 8월 1일에 RQ-4A 양산 1호기가 완성되어 팜데일에 위치한 노스럽그러먼 공장에서 출고되었다. 양산 1호기는 에드워즈 공군기지에서 각종 테스트를 거친 뒤 2004년 11월 16일에 빌 공군기지에 주둔하는 제9정찰비행단에 배치되었다.

특징

고고도를 장시간 비행하기 위하여 U-2 정찰기와 비슷하게 폭이 매우 큰 주익을 채택하여 마치 글라이더와 비슷한 외형을 가지고 있다. 주익은 탄소섬유 복합재로 제작하여 무게를 가볍게 하고 있다. 일반적으로 조종사가 탑승하는 항공기의 경우 조종사가 탈출할 경우를 대비하여 동체의 상부에 엔진의 공기흡입구를 설치하기 어려우나 무인기의 경우 이러한 제약조건이 없다. 글로벌 호크의 경우 동체의 후방에 연료소비가 적은 단발 터보팬 엔진을 탑재하고 정찰감시센서는 기수 부분에 집중적으로 배치하여 기체의 공간을 효율적으로 사용하고 있다. 비행중 지상 기지와 연결하기 위한 위성통신용 안테나를 기수 상부에 설치하고 있어 마치 향유고래와 같은 글로벌 호크만의 독특한 캐릭터를 만들고 있다. 글로벌 호크의 감시정찰센서는 고해상도 합성개구레이더(SAR)와 전자광학/적외선(EO/IR)센서를 갖추고 있어 주야간 전천후 감시가 가능하다. 한편 실전상황에서의 생존성 향상을 위하여 ALR-69 레이더 경보장치와 ALE-50 견인식 디코이를 탑재하고 있다.

운용현황

현재 미 공군의 주력 고고도 정찰기로 운용중이며 2012년 말까지 37대를 인도했다. 2007년에는 2대를 고고도 관측용으로 NASA에 이관했다. 미 해군은 신형 해상초계기인 P-8A 포세이돈과 연계하여 운영이 가능한 장거리 해상감시용 플랫폼으로 글로벌 호크의 도입을 추진하고 있다. 2012년에는 NATO에서 공동운영할 5대의 글로벌 호크를 계약했다. 반면에 글로벌 호크의 도입을 추진했던 독일은 가격문제로 인하여 2013년 5월에 도입을 취소했다.

한편 한국을 비롯하여 일본, 캐나다. 호주, 뉴질랜드, 인도 등이 도입을 검토하고 있다.

변형 및 파생기종

RQ-4A	최초의 양산모델. 미 공군에 16대를 납품했다.
RQ-4B	주익 및 동체를 대형화하여 탑재량과 항속거리를 향상한 모델.
RQ-4E Euro Hawk	RQ-4B를 기초로 개발한 독일 수출형.
MQ-4C Triton	미 해군 광역해상감시용 모델. 4대를 발주하고, 68대를 계획 중이다.
EQ-4B	전장통신중계(Battlefield Airborne Communications Node) 탑재 모델.

X-47

Northrop Grumman **X-47**

X-47
형식 무인 전투기
전폭 18.9m
전장 11.6m
총중량 20,865kg
페이로드 2,041kg
엔진 F100-PW-220U(3,447hp) × 1
최대속도 852km/h
상승한도 40,000ft
행동반경 2,963km
체공시간 9시간

개발배경

X-47는 항공모함에서 운영이 가능한 무인전투기(Unmanned Combat Air Vehicle: UCAV)를 개발하기 위한 시험적인 성격으로 개발하는 시제기이다. X-47 무인기의 개발은 노스럽그러먼이 담당하고 있으며, 미 국방부 산하 DARPA에서 진행하는 J-UCAS(Joint Unmanned Combat Air Systems) 사업의 일환으로 시작했으나 현재는 UCAS-D(Unmanned Combat Air System Demonstration)라는 명칭으로 미 해군이 단독으로 진행하고 있다.

당초 미 공군과 해군은 각기 독자적으로 무인전투기의 개발을 검토하고 기술적인 가능성을 확인하고자 프로토타입 제작을 추진했다. 미 공군은 보잉 X-45A 개발을 추진하여 2002년 5월에 첫비행에 성공했다. 한편 미 해군은 노스럽그러먼 X-47 개발을 추진하여 1/10 크기로 제작한 X-47A 페가수스가 2003년 2월 23일에 비행시험에 성공했다. 이후 자신감을 가지고 본격적인 무인전투기인 X-47B 프로토타입 2대를 제작하여 2008년 12월 16일에 공개했다. X-47B는 2011년 2월에 첫비행에 성공했으며 이후 비행시험을 계속 진행하여 2013년 7월에는 미 해군 항공모함인 조지 H.W.부시에서 이착함 테스트에 성공하여 무인전투기 시대의 개막을 예고했다.

미 국방부는 미 공군과 해군이 별도로 추진하는 무인전투기 개발을 통합하여 J-UCAS 사업을 출범시켰으나 항공모함 운영 적합성을 주장하는 해군과 의견이 다른 미 공군은 다양한 무장탑재가 가능한 MQ-9 리퍼를 도입하면서 무인전투기 개발사업에서 손을 떼었다.

충분한 수량의 스텔스 전투기를 확보하고 있지 못한 미 해군은 X-47 UCAS-D 사업에 큰 기대를 걸고 있으며 기술테스트 용도인 X-47B 성공 이후 무장탑재량이 10,000파운드급으로 증가한 X-47C 개발을 계획하고 있다.

특징

X-47B 무인기는 노스럽그러먼이 생산한 B-2 스텔스 폭격기의 외관을 이어받아 동체와 꼬리날개가 없는 전익기(Flying Wing) 형태로 제작되어 스텔스 성능을 극대화했다. 엔진은 F-16 전투기에 사용하는 F100-PW-220U 터보팬 엔진을 단발로 탑재하고 있으며 공기흡입구는 동체 상부에 설치하여 레이더 탐지를 피하도록 하고 있다. 항공모함에서 운영할 수 있도록 기체의 구조를 강화하고 랜딩기어와 어레스팅 후크를 설치했다. 프로토타입임에도 4,500파운드의 무장탑재가 가능하도록 제작했으며 항공모함의 엘리베이터 크기에 맞추어 날개를 접을 수 있다. 현재는 Link-16 데이터링크에 연결하여 지상요원이 조작하여 이착함 테스트를 진행하고 있으나 장래에는 GPS항법장치를 이용한 자율비행이 가능할 것으로 전망한다.

운용현황

미 해군에서 개발 테스트 용도로 비행시험을 진행하고 있으며 2019년 이후 실용화를 목표로 하고 있다.

변형 및 파생기종

X-47A	컨셉트 모델. 실제 크기의 1/10 크기로 제작하여 비행시험 실시. 1대 제작하여 2003년 첫 비행을 했다.
X-47B UCAS-D	본격적인 개발 모델. 2대를 제작하여 2011년 첫 비행을 했다.
X-47C UCLASS	실전배치용 모델로 주익폭이 52.4m에 달하는 대형 기체. 무장 10,000파운드 탑재가 가능하다.

캠콥터 S-100
Schiebel Camcopter S-100

Camcopter S-100
형식 수직이착륙 전술 무인기
로터직경 3.4m
전장 3.1m
총중량 200kg
페이로드 50kg
엔진 Austro AE50R 로터리 엔진 (55hp)×1
최대속도 222km/h
순항속도 185km/h
상승한도 18,000ft
행동반경 180km
체공시간 6시간

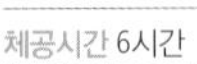

개발배경
캠콥터(Camcopter) S-100은 오스트리아에서 개발한 무인헬기이다. 충분한 탑재량을 보유한 MQ-8 파이어스카웃과 대비되는 S-100은 근거리 감시정찰임무에 사용할 수 있도록 개발한 소형 기종으로 전체 무게가 약 200kg에 불과하지만 6시간 동안 비행할 수 있는 성능을 가지고 있다. 감시정찰임무에 필요한 센서는 모듈식으로 교체가 가능하며 표준적으로 주야간 EO/IR 카메라를 기수 아랫부분에 탑재한다.
2013년 2월에는 탈레스 I-Master 감시레이더를 탑재하는 비행시험을 실시했다. I-Master 레이더는 무게 30kg에 불과한 소형 레이더로 지상이동목표물 탐지 및 합성개구기능을 갖추고 있다. 비행중에는 지상통제소(GCS)에서 원격으로 조종하며 통신이 중단될 경우 자동으로 귀환하도록 되어 있다.

특징
캠콥터 S-100은 외관상 매우 미려한 곡선을 가진 일체형 동체를 가지고 있으며 착륙장치는 간단한 스키드 기어를 채택

하고 있다. 메인 로터는 격납에 편리하도록 2엽 방식을 사용하고 있으며 55마력급 다이아몬드 왕복엔진으로 구동한다. 함정에서 인화성이 강한 가솔린을 취급하는 부담을 줄이기 위하여 2012년 3월에 항공유(JP-5, JP-8, A-1)를 사용하는 신형 엔진을 선보였다.
기체 측면에 2개의 하드포인트를 갖추고 있어 무장 탑재가 가능하나 아직 무장을 탑재하여 운영하는 국가는 없다.

운용현황
캠콥터 S-100의 최초 고객은 아랍에미리트(UAE) 육군으로 확정 40대와 옵션 40대를 발주했다. 또한 독일 해군, 중국 해군 및 러시아 해양경찰 등에 200대 이상 판매하는 등 무인헬기 분야에서 큰 성공을 거둔 기종으로 수출에 호조를 보이고 있다. 캠콥터 S-100은 2007년에 인도 해군, 2008년에 파키스탄 해군의 함정에서 해상운영 테스트를 거쳤으며 스페인 해양경찰의 테스트를 받았다. 독일 해군은 2008년에 3주간의 평가를 거쳐 구매했으며, 같은 해에 프랑스 해군도 평가를 실시했다. 2009년에 리비아는 4대의 캠콥터를 발주했으며 요르단은 2대의 S-100을 발주하여 2011년에 인수했다. 러시아 해양경찰은 면허생산으로 해양경비함에 탑재하여 운영하고 있으며, 중국 해군은 18대를 구매하여 호위함에서 운영하고 있다.

변형 및 파생기종
S-100 | 초기 모델

PART 6

HELICOPTER
헬리콥터

헬리콥터라는 단어는 프랑스어 "hélicoptère"에서 유래하는데, 이 말은 그리스어 helix(회전하는)와 pteron(날개)을 합친 합성어이다. 즉 헬리콥터는 날개가 돌아가는 회전익 비행기를 가리키며, 고정익 비행기와는 달리 수직이착륙과 제자리비행을 할 수 있다는 놀라운 장점을 가지고 있다. 헬리콥터는 제2차 세계대전 때 처음 실용화되었으나 6·25전쟁에서 그 능력을 인정받아 베트남전쟁에서 본격적으로 사용되면서 전쟁의 핵심으로 떠올랐다. 특히 헬리콥터가 단순히 물자수송이나 환자이송의 임무를 넘어 본격적인 일선무기체계로 자리 잡으면서, 전쟁터로 병력을 투입시키는 기동헬기와 이를 엄호하는 공격헬기가 등장했다. 또한 소화기 공격에 노출될 수밖에 없는 군용 헬기의 특성상 방탄능력, 내충격성, 전투성이 강조되고 있다.

헬리콥터는 임무에 따라 기동헬기, 정찰헬기, 공격헬기, 수송헬기 등으로 구분한다. 기동헬기는 공지작전을 위해 전투병력을 수송하거나 작전 지휘 등에 쓰이는 다목적 헬리콥터로, UH-1H 이로쿼이, UH-60 블랙호크, KUH-1 수리온 등이 이에 속한다. 수송헬기는 대규모 병력이나 야포, 차량 등의 화물을 수송하는 목적으로 운용되며 CH-47D 시누크가 대표적이다. 최근에는 기동 및 수송헬기의 임무를 위하여 장거리 고속비행이 가능한 MV-22 오스프리와 같은 틸트로터기가 주목을 받고 있다. 정찰헬기는 첨단 광학/열상장비 등을 탑재하여 전장의 적 표적을 탐지/식별하고 관련 정보를 지휘관에게 알리거나 아군 타격자산에게 인계하는 임무를 수행하는 헬리콥터로, 우리 군의 Bo-105나 미군의 OH-58D 카이오와 워리어 등을 들 수 있다. 공격헬기는 대전차미사일, 로켓, 기관포 등을 탑재하여 적의 전차나 기갑차량 등 핵심표적을 파괴하는 임무를 수행하며, 미국의 AH-64E 아파치가디언, 러시아의 Mi-24 하인드, Ka-52 앨리게이터가 대표적이다.

공격헬기 소요는 꾸준히 늘고 있으나 신형 기체의 개발은 답보 상태이다. 주요 개발국의 국방비가 감소하면서, 신규 기체의 개발보다는 기존에 운용하던 공격헬기의 개량과 업그레이드가 활발하게 이루어지고 있다. 한편 공격헬기와 정찰헬기의 역할을 통합하려는 추세에 힘입어 RAH-66 코만치가 개발되었으나 개발비 상승으로 취소되기도 했다. 특히 네트워크 중심전이 강조되면서 강력한 센서를 장착한 정찰헬기와 공격헬기는 육군의 핵심 ISR자산으로 자리매김하고 있다.

KUH-1 수리온

Korea Aerospace Industries[KAI] KUH-1 Surion

KUH-1 Surion
로터직경 15.8m
전장 19m
전고 4.5m
자체중량 4,973kg
최대이륙중량 8,709kg
엔진 삼성 테크윈 T700-ST-701K(GE의 T700-GE-701C 파생형) 터보샤프트 (1,855hp) x 2
순항속도 235km/h
최대항속거리 440km +
실용상승한도 3,000m
상승률 2.53m/s
승무원 2명 + 사수 2명 + 병력 9명 혹은 승무원 2명+병력 16명
무장 BGM-71 TOW x6 또는 로켓포드 x 4 (개발예정)
항전장비 GPS, INS, 디지털맵, FLIR, HUMS, IRSS, MWS, CMDS, IRCM, EWC, RWR, OBIGGS, 전술 C4I, ECS, HOCAS, AFCS
초도비행 2010년 3월 10일

개발배경

수리온은 대한민국 육군이 사용 중인 노후한 500MD, UH-1 헬리콥터 대체를 위해 유로콥터로부터 기술을 도입해 한국항공우주산업(KAI), 국방과학연구소(ADD), 한국항공우주연구원(KARI)이 개발한 쌍발엔진 중형 수송헬기이다. 2006년부터 한국형 헬기사업(KHP-KUH)하에 1조 3,000억 원의 예산으로 개발이 시작되었으며, 2010년 초도비행을 거쳐 2012년부터 대량 양산에 들어간 상태이다. '수리온'은 국민 공모를 통해 선정된 이름으로, '독수리'의 '수리'와 순우리말에서 '일백(100)'을 뜻하는 '온'을 조합한 것이다.

특징

기본 원형은 1977년 초도 비행을 실시한 유로콥터사의 AS-532UC 쇼트 쿠거(Short Cougar)이며, 조종석 전체가 디지털화한 것이 특징이다. 연료탱크는 피탄시 스스로 구멍을 메워버리는 셀프 실링(Self-sealing) 기술이 적용되어 있으며, 로터 블레이드 또한 기관총탄에 피격되어도 작동이 멈추지 않도록 설계되어 있다. 특히 산지가 많은 한반도 지형을 고려하여 최대 2,700m 고도에서도 호버링(hovering)이 가능하도록 제작되었다.

운용현황

대한민국 육군이 155대, 해병대가 강습용으로 40대를 도입할 예정이다.

변형 및 파생기종

KUH-1 수리온	기본형.
수리온 의무후송형	의무후송(MEDIEVAC)용. 수리온 기본형과 91%의 부품공통성 예정.
수리온 상륙기동형	해병강습용. 수리온과 부품공통성 96%를 예정하고 있으며, 통합부상체계(Integrated Floatation System), 외장탱크, 특수 통신장비를 추가할 계획이다. 2015년부터 양산 예정이며 약 40대 생산을 계획 중이다.
수리온 공격헬기(KAH)	수리온의 공격헬기용 형상으로, 탠덤식 좌석으로 개조할 경우 수리온 원형과 부품공통성은 약 70%가 될 예정이다.
수리온 해상형	대한민국 해군용. 해상작전을 위한 방염처리와 임무탑재장비 등을 설치할 예정이다. 약 20대 도입을 고려 중이다.
수리온 민수용	경찰, 산림청, 해경, 소방방재청 등에서 사용하기 위한 형상으로, 2011년에 개발이 결정되어 용도별로 개발할 계획이다.

AW129 망구스타
Agusta-Westland **AW129 Mangusta**

A129 I (AW129)
- 형식 공격헬기
- 로터직경 11.9m
- 전장 12.28m
- 전고 3.35m
- 자체중량 2,530kg
- 최대이륙중량 4,600kg
- 엔진 롤스로이스 Gem2-1004D 터보샤프트(890shp) x 2
- 최대속도 278km/h
- 실용상승한도 4,725m
- 최대항속거리 510km
- 무장 20mm TM197B 3연장 개틀링포(500발), AGM-114 헬파이어/BGM-71 TOW 8발, AIM-92 스팅어/미스트랄 4~8발, 81mm/70mm 로켓포드, 하드포인트 4개소
- 항전장비 헬멧마운트시스템, FLIR, HIRNS, MMS
- 승무원 2명
- 초도비행 1975년 9월 30일

A129A 망구스타

개발배경
1970년대 초 이탈리아와 독일은 관측 및 대전차 임무를 수행할 수 있는 경량 헬리콥터를 필요로 하게 되었다. 이에 따라 이탈리아의 아구스타사와 서독의 MBB가 조인트벤처를 설립하지만, 사전설계 단계에서 결별한다. 이후 아구스타는 A109 헬리콥터를 바탕으로 새로운 공격헬기를 설계하기 시작하여 1978년 A129의 설계를 마쳤다. 1983년 9월 11일 A129 프로토타입이 성공리에 초도비행한 후, 이탈리아는 A129 망구스타를 채택했다.
한편 1986년 이탈리아, 네덜란드, 스페인, 영국은 A129를 바탕으로 유럽형 공격헬기를 공동개발하기로 하나, 영국과 네덜란드가 AH-64를 채택하고 스페인이 유로콥터 타이거를 채택하면서 사업은 무산되었다. 이때 개발된 A129 I 모델을 AW129로 분류한다.

특징
A129는 A109 소형 헬리콥터의 기체에 바탕을 둔 경량 공격헬기로 경량화를 위해 동체의 45%, 기체 표면의 70%를 복합재료로 구성했다. 롤스로이스 Gem 1004 터보샤프트 엔진 2개를 장착하고, 자동항법장치와 야시장비를 갖추어 주야 전천후 전투수행이 가능하다.
A129는 또한 헬파이어, 토우, 스파이크-ER 등을 운용할 수 있어 대전차, 무장정찰, 지상공격, 화력지원 등의 임무를 수행할 수 있다. 81mm나 70mm 로켓포드를 장착하며 20mm 3연장 개틀링 포를 기수 아래 장착한다. 공대공 임무에는 스팅어나 미스트랄 대공미사일을 운용할 수 있다.

운용현황
이탈리아가 유일한 운용국으로, 이탈리아 육군이 1990년부터 A129 60대를 인수했다. 2002년 아구스타웨스트랜드사가 A129A 45대를 A129 CBT 사양으로 개수하는 작업을 맡아 2002년 1호기를 인도했다.
A129는 이탈리아군과 함께 다양한 유엔(UN) 평화유지임무에 투입되었으며, 소말리아에서는 TOW 미사일로 반군차량을 공격하여 최초 실전기록을 세웠다. 또한 이라크와 아프가니스탄에 파병되어 임무를 수행하기도 했다.

변형 및 파생기종
- A129A | 기본형. 이탈리아군용으로 생산한 초기 양산형으로 롤스로이스 GEM2 터보샤프트 엔진을 장착하고 있다.
- A129 I | 업그레이드 사양. 5엽 로터를 채용했으며, 노즈터렛을 갖추었다. 헬파이어와 스팅어 미사일을 운용할 수 있으며, 개수된 항전장비와 함께 LHTEC T800 엔진 2개를 장착한다.
- A129 CBT | 이탈리아 육군 개수형. 새로운 FLIR 시스템을 장착하고, EADS AN/AAR-60 미사일경보장치, 신형 INS/GPS 장비 등을 채용했다. A129 I의 업그레이드 사항을 모두 적용했으나 엔진은 GEM2 엔진을 유지했다.
- T-129 | A129 CBT에 바탕한 터키군 모델. TAI에서 조립·생산한다.

AW159 와일드캣

Agusta-Westland **AW159 Wildcat**

A159 Wildcat

형식 다목적헬기
로터직경 12.80m
전장 15.24m
전고 3.73m
최대이륙중량 6,000kg
엔진 LHTEC CTS800-4N 터보샤프트 (1,361shp) x 2
최대속도 291km/h
최대항속거리 777km
무장 7.62mm FN MAG 또는 12.7mm M2 기관총, 탈레스 LMM (Lightweight Multirole Missile) 차기 경량 미사일, 시스쿠아 계열 차기 중 미사일, 스팅레이 어뢰 · 폭뢰, 70mm CRV7 로켓포드
항전장비 시스프레이 7000E AESA 레이더, FLIR
승무원 7명
초도비행 2009년 11월 12일

개발배경

영국 웨스트랜드사의 링스(Lynx)는 1978년부터 영국 육군과 해군에 배치되어 성능을 입증한 이후, 세계 15개국에 수출되며 중소형 다목적 군용 헬리콥터로 커다란 인기를 끌었다. 링스 헬기는 꾸준한 업그레이드가 이어져 1990년대에는 슈퍼링스(Super Lynx)로까지 발전했다.

영국 국방성은 2002년 차세대 링스(Future Lynx)를 요구하여 해군과 육군의 링스 헬기를 교체하고자 했다. 2006년 아구스타웨스트랜드가 사업자로 선정되어 70대를 납품하는 계약을 수주했다.

특징

AW159 와일드캣은 외형은 기존의 링스 계열 헬기와 매우 유사해보이지만, 실제로 두 기종에서 공통되는 부품은 연료계통이나 메인로터 기어박스 등 50여 개로, 겨우 5%에 불과하다. 비행특성이나 기능상 와일드캣은 링스에 비하여 현저히 개선된 기체이다.

AW159는 신형 CTS800-4N 엔진을 탑재하고 적외선 감소장치가 설치된 유선형 상향 배기구와 후방 동체의 수평 꼬리날개를 갖추었다. CTS800 엔진은 고온 · 고고도에서도 우수한 성능을 발휘하며, 쌍발엔진은 이륙시 각 1,362축마력(shp)으로 기존 링스에 비해 37% 더 높은 출력을 발휘한다. 또한 조종사의 임무부하를 줄이고 조건부 정비체계를 지원하는 전권형 디지털 엔진제어장치(FADEC)를 갖추고 있어 운용중 엔진탈착회수를 현저히 줄여 신뢰성을 높였다.

AW159는 아구스타웨스트랜드 역사상 최초로 처음부터 디지털환경에서 개발한 기체이다. 알루미늄 외피를 리벳으로 접합하던 과거의 링스 기체와는 달리 기골이 단일하게 가공되어 신뢰성이 높아지고 수명주기비용은 낮아졌다.

항전장비는 21세기에 맞게 현대화되어, 항법 · 통신 · 전장정보 등이 통합하여 제공된다. 특히 셀렉스 갈릴레오사의 시스프레이 7000E AESA(능동전자주사식) 레이더를 장착하여 가시선 밖 표적 획득능력과 지상 · 해상 및 수중 표적에 대한 탐지 · 식별 · 교전능력이 비약적으로 향상되었다.

운용현황

AW159 와일드캣 TI1은 2009년 11월 12일 성공리에 초도비행을 마치고, 2012년 2월에는 영국 해군 호위함 아이언듀크(HMS Iron Duke)에서 20일간 다양한 기상조건에서의 주야간 함상시험을 마쳤다. 영국 국방부는 이미 62대의 AW159 와일드캣을 주문했으며 그중 28대는 영국 해군에서 인수할 예정이다. 육군 및 해군 기종은 서로 98%의 부품 호환성을 가지며, 각각 2014년과 2015년에 전력화를 시작할 예정이다. 한편 대한민국 해군은 2013년 1월 해상작전헬기로 AW159를 선정하여 8대를 발주했다.

변형 및 파생기종

링스 AH.1 | 육군용 기본형. 1977년 초도비행 후 1984년까지 모두 113대를 생산했다.

링스 AH.7 | 영국 육군용 업그레이드형. Gem41-1 엔진과 개량형 트랜스미션, BERP 메인로터를 채용했으며, 12대 신규 생산 이후 모든 AH.1이 AH.7로 개수되었다.

링스 AH.9 | '배틀필드 링스'라는 별명의 현대화 개수기체. 바퀴식 착륙장치에 기어박스가 개수된 것이 특징이다. 16대를 신규 생산하고, 30대는 AH.7에서 개수되었다.

링스 HAS.2 | 해군용 기본형. 시스프레이 레이더와 디핑소나를 장착하고 있으며, 영국 해군에 60대, 프랑스 해군에 26대를 납품했다.

수퍼링스 Mk.99/99A | 대한민국 해군 전용 모델. 시스프레이3 레이더와 디핑소나, FLIR 등을 채용한다. 동체는 영국에서 생산하지만, ISTAR(정보 · 감시 · 표적획득 · 정찰) 시스템 등은 국산을 채용하고 있다. 대한민국 해군은 Mk.99를 12대, 개량형인 Mk99A를 13대 도입했다.

AH-1Z 바이퍼
Bell Helicopter **AH-1Z Viper**

AH-1Z
- 형식 공격헬기
- 전장 17.8m
- 전고 4.37m
- 자체중량 5,580kg
- 최대이륙중량 8,390kg
- 엔진 GE T700-GE-401C 터보샤프트 (1,800shp) x 2
- 최대속도 298km/h
- 실용상승한도 6,100m
- 최대항속거리 420km
- 무장 20mm M197 3연장 개틀링포 (750발), AGM-114 헬파이어 대전차 미사일, AIM-9 공대공미사일, 2.75인치(70mm) 하이드라 70 로켓포드, 하드포인트 6개소에 2,620kg 탑재 가능
- 항전장비 AAQ-30 호크아이 (Hawkeye) 목표조준장치
- 승무원 2명
- 초도비행 2000년 12월 8일

개발배경
AH-1Z는 미 해병대가 운용중인 AH-1W의 공격력과 기동성을 강화한 공격헬기다. 1990년대 미 해병대는 공격헬기 활용도가 높아지자 AH-1W보다 강력한 공격헬기를 원했다. 애초에 생각했던 공격헬기는 당시 미 육군이 운용하던 AH-64였다. 그러나 해상운용을 주로 하는 해병대의 특성상 육군용으로 제작한 AH-64는 부적합했다. 해상작전능력을 갖춘 해병대용 AH-64가 필요했으나 이 제안은 개발비가 너무 많이 든다는 이유로 미 의회에서 거부당하고, 대신 해병대는 기존의 AH-1W를 업그레이드한 AH-1Z를 개발하기로 한다. AH-1Z는 2000년 12월 8일 첫 비행에 성공한다.

특징
AH-1Z는 기존 AH-1W의 동체를 확대한 후 4매짜리 신형 로터블레이드(회전날개)와 개량형 엔진과 트랜스미션을 장착하고, 각종 신형 항전장비와 센서를 탑재한 후 재생산한다. H-1으로 알려진 이 계획을 통해 신형 기체 도입가의 절반도 안 되는 가격으로 최신형 기체를 도입하는 효과를 가져왔다. AH-1Z는 기존의 AH-1W에 비해 항속거리는 3배, 탑재중량은 2배 증가했다. 헬파이어 대전차미사일은 16발 장착 가능하고, 3세대 열영상장비를 장착한 AAQ-30 호크아이(Hawkeye) 목표조준장치를 채택해 다른 공격헬기보다 먼 거리에서 교전이 가능하다. 또한 높은 해상도로 전장에서 발생할 수 있는 피아 식별문제와 오인사격 등에도 효과적으로 대처할 수 있다.

운용현황
AH-1Z는 2000년 12월 8일 3대의 기체를 인도하여 각종 시험평가에 사용했으며, 2003년 10월 초도 저율 생산에 들어갔다. 성공적으로 시험평가를 마무리한 AH-1Z는 2010년 9월부터 본격적인 생산에 돌입하여 2019년까지 240여 대를 생산할 예정이다. 이 중 189대는 AH-1W를 AH-1Z로 재생산하며, 58대는 신규로 생산할 예정이다.

UH-1 이로쿼이

Bell UH-1 Iroquois

UH-1 Iroquois
로터 길이 14.63m
전장 17.4m (로터 길이 포함)
폭 2.62m (동체만)
전고 4.39m
자체중량 2,365kg
최대이륙중량 4,309kg
엔진 라이코밍 T-53 L-11 터보샤프트 (1,100 shp) x 1
최고속도 217km/h
최대항속거리 507km
무장 7.62 mm M-60 기관총x2, 7연발/19연발 70mm 로켓포드
승무원 1~4명
초도비행 1956년 10월 20일(XH-40)

개발배경

1952년 미 육군이 의무후송(MEDIEVAC), 계기비행 훈련, 일반 수송용 헬리콥터 요구도를 수립하면서 현용 헬리콥터들이 대부분 너무 크거나 유지관리가 힘들다는 판단을 내리자, 1953년부터 신형 헬리콥터 도입사업이 시작되었다. 20여 개 업체가 입찰에 참가한 상황에서 육군은 벨(Bell)사가 입찰한 204모델을 선정해 XH-40이라는 시험용 제식번호를 붙였으며, 1957년까지 시제기를 3대 제작하여 시험비행을 실시했다. 1960년 3월 미 육군이 YH-40의 채택을 결정하면서 총 100대의 항공기를 주문했으며 정식 제식명칭을 HU-1A 이로쿼이(Iroquois)로 명명했다. 하지만 이 정식 명칭보다 "HU"라는 초창기 제식번호에서 유래한 별칭인 "휴이(Huey)"로 더 잘 알려졌다. 1962년 9월부터 미 국방부가 헬기 식별명칭을 통일하면서 UH-1으로 명칭이 변경되었으며, 제101공중강습사단, 제82공정사단 등 공정부대와 제57의무특임단 등이 실전에서 사용했다. 1962년 3월부터 베트남 전쟁에 투입되었으며, 미 육군·해군·공군·해병대 뿐 아니라 호주, 이스라엘, 독일, 아르헨티나 등 다양한 국가에서 널리 사랑 받았다.

특징

근접항공지원, 공중공격, 군수물자 수송, 탐색구조, 의무후송 등 다양한 용도로 사용되었으며, 베트남 전쟁 중의 활약으로 사실상 '공격헬기'의 개념을 정립하게 된 기념비적인 기체이다.

운용현황

1956년 10월 20일에 초도비행을 실시한 후 1959년부터 실전배치되었으며, 1956년부터 양산에 들어가 1986년까지 30년간 16,000대 이상 양산되었다. 미 육군·공군·해군·해병대가 모두 운용했으며, 미 육군은 베트남 전쟁 때 약 7,013대를 투입해 이 중 3,305대가 전쟁기간 동안 격추당했다. 미 육군은 UH-60을 도입하면서 UH-1을 대부분 퇴역시켰지만 일부는 2015년까지도 운용할 예정이다.

그 외에도 호주 공군이 2007년까지 운용하다가 전량 퇴역시켰지만, 아직까지도 상당수 국가에서 여전히 사용 중이며 일부 국가는 군용에서 경찰용이나 국경감시용 등으로 전용해서 사용하고 있다. 대한민국에서도 육군이 아직 UH-1H를 공격헬기로 운용 중이다. 여전히 여러 나라에서 운용되고 있지만 최근 이스라엘 공군도 훈련용도 기체만 제외하고 전부 퇴역시키는 등, 부품 조달 등에 있어 애로사항이 커지면서 단계적으로 퇴역시키는 국가가 늘어나는 상황이다.

변형 및 파생기종

XH-40	벨 204 시제기. 라이코밍 XT-53-L-1 엔진을 장착했다.
HU-1A	최초 벨사에서 생산한 204 양산모델로, 1962년 UH-1A로 개칭했다. 총 182대 생산.
UH-1C	엔진을 향상하여 건십 역할에 최적화한 형상. 767대 생산.
UH-1F	미 공군용. GE사의 T58-GE-3 엔진을 탑재했다. 총 120대 생산.
UH-1J	UH-1H를 기본으로 일본 후지 중공업에서 면허생산한 버전. 야간용 NVG, 진동감소장치 등을 장착했다.
UH-1H	대한민국 육군항공대에서 운용 중인 공격헬기 형상. UH-1D에서 라이코밍 T53-L-13 엔진으로 교체했으며, 총 5,435대가 양산되었다.
UH-1N	대한민국 공군도 보유 중인 형상으로 현재 HH-32로 교체 중이다. 캐나다 프랫&휘트니 T-400-CP-400 엔진을 장착했다.
UH-1Y	UH-1N을 업그레이드한 기체로, AH-1Z와 공통성이 높다.

V-22 오스프리

Bell/Boeing **V-22 Osprey**

V-22 Osprey

로터직경 11.6m

전장 17.5m

전고 6.73m (엔진을 틸트시켜 수직으로 세웠을 시) / 5.5m (수직꼬리날개 끝까지)

자체중량 15,032kg

최대이륙중량 27,400kg

엔진 롤스-로이스 앨리슨 T-406/AE 1107C-리버티 터보샤프트(6,150hp) x2

최고속도 565km/h

최대항속거리 1,627km

전투반경 722km

실용상승한도 7,620m

상승률 11.8m/s

추력대비중량 0.259

무장 7.62mm M240 기관총 혹은 12.7mm M2 브라우닝 기관총(램프 장착) x1

7.62 mm GAU-17 미니건 (배면 탈부착식, 비디오 리모트 컨트롤 방식) x1 (옵션)

승무원 4명

초도비행 1989년 3월 19일

개발배경

1980년 이란 미국대사관 인질사건이 실패하면서 미군은 "지상에서 수직으로 이륙할 수 있을 뿐 아니라 전투병력 등을 빠른 속도로 수송할 수 있는 항공기가 필요"하다고 판단하여 통칭 합동군수직이착륙시험기(JVX) 프로그램을 육군 주관하에 1981년에 발주했다. 이후 상륙전이 주요 임무인 해병대도 JVX 프로그램에 관심을 나타냈으며, 1983년부터는 해군과 해병대가 프로그램을 주관하다가 1982년 겨울에 제안요청서(RFP)가 발행되었다. 이 사업엔 총 6개사가 참가하여 벨(Bell)사와 보잉 버톨(Boeing Vertol) 팀이 XV-15의 확장형을 제안한 것이 1983년 2월 17일자로 선정되어 같은 해 개발이 시작되었다.

1985년 1월경 JVX는 V-22 오스프리로 명칭을 변경했으며, 총 6개의 시제기가 제작되어 1989년 3월 19일에 초도비행을 실시했다. 1997년 처음으로 해병대와 5대가 계약된 후 미 육군에 350대, 공군에 50대, 해군에 48대를 납품하기로 계약했으며, 현재 일본과 이스라엘이 관심을 보이고 있다.

특징

날개 양쪽 끝에 부착된 2개의 회전익을 틸트(tilt)시키는 방식의 항공기로, 엔진 나셀(nacelle)을 수직으로 세울 경우 헬리콥터와 같은 원리가 되어 수직 이륙이 가능하며, 이륙 후 공중에서 다시 나셀을 전방으로 틸트시키면 터보프롭 항공기와 같은 원리로 전진 비행하게 된다. 이 방식은 회전익 항공기와 터보프롭 항공기의 장단점을 합쳐놓은 것으로, 헬리콥터의 특징인 이착륙의 용이성을 취하는 대신 느린 비행속도의 한계를 보완했다. 동체의 43%가 복합재료를 이용해 튼튼한 외장을 자랑하며, 회전익 항공기 중에선 유일하게 핵투발 능력과 생화학방호능력을 보유하였다. 또한 날개를 전부 접는데 90초 밖에 걸리지 않으므로 항공모함에서 운용하기에도 용이하다.

운용현황

미 해병대가 MV-22를 164대 인수하여 운용 중이며, 공군이 50대, 육군이 350대를 주문한 상태이다. 해군은 총 48대를 주문하여 2013년까지 총 31대를 인수했다. 초기 개발 시부터 현재까지 총 7회의 사고가 발생하여 36명이 사상했다. 특히 1991년부터 2000년까지 집중적으로 사고가 발생해 총 4회의 사고로 30명의 사상자가 나왔다. 실전배치 이후인 2007년 이래로도 크고 작은 사고가 빈번하게 일어나 계속 안전문제가 제기되고 있는 상황이다.

변형 및 파생기종

V-22A | 시험개발용 기체.

EV-22 | 전자전 사양으로 제안되어 영국 해군이 씨킹(Sea King) 대체용으로 고려했다.

SV-22 | 잠수함전 사양으로 미 해군이 S-3, SH-3 대체용으로 검토했던 기체.

MV-22B | 최초 해병대에서 도입을 원했던 사양으로, 원래 552명의 병력 수송을 요구했으나 360명으로 조정되었다. CH-47E와 CH-53D를 대체해 해병대에서 도입 중이다.

CV-22B | 미 특수전사령부(USSOCOM) 사용을 목적으로 한 공군용 형상. 날개 아래 추가연료탱크가 있고, AN/APG-186 지형추적레이더를 장착했다. 기본적으로도 날개 아래 연료공간을 늘려 588갤런의 연료가 들어가지만, 수납공간에도 연료를 탑재할 경우 200~430갤런의 연료를 추가로 탑재할 수 있다. MH-53 페이브로우 항공기를 대체할 예정이다.

AH-64 아파치
Boeing **AH-64 Apache**

AH-64D

AH-64D Block III
- 형식 공격헬기
- 로터직경 14.63m
- 전장 17.73m
- 전고 3.87m
- 자체중량 5,165kg
- 최대이륙중량 10,433kg
- 엔진 GE T700-GE-701D 터보샤프트(2,000shp) x 2
- 최대속도 293km/h
- 실용상승한도 6,400m
- 최대항속거리 483km
- 무장 30mm M230 체인건(1,200발), AGM-114 헬파이어 대전차미사일, AIM-92 스팅어 공대공미사일 트윈팩, 2.75인치(70mm) 하이드라 70 로켓포드, 하드포인트 6개소(윙팁포함)
- 항전장비 AN/APG-78 롱보우 화력통제레이더, M-TADS/PNVS, JTRS
- 승무원 2명
- 초도비행 1975년 9월 30일

개발배경
1967년 최초의 공격헬기인 AH-1G 코브라 헬리콥터가 등장했지만, 엔진 출력이 부족해서 무장이나 탄약을 마음껏 싣고 다닐 수 없었고 대공화기에 무척 취약했다. 미군은 코브라를 대체할 본격적인 공격헬기를 개발하기 시작하여 록히드사의 AH-56A '샤이엔'을 개발했으나 이 계획은 곧바로 취소되었다.

미군은 신형공격헬기사업(Advanced Attack Helicopter program)을 1972년부터 시작했다. 지상 대공무기로부터 충분한 거리를 유지하면서 기갑전력을 격파하는 전술이 개발됨에 따라 '원거리 타격의 탱크킬러'를 차세대 공격헬기의 목표로 삼았다.

신형공격헬기(AAH)는 특히 고기동성에 강력한 방탄 성능에다가 특수센서와 뛰어난 항법장치가 핵심이었다. 결국 2개 기종이 선정되어 휴즈 항공(이후 맥도넬더글러스, 지금의 보잉)의 YAH-64와 벨의 YAH-63이 AAH의 자리를 놓고 경쟁을 벌였다. 1975년 미군은 YAH-64를 차기 공격헬기로 선정했다.

특징
AH-64는 4엽 메인로터와 4엽 테일로터를 장비하며, 탠덤식으로 전방에 화기관제사, 후방에 조종사가 탑승한다. 기체는 생존성 증대에 중점을 두어 무려 1.1t의 장갑재질이 기체를 둘러싸고 있어, 23mm 대공포의 직격에도 조종사가 생존할 수 있다.

엔진은 GE T700-701 터보샤프트 엔진(1,696shp)을 2개 장착하여 충분한 출력을 보장했으며, D형 블록III부터는 T700-701D(2,000shp)를 장착하여 더욱 기동성을 높였다.

무장면에서는 철저하게 장거리 타격기능에 중점을 두었다. 헬파이어 미사일을 무려 16발이나 장착하여 레이저 조준으로 최대 8km의 거리에서 적 전차나 벙커를 격파하는 능력을 갖추었다. 또한 30mm M230 체인건을 장착하여 두꺼운 장갑도 격파할 수 있고, 70mm 히드라 로켓포나 스팅어, 사이드와인더 공대공미사일을 장착할 수도 있다. 특히 TADS/PNVS(Target Acquisition and Designation System, Pilot Night Vision System)라는 정교한 센서를 장착하여 야간에도 정밀한 목표획득 및 조준이 가능하다. 또한 TADS는 전방 화기관제사의 헬멧과 연동하여 헬멧의 움직임에 따라 M230 체인건의 조준방향을 결정한다.

한편 D형에는 113kg의 롱보우 레이더를 장착한다. AN/APG-78 롱보우 레이더는 아파치의 로터 위에 버섯처럼 달려있는 전자장비로 사격을 통제하는 기능을 담당한다. 안개나 연무 또는 비를 통과할 수 있는 밀리미터 대역의 전파를 사용하는 롱보우 레이더는 10~15km 이내에서 1,000개 이상의 지상목표물에 대해 피아 여부를 탐지하고, 그중에서 128개 목표의 움직임을 추적할 수 있으며, 다시 그중에서 16개의 우선목표를 지정할 수 있는데, 여기에 걸리는 시간은 겨우 30초에 불과하다. 이런 뛰어난 탐색능력은 마치 AWACS의 축소판 같다.

운용현황
AH-1Z는 1984년 1월 8일 양산 1호기를 인도하여 각종 시험평가에 사용했으며, 1987년에는 2개 제대가 유럽에 배치되어 실전훈련을 실행했다. 최초의 실전투입은 1989년 파나마 침공작전이었으며, 1991년 걸프전에서는 8대의 아파치 공격헬기가 투입되어 비밀타격작전에 성공, 이라크 방공망을 무력화하면서 다국적 공군을 위한 공중회랑을 만들기도 했다. 또한 이라크의 전차 병력에 맞서 227대의 AH-64가 투입되어 500대 이상의 전차 및 장갑차량을 파괴했다.

미군은 모두 726대의 아파치를 운용하고 있는데, A형은 107대, D/E형은 619대이다. 한편 이스라엘은 1990년부터 모두 42대의 AH-64A를 도입했다. 영국은 웨스트랜드사에서 WAH-64 67대를 면허생산하여 아파치 AH1으로 운용 중이다. 이외에도 네덜란드(30), 사우디아라비아(12+70), UAE(30), 이집트(36), 쿠웨이트(16), 그리스(32), 싱가포르(20), 일본(50) 등 여러 국가가 아파치를 획득했다. 2013년 4월 17일 대한민국 육군도 36대의 AH-64E 아파치 가디언 도입을 결정했다.

변형 및 파생기종

- AH-64A | 기본형
- AH-64B | GPS 장착과 항전장비를 현대화하는 업그레이드형. 1991년 걸프전 이후 제안되었으나 1992년 취소되었다.
- AH-64C | AH-64A의 또 다른 업그레이드 제안 모델. 롱보우 레이더와 700C 엔진 장착이 골자였으나 1993년 취소되면서 D형 개수사업으로 이관되었다.
- AH-64D 롱보우 | 글래스콕핏과 롱보우 레이더를 갖춘 개수형. AN/APG-78 롱보우 밀리미터파 화력통제레이더를 갖추어 '미니 AWACS'라는 별명이 붙었다. 한편 D형의 모든 기체가 아니라 1/4 정도의 기체에 롱보우 레이더를 장착한다. T700-GE-701C 엔진을 장착하여 출력을 높였다. 이후 블록 I/II 업그레이드를 통해 디지털 통신능력을 보강했다.
- AH-64E 아파치가디언 | 원래 AH-64D 블록III으로 불리던 사양으로 2012년 AH-64E로 재명명되었다. 네트워크 중심전을 수행할 수 있도록 설계된 미래전장형으로, M-TADS, JTRS를 장비하고 출력을 강화한 701D 엔진을 장착했다.
- WAH-64 | AH-64의 영국 면허생산모델. 아구스타웨스트랜드에서 생산을 담당하여 67대를 생산했다. 롤스로이스 RTM322 엔진(2,100shp)을 장착하여 아파치 가운데 가장 강력한 출력을 자랑한다. 스타스트릭 미사일과 CRV7 로켓을 운용할 수 있으며, 애로우헤드 센서(M-TADS) 개수사업이 예정되어 있다.
- AH-64DJP | AH-64D의 일본 면허생산모델. 후지중공업에서 생산을 담당하여 2006년 초에 면허생산 1호기를 납품했다.

AH-64E 아파치가디언

CH-47 시누크

Boeing **CH-47 Chinook**

CH-47 Chinook

로터직경 18.3m

전장 30.1m

전고 5.7m

자체중량 10,185kg

최대이륙중량 22,680kg

엔진 라이코밍 T-55-GA-714A 터보샤프트(4,733hp) x 2

최대항속거리 2,252km

전투반경 370.4km

최고속도 315km/h

무장 7.62mm M240/FN MAG 기관총을 통상적으로 장착하나, 사양에 따라 다름

항전장비 락웰-콜린스 CAAS(MH-47G, CH-47G)

초도비행 1961년 9월 21일

개발배경

미 육군이 1956년부터 사용한 피스톤엔진 방식 헬리콥터인 CH-37 모하비(Mojave)를 대체해 터빈엔진을 사용하는 수송헬기 도입을 시도하면서 개발이 시작되었다. 1960년 초에 보잉에 합병된 버톨(Vertol: 이후 보잉-버톨로 사명을 변경)사의 YHC-1B가 채택되어 1961년 9월 21일에 초도비행을 실시했다. 1962년 YHC-1B가 CH-47으로 명칭이 변경된 후 '시누크'라는 인디언 부족명이 별칭으로 부여됐으며, 1962년에 실전배치가 시작된 후 1965년부터 미 제1기병사단이 시누크 헬기를 사용하는 건제부대와 함께 베트남에 도착하면서 실전 투입이 시작되었다.

특징

기존 헬리콥터들과 달리 앞뒤로 배열된 3엽식 로터 2개가 서로 반대방향으로 회전하면서 비행하는 텐덤 날개식 항공기이며, 거대한 동체공간이 확보되기 때문에 병력수송/물자수송용으로 사용할 수 있고 무장을 탑재하여 근접항공지원에 사용하거나 혹은 추가 연료탱크를 내부에 수납하여 장거리 비행을 할 수도 있다. 특히 170노트 속도로 비행이 가능해 1960년대의 수송헬기 중에서는 단연 가장 빠른 속도를 자랑했다.

운용현황

총 16개국에서 운용했거나 운용 중이며, 1,180대가 넘는 항공기가 생산된 현재에도 일선 생산라인을 유지하고 있는 보기 드문 베스트셀러이다. 미 육군과 육군 예비군, 주 방위군을 비롯해 영국 공군, 터키, 인도, 대한민국, 일본, 그리스, 이집트, 대만, 이탈리아, 캐나다, 호주, 이란, 리비아, 모로코, 네덜란드, 싱가포르, 스페인, 태국, UAE 등이 사용 중이며, 군용뿐 아니라 민수용 및 재해 구난용으로도 널리 사용되고 있다. 최신모델인 CH-47F형은 2006년 출고식을 가진 후 초도비행을 거쳐 총 48대가 2008년까지 미 육군에 인도되었다. 대한민국은 육군이 CH-47D와 CH-47LR을 보유하고 있으며, 공군도 수색구난용인 HH-47D를 운용 중이다.

변형 및 파생기종

CH-47A | 1962년 8월부터 미 육군에 인도. 총 349대를 양산했다.

ACH-47A | 무장형. ACH는 "Attack Cargo Helicopter"의 약자다. 1965년 총 4대가 보잉 버톨사를 통해 건십으로 개조되었으며, 3대는 남베트남에 주둔 중이던 제53항공특임대에, 1대는 본토에 시험비행용으로 남겼다. 1968년까지 베트남에서 오직 한 대만 귀환하여 프로그램이 중단됐다.

CH-47D | 1979년부터 실전배치된 모델로 엔진 출력이 강화됨에 따라 최대 12톤의 외부견인수송이 가능해졌다. 안정된 성능으로 미군이 보유한 초기형 시누크인 A/B/C형은 모두 D형으로 개수되었다. D형의 성능강화모델으로는 CH-47LR과 CH-47SD 등이 있다.

MH-47E | 미 육군 특수부대용으로 1991년 시제기가 양산되어 총 26대가 생산되었다. 연료량이 증가했으며 지형회피 레이더 등의 항전장비가 추가됐다. 한편 현재는 MH-47G형으로 개수사업이 실시되어 미군이 보유한 MH-47D/E형은 모두 G형 사양으로 개수되고 있다.

CH-47F | 2001년 초도비행을 실시한 D형의 업그레이드 모델. 2006년 6월 15일 출고식을 가졌다.

프랑스 | 유로콥터 |

AS-332 슈퍼 퓨마/쿠거/카라칼

Eurocopter **Super Puma/Cougar/Caracal**

AS332 Super Puma

- 로터직경 16.2m
- 전장 16.79m
- 전고 4.97m
- 자체중량 4,660kg
- 최대이륙중량 9,150kg
- 엔진 터보메카 마킬라 1A2 터보샤프트(1,845hp) x 2
- 최고속도 327km/h
- 최대항속거리 851km
- 실용상승한도 5,180m
- 상승률 7.4m/s
- 승무원 2명 (승무원 포함 최대 26명 탑승 가능)
- 초도비행 1978년 9월 13일

개발배경

프랑스 아에로스파시알(Aérospatiale)사는 1974년부터 SA-330 퓨마 항공기에 기반한 새로운 중형 수송헬기 개발에 착수했으며, 1975년 파리 에어쇼에서 처음 프로젝트 내용을 밝혔다. 선행양산시제기인 AS-331은 1977년 9월 5일 초도비행을 실시했다. 첫 슈퍼퓨마 시제기는 1978년 9월 13일에 초도비행을 실시한 후 1980년부터 양산에 들어가 AS-330을 대체하게 되었다.

특징

A330의 설계와 기본적으로 크게 다르지 않으나 강력한 터보메카 마킬라(Turbomeca Makila) 터보샤프트 엔진으로 교체되었으며, 복합재료로 만든 로터 블레이드를 4장 장착했다. 동체 또한 더 튼튼하게 강화되었으며, 내충격성 랜딩기어가 설치되고 전투 중 날개나 전자계통 일부에 피해가 발생하더라도 견딜 수 있도록 제작되었다.

EC-725 카라칼

운용현황

슈퍼 퓨마는 균형 잡힌 성능으로 39개국에서 군용을 비롯한 다양한 용도로 활용되었다. 대한민국 공군에서는 AS-332L2를 VIP 수송헬기로 채용한 적도 있다.

1990년 슈퍼 퓨마의 군용 모델은 AS-532 쿠거로 재명명되었다. 쿠거는 프랑스, 네덜란드, 터키 등에서 주력 수송헬기로 사용되고 있다. 쿠거의 동체연장형인 카라칼은 현재 프랑스 육군의 주력헬기로, 아프간 전쟁에 투입되기도 했다.

변형 및 파생기종

VSA-311	최초 시제기형. SA330 동체를 이용해 1977년 9월 5일 초도비행을 실시했다.
AS-332	민수용으로 제작한 선행 양산형.
BAS-332F	해군용. 대잠전/대함작전용으로 개발되었다.
AS-332C1	수색구조용. 수색용 레이더와 들것 6개를 장착했다.
AS-332L	민수용. 더 강력한 엔진과 긴 동체로 연료공간과 승무원 탑승공간이 넓어졌다.
AS-332L2	민수용 수송형. 신형 '스페리플렉스(Spheriflex)' 로터가 장착되어 있다. 대한민국 대통령 전용기로 ES-332L2가 1990년대에 운용되었지만 1991년 추락사고로 교체되었다.
AS-332M	AS-332L 기종의 군수용.
AS-532	1990년 슈퍼 퓨마가 '쿠거'로 바뀜에 따라 변경된 모델명. UL(유틸리티)과 AL(무장형), SC(해상작전용) 등 여러 버전이 있다.
EC-725	2005년부터 실전배치를 시작한 쿠거의 동체연장형으로 '카라칼'로 불린다. 장거리 작전용으로 개발되었으며, 조종사 2명 이외에 무장병력 29명이 탑승할 수 있다.
NAS-332	인도네시아 IPTN사가 면허생산한 기체.

EC665 타이거

Eurocopter **EC665 Tiger**

타이거 HAD

EC665 Tiger HAP

형식 공격헬기
전장 14.8m
전고 3.83m
자체중량 4,200kg
최대이륙중량 6,100kg
엔진 MTU/터보메카/롤스로이스 MTR390 터보샤프트(1,464shp) x 2
최대속도 271km/h
실용상승한도 4,000m 이상
최대항속거리 740km/1,130km(증가연료탱크 장착 시)
무장: 30mm GIAT 30 기관포 (450발), 20mm 기관포 포드, 미스트랄 공대공 미사일, 68mm SNEB 로켓포드, 하드 포인트 4개소에 무장 장착
항전장비: STRIX 목표조준장치
승무원: 2명
초도비행: 1991년 4월 27일

개발배경

타이거는 1980년대 정예화되는 바르샤바 조약기구 기갑전력에 효과적으로 대처하기 위해, 독일과 프랑스가 공동개발한 공격헬기다. 1984년 양국 정부가 공동개발에 합의한 이후 1986년 비용 문제로 주춤하다가, 1987년 개발 계획을 재개한다. 1991년 최초 시제기가 비행에 성공하고, 이후 '타이거'라는 제식명을 부여한다.

특징

타이거는 개발 당시 프랑스의 HAP와 독일의 PAH-2 두 가지 형상으로 개발했다. 이러한 형상의 차이는 공격헬기에 대한 양국의 요구사항이 달랐기 때문이다. 프랑스는 지상군과 기동헬기를 엄호할 수 있고, 경우에 따라서는 적의 공격헬기와 공중전을 벌일 공격헬기를 원했다. 반면 독일은 적 전차에 효과적으로 대응할 수 있는 대전차임무 전용 공격헬기를 원했다. 개발비 상승을 막기 위해 형상간 공통성을 최대한 추구했다. 타이거는 기체의 80% 이상을 복합재료를 사용했으며, 전방에 조종석, 후방에 사수석을 설치했다. 또한 아날로그 시현장비가 아닌 디지털 시현장비의 채용으로 조종사의 상황대처능력도 이전의 공격헬기에 비해 향상되었다. 선진화된 조종석과 함께 각종 첨단 항전장비도 장착했다. 모든 항전장비는 디지털 버스체계로 통합되었고 항법장비로는 GPS/도플러 장비와 디지털 맵을 사용하며, 디지털 맵은 유로그리드(Euro Grid)를 사용한다. 이와 함께 자동비행조종시스템(Automatic Flight Control System: AFCS)을 사용하여 조종사의 임무를 대폭 경감했으며, 필수적인 생존 장비인 전자전 장비와 각종 통신체계를 탑재했다.

운용현황

2002년 3월부터 본격적인 양산에 들어간 타이거는 2003년 3월 프랑스 육군항공대, 이후 2004년에는 독일 육군항공대에 배치되었다. 이후 호주와 스페인도 타이거를 도입했다. 타이거는 총 120대를 생산할 예정이다. 2009년 7월 26일 프랑스 육군항공대 소속의 타이거 HAP 3대가 아프간에 파견되어 아프간 파병 프랑스 지상군과 NATO군을 지원했다. 2009년 8월부터 2010년 7월까지 1,000시간의 작전기록을 세웠다. 2011년 2월 4일에는 야간임무도중 1대가 추락하기도 했다. 2011년 3월에는 프랑스 육군항공대 소속 타이거 HAP가 지중해상의 프랑스 해군의 헬기강습양륙함에 파견되어, NATO의 대리비아 공습작전에 참가했다.

변형 및 파생기종

타이거 HAP/HCP	지원 및 에스코트형. 대전차미사일 운용능력은 없으며, 프랑스 육군항공대에서 운용한다.
UH-Tiger	타이거의 대전차 공격형인 PAH-2의 다목적형. 독일 육군항공대 운용. 마스트 마운트 조준장치와 PARS 3 LR 대전차미사일을 장착했다.
타이거 ARH	무장정찰형. 호주 육군항공대 운용. 헬파이어 대전차미사일 사용.
타이거 HAD	지원 및 공격헬기형. 스페인 육군항공대 운용. 스파이크 ER 대전차미사일 사용.

Ka-32

Kamov **Ka-32**

Ka-32

로터직경 15.8m x 2

전장 11.3m

전고 5.5m

자체중량 6,500kg

최대이륙중량 12,000kg

엔진 이소토프(Isotov) TV3-117V 터보샤프트 엔진(2,230hp) x 2

최고속도 270km/h

항속거리 980km

무장 (Ka-27) 어뢰 1발(AT-1M, UMGT-1 올란, APR-2) 혹은 RGM-NM x 36 + RGB-NM-1 소노부이 / (Ka-29TB) 전방장착 GShG-7.62 미니건 (1,800발 들이), 30mm 2A42 캐논 x 1 / 4개의 외장 하드포인트에 폭탄 · 로켓 · 건포드 등 장착 가능

항전장비 레이더, MAD, 혹은 디핑 소나, 소노부이

승무원 승무원 1~3명/ 추가 2~3명 (Ka-27 기준)

초도비행 1973년 12월 24일

개발배경

소련이 해군을 위해 개발한 기체로, 한국에도 1994년에 산림청이 먼저 2대를 도입한 후 1차 불곰사업을 통해 27대, 이후 31대가 추가로 도입되었다. 대부분의 기체는 산림청(20대), 해양경찰(9대), 국립공원관리공단(1대) 등에서 민수용으로 운용 중이며, 공군 제6전대에도 배치되어 사용하고 있다. 원래는 소련의 Ka-25를 대체하기 위해 개발되었다.

특징

동축반전방식(同軸反轉方式: Co-axial rotor)으로 설계되어 후미 로터가 없는 것이 특징이다. 최초에는 대잠전(對潛戰)용으로 설계되었으며, 1969년부터 설계에 들어가 1973년에 초도비행을 실시했다. 최초로 서방 측의 인증을 획득한 기체이며, 동축반전로터 때문에 강한 상승력을 갖춘 것으로 유명하다. 기체 하단에 5톤의 물체를 달고 이동할 수 있으며, 산림청에서는 3,400리터가 넘는 물을 한 번에 수송할 수 있어 산불 진화용으로 유용하게 사용 중이다. 기본 설계가 해군용으로 방염처리가 되어 있는 것이 특징이며, 공군이 운용 중인 HH-32는 조종장비가 스라엘제로 교체되어 있다. 시간당 연료소모율이 좋지 못해 운용효율성은 낮은 편이다.

운용현황

군수용과 민수용으로 사용 중이며, 러시아 해군과 대한민국 공군을 비롯해 중국, 인도, 알제리, 베트남, 우크라이나, 이라크, 시리아 등에서 사용 중이다.

변형 및 파생기종

KA-25-2	첫 시제기.
KA-27K	대잠전용.
KA-27PS	수색구조용. 대잠전 장비가 빠지고 와이어 로프가 감겨있는 윈치를 설치했다.
KA-27PV	PS버전의 무장형.
KA-29TB	강습작전용. 조종사 2명 외에 16명의 병력을 탑재할 수 있다.
KA-32A	민수용 초도양산형.
KA-32A1	소방방재용. 기체 하단에 수납용 물탱크가 장착되어 있다.
KA-32A2	경찰용. 하단에 서치라이트와 대형 스피커가 장착되어 있다.
KA-32A7	KA-27PS에서 업그레이드된 무장형.
KA-32S	해상다목적수송형. 수색구조용으로도 쓰이며 레이더가 장착되어 있다.
KA-32T	다목적 수송용. 16명의 승객을 탑승시킬 수 있다.
KA-32K	공중 크레인 형상. 보조 조종사가 조작하는 탈부착식 곤돌라가 장착 가능하다.

Ka-50 블랙 샤크 / Ka-52 앨리게이터

Kamov **Ka-50 Black Shark / Ka-52 Alligator**

Ka-50

형식 공격헬기

전장 16m

전고 4.93m

자체중량 7,700kg

최대이륙중량 10,800kg

엔진 KlIMOV TV3-117VK 터보샤프트 (2,500shp) x 2

최대속도 350km/h

실용상승한도 5,500m 이상

최대항속거리 1,160km

무장 30mm 2A42 기관포 (1,470발), 23mm Gsh-23L 건포드, S-8 로켓포드, S-13 로켓포드, S-25 로켓포드, Kh-25 레이저유도미사일, R-73/AA-11 아쳐 공대공미사일, 이글라 공대공미사일, 9K121 Vikhr 대전차미사일

하드포인트 4개소에 2,000kg의 무장 장착

항전장비 HUD, 헬멧조준기, FLIR, LLLTV, NVG

승무원 2명

초도비행 1982년 6월 17일

개발배경

Ka-50은 카모프 설계국 특유의 동축반전식 로터 시스템을 갖춘 공격헬기다. 1977년 12월에 개발에 들어가 시제기가 1982년 6월 17일 첫 비행에 성공했다. 1983년 8월 16일에 두 번째 시제기가 비행에 성공했다. 1992년 모스크바 에어쇼에서 처음 공개했고 이후 영국 판보로 에어쇼에 등장하면서 서방세계에 알려졌다. 공개된 이후 독특한 외형으로 인해 "늑대인간(Werewolf)"으로 불렸지만 4호 시제기부터는 "블랙 샤크"라는 별칭을 갖게 되었다. 그러나 구소련이 붕괴하면서 경제적 문제로 양산이 상당기간 지연되었다. 결국 1995년이 되어서야 러시아 공군이 Ka-50을 도입했다.

특징

Ka-50은 주야간 전천후 운용이 가능한 고성능 공격헬기로, 공격헬기로서는 특이하게 1명의 조종사가 조종 및 공격 임무를 수행할 수 있도록 설계되었다. 특히 적 공격헬기와의 공대공전투를 중요시했다. AH-64 대비 중량은 1.6배나 무거운데도, 훨씬 더 역동적인 공중기동성을 가지고 있다. 또한 조종사의 생존성 향상을 위해 공격헬기 최초로 사출좌석을 채택했다. 탈출 직전 주 로터는 폭파되고 이후 조종사 좌석을 사출한다. 독특한 형식의 공격헬기지만, 운용과정에서 1인승 Ka-50의 여러 가지 문제점을 발견하여 결국 후속 형식으로 복좌형인 Ka-52를 개발했다.

운용현황

2010년 말 Ka-50은 15대, Ka-52는 8대를 러시아 공군에서 운용했다. Ka-50은 시제기 일부가 2000년 12월 체첸 공화국 내의 러시아군 작전에 투입되었다. 작전에 투입된 Ka-50은 로켓과 대전차미사일로 반군을 소탕했다. 1998년에는 시제기 1대가 시험평가 도중 추락하기도 했다. 러시아 공군은 2011년 복좌형인 Ka-52 도입을 결정하여 2013년까지 300여 대를 도입했으며, 2020년까지 140대를 더 들여와 전력을 구성할 계획이다. Ka-52는 러시아 해군이 도입할 미스트랄급 강습양륙함에서 운용할 예정이다.

변형 및 파생기종

Ka-50	단좌 형식의 최초형식.
Ka-50N/Sh	전천후 주야간 공격능력을 가진 형식.
Ka-50-2	에도간(Erdogan) 복좌형. 탠덤 방식 조종석을 가지며 터키에 제안.
Ka-52	엘리게이터 사이드 바이 사이드 방식 복좌형으로 러시아 공군이 운용 중인 형식. NATO에서는 호컴 B로 호칭한다.

Bo-105

Messerschmitt-Bölkow-Blohm(MBB) **Bo-105**

Bo-105
로터직경 9.84m
전장 11.86m
전고 3.00m
자체중량 1,276kg
최대이륙중량 2,500kg
엔진 앨리슨(Allison) 250-C20B 터보샤프트 엔진(420hp)x2
최고속도 242km/h
순항속도 204km/h
항속거리 575km
실용상승한도 5,180m
상승률 8m/s
무장 유로미사일(Euromissile) HOT (BO 105P) x6, 혹은 BGM-71 TOW x8
승무원 1~2명
초도비행 1967년 2월 16일

개발배경

기동성이 뛰어난 정찰기를 염두에 두고 개발된 Bo-105는 1967년 2월 16일에 독일 오토브룬(Ottobrunn)에서 초도비행을 실시했으며, 독일 민간항공국 측은 1970년 10월 13일 자로 형식승인을 내줘, 곧 민간 및 사법집행기관 용도로 개발이 시작되었다. 1972년부터 개발된 Bo-105C가 독일 국방부에 의해 군용으로 채택되었으며, 독일연방군은 1977년부터 이 기체를 100대가량 군수용으로 도입했다. 독일 육군은 도입 시기부터 유로미사일 HOT 대전차미사일을 장착한 형상에 Bo-105 PAH-1라는 제식명칭을 부여하고 약 212대를 도입했다. 1976년부터는 엔진을 앨리슨 사의 250-C20B으로 교체한 Bo-105CB가 개발되었으며, 미국이 의무후송용으로 이 기체를 염두에 두기 시작하자 동체설계를 늘린 Bo-105CBS도 개발되어 미국에서는 Bo-105 트윈제트라고 불리게 된다.

이 기체의 생산라인은 1,406대의 양산을 끝으로 2001년에 폐쇄되었으며, 이후부터는 유로콥터의 EC-135 기종이 후계기로 등장한다. 민수분야에서는 처음으로 등장한 쌍발 제트엔진 헬리콥터였으며, 경찰·의무후송 등의 용도로 민간분야에서 널리 사용되었다.

특징

Bo-105의 가장 뛰어난 특징은 놀라운 기동성에 있다. 파일럿들 사이에서 외형은 별로 매력적이지 못하지만, 안정적인 비행특성과 빠른 조종반응성을 갖춘 우수한 기체로 통한다. 특히 루프기동을 포함해 다양한 곡예기동이 가능하며 +3.5G, -1G까지 소화가 가능해 일부 군은 물론이고 레드불(Red Bull) 같은 민간 업체에서도 홍보용 곡예비행헬기로 사용 중이다. 특히 로터블레이드는 경첩부(hinge)가 없어 튼튼하게 제작되었으며 유연성이 높아 충격을 잘 흡수하고, 항공기 통제력이 높아 여러 예측 불가능한 조건에서도 회복이 용이한 점도 이 기체가 오래 사랑 받아온 이유이다.

운용현황

1967년부터 양산에 들어가 2001년에 생산이 중단되었으며, 1,500대 이상의 기체가 생산되었다. 민수·군수분야 모두에서 널리 운용되고 있으며 대한민국 육군도 육군항공대가 정찰용 기체로 여전히 운용 중이다. 독일과 캐나다에서 양산했으나 생산라인이 부족해지면서 필리핀, 스페인, 인도네시아 등지에서 추가 생산을 하기도 했었다. 총 22개국 군이 운용했으며, 2009년 캐나다에 인도한 Bo-105LS가 마지막 기체였다.

변형 및 파생기종

Bo-105A	초창기 민수용으로 제작된 첫 양산기. 앨리슨 250-C18 터빈엔진을 탑재했다.
Bo-105CB	경정찰·다목적 수송용. 1976년에 개발되어 앨리슨 250-C20 터빈엔진을 탑재했다.
Bo-105CBS	다목적 수송용. 의무후송용으로 쓰일 것을 염두에 두고 동체를 10인치 정도 늘렸다.
Bo-105LS A1	1984년에 개발되었으며, 2대의 앨리슨 250-C28C를 장착하고 동체가 커졌다.
Bo-105LS A3	1986년에 개발되었으며, 최대이륙중량이 2,600kg로 증가했다.
Bo-105LS A3 "슈퍼리프터"	1995년에 개발되었으며, 최대이륙중량이 2,850kg로 증가했다.
Bo-105P/PAH-1	육군용. 통칭 PAH-1이나 PAH-1-A1 등으로 불린다. 유선유도방식인 HOT ATGM을 장착했으며, 대전차용으로 사용되었다. 대다수는 수명주기가 끝나면서 유로콥터 타이거로 교체되었다.
Bo-105P/BSH	독일 육군에 제안했던 에스코트용 형상으로, 스팅어 공대공미사일을 장착했다.
Bo-105MSS	해상용. 수색용 레이더가 장착되어 있다.

500MD

MD Helicopter **500MD**

500MD Defender

로터직경 8.0m
전장 7.0m
전고 2.6m
자체중량 599kg
최대이륙중량 1,361kg
엔진 앨리슨 250-C20B 터보샤프트 (420hp) x 1
최고속도 257km/h
항속거리 370km
실용상승한도 4,205m
상승률 8.4m/s
승무원 1~2명
초도비행 1976년

개발배경

미 육군의 경량정찰헬기(LOH) 요구에 맞추기 위해 휴즈(현 MD헬리콥터)에서 개발한 기종으로, 미 육군이 1960년대 정찰헬기로 도입했던 OH-6 카이유스(Kayuse)를 바탕으로 개발되었다. OH-6가 베트남전에 투입되어 항공정찰, 공격 및 수송용도로 다양하게 활약하자, 1970년대 미 육군은 추가로 2차 LOH 사업을 실시했고, 휴즈는 구형의 카이유스 설계를 개량한 모델 500을 선보이게 되었다.

특징

컴팩트한 동체 설계를 특징으로 하는 500MD 시리즈는 부가 장착에 따라 정찰·대전차 공격·수송·해상작전 등 다양한 용도로 활용 가능하다. 특히 작은 크기로 C-130 등의 수송기에 손쉽게 탑재할 수 있으며, 착륙장소를 가리지 않고, 컴팩트한 기체임에도 신뢰성과 추락시 생존성이 높다. 가격이 여타 헬리콥터에 비해 눈에 띄게 저렴하기 때문에 여러 국가에서 다양한 용도로 활용한다. 최근에는 무인기로 개조된 ULB(Unmanned Little Bird) 형상도 존재한다.

운용현황

500MD 시리즈는 애초에 예정했던 미 육군의 LOH 사업에서 OH-58에 패배했지만, 대한민국 육군에 채용되면서 커다란 성공을 거두었다. 대한민국 육군에서 300여 대를 도입했으며, 현재 500MD 기본기 207대와 대전차용 경량공격헬기 TOW 디펜더 50대를 운용 중이다. 대한항공이 300여 대를 면허생산하여 30여 대를 이스라엘에 수출하기도 했다. 북한 또한 독일에서 민수용 기체 87대를 우회 수입하여 군용으로 개조한 후 사용하는 것으로 알려졌으며, 2013년 7월 27일 열병식을 통하여 그 모습을 공개했다. 그 외에도 일본, 칠레, 콜롬비아, 이라크, 대만, 스페인, 남아공, 멕시코, 모로코, 케냐 등에서 운용 중이다. 한편 미국에서는 AH/MH-6J/M 리틀버드가 육군 제160특수전항공연대에서 일선을 지키고 있다.

변형 및 파생기종

500C (369H)	C는 Commercial의 약자로 1966년에 형식승인을 받은 5인승 민수형이다.
500M 디펜더	500C 모델에 바탕한 수출용. 1968년에 형식승인을 얻었다.
500D (369D)	신형 민수모델로, 1976년에 형식승인을 얻었다. 420마력 앨리슨 250-C20B 엔진을 장착했다.
500MD 디펜더	500D를 바탕으로 한 군용모델. BGM-71 TOW 미사일을 탑재한 TOW 디펜더 모델은 대한민국 육군의 요청에 의해 개발되었다.
AH/MH-6 리틀버드	MD530F 모델을 바탕으로 한 미 육군 특수전용 헬리콥터로, AH-6가 공격형, MH-6가 수송형에 해당한다. MH-6는 외부 양 측면에 EPS(External Personnel Pods)라는 플랫폼을 장착하여 4~6명의 특수부대원을 수송할 수 있다. AH-6는 M124 7.62mm 미니건과 M260 FFAR 로켓포드, AGM-114 헬파이어 미사일 등을 장착하여 편대엄호나 공격임무 등을 수행한다. 미군은 메인로터 5엽의 AH/MH-6J형을 운용하다가, 현재는 AH/MH-6M형 MELB(Mission Enhanced Little Bird)로 개수하고 있다. M형 개수는 2015년 종료 예정으로, 6엽의 메인로터와 FADEC 엔진 등을 채용하고 차기 FLIR 장비를 장착하여 야간 전천후 작전능력이 향상된다.
AH-6X ULB (Unmanned Little Bird) 실증기	민수용 MD530F를 보잉사에서 UAV로 개발한 기체. 민수/군수 양쪽으로 모두 사용이 가능하다.

러시아 | 밀 | Mi-24 하인드

Mil **Mi-24 Hind**

Mi-24V Hind-E

형형식 공격헬기/수송헬기
전장 17.5m
전고 6.5m
자체중량 8,500kg
최대이륙중량 12,000kg
엔진 Isotov TV3-117VMA 터보샤프트 (2,200shp)x2
최대속도 335km/h
실용상승한도 4,500m 이상
최대항속거리 450km
무장 12.7mm 4연장 개틀링포 (1,470발), GUV-8700 건포드, UB-32 S-5 로켓포드, S-24 로켓포드, AT-2 Swatter 대전차미사일, 하드포인트 6개소에 1,500kg의 무장 장착
항전장비 GOES-342 TV/FLIR, ONV1, NVG, HUD
승무원 2명/무장병력 8명
초도비행 1969년 9월 19일

개발배경

Mi-24는 구소련(현 러시아) 최초의 공격헬기로 1960년대 초부터 개발을 시작했다. 베트남 전쟁 당시 미군의 헬리콥터 운용을 눈여겨본 구소련군 지휘부는 무장헬기와 공격헬기를 혼합한 새로운 형태의 헬리콥터를 개발할 것을 밀사와 카모프사에 지시한다. 양사가 구소련군에 디자인을 제시하고 최종적으로 밀사의 안이 채택되었다. 밀사의 시제기 V-24는 1969년 9월 19일 첫 비행에 성공하고, 다양한 테스트를 거친 후 구소련군으로부터 Mi-24라는 제식명을 받는다. 1972년부터 본격적인 양산에 들어간 Mi-24는 이후 다양한 형식으로 발전한다.

특징

Mi-24는 기존 군용 헬리콥터의 상식을 뒤집는 혁신적인 외형을 가지고 있어, 서방세계에 큰 충격을 주었다. 특히 서방 국가들이 공격헬기와 무장헬기를 별도로 개발한 반면, 구소련은 이 둘의 기능을 합치고 병력수송까지 가능한 헬기를 만들었다. Mi-24는 "공중의 탱크"라는 별명답게 강력한 무장은 물론 12.7mm 기관포 사격에도 견딜 수 있도록 동체를 장갑화했다. 또한 주 로터와 테일 로터는 피탄에 대비해 특별히 티타늄으로 제작했다. Mi-24 초기형의 경우 조종석이 사이드 바이 사이드 방식이었으나, 중기형부터는 대전차 공격능력과 생존성 향상을 위해 탠덤식으로 바뀌었다. 기수 아래에는 12.7mm 4연장 개틀링포를 장착하고, 기수 좌우에는 대전차미사일 운용에 필요한 목표조준장치와 대전차미사일 유도장치를 장착했다. 후기형에서는 적 공격헬기와의 공중전을 고려해 12.7mm 4연장 개틀링포를 제거하고, 동체 좌측에 30mm GSh-30K 트윈 베럴 기관포를 고정 장착했다.

운용현황

Mi-24는 1972년부터 생산을 시작하여 총 2,000여 대를 생산했다. 구소련을 포함하여 50여개 국가에서 운용했다. 지금도 러시아를 포함해 30여개 국가에서 현역으로 활동하고 있다. 1977년 소말리아와 에티오피아의 분쟁을 시작으로, 30여 년 넘게 전 세계 각지에서 벌어진 각종 전쟁에서 활약했다. 특히 1979년 구소련의 아프가니스탄 침공 당시, 무자헤딘 반군을 상대로 전쟁 초반 다양한 전과를 올렸다. 당시 공포에 질린 무자헤딘 반군들은 Mi-24를 "사탄의 마차"로 부르기도 했다. 1980년부터 시작된 이란-이라크 전쟁에서는 이라크군의 Mi-24와 이란군의 AH-1J가 전사상 최초로 공격헬기간 공중전을 벌이기도 했다. 구소련 붕괴 이후 Mi-24를 운용중인 동구권 국가 일부는, NATO 회원국으로 가입하면서 항전장비를 NATO 기준에 맞게 개량했다. 아직도 많은 국가들이 Mi-24를 운용함에 따라, 개발국인 러시아를 비롯하여 각국이 Mi-24를 현대전에 맞게 개량중이다. 남아프리카공화국의 경우 ATE사가 Mi-24를 기반으로 각종 서방 국제 항전장비와 남아공에서 개발한 무장을 탑재한, Mi-24 Mk.V 슈퍼 하인드를 개발해 알제리군에 판매하기도 했다.

변형 및 파생기종

Mi-24B/F Hind-A | 초기 생산형. 사이드 바이 사이드 조종석과 기수에 12.7mm 기관포를 장착하고, AT-2 Swatter 대전차미사일과 57mm 로켓포드와 자유 낙하식 폭탄을 운용한다.

Mi-24A Hind-B | Mi-24 Hind-A의 2차 생산형. 기수에 12.7mm 기관포 4문을 장착한다.

Mi-24U Hind-C | Mi-24 Hind-A/B의 연습용 기체.

Mi-24D Hind-D | Mi-24 Hind-A/B 사이드 바이 사이드 조종석을 탠덤식 조종석으로 교체하고, 12.7mm 4연장 개틀링포를 장착한다. 수출형은 Mi-25로 표기한다.

Mi-24V Hind-E | Mi-24 형식 중에서 가장 많은 1,500여 대를 생산했다. AT-6 Spirl 대전차미사일을 운용한다. 수출형은 Mi-35로 표기한다.

Mi-24P Hind-F | 12.7mm 4연장 개틀링포를 제거하고, 동체 좌측에 30mm GSh-30K 트윈 베럴 기관포를 고정 장착한다.

Mi-24VM/VN/PM/PN | 러시아 공군이 운용 중인 Mi-24V와 Mi-24P의 업그레이드 형식. 야간작전능력을 향상하고 통신장비를 현대화하며 무장운용능력을 강화했다.

Mi-35M Mi-24V | Hind-E 수출형 모델인 Mi-35의 야간작전능력과 항전장비를 개량한 형식.

Mi-35M2 | Mi-35M의 베네수엘라 수출형.

Mi-35O | Mi-24VN의 멕시코 수출형. 멕시코제 열영상장치를 장착하고 조종석이 글라스 콕핏화 되었다.

Mi-24 Mk.V | SuperHind 남아공 ATE사가 개량한 형식. 알제리 공군이 운용 중.

러시아 | 밀 |

Mi-28 하보크

Mil **Mi-28 Havoc**

Mi-28N

형식 공격헬기/수송헬기
전장 17.1m
전고 4.7m
자체중량 8,600kg
최대이륙중량 11,500kg
엔진 KIIMOV TV3-117VMA 터보샤프트 (2,500shp) x 2
최대속도 320km/h
실용상승한도 5,700m 이상
최대항속거리 1,100km
무장 30mm 2A42 기관포 (1,470발)
23mm Gsh-23L 건포드
S-8 로켓포드
S-13 로켓포드
9M120 Ataka-V 대전차 미사일
하드포인트 4개소
항전장비 FLIR, HUD, 헬멧마운트디스플레이, RWR, IR센서
승무원 2명/무장병력 3명
초도비행 1982년 10월 10일

개발배경

Mi-28은 Mi-24를 제작한 밀사가 자체 개발한 공격헬기로, Mi-24의 병력수송능력을 축소한 대신 공격능력을 강화했다. 1980년부터 개발을 시작하여 1981년 모형 제작을 결정한 후, 1982년 10월 10일 첫 시제기가 비행에 성공했다. 그러나 1984년 10월 구소련 공군은 대전차 공격헬기로 카모프사의 Ka-50을 결정했다. 이후 밀사에서는 Mi-28의 자체 개발을 계속하고, 1989년 6월 파리 에어쇼에서 최초로 서방 세계에 공개했다. 구소련 당시 대전차 공격헬기로 결정된 Ka-50 공격헬기는 활용도가 많이 떨어졌다. 결국 구소련이 붕괴하고 러시아로 바뀌면서, 2003년 러시아 공군은 기존의 결정을 뒤집고 Mi-28N을 러시아 공군의 표준 공격헬기로 결정한다. 2006년 양산 1호기가 러시아 공군에 배치되었다.

특징

Mi-24가 공격헬기와 범용헬기의 중간 성격을 보인 반면, Mi-28은 본격적인 공격헬기로 개발되었다. 구소련군은 아프가니스탄 전쟁을 겪으면서 공격헬기에 대한 운용 사상이 바뀌게 되었다. 그러나 공격전용 헬기임에도 불구하고 유사시 2~3명을 기체 내부에 태울 수 있도록 설계했다. 이 공간은 적지에 추락한 조종사나 특수부대 요원들을 수송할 수 있도록 고안한 것이다. 또한 Mi-24와 공통성을 추구해 정비 및 정비보급을 용이하게 설계했다. 조종석은 7.62mm 기관총이나 12.7mm 기관포에도 견딜 수 있도록 장갑으로 강화하고 헬멧조준장비를 채용해 조종사의 업무 부담을 줄였다.

운용현황

Mi-28은 2012년 말 추산으로 45대 이상이 러시아 공군에 배치되어 작전 중에 있다. 2015년까지 29대를 생산하여 총 67대를 운용할 예정이다. 배치된 Mi-28은 Mi-24를 교체할 예정이다. 2011년 2월 15일 러시아 남부지역에서 작전 중이던 Mi-28 한 기가 추락하기도 했다.
러시아 정부는 Mi-28의 수출을 적극 추진해왔다. 관심을 보이던 인도가 2013년 AH-64E 아파치 가디언을 도입하여 수출이 무산되었다. 그러나 2012년 이라크 정부가 Mi-28NE 10대를 도입하기로 하여 2013년 9월 인도했다.

변형 및 파생기종

Mi-28A	최초 양산형. 1998년 개발을 완료하고, 2003년 첫 비행을 했다.
Mi-28N/MMW-하보크	전천후 주야간 공격능력을 가진 형식으로 러시아 공군의 공격헬기로 운용 중이다. 나이트 헌터라는 별칭을 가진다.

미국 | 시코르스키 | # UH-60 블랙호크
Sikorsky UH-60 Black Hawk

MH-60M 블랙호크 (특수전 사양)

500MD Defender
- 로터직경 8.0m
- 전장 7.0m
- 전고 2.6m
- 자체중량 599kg
- 최대이륙중량 1,361kg
- 엔진 앨리슨 250-C20B 터보샤프트 (420hp) x 1
- 최고속도 257km/h
- 항속거리 370km
- 실용상승한도 4,205m
- 상승률 8.4m/s
- 승무원 1~2명
- 초도비행 1976년

개발배경

1972년, 미 육군은 베트남 전쟁 중의 교훈을 바탕으로 UH-1을 대체할 다목적 전술수송 항공기 체계(Utility Tactical Transport Aircraft System: UTTAS)사업을 발주했으며, 생존성·성능·안정성을 모두 확보한 헬리콥터를 획득하려는 이 사업에 시코르스키사는 S-70 디자인을 제안했다. 미 육군은 이 모델을 YUH-60A로 제식번호를 붙여 보잉 측의 YUH-61A와 경합시켰으나, 1976년 YUH-60A를 선택하면서 '블랙호크'라는 명칭을 부여했다. UH-60 블랙호크는 제101공중강습사단 예하 제101전투항공여단에 1979년부터 실전배치되었으며, 이후 꾸준히 개량되면서 1983년 그레나다 침공, 1989년 파나마 침공, 1991년 걸프전, 1993년 모가디슈 시가전, 1990년대 유고 내전과 아이티 사태, 2001년 아프간 자유작전 및 2003년 이라크 자유작전까지 다양한 전장을 거쳤다.

특징

쌍발 터빈엔진과 로터 블레이드 4매를 갖춘 다목적 헬리콥터로, 안정적인 비행능력과 튼튼한 동체를 바탕으로 근접항공지원, 병력 수송, 군수물자 수송, 의무후송, 전자전 등 다양한 임무를 수행한다. 특히 동체가 길면서도 가시성이 낮은 설계를 갖췄으며, 분해하면 C-130 허큘리스 항공기에 들어갈 수 있도록 제작되었다. 특히 한 번에 11명의 병력 수송이 가능하고, 물자의 경우 1,770kg의 물자를 내부에 싣거나 4,050kg의 물자를 배면에 슬링으로 매어 나를 수 있어 활용용도도 다양하며, 무장 위주로 장착할 경우 중무장을 시킬 수 있다는 점도 장점으로 꼽힌다.

운용현황

4,000대 넘게 생산되어 22개국 이상에서 사용하고 있는 베스트셀러이며, 대한민국 국군은 물론이고 중국도 천안문 사태로 금수조치가 내려지기 이전에 구입해 UH-60을 보유 중이다. 미 해병대의 경우 귀빈용인 VIP 버전 VH-60 '화이트호크(White Hawk)'를 운용 중이며, 대통령이나 부통령 탑승 여부에 따라 각각 콜 사인으로 '머린 원(Marine One)', '머린 투(Marine Two)'로 불린다.

변형 및 파생기종

YUH-60A	1974년 10월 17일 초도비행을 실시한 시제기. 총 3대 제작.
UH-60A 블랙호크	초기 미 육군 버전. T700-GE-700 엔진을 장착했다.
UH-60C 블랙호크	지휘통제(C2)임무용.
CH-60E	해병대에서 병력수송을 위해 개량한 형상.
UH-60L 블랙호크	A형에서 엔진을 T-700-GE-701C로 업그레이드했으며, 기어박스 내구성과 비행통제시스템을 향상시켰다. 미 육군의 주력모델로 1989년부터 2007년까지 생산되었다.
UH-60M 블랙호크	블랙호크의 최신개수사양. 저진동(Wide Chord) 로터블레이드와 T-700-GE-701D엔진(2,000shp)을 채용했으며, 통합 기체관리시스템(UVHMS) 컴퓨터와 디지털 계기를 장착했다. 또한 엔진 흡기구배리어 필터(IBF)를 장착하여 사막과 같은 척박한 환경에서도 신뢰성을 향상시켰다. M형은 2006년부터 양산에 들어갔으며 미 육군 UH-60을 모두 대체할 예정이다. 한편 2008년부터 플라이-바이-와이어(FBW)와 범용 항전구조시스템(CAAS)을 적용하여 21세기에 걸맞는 최첨단 기체로 거듭나게 되었다.

MH-60K/L/M 블랙호크 | 육군 제160특수작전항공연대에서 운용하는 특수전용 헬리콥터이다. AN/APQ-174B 지형추적레이더, AN/AAQ-16 FLIR, M-134 도어건, 야간비행용 계기장치, 내부추가연료와 각종 지원장비를 장착했다. 현재 K/L/DAP를 MH-60M 사양으로 개수하는 작업이 한창 진행 중이다.

MH-60L DAP(Direct Action Penetrator) | MH-60L에 기반한 건십 사양의 육군용 기체이다. AN/AAQ-16D AESOP FLIR 등을 장착하고, 무장으로는 미 M230 30mm 캐논, M261 19발 FFAR포드, AGM-114 헬파이어 대전차미사일이나 AIM-92 ATAS 등을 운용한다. 콘보이 및 근접항공지원을 목적으로 하며 병력은 따로 태울 수 없다.

HH-60G 페이브호크(Pave Hawk) | 미 공군형. 조종사 수색구조용이다.

VH-60D 나이트 호크 | VIP 수송용. 대통령 전용 헬리콥터로 해병대가 운용한다.

VH-60N 화이트 호크 | VIP 수송용. VH-60D에 SH-60B 시호크 사양이 일부 추가되었다. 1988년 해병대에 인도하여 총 9대를 운용 중이다.

UH-60P 블랙호크 | UH-60L을 바탕으로 성능을 개량한 기체로, 대한항공에서 약 150대를 면허생산하여 대한민국 국군에서 운용 중이다.

S-70-22 블랙호크 | 대한민국에서 VIP용으로 면허생산한 후 공군이 운용 중이며, VH-60P로 불린다.

UH-60P 블랙호크(대한민국 육군)

부록

- 제작사별 주요 엔진
- 주요국 군용기 보유 현황
- 용어 해설

제작사별 주요 엔진

터보팬 엔진 | 제너럴일렉트릭 | **F110-GE-129**

1992년 실전배치 이후 미 공군 역사상 가장 안전한 단발전투기 엔진으로 평가되고 있다. 미 공군 F-16C/D 블록50/52의 75% 이상이 F110-GE-129를 장착하고 있다.
미 공군 외에도 터키, 그리스, 일본이 F-16(일본은 F-2) 전투기에 채택했으며, 대한민국 공군도 F-15K용 엔진으로 채택했다.

- 최대추력 29,000파운드
- 압축비 30.7
- 팬/컴프레서 스테이지 3/9
- 저압터빈/고압터빈 스테이지 2/1
- 최대직경 46.5인치
- 길이 182.3인치
- 자중 3,980파운드
- 적용기체 F-15, F16

터보팬 엔진 | 제너럴일렉트릭 | **F110-GE-132**

제너럴일렉트릭(GE)의 F110 계열 중에서 최신형으로, 가장 높은 추력을 자랑한다. 뛰어난 신뢰성을 갖춘 F110-GE-129 엔진에 신형 3단계 블리스크 팬과 원심증강기로 더 높은 공기흡입력을 갖춰 추력을 증강시켰다.
특히 기존의 F110 엔진을 장착한 기체라면 어느 기종에도 장착할 수 있어, F-16이나 F-15의 성능을 비약적으로 향상시킬 수 있다.
단발 및 쌍발 전투기 모두에 신뢰 받는 우수한 엔진으로, KF-X용 엔진으로도 매우 우수한 성능을 발휘할 수 있다.

- 최대추력 32,000파운드
- 공기유량 초당 275파운드
- 팬/컴프레서 스테이지 3/9
- 저압터빈/고압터빈 스테이지 2/1
- 최대직경 46.5인치
- 길이 181.9인치
- 자중 4,050파운드
- 적용기체 F-16E/F 블록 60

터보팬 엔진 | 제너럴일렉트릭 | **F101-GE-102**

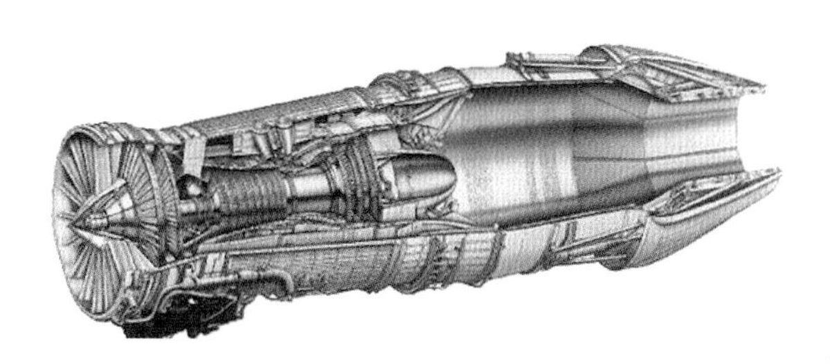

F101 엔진은 GE가 제작한 엔진 가운데 증강기를 장착한 최초의 엔진이며 B-1 전략폭격기용으로 1974년 프로토타입을 제작했다. 이후 B-1B 사업이 승인되어 제작 기체에 F101-GE102 엔진을 채택하면서 양산에 들어가 1987년에 양산을 종료할 때까지 모두 469세트를 생산했다.
F101의 기술을 바탕으로 F110 엔진과 F118 엔진이 등장했으며, CFM56 엔진도 F101에서 그 기원을 찾을 수 있다.

- 최대추력 30,780파운드
- 압축비 26.8
- 공기유량 초당 350파운드
- 팬/컴프레서 스테이지 2/9
- 저압터빈/고압터빈 스테이지 2/1
- 최대직경 55인치
- 길이 181인치
- 자중 4,400파운드
- 적용기체 B-1B

터보팬 엔진 | 제너럴일렉트릭 | F118-GE-100/101

최대추력 19,000파운드
압축비 35.1
팬/컴프레서 스테이지 3/9
저압터빈/고압터빈 스테이지 2/1
최대직경 46.5인치
길이 100.5인치
자중 3,200파운드
적용기체 B-2, U-2S

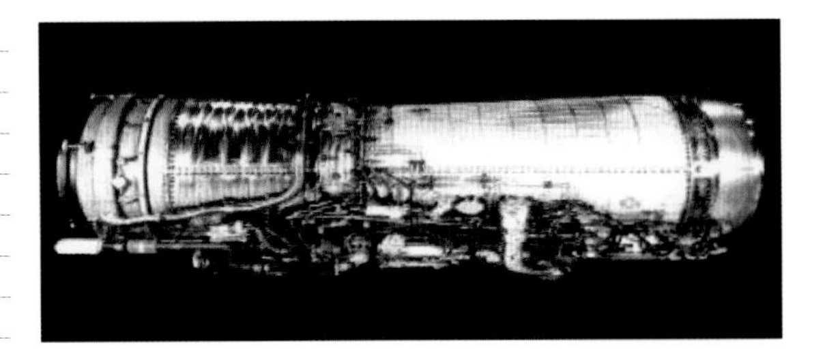

F101 엔진을 기반으로 등장한 F118-GE-100 엔진은 스텔스 폭격기인 B-2용으로 만들었다. 참고로 B-2의 프로토타입이라 할 수 있는 1940년대의 YB-49A도 GE J35 엔진을 사용했다. F118 엔진은 스텔스 폭격기인 B-2의 요구에 적합한 스텔스 엔진으로 운용하고 있다. 한편, 또 다른 전략자산인 U-2S 정찰기도 U-2R에서 개수되면서 F118-GE-101 엔진을 장착했다.

터보팬 엔진 | 제너럴일렉트릭 | F404-GE-102/400/402

F404-GE-102
최대추력 17,700파운드
압축비 26
팬/컴프레서 스테이지 3/7
저압터빈/고압터빈 스테이지 1/1
최대직경 35인치
길이 154인치
자중 2,195파운드
적용기체 T-50 골든 이글 (F-117A 나이트 호크)

F404-GE-400/402
최대추력 17,700파운드
압축비 26
팬/컴프레서 스테이지 3/7
저압터빈/고압터빈 스테이지 1/1
최대직경 35인치
길이 154인치
자중 2,282파운드
적용기체 F/A-18 호넷 (LCA 테자스, JAS39 그리펜)

F404 엔진은 GE의 가장 대표적인 라인업에 해당하는 엔진으로 특히 미 해군의 F/A-18 호넷 시리즈의 엔진으로 유명하다. 원래는 F-20 타이거 샤크 전투기의 엔진으로 개발했으나 뛰어난 성능 덕분에 F-117A 스텔스 전투기에 F404-GE-F1D2 엔진을 채택했다.

그중에서도 F404-GE-102 엔진은 한국항공우주산업의 T-50 고등훈련기용으로 채택되었으며, 디지털 제어방식(Full Authority Digital Electronic Control: FADEC)을 채택하여 안전성을 높였다.

엔진은 2001년에 인증을 마치고 2002년 8월에 초도비행을 한 후, 2005년부터 양산형 엔진을 인도하기 시작했다.

F404-GE-400 엔진은 뛰어난 신뢰성 덕분에 F/A-18A/B용으로 채택되었으며, 이후 F/A-18C/D에서는 F404-GE-402 엔진을 채택했다.

F404-GE-402 EPE(Enhanced Performance Engine: 성능향상형 엔진)는 디지털 제어기술을 적용하고 열역학적 사이클과 작동온도를 향상시켜 F404-GE-400 엔진보다 성능이 현저히 향상되었다.

이 외에도 F404 엔진은 볼보에서 면허생산하여 RM12란 이름으로 JAS39 그리펜에 장착하고 있다. 한편, 인도에서 개발한 전투기인 테자스는 자국산 엔진 개발이 늦어지자 F404-GE-IN20 엔진을 장착하여 비행하고 있다.

터보팬 엔진 | 제너럴일렉트릭 | **F414-GE-400**

F414-GE-400 엔진은 미 해군의 최신예 전투기인 슈퍼 호넷의 엔진으로 개발했다. 1998년 말에 생산을 시작한 F414 엔진은 이후 슈퍼 호넷 사업을 성공시킨 주역으로서 2014년에도 여전히 생산되고 있다.
F404에서 진화한 F414 엔진은 추력이 무려 35%나 증가했으며, FADEC와 첨단소재를 채택하여 신뢰성을 더욱 높였다.
이외에도 F414G 엔진은 사브의 최신예 전투기 그리펜 E/F의 엔진으로 활용되고 있으며, 인도의 LCA에는 Mk2 버전부터 F414 엔진을 채용할 예정이다. 한편 KF-X 사업에서 꾸준히 거론하는 엔진이 바로 F414이다.

최대추력 22,000파운드
압축비 30
공기유량 초당 170파운드
팬/컴프레서 스테이지 3/7
저압터빈/고압터빈 스테이지 1/1
최대직경 35인치
길이 154인치
자중 미상
적용기체 F/A-18E/F 슈퍼호넷 EA-18G 그라울러, 그리펜 E/F (KF-X, 테자스 LCA Mk2)

터보팬 엔진 | 제너럴일렉트릭 | **F103/CF6 시리즈**

민항기용으로 유명한 CF6(군용제식명 F103) 엔진은 강력한 힘을 요구하는 C-5의 엔진으로도 채용되었다. CF6의 채용으로 C-5의 개량형인 슈퍼 갤럭시는 상승률이 무려 58%나 향상되었으며 화물은 20% 더 운송할 수 있게 되었다.
CF6는 또한 KC-10 급유기/수송기의 엔진으로도 사용되어 지난 20여 년간 뛰어난 활약을 해왔으며, 일본 항공자위대의 E-767 AWACS용 엔진으로 채용되었을 뿐만 아니라, 767 급유기/수송기에도 최적의 솔루션으로 제시되고 있다.
이 외에도 CF6 엔진은 미 공군의 가장 중요한 기체들에 집중적으로 사용되고 있는데, 에어포스 원과 E-4B 국가공중작전센터, 에어본 레이저(ABL)에서 운용 중이다.

CF6-80C2
최대추력 52,500~63,500파운드
압축비 27.1~31.8
바이패스비 5~5.31
팬/LPC/HPC 스테이지 1/3/14
저압터빈/고압터빈 스테이지 5/2
최대직경 106인치
길이 168인치
자중 9,480~9,860파운드
적용기체 에어포스 원, E-4B, ABL, C-5 슈퍼 갤럭시, KC-10, E-767 등

터보팬 엔진 | 제너럴일렉트릭 | **F108/CFM56 시리즈**

CFM56-2 엔진은 GE와 스넥마가 합작한 CFM 인터내셔널에서 제작하는 민수용 엔진으로 군용 제식명은 F108이다. F108/CFM56-2 엔진이 KC-135 급유기의 엔진으로 채택된 것을 시작으로 다양한 CFM56 엔진 시리즈가 미국과 해외의 군용기 엔진으로 채택되었다.
특히 최근에는 보잉 737에 기반을 둔 군용기들이 신뢰성 높은 CFM 엔진을 채용하고 있는데, 737 AEW&C를 비롯하여 P-8A 포세이돈 대잠초계기도 CFM56-7 엔진을 채용하여 21세기에도 CFM56 시리즈를 계속 사용할 예정이다.

CFM56-7
최대추력 27,300파운드
압축비 32.8
바이패스비 5.1
팬/LPC/HPC 스테이지 1/3/9
저압터빈/고압터빈 스테이지 1/4
최대직경 65인치
길이 98.7인치
자중 5,205파운드
적용기체 737 AEW&C, P-8A (CFM56-2: E-3, E-6, KC-135R, RC-135)

터보젯 엔진 | 제너럴일렉트릭 | J79 시리즈

J79-GE-15

- 최대추력 17,000파운드
- 압축비 12.9
- 컴프레서 스테이지 17
- 터빈 스테이지 3
- 최대직경 38.3인치
- 길이 208.4인치
- 자중 3,699파운드
- 적용기체 F-4 팬텀, F-104, 크피르 등

J79 엔진은 마하 2급 엔진의 대표주자로 1955년 최초로 비행시험에 성공했으며, 이후 XF4D에 장착되어 F-104의 최고상승기록을 경신했다.
J79는 이후 F-4 팬텀의 엔진으로 채택되어 전투기의 새로운 시대를 열었으며, 2,500세트 이상 생산하여 운용하고 있다. J79 엔진을 장착한 전술기는 약 2020년까지는 계속 운용할 것으로 보인다.

터보젯 엔진 | 제너럴일렉트릭 | J85 시리즈

J85-GE-21

- 최대추력 5,000파운드
- 압축비 8.3
- 컴프레서 스테이지 8
- 터빈 스테이지 2
- 최대직경 26.1인치
- 길이 117인치
- 자중 684파운드
- 적용기체 F-5E/F 타이거II, T-38

J85 엔진은 T-38과 F-5E/F 타이거II에서 운용하는 강력한 터보젯 엔진이다. 특히 J85의 강력한 중량 대 추력비는 동급 엔진에서 타의 추종을 불허한다.
J85 엔진은 1960년부터 실전배치를 시작하여 무려 6,000세트 이상 생산했으며 35개국에서 사용하고 있다. 현재 계획에 의하면, 미 공군은 J85 추진 항공기를 2040년까지 운용할 예정이다.

터보샤프트 엔진 | 제너럴일렉트릭 | T700 엔진

T700-GE-701D

- 최대추력 1,994파운드
- 컴프레서 스테이지 6
- 고압터빈/저압터빈 스테이지 2/2
- 최대직경 15.6인치
- 길이 46인치
- 자중 456파운드
- 적용기체 UH-60, AH-64, AH-1W/Z, S-92, KUH-1

전 세계 헬리콥터엔진의 대표주자로 원래는 UH-60 블랙호크의 파워트레인으로 개발되어 미 육군 다목적헬기용 엔진으로 선정되었다. 이에 따라 블랙호크 외에도 AH-64 아파치, AH-1W 슈퍼코브라, AH-1Z 바이퍼 등에 채용되었다. 1978년부터 양산이 시작되어 현재까지 1만 2,000대 이상 생산되었으며, 계속적으로 군용 및 상용엔진으로 성능개량이 되어 최신형 701D 엔진은 AH-64E 아파치가디언에 채용되고 있다. 또한 민수형은 CT7이란 명칭으로 불리며 S-92, AW-101, NH90 등의 헬리콥터에 채용되고 있다. 대한민국 최초의 기동헬기인 수리온 또한 T700 계열의 701K 엔진을 채용하고 있다.

터보팬 장치 | 롤스로이스 | 리프트 시스템

해리어에 페가서스 엔진을 공급하면서 수직이착륙의 새로운 장을 열었던 롤스로이스는 차세대 전투기인 JSF에서도 리프트 시스템(Lift System)이라는 혁신적인 방식의 수직이착륙 장치를 제공하고 있다.

F-35B에 장착하는 리프트 시스템은 리프트팬, 구동축, 3-베어링 스위벨 모듈(3BSM) 등으로 구성된다. 50인치 2단계 역회전 팬으로 구성되는 리프트 팬 시스템은 2만 파운드의 차가운 공기를 분사하고, 3BSM은 엔진의 추력을 수직으로 편향시켜 JSF가 수직이착륙을 할 수 있게 한다.

리프트 시스템은 JSF의 수직이착륙형인 F-35B에 장착할 예정으로 700세트 이상 생산할 것으로 추정되고 있다.

리프트팬 추력 20,000파운드, 2단계 역회전 팬 3-베어링
스위벨 모듈 18,000파운드의 주엔진 추력편향, 2.5초 내에 95도 회전 가능
롤 포스트 주엔진의 1,950파운드 추력 직접 분사, 유압조절식으로 기체 롤제어
적용기체 F-35B

터보팬 엔진 | 롤스로이스/MTU/아비오/ITP | EJ-200

유럽 최대의 전투기 사업 기종인 유로파이터의 엔진으로는 유로젯에서 만드는 EJ-200을 장착한다. 유로젯은 롤스로이스, MTU, 아비오, ITP 등 유럽의 엔진제작사들이 만든 합작법인으로 풍부한 엔진제작 경험을 가진 롤스로이스가 사업을 주도하고 있다.

EJ-200은 유럽 최고의 전투기 엔진으로 1,300세트 이상 생산할 전망이다.

최대추력 20,000파운드
압축비 26
바이패스비 0.4
팬/컴프레서 스테이지 3/5
저압터빈/고압터빈 스테이지 1/1
최대직경 29인치
길이 157인치
자중 2,180파운드
적용기체 유로파이터 타이푼

터보팬 엔진 | 롤스로이스 | RB199

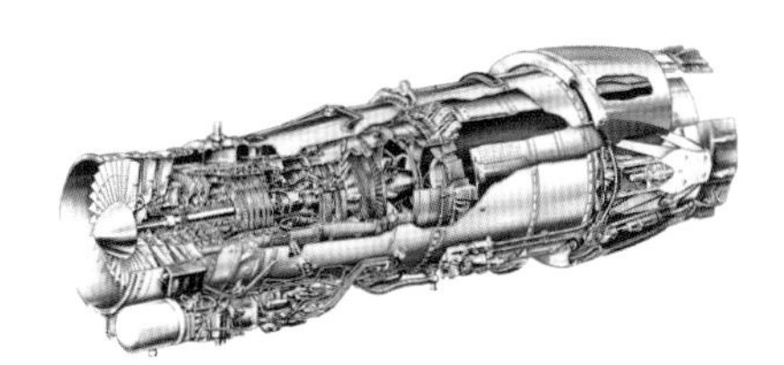

RB199 엔진은 유럽 공동개발 토네이도 전투기에 장착하는 3축 터보팬 엔진으로 롤스로이스와 MTU, 아비오가 공동제작했다. RB199를 장착한 토네이도 전투기는 1980년부터 실전배치를 시작했으며, RB199 엔진은 최소한 2020년까지는 운용할 것으로 보인다.

최대추력 16,400파운드
압축비 23.5
바이패스비 1.1
컴프레서 스테이지 3/3/6
터빈 스테이지 1/1/2
최대직경 28.3인치
길이 142인치
자중 2,151파운드
적용기체 파나비아 토네이도

터보팬 엔진 | 롤스로이스 |

스페이(Spey)

Spey 807

최대추력 11,030파운드
압축비 16.3
바이패스비 0.93
팬/컴프레서 스테이지 4/112
저압터빈/고압터빈 스테이지 2/2
최대직경 32.5인치
길이 96.7인치
자중 2,456파운드
적용기체 AMX

Spey 250/251

최대추력 11,995파운드
압축비 20.2
바이패스비 0.64
팬/컴프레서 스테이지 5/12
저압터빈/고압터빈 스테이지 2/2
최대직경 32.5인치
길이 117인치
자중 2,740파운드
적용기체 님로드 MR2

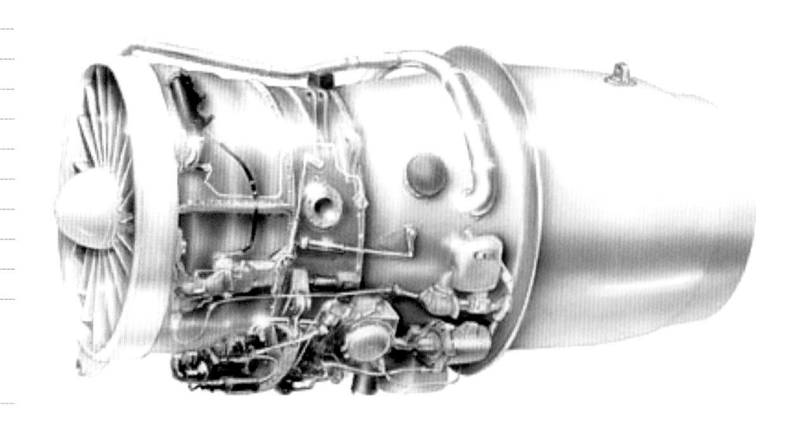

롤스로이스 스페이 엔진은 민수용과 군용으로 성공을 거둔 2축 터보팬 엔진으로 무려 30여 년 동안 생산되어왔다.
가장 최근에 생산되는 Mk807 스페이 엔진은 AMX 공격기에 채용되어 이탈리아와 브라질에서 사용 중이며 Mk250은 님로드 MR2 해상초계기에서 사용되고 있다.

터보팬 엔진 | 롤스로이스 |

아도어(Adour)

Mk951

최대추력 6,500파운드
압축비 12.2
바이패스비 0.8
팬/컴프레서 스테이지 2/5
저압터빈/고압터빈 스테이지 1/1
최대직경 0.58m
길이 1.96m
자중 610kg
적용기체 호크

아도어 엔진은 롤스로이스가 터보메카와 함께 만드는 2축 터보팬 엔진으로 무려 20여 개 군의 다양한 공격기와 훈련기에서 사용하고 있다. 재규어, 호크, 고스호크 등에 장착한다.
아도어 Mk951 엔진은 애프터버너를 장비하지 않는 최신 엔진으로 영국, 남아프리카공화국, UAE 등의 호크에 장착된다.
한편 아도어 Mk106은 애프터버너를 장비하는 최신 엔진으로 Mk104를 대체하여 영국 공군에서 채용하고 있다.
아도어 엔진은 현재까지 2,800여 세트를 생산한 인기 모델로 앞으로도 업그레이드 모델이 계속 나올 예정이다.

터보팬 엔진 | 롤스로이스 | **페가서스(Pegasus)**

페가서스 엔진은 항공기 역사에 놀라운 성공으로 기록된 해리어 수직이착륙기의 추진체계로, 해리어의 전설을 가능하게 한 핵심적인 장비다. 페가서스 엔진은 수직이착륙을 위해 4개의 스위벨 노즐로 엔진의 추력을 직접 분사한다.
페가서스 엔진은 모든 해리어에 탑재되어 영국 공군과 해군, 스페인·인도·이탈리아·태국 해군에서 채용했으며, 미 해병대도 채용하고 있다. 모두 1,200세트 이상 생산했다.

최대추력 23,800파운드
압축비 16.3
바이패스비 1.2
팬/컴프레서 스테이지 3/8
저압터빈/고압터빈 스테이지 2/2
최대직경 48인치
길이 137인치
자중 3,960파운드
적용기체 해리어

터보프롭 엔진 | 롤스로이스 | **T56 시리즈**

롤스로이스의 T56은 세계 터보프롭 엔진시장을 석권한 엔진이다. 1954년 처음 생산한 이후 무려 70여 개국에서 사용하고 있으며 18,000세트 이상 생산했다.
T56의 가장 최신형은 E-2C+ 호크아이에 장착하는 5,250마력의 시리즈 IV 엔진으로, 시리즈 III 엔진에 비해 출력이 27% 향상되고 경제성은 13% 증가했다. T56 시리즈 IV 엔진에서는 디지털 제어(FADEC) 방식을 도입했다.
한편, T56은 AE2100 터보프롭 엔진으로 진화하여 C-130J, C-27J 등에 채용되었다.

T56 Series IV
최대추력 5,250shp
압축비 11.5
컴프레서 14마력
터빈 4마력
최대직경 27인치
길이 146.1인치
자중 1,940파운드
적용기체 C-130 허큘리스, P-3C 오라이언, E-2C 호크아이, C-2A 그레이하운드 등

터보팬 엔진 | 프랫앤휘트니 | **F135 JSF 엔진**

F135 엔진은 F-35 3군 통합전투기에 장착하는 엔진으로 특히 뛰어난 정비성을 자랑하는데, 6개의 치공구만으로 일선장비교환이 가능하도록 되어 있다.
양산 엔진은 2007년부터 생산했으며 현재 F-35의 주엔진으로 지정되어 있다.

최대추력 40,000파운드
적용기체 F-35

터보팬 추력편향엔진 | 프랫앤휘트니 | **F119-PW-100**

최대추력 39,000파운드
적용기체 F-22A 랩터

환상의 전투기로 불리는 F-22A 랩터에 장착하는 엔진으로 39,000파운드라는 엄청난 추력을 자랑한다. 여기에 더하여 추력편향이 가능하며 슈퍼크루즈 기능까지 갖춰 차세대 전투기 엔진의 기준을 새롭게 세운 것으로 평가받는다.

터보팬 엔진 | 프랫앤휘트니 | **F100-PW-100/220/229**

최대추력 23,770~29,160파운드
압축비 32
바이패스비 0.36
최대직경 46.5인치
길이 191인치
자중 3,740파운드
적용기체 F-15, F-16

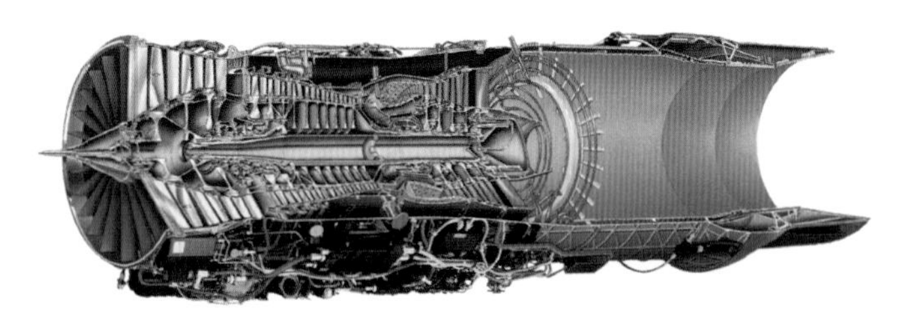

F100은 F-15와 F-16 전투기에 장착하는 엔진으로 미 공군 외에 22개국에서 사용하고 있다. F-16은 최초에 F100 엔진을 장비했으나 계속되는 엔진 문제로 대체엔진사업을 추진했고, 결국 GE도 F-16 엔진을 만들게 되었다.

터보팬 엔진 | 프랫앤휘트니 | **F117-PW-100**

최대추력 40,400파운드
압축비 30.8
바이패스비 5.9
최대직경 84.5인치
길이 146.8인치
자중 7,100파운드
적용기체 C-17

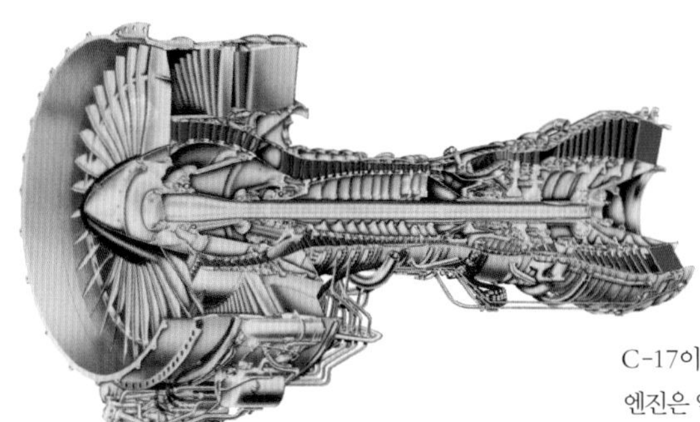

C-17이 채용한 엔진으로 PW2000 엔진의 민수형이다. F117 엔진은 역추력장치를 장착하고 있는 것이 특징이며, 초도작전능력을 인증받기도 전에 여러 가지 세계기록을 세우기도 했다.

JT8D

JT8D는 민간항공기에서 인기 좋은 상용 모델을 군용화한 것으로, 인기의 비결은 저렴한 가격에 있다.

최대추력 21,000파운드
압축비 18.2~19.4
바이패스비 1.74
직경 54.0인치
길이 168.6인치
자중 2,195파운드
적용기체 조인트스타즈, KC-135, E-3 AWACS

PT6A

PT6A-42
최대추력 1,090shp
압축비 7
바이패스비 1.74
자중 350파운드
적용기체 C-12 휴런, EMB-110 등

PT6는 터보프롭 엔진의 대명사로, 1950년대 말에 생산을 시작하여 아직도 높은 인기를 누리고 있다. PT6는 580~920shp의 "스몰" 시리즈에서 1,940shp에 이르는 "라지" 시리즈까지 다양한 라인업이 존재한다. 필라투스나 쇼츠/엠브라에르 투카노에서부터 비치 킹 에어, 드해빌랜드의 오터에 이르기까지 다양한 프로펠러 군용기들이 PT6를 채용하고 있다.

주요국 군용기 보유 현황(2013년 기준)

사용자	분류	제작사	항공기	보유현황
그리스				
공군	전투임무기	다소	미라주 2000-5 Mk.2	25
공군	전투임무기	다소	미라주 2000BGM/EGM	2/17
공군	전투임무기	록히드	F-16C	116
공군	전투임무기	록히드	F-16D	41
공군	전투임무기	맥도넬더글러스	F-4E PI-2000 AUP	34
공군	전투임무기	보우트	A-7E	19
공군	공중기동기	걸프스트림	G500	1
공군	공중기동기	도르니에	Do 28D	10
공군	공중기동기	록히드	C-130B/H	3/10
공군	공중기동기	록히드	C-130H ELINT	2
공군	공중기동기	알레니아/록히드마틴	C-27J	8
공군	공중기동기	엠브라에르	ERJ-135ER	2
공군	공중기동기	캐나데어	415GR/MP	8
공군	공중기동기	캐나데어	CL-215	13
공군	감시통제기	록히드	P-3B	6
공군	감시통제기	맥도넬더글러스	RF-4E	12
공군	감시통제기	엠브라에르	R-99 AEW&C	4
공군	훈련기	레이시언	T-6A/NTA	25/20
공군	훈련기	록웰	T-2C/E	40
공군	훈련기	보우트	TA-7C	13
공군	훈련기	세스나	T-41A	20
공군	헬리콥터	아구스타	AB205A	10
공군	헬리콥터	아구스타	AB212	4
공군	헬리콥터	유로콥터	AS 332C1	12
육군	훈련기	세스나	U-17A	14
육군	무인기	SAGEM	쉬페허워 UAV	4
육군	헬리콥터	NH 인더스트리	NH90	7
육군	헬리콥터	벨 텍스트론	UH-1H	26
육군	헬리콥터	보잉 헬리콥터	AH-64A+/DHA	19/10
육군	헬리콥터	보잉 헬리콥터	CH-47DG/SD	15/10
육군	헬리콥터	슈바이처	300C	17
육군	헬리콥터	아구스타	AB205	62
육군	헬리콥터	아구스타	AB206B-3	14
해군	헬리콥터	시코르스키	S-70B-6	11
해군	헬리콥터	아구스타	AB212ASW	10
해군	헬리콥터	아에로스파시알	SA 319B	2
남아프리카공화국				
공군	전투임무기	사브	JAS 39C/D 그리펜	26
공군	공중기동기	다소	팰컨 50	2
공군	공중기동기	다소	팰컨 900	1
공군	공중기동기	더글러스	C-47TP	9
공군	공중기동기	록히드	C-130BZ	9
공군	공중기동기	보잉	737-700BBJ	1
공군	공중기동기	비치	킹에어 200/300	4
공군	공중기동기	세스나	208B	10
공군	공중기동기	세스나	사이테이션 II	2
공군	공중기동기	CASA	C-212-200/300 아비오카	4
공군	공중기동기	필라투스	PC-12	1
공군	훈련기	BAE 시스템즈	호크 Mk.120	24
공군	훈련기	필라투스	PC-7 Mk.2	60
공군	헬리콥터	MBB	BK 117	6
공군	헬리콥터	아틀라스	오릭스 Mk.1/2	39
공군	헬리콥터	데넬	AH-2A 루이벌크	11
공군	헬리콥터	아구스타	A109LUH	29
공군	헬리콥터	웨스트랜드	Mk300 슈퍼링스	4
네덜란드				
공군	전투임무기	록히드마틴	F-35A	2(37)
공군	전투임무기	포커/GD	F-16AM/BM	68
공군	공중기동기	걸프스트림	G-1159C	1
공군	공중기동기	도르니에	Do.228	2
공군	공중기동기	록히드	C-130H-30	4
공군	공중기동기	맥도넬더글러스	KDC/DC-10-30CF	2/1
공군	공중기동기	보잉	C-17A	3
공군	훈련기	필라투스	PC-7	13
공군	헬리콥터	보잉 헬리콥터	AH-64D	29
공군	헬리콥터	보잉 헬리콥터	CH-47D/F	11/6
공군	헬리콥터	아구스타	AB412	3
공군	헬리콥터	아에로스파시알	SA 316B	4
공군	헬리콥터	유로콥터	AS 532U2 쿠거 Mk.2	17
해군	헬리콥터	NH 인더스트리	NH90 NFH/TTH	12/8
노르웨이				
공군	전투임무기	포커/GD	F-16AM/BM	47/10
공군	공중기동기	다소-브레게	팰컨 20ECM/20C-5	2/1
공군	공중기동기	록히드	C-130J-30	4
공군	감시통제기	록히드	P-3C UIP/P-3N	4/2
공군	헬리콥터	NH 인더스트리	NH90 NFH	3
공군	헬리콥터	벨 텍스트론	412SP	18
공군	헬리콥터	웨스트랜드	링스 Mk 86	2
공군	헬리콥터	웨스트랜드	시킹 Mk 43B	12
뉴질랜드				
공군	공중기동기	록히드	C-130H	5
공군	공중기동기	보잉	757-200	2
공군	공중기동기	비치	킹 에어 B200	4
공군	감시통제기	록히드	P-3K	6
공군	훈련기	NZAI	CT-4E	12
공군	헬리콥터	NH 인더스트리	NH90	8
공군	헬리콥터	벨 텍스트론	UH-1H	13
공군	헬리콥터	아구스타웨스트랜드	A109LUH(NZ)	5
해군	헬리콥터	카만	SH-2G	5
대한민국				
공군	전투임무기	KAL/노스럽	F-5E/F, KF-5E/F	170
공군	전투임무기	록히드마틴	F-35A	(40)
공군	전투임무기	맥도넬더글러스	F-4E	68
공군	전투임무기	보잉	F-15K	60

사용자	분류	제작사	항공기	보유현황
공군	전투임무기	제너럴다이내믹스	F-16C/D 블록32	38/7
공군	전투임무기	KAI	FA-50	1 + (59)
공군	전투임무기	KAI	KA-1	20
공군	전투임무기	KAI	KF-16C/D 블록52/52+	90/44
공군	공중기동기	BAe	HS.748	2
공군	공중기동기	다소	팰컨 2000 ISR	(2)
공군	공중기동기	록히드	C-130H	8
공군	공중기동기	록히드	C-130H-30	4
공군	공중기동기	록히드마틴	C-130J-30	(4)
공군	공중기동기	보잉	737-8Z3	1
공군	공중기동기	보잉	747-4B5 에어포스1	1(리스)
공군	공중기동기	안토노프	L-2(An-2)	20
공군	공중기동기	CASA/IPTN	CN-235-100M/220M	12/6+4
공군	공중기동기	CASA/IPTN	VCN-235	2
해군	공중기동기	레임즈	F406	5
공군	감시통제기	레이시언	호커 800RA	4
공군	감시통제기	레이시언	호커 800SIG	4
공군	감시통제기	맥도넬더글러스	RF-4C	16
공군	감시통제기	보잉	E-737 피스아이 (737-700IGW)	4
해군	감시통제기	록히드	P-3C/CK	8/8
공군	훈련기	일류신	IL-103	22
공군	훈련기	KAI	KT-1	84
공군	훈련기	KAI	T-50/B	49/9
공군	훈련기	KAI	TA-50	22
공군	헬리콥터	벨 텍스트론	412SP	3
공군	헬리콥터	보잉 헬리콥터	HH-47D	8
공군	헬리콥터	시코르스키	HH/VH-60P	10/5
공군	헬리콥터	시코르스키	VH-92	3
공군	헬리콥터	유로콥터	AS 332L	3
공군	헬리콥터	카모프	HH-32A	7
육군	헬리콥터	KAL/MD 헬리콥터	500MD 기본기/TOW기	130/45
육군	헬리콥터	MBB	Bo-105 CBS	12
육군	헬리콥터	벨 텍스트론	AH-1F/S	60
육군	헬리콥터	벨 텍스트론	UH-1H	112
육군	헬리콥터	보잉 헬리콥터	AH-64E 아파치가디언	(36)
육군	헬리콥터	보잉 헬리콥터	CH-47D/DLR	17/6
육군	헬리콥터	시코르스키	UH-60P	130
육군	헬리콥터	KAI	KUH-1 수리온	10+(248)
해군	헬리콥터	벨 텍스트론	UH-1H	14
해군	헬리콥터	시코르스키	UH-60P	8
해군	헬리콥터	아구스타웨스트랜드	AW-159 와일드캣	(8)
해군	헬리콥터	아구스타웨스트랜드	슈퍼링스 Mk.99/99A	11/12
해군	헬리콥터	아에로스파시알	SA319B 알루엣III	5
해군	헬리콥터	KAI	KUH-1 수리온	(30)

독일

사용자	분류	제작사	항공기	보유현황
공군	전투임무기	유로파이터	EF-2000S/T 타이푼	83/22
공군	전투임무기	파나비아	토네이도 IDS/ECR	69/21
공군	공중기동기	밤버디어	글로벌익스프레스 5000	4
공군	공중기동기	에어버스	A310-304/MRTT	1/4
공군	공중기동기	에어버스	A319CJ	2
공군	공중기동기	에어버스	A340-313	2
공군	공중기동기	에어버스	A400M	(53)
공군	공중기동기	트란잘	C-160D	71
공군	훈련기	그롭	G 120C	6
공군	훈련기	노스럽	T-38C	35
공군	훈련기	비치크래프트	T-6A	69
공군	무인기	IAI	헤론 UAV	3
공군	무인기	노스럽그러먼	RQ-4E 유로호크	1
공군	헬리콥터	VFW포커/시코르스키	CH-53GA	42
공군	헬리콥터	유로콥터	AS 532U2	3
육군	헬리콥터	MBB	Bo-105M/Bo-105P PAH-1	135
육군	헬리콥터	NH 인더스트리	NH90	23
육군	헬리콥터	도르니에/벨	UH-1D	76
육군	헬리콥터	유로콥터	EC 135	14
육군	헬리콥터	유로콥터	EC 665 타이거	23
해군	공중기동기	도르니에	Do 228	2
해군	감시통제기	록히드	P-3C	8
해군	헬리콥터	NH 인더스트리	NH90	(18)
해군	헬리콥터	다소-브레게	BR.1150	2
해군	헬리콥터	웨스트랜드	시링스 Mk 88A	22
해군	헬리콥터	웨스트랜드	시킹 Mk 41	21

러시아

사용자	분류	제작사	항공기	보유현황
공군	전투임무기	미코얀	MiG-25RB	40
공군	전투임무기	미코얀	MiG-29/UB/SMT/UBT	297/58/28/6
공군	전투임무기	미코얀	MiG-31/B/BM	122/18/24
공군	전투임무기	수호이	Su-24M/M2/MR	251/40/79
공군	전투임무기	수호이	Su-25/SM/UB	185/66/35
공군	전투임무기	수호이	Su-27/SM/SM3/UB	225/74/12/52
공군	전투임무기	수호이	Su-30/M2/SM	5/4/11
공군	전투임무기	수호이	Su-34	33
공군	전투임무기	수호이	Su-35/S	5/10
공군	전투임무기	투폴레프	Tu-160 블랙잭	16
공군	전투임무기	투폴레프	Tu-22M3/MR/M3M 백파이어	116
공군	전투임무기	투폴레프	Tu-95MS6/MS16 베어	32/31
공군	공중기동기	LET	L-410UVP	8
공군	공중기동기	PZL	An-2	88
공군	공중기동기	안토노프	An-12	50
공군	공중기동기	안토노프	An-124/An-124-100	10/4
공군	공중기동기	안토노프	An-148-100E	(15)
공군	공중기동기	안토노프	An-22	6
공군	공중기동기	안토노프	An-24/26	76

사용자	분류	제작사	항공기	보유현황
공군	공중기동기	안토노프	An-72/74	39
공군	공중기동기	야코블레프	Yak-40	17
공군	공중기동기	일류신	IL-62M	3
공군	공중기동기	일류신	IL-76MD 캔디드	210
공군	공중기동기	일류신	IL-78/M 마이다스	20
공군	공중기동기	일류신	IL-80 맥스돔	8
공군	공중기동기	투폴레프	Tu-134UBL	30
공군	공중기동기	투폴레프	Tu-154M	16
공군	감시통제기	베리예프	A-50M/U	25/2
공군	감시통제기	일류신	IL-20M	20
공군	훈련기	아에로	L-39C	336
공군	훈련기	야코블레프	Yak-130	32
공군	헬리콥터	밀 헬리콥터	Mi-2	32
공군	헬리콥터	밀 헬리콥터	Mi-8	59
육군	헬리콥터	밀 헬리콥터	Mi-24D	245
육군	헬리콥터	밀 헬리콥터	Mi-24K	70
육군	헬리콥터	밀 헬리콥터	Mi-24P	164
육군	헬리콥터	밀 헬리콥터	Mi-24R	86
육군	헬리콥터	밀 헬리콥터	Mi-24VP	14
육군	헬리콥터	밀 헬리콥터	Mi-26	16
육군	헬리콥터	밀 헬리콥터	Mi-28N	1
육군	헬리콥터	밀 헬리콥터	Mi-6	95
육군	헬리콥터	밀 헬리콥터	Mi-8	150
육군	헬리콥터	밀 헬리콥터	Mi-8MT	162
육군	헬리콥터	밀 헬리콥터	Mi-8MTV	123
육군	헬리콥터	밀 헬리콥터	Mi-8PP	66
육군	헬리콥터	카모프	Ka-50	10
해군	전투임무기	미코얀	MiG-29K	4+20
해군	전투임무기	수호이	Su-24M/MR	18/4
해군	전투임무기	수호이	Su-25UBP/UTG	14
해군	전투임무기	수호이	Su-33	18
해군	전투임무기	투폴레프	Tu-142M/MR	27
해군	공중기동기	베리예프	Be-12	9
해군	공중기동기	안토노프	An-140-100	1+3
해군	공중기동기	안토노프	An-24	10
해군	감시통제기	일류신	IL-38/N	26
해군	헬리콥터	밀 헬리콥터	Mi-14BT/PS	20/40
해군	헬리콥터	밀 헬리콥터	Mi-24V	20
해군	헬리콥터	밀 헬리콥터	Mi-8MT	12
해군	헬리콥터	카모프	Ka-27/29/32	88
해군	헬리콥터	카모프	Ka-31R	2
해군	헬리콥터	카모프	Ka-52K	0
리비아				
공군	전투임무기	다소	미라주 F1ED	2
공군	전투임무기	미코얀	MiG-21bis/UM	9
공군	전투임무기	미코얀	MiG-23ML/UB	5
공군	전투임무기/훈련기	소코/모스타	G-2A-E	4
공군	공중기동기	록히드	C-130H/L-100-30	3
공군	공중기동기	록히드마틴	C-130J	(2)

사용자	분류	제작사	항공기	보유현황
공군	공중기동기	안토노프	An-26	3
공군	공중기동기	안토노프	An-72	1
공군	공중기동기	일류신	IL-76TD	2
공군	훈련기	아에로	L-39ZO	1
공군	훈련기	야코블레프	Yak-130	(6)
공군	훈련기	SIAI-마르체티	SF.260WL/ML	6
공군	헬리콥터	밀 헬리콥터	Mi-2	4
공군	헬리콥터	밀 헬리콥터	Mi-8/17/171	6
공군	헬리콥터	밀 헬리콥터	Mi-14	4
공군	헬리콥터	밀 헬리콥터	Mi-24	3
공군	헬리콥터	보잉 헬리콥터	CH-47C	3
미국				
공군	전투임무기	GD(록히드마틴)	F-16C/D	840/163
공군	전투임무기	노스럽그러먼	B-2A	20
공군	전투임무기	록웰	B-1B	66
공군	전투임무기	록히드	AC-130H/U/W/J	8/17/12/(16)
공군	전투임무기	록히드마틴	F-22	195
공군	전투임무기	록히드마틴	F-35A	25 (1,763)
공군	전투임무기	맥도넬더글러스	F-15C/D	222/32
공군	전투임무기	보잉	B-52H	76
공군	전투임무기	보잉	F-15E	219
공군	전투임무기	페어차일드 리퍼블릭	A-10C	343
공군	공중기동기	IAI	C-38A	2
공군	공중기동기	PLZ	C-145A(M28B) 스카이트럭	10
공군	공중기동기	걸프스트림	C-20B/H	5/2
공군	공중기동기	걸프스트림	C-37A/B	9/2
공군	공중기동기	도르니에	C-146A	5
공군	공중기동기	드해빌랜드 캐나다	UV-18B	3
공군	공중기동기	록히드	C-130E/H/J/J-30	13/265/10/79
공군	공중기동기	록히드	C-5A/B/C/M	29/34/2/12
공군	공중기동기	록히드	HC-130N/P/J	10/23/2
공군	공중기동기	록히드	LC-130H	10
공군	공중기동기	록히드	MC-130H/P/J	20/27/4+(37)
공군	공중기동기	알레니아/록히드마틴	C-27J	13+(25)
공군	공중기동기	리어젯	C-21A	47
공군	공중기동기	보잉	C-17A	223
공군	공중기동기	보잉	C-32A/B	6/2
공군	공중기동기	보잉	C-40B/C	4/7
공군	공중기동기	보잉	KC-10A	59
공군	공중기동기	보잉	KC-135R/T	363/54
공군	공중기동기	보잉	VC-25A	2
공군	공중기동기	비치	C-12C/D/F/J/MC-12W	12/6/2/4/41
공군	공중기동기	CASA	C-144 (CN-235-100M)	2

사용자	분류	제작사	항공기	보유현황
공군	공중기동기	필라투스	U-28A	19
공군	감시통제기	록히드	EC-130H/J/SJ	14/3/4
공군	감시통제기	록히드	U-2S/TU-2S	26/5
공군	감시통제기	록히드	WC-130H/J	10/10
공군	감시통제기	보잉	E-3B/C	22/10
공군	감시통제기	보잉	E-4B	4
공군	감시통제기	보잉	E-8C	16
공군	감시통제기	보잉	OC-135B	3
공군	감시통제기	보잉	RC-135S/U/V · W	3/2/17
공군	감시통제기	보잉	WC-135	2
공군	감시통제기	밤버디어	E-9A 위젯	2
공군	감시통제기	페어차일드	C-26B/RC-26	11
공군	훈련기	노스럽	T-38A/C/AT-38B	54/448/6
공군	훈련기	다이아몬드	T-52A	20
공군	훈련기	레이시언	T-6A	446
공군	훈련기	미코얀	MiG-29UB	3
공군	훈련기	비치	T-1A	179
공군	훈련기	세스나	T-41C	4
공군	훈련기	세스나	T-51A	3
공군	훈련기	수호이	Su-27UB	2
공군	훈련기	시러스	T-53A	3
공군	무인기	노스럽그러먼	RQ-4A/B 글로벌호크 UAV	37(66)
공군	무인기	제너럴아토믹스	MQ-1B 프레데터 UAV	165
공군	무인기	제너럴아토믹스	MQ-9B 리퍼 UAV	104(396)
공군	헬리콥터	밀 헬리콥터	Mi-8VT	6
공군	헬리콥터	벨 텍스트론	TH-1H	27
공군	헬리콥터	벨 텍스트론	UH-1N/H	62/3
공군	헬리콥터	벨/보잉	CV-22	17
공군	헬리콥터	시코르스키	HH-60G/U	99/4
육군	공중기동기	걸프스트림	C-20C	4
육군	공중기동기	걸프스트림	C-37A/B	2/1
육군	공중기동기	드해빌랜드 캐나다	UV-18A	6
육군	공중기동기	비치	C-12C/D/F	17/14/17
육군	공중기동기	세스나	UC-35A/B	20/7
육군	공중기동기	쇼츠	C-23 셜파	43
육군	공중기동기	안토노프	An-2	1
육군	공중기동기	안토노프	An-26	3
육군	공중기동기	포커	C-31A(F.27-400M)	2
육군	감시통제기	드해빌랜드 캐나다	EO-5C(RC-7B)	5
육군	감시통제기	비치	RC-12D/H/K	12/6/18
육군	감시통제기	페어차일드	C-26E	11
육군	무인기	IAI	RQ-5B 헌터 UAV	20
육군	무인기	제너럴아토믹스	MQ-1C 그레이이글 UAV	12(133)
육군	헬리콥터	밀 헬리콥터	Mi-24	1
육군	헬리콥터	벨 텍스트론	OH-58A/C/D	150/210/368
육군	헬리콥터	벨 텍스트론	TH-67	172
육군	헬리콥터	벨 텍스트론	UH-1H	875
육군	헬리콥터	보잉 헬리콥터	AH-64A/D	107/619
육군	헬리콥터	보잉 헬리콥터	CH-47D/F	394/48

사용자	분류	제작사	항공기	보유현황
육군	헬리콥터	보잉 헬리콥터	MH/AH-6M	51
육군	헬리콥터	보잉 헬리콥터	MH-47D/E/G	11/23/27
육군	헬리콥터	시코르스키	EH-60A	64
육군	헬리콥터	시코르스키	MH-60K/L	23/35
육군	헬리콥터	시코르스키	UH-60A/L/M	751/592/100
육군	헬리콥터	유로콥터	UH-72A	250
해군	전투임무기	록히드	S-3B	85
해군	전투임무기	록히드마틴	F-35C	4(260)
해군	전투임무기	보잉	EA-18G 그라울러	96
해군	전투임무기	보잉	F/A-18A/B/C/D 호넷	74/26/286/47
해군	전투임무기	보잉	F/A-18E/F 슈퍼호넷	488
해군	공중기동기	걸프스트림	C-20A/D/G	1/2/5
해군	공중기동기	걸프스트림	C-37A/B	1/3
해군	공중기동기	그러먼	C-2A 그레이하운드	34
해군	공중기동기	록히드	C-130T	19
해군	공중기동기	맥도넬더글러스	C-9B 스카이트레인II	15
해군	공중기동기	보잉	C-40A 클리퍼	11
해군	공중기동기	비치	T-44A	52
해군	공중기동기	세스나	UC-35D	1
해군	감시통제기	그러먼	EA-6B 프라울러	170
해군	감시통제기	노스럽그러먼	E-2C/D 호크아이	67
해군	감시통제기	록히드	EP-3E	11
해군	감시통제기	록히드	P-3C	154
해군	감시통제기	보잉	E-6B 머큐리	16
해군	감시통제기	보잉	P-8A 포세이돈	11(122)
해군	훈련기	노스럽	F-5F/N	3/41
해군	훈련기	레이시언	T-6A/B	49/12
해군	훈련기	록웰	CT-39G 세이버라이너	1
해군	훈련기	보잉	T-45C	218
해군	헬리콥터	벨 텍스트론	TH-57B/C 시레인저	44/85
해군	헬리콥터	보잉 헬리콥터	HH-46D	10
해군	헬리콥터	시코르스키	HH-60H 레스큐호크	49
해군	헬리콥터	시코르스키	MH-53E 시드래곤	36
해군	헬리콥터	시코르스키	MH-60R/S 시호크	166/234
해군	헬리콥터	시코르스키	SH-60B/F 시호크	129/60
해병대	전투임무기	록히드마틴	F-35B	21 (340)
해병대	전투임무기	보잉	AV-8B/+	99
해병대	전투임무기	보잉	F/A-18A/C/D 호넷	48/86/95
해병대	공중기동기	록히드	KC-130F/R/T/J	5/2/28/46
해병대	공중기동기	맥도넬더글러스	C-9B 스카이트레인II	2
해병대	공중기동기	세스나	UC-35C/D	2/10
해병대	감시통제기	노스럽그러먼	EA-6B	21
해병대	훈련기	보잉	TAV-8B	19
해병대	헬리콥터	벨 텍스트론	AH-1W 슈퍼코브라	153
해병대	헬리콥터	벨 텍스트론	AH-1Z 바이퍼	28
해병대	헬리콥터	벨 텍스트론	UH-1N 트윈휴이	88
해병대	헬리콥터	벨 텍스트론	UH-1Y 베놈	26

사용자	분류	제작사	항공기	보유현황
해병대	헬리콥터	벨/보잉	MV-22	126(360)
해병대	헬리콥터	보잉 헬리콥터	CH-46E 시나이트	111
해병대	헬리콥터	시코르스키	CH-53E 슈퍼스탈리온	139
해병대	헬리콥터	시코르스키	VH-3D 시킹	11
해병대	헬리콥터	시코르스키	VH-53D 시스탈리온	2
해병대	헬리콥터	시코르스키	VH-60N 화이트호크	7
해안경비대	공중기동기	록히드	HC-130B/H/J	5/22/6
해안경비대	감시통제기	EADS CASA	HC-144	13
해안경비대	감시통제기	걸프스트림	C-37A	2
해안경비대	감시통제기	다소-브레게	HU-25	41
해안경비대	헬리콥터	시코르스키	HH-60J/MH-60T	41
해안경비대	헬리콥터	아에로스파시알	MH-65C/D/E	101
북한				
공군	전투임무기	난창	A-5	40
공군	전투임무기	미코얀	MiG-21PFM/bis/U	150+
공군	전투임무기	미코얀	MiG-23ML	56
공군	전투임무기	미코얀	MiG-29A · S/UB	35/5
공군	전투임무기	선양	J-5	107
공군	전투임무기	선양	J-6	98
공군	전투임무기	수호이	Su-25K/UBK	32/4
공군	전투임무기	수호이	Su-7BMK	18
공군	전투임무기	청두	J-7B	40
공군	전투임무기	하얼빈	H-5 (IL-28)	80
공군	공중기동기	PZL	An-2	300+
공군	공중기동기	리즈노프	Li-2	6
공군	공중기동기	안토노프	An-24	6
공군	공중기동기	일류신	IL-62M	3
공군	공중기동기	일류신	IL-76MD	3
공군	공중기동기	투폴레프	Tu-134	2
공군	공중기동기	투폴레프	Tu-154B	4
공군	공중기동기	투폴레프	Tu-204	1
공군	훈련기	난창	CJ-6 (Yak-18)	180
공군	훈련기	미코얀	MiG-15UTI	30
공군	훈련기	선양	FT-5	135
공군	무인기	투폴레프	Tu-143	2
공군	헬리콥터	MD 헬리콥터	500D	87
공군	헬리콥터	PLZ	Mi-2	139
공군	헬리콥터	밀 헬리콥터	Mi-14PL	10
공군	헬리콥터	밀 헬리콥터	Mi-26	4
공군	헬리콥터	밀 헬리콥터	Mi-8T/17	40
공군	헬리콥터	하얼빈	Z-5	48
브라질				
공군	전투임무기	AMX 인터내셔널	AMX A-1A/B	43/10
공군	전투임무기	노스럽	F-5EM/FM	43/3
공군	전투임무기	사브	그리펜 NG E/F	(28/8)
공군	전투임무기	사브	그리펜 C/D	(10/2)
공군	전투임무기/훈련기	엠브라에르	A-29A/B (EMB-312)	33/66
공군	공중기동기	록히드	C-130E/H	16

사용자	분류	제작사	항공기	보유현황
공군	공중기동기	록히드	KC/SC-130H	2/3
공군	공중기동기	보잉	KC-767	(2)
공군	공중기동기	세스나	C-98/A	34
공군	공중기동기	에어버스	VC-1A (A319)	1
공군	공중기동기	엠브라에르	C/VC-97 (EMB-120)	19/1
공군	공중기동기	엠브라에르	C-95C (EMB-110)	78
공군	공중기동기	엠브라에르	C-99A/VC-99C (ERJ-145)	5/2
공군	공중기동기	엠브라에르	KC-390	(28)
공군	공중기동기	엠브라에르	U-7 (EMB-810C)	13
공군	공중기동기	엠브라에르	VC-2 (EMB-190)	2
공군	공중기동기	엠브라에르	VC-99B (리가시 600)	4
공군	공중기동기	엠브라에르	VU-9 (EMB-121)	6
공군	공중기동기	CASA	C-105A (C-295)	12
공군	감시통제기	레이시언	EU-93A (호커800XP)	4
공군	감시통제기	록히드	P-3M/BR	8
공군	감시통제기	리어젯	R-35	4
공군	감시통제기	엠브라에르	E-99/R-99	5/3
공군	감시통제기	엠브라에르	EW/EC/RC-95 (EMB-110)	2/2/5
공군	감시통제기	엠브라에르	P-95A/B(EMB-110)	12
공군	훈련기	네이바	T-25A/C	83
공군	훈련기	엠브라에르	G-19 (EMB-202) 이파네마	4
공군	훈련기	엠브라에르	T-27/AT-27 (EMB-312)	105
공군	무인기	IAI	RQ-450 (헤르메스 450)	4
공군	헬리콥터	밀 헬리콥터	AH-2 (Mi-35)	9
공군	헬리콥터	벨 텍스트론	HH-1H/SH-1D	26/7
공군	헬리콥터	시코르스키	UH-60L	15
공군	헬리콥터	유로콥터	EC-135	2
공군	헬리콥터	유로콥터	H-34 (AS332M)	8
공군	헬리콥터	유로콥터	H-36/VH-36 (EC725)	3/1
공군	헬리콥터	헬리브라스	HB 350B	31
육군	헬리콥터	시코르스키	HM-2 (S-70A)	4
육군	헬리콥터	유로콥터	HM-4 (EC725BR)	2
육군	헬리콥터	유로콥터/헬리브라스	HA-1 (AS550A-2/HB350-L1)	19/16
육군	헬리콥터	헬리브라스	HM-1 (AS365K)	34
육군	헬리콥터	헬리브라스	HM-3 (AS532UE)	8
육군	무인기	VANT	VT-15	3+
해군	전투임무기	맥도넬더글러스	AF-1B/C (A-4KU)	(9+3)
해군	공중기동기	그러먼	KC-2 (C-1A)	(4)
해군	헬리콥터	벨 텍스트론	IH/UH-6B (206B)	18
해군	헬리콥터	시코르스키	MH-16 (S-70B)	4+(4)
해군	헬리콥터	시코르스키	SH-3A/B	2/1
해군	헬리콥터	웨스트랜드	AH-11A (슈퍼링스 Mk.21A)	12
해군	헬리콥터	유로콥터	UH-14 (AS332F/AS532)	4/2
해군	헬리콥터	유로콥터	UH-15/A (EC725)	2+(14)
해군	헬리콥터	헬리브라스	UH-12(350B)/ UH-13(355F)	18/7

사용자	분류	제작사	항공기	보유현황
사우디아라비아				
공군	전투임무기	노스럽	F-5E/F	83/37
공군	전투임무기	맥도넬더글러스	F-15C/D	65/21
공군	전투임무기	보잉	F-15S	70
공군	전투임무기	보잉	F-15SA	(84)
공군	전투임무기	유로파이터	타이푼 F2/T3A	24/8
공군	전투임무기	파나비아	토네이도 IDS/ADV	87/24
공군	공중기동기	BAe	Bae 125B	4
공군	공중기동기	걸프스트림	G-III	2
공군	공중기동기	걸프스트림	G-V	2
공군	공중기동기	록히드	C-130E/H	30
공군	공중기동기	록히드	C-130J-30	(20)
공군	공중기동기	록히드	KC-130H/J	7/(5)
공군	공중기동기	록히드	L-100-30/HS	3/3
공군	공중기동기	록히드	VC-130H	5
공군	공중기동기	맥도넬더글러스	MD-11	1
공군	공중기동기	보잉	737-700BBJ	2
공군	공중기동기	보잉	747-300/SP	2
공군	공중기동기	보잉	757-200	1
공군	공중기동기	세스나	C550 사이테이션	4
공군	공중기동기	에어버스	A330 MRTT	3+(3)
공군	공중기동기	에어버스	A340-213	1
공군	공중기동기	CASA	CN-235	4
공군	감시통제기	보잉	E-3A	5
공군	감시통제기	보잉	KE/RE-3A	5/3
공군	훈련기	BAe	제트스트림 31	2
공군	훈련기	BAE 시스템즈	호크 Mk.65/A	29
공군	훈련기	PAC	슈퍼 머쉬쉑	20
공군	훈련기	레임즈	F172G/H/M	16
공군	훈련기	필라투스	PC-21	(55)
공군	훈련기	필라투스	PC-9	47
공군	무인기	TAI	안카-A	4
공군	헬리콥터	벨 텍스트론	205/412EP	24/2
공군	헬리콥터	시코르스키	S-70A	(2)
공군	헬리콥터	아구스타	AB212	27
공군	헬리콥터	아구스타	AS-61A4	3
공군	헬리콥터	유로콥터	AS 532M	12
방위군	헬리콥터	보잉	AH-6I	(36)
육군	헬리콥터	MD 헬리콥터	MD530	12+(4)
육군	헬리콥터	벨 텍스트론	406CS (OH-58D)	13
육군	헬리콥터	보잉 헬리콥터	AH-64A/D/E	12+(70)
육군	헬리콥터	시코르스키	S-70A1L/UH-60L/M	45+(27)
해군	헬리콥터	아에로스파시알	AS 365F/N	24
해군	헬리콥터	아에로스파시알	SA 365F/565	26
해군	헬리콥터	유로콥터	AS 332/532	20
해군	헬리콥터	유로콥터	SA 332F	13
스웨덴				
공군	전투임무기	사브	JAS 39C/D/E	62/18/(.)
공군	공중기동기	록히드	TP 84 (C-130E/H)	7/1
공군	공중기동기	사브	TP 100 / FSR 890 (S 100B)	3/2
공군	감시통제기	걸프스트림	S 102B (G-IV SIGINT)	2
공군	감시통제기	걸프스트림	TP 102/D (G-IV SP/G550)	2/1
공군	감시통제기	사브	ASC 890 / FSR TP (S 100B)	2/2
공군	훈련기	사브	SK 60 (사브 105)	7
공군	무인기	AAI	RQ-7	미상
공군	무인기	엘빗	스카이라크	미상
공군	헬리콥터	NH 인더스트리	NH90	90
공군	헬리콥터	시코르스키	Hkp 16 (UH-60M)	15
공군	헬리콥터	아구스타	Hkp 15 (A109LUH)	20
공군	헬리콥터	유로콥터	Hkp 10/B/D (AS 332M)	12
스위스				
공군	전투임무기	노스럽	F-5E/F	42/12
공군	전투임무기	사브	그리펜 NG	(22)
공군	전투임무기	항공시스템	F/A-18C/D	26/6
공군	공중기동기	다소	팰컨 900EX	1
공군	공중기동기	세스나	C560XL	1
공군	감시통제기	드해빌랜드 캐나다	DHC-6-300	1
공군	감시통제기	비치	350C 슈퍼킹 에어	1
공군	훈련기	필라투스	PC-21	8
공군	훈련기	필라투스	PC-6/B	16
공군	훈련기	필라투스	PC-7	28
공군	훈련기	필라투스	PC-9	11
공군	무인기	RUAG	ADS-95 레인저	24
공군	무인기	RUAG	KZD-85	30
공군	헬리콥터	유로콥터	AS 332M1	15
공군	헬리콥터	유로콥터	AS 532UL	11
공군	헬리콥터	유로콥터	EC635 P2+	20
스페인				
공군	전투임무기	보잉	EF-18AM/BM	55/11
공군	전투임무기	보잉	F/A-18A+	20
공군	전투임무기	유로파이터	EF-2000/T 타이푼	37/13
공군	공중기동기	록히드	C/KC-130H	12
공군	공중기동기	보잉	KC-707	4
공군	공중기동기	비치	C90 킹에어	4
공군	공중기동기	에어버스	A310-304	2
공군	공중기동기	에어버스	A400M	(14)
공군	공중기동기	CASA	C-212	12
공군	공중기동기	CASA	C-295M	13
공군	공중기동기	CASA	CN-235M	20
공군	공중기동기	캐나데어	415	3
공군	공중기동기	캐나데어	CL-215T	14
공군	공중기동기	포커	F.27-200MAR	3
공군	감시통제기	다소-브레게	팰컨 20ECM	2
공군	감시통제기	록히드	P-3A/M	2/4
공군	감시통제기	세스나	C560 사이테이션 V 울트라	2
공군	훈련기	노스럽	F-5BM	19
공군	훈련기	비치 크래프트	F-33C 보난자	20

사용자	분류	제작사	항공기	보유현황
공군	훈련기	CASA	C-101EB-01	69
공군	훈련기	CASA	T-35C	35
공군	헬리콥터	시코르스키	S-76C	8
공군	헬리콥터	아에로스파시알	SA 330J	6
공군	헬리콥터	유로콥터	AS 332B1/M1	10
공군	헬리콥터	유로콥터	AS 532UL	2
공군	헬리콥터	유로콥터	EC 120B	15
육군	헬리콥터	NH 인더스트리	NH90	(22)
육군	헬리콥터	벨 텍스트론	UH-1H	31
육군	헬리콥터	보잉 헬리콥터	CH-47D	17
육군	헬리콥터	아구스타	AB212	5
육군	헬리콥터	유로콥터	AS 332B1	16
육군	헬리콥터	유로콥터	AS 532UL	14
육군	헬리콥터	유로콥터	EC 135T-2	11
육군	헬리콥터	유로콥터	타이거	6+(18)
육군	헬리콥터	CASA	Bo-105	28
해군	공중기동기	세스나	사이테이션 CE550/CR650	3/1
해군	훈련기	보잉	TAV8-B	1
해군	헬리콥터	MD 헬리콥터	500M	8
해군	헬리콥터	보잉	EAV-8B/+	4/12
해군	헬리콥터	시코르스키	SH-3H/AEW	7/3
해군	헬리콥터	시코르스키	SH-60B	12
해군	헬리콥터	아구스타	AB212ASW	7

영국

사용자	분류	제작사	항공기	보유현황
공군	전투임무기	록히드마틴	F-35	3+(45)
공군	전투임무기	유로파이터	타이푼 FGR4/T3	93/22
공군	전투임무기	파나비아	토네이도 GR4/A	112
공군	공중기동기	BAe	CC3 (BAe 125)	5
공군	공중기동기	BAE 시스템즈	CC2/C3 (BAe 146)	2/2
공군	공중기동기	록히드	K1/KC1/C2/ C2A (트라이스타 탱커)	8
공군	공중기동기	록히드마틴	허큘리스 C4/C5 (C-130J)	10/14
공군	공중기동기	보잉	C-17A	8
공군	공중기동기	에어버스	보이저 KC2/3 (A330 MRTT)	6
공군	감시통제기	레이시언	센티넬 R1	5
공군	감시통제기	보잉	E-3D	6
공군	감시통제기	보잉	에어시커 (RC-135)	1+(2)
공군	감시통제기	브리튼노먼	아일랜더 CC2A	3
공군	감시통제기	비치크래프트	섀도우 R1	5
공군	훈련기	BAE 시스템즈	호크 T1/T2	128/28
공군	훈련기	그롭	바이킹 T1	81
공군	훈련기	그롭	튜터 T1	119
공군	훈련기	그롭	비질란트 T1	65
공군	훈련기	비치크래프트	B200	10
공군	훈련기	쇼츠	투카노 T1 (EMB-312)	92
공군	무인기	제너럴아토믹스	MQ-9 리퍼	10
공군	헬리콥터	벨 텍스트론	그리핀 HAR2 (412EP)	4
공군	헬리콥터	벨 텍스트론	그리핀 HT1 (212)	11
공군	헬리콥터	보잉 헬리콥터	시누크 HC2/2A/3	46
공군	헬리콥터	아구스타	A109E	4
공군	헬리콥터	아구스타웨스트랜드	멀린 HC3/3A	27
공군	헬리콥터	웨스트랜드	시킹 HAR3/A	18/6
공군	헬리콥터	웨스트랜드	푸마 HC1/2	27+
공군	헬리콥터	유로콥터	스쿼럴 HT1 (AS 350B2)	32
육군	감시통제기	브리튼노먼	BN-2T 아일랜더/디펜더	7/9
육군	무인기	엘빗	헤르메스 450	12
육군	무인기	탈레스	와치키퍼 WK450	54
육군	헬리콥터	벨 텍스트론	212HP	8
육군	헬리콥터	아구스타웨스트랜드	WAH-64D	66
육군	헬리콥터	웨스트랜드	가젤	35
육군	헬리콥터	웨스트랜드	링스 AH7/9	50/22
육군	헬리콥터	웨스트랜드	와일드캣	5+(29)
해군	훈련기	BAE 시스템즈	호크 T1	14
해군	훈련기	그롭	튜터 T1	5
해군	훈련기	비치크래프트	어벤저 T1	4
해군	헬리콥터	아구스타웨스트랜드	멀린 HM1/2	30
해군	헬리콥터	웨스트랜드	링스 HMA8/HAS3/AH7	37
해군	헬리콥터	웨스트랜드	시킹 ASaC7 (AEW)	13
해군	헬리콥터	웨스트랜드	시킹 HC4/HU5	34/15
해군	헬리콥터	웨스트랜드	와일드캣 HMA2	4
해군	헬리콥터	유로콥터	도팽	3

이라크

사용자	분류	제작사	항공기	보유현황
공군	전투임무기	록히드마틴	F-16C/IQ	(30)
공군	전투임무기	세스나	AC-208	3
공군	전투임무기/훈련기	KAI	T-50IQ (FA-50)	(24)
공군	공중기동기	록히드마틴	C-130E/J	3/6
공군	공중기동기	안토노프	An-32	6
공군	감시통제기	JAI	사마 CH2000	8
공군	감시통제기	비치크래프트	킹에어 350 Recce	5
공군	감시통제기	세스나	208 Recce	3
공군	감시통제기	시버드	SB7L-360	2
공군	훈련기	레이시언	T-6A	15
공군	훈련기	록히드마틴	F-16D	(6)
공군	훈련기	세스나	208 캐러밴	3
공군	헬리콥터	벨 텍스트론	206	10
공군	헬리콥터	벨 텍스트론	412	(12)
육군	헬리콥터	벨 텍스트론	407	3
육군	헬리콥터	벨 텍스트론	UH-1H	15
육군	헬리콥터	밀 헬리콥터	Mi-24/35	4+(2)
육군	헬리콥터	밀 헬리콥터	Mi-28	(12)
육군	헬리콥터	밀 헬리콥터	Mi-8/171	40
육군	헬리콥터	유로콥터	EC135	24

이스라엘

사용자	분류	제작사	항공기	보유현황
공군	전투임무기	록히드	F-16C	77
공군	전투임무기	록히드	F-16I	99
공군	전투임무기	록히드마틴	F-35A	(19)

사용자	분류	제작사	항공기	보유현황
공군	전투임무기	맥도넬더글러스	F-15A/C	42
공군	전투임무기	보잉	F-15I	25
공군	공중기동기	록히드	C-130E/H	12
공군	공중기동기	록히드	KC-130H	4
공군	공중기동기	록히드마틴	C-130J	(8)
공군	공중기동기	비치	킹에어 200	2
공군	감시통제기	걸프스트림	G550 AEW/SIGINT	2/3
공군	감시통제기	비치	킹에어 200 Recce	25
공군	감시통제기	IAI	웨스트윈드 1124N	3
공군	훈련기	레이시언	T-6A	20
공군	훈련기	록히드	F-16A/B/D	112
공군	훈련기	맥도넬더글러스	A-4N/TA-4H · J	60
공군	훈련기	맥도넬더글러스	F-15B/D	16
공군	훈련기	아에르마키	M346	(3)
공군	훈련기	엘빗	G120	17
공군	헬리콥터	벨 텍스트론	OH-58	18
공군	헬리콥터	벨 텍스트론	V-22	(6)
공군	헬리콥터	보잉 헬리콥터	AH-64A/D	48
공군	헬리콥터	시코르스키	CH-53A/D	23
공군	헬리콥터	시코르스키	S-70A/UH-60A	48
공군	헬리콥터	유로콥터	AS 565MA	6
이탈리아				
공군	전투임무기	AMX 인터내셔널	A/TA-11A (AMX)	42/11
공군	전투임무기	록히드마틴	F-35A/B	(60/30)
공군	전투임무기	유로파이터	F/TF-2000A 타이푼	56/12
공군	전투임무기	파나비아	A-200A/C (토네이도 IDS)	51
공군	전투임무기	파나비아	EA-200B (토네이도 ECR)	19
공군	공중기동기	다소	VC-50A (팰컨 50)	2
공군	공중기동기	다소-브레게	VC-900A/B (팰컨 900EX)	3/2
공군	공중기동기	록히드마틴	C-130J	16
공군	공중기동기	록히드마틴	KC-130J	3
공군	공중기동기	보잉	KC-767	4
공군	공중기동기	알레니아	RC-222(G.222RM)	2
공군	공중기동기	알레니아/록히드마틴	C-27J	12
공군	공중기동기	에어버스	A319J (A319-100)	3
공군	공중기동기	피아지오	P180	17
공군	감시통제기	IAI	G550 CAEW (EL/W-2085)	(2)
공군	감시통제기	걸프스트림	G-III Recce	1
공군	감시통제기	다소-브레게	ATL1 (BR.1150)	2
공군	감시통제기	알레니아	EC-222(G.222VS)	1
공군	훈련기	아에르마키	T/AT-339A (MB.339)	72
공군	훈련기	아에르마키	T-260EA (SF.260EA)	30
공군	훈련기	아에르마키	T-346A	2+(4)
공군	헬리콥터	브레다나디	TH/HH-500B (NH 500E)	44/2
공군	헬리콥터	아구스타	HH-212 (AB212)	33
공군	헬리콥터	아구스타	HH-3F	19
공군	헬리콥터	아구스타웨스트랜드	HH-101 (AW101)	(15)
공군	헬리콥터	아구스타웨스트랜드	HH-219A	12+(3)

사용자	분류	제작사	항공기	보유현황
육군	공중기동기	도르니에	Do 228-200	3
육군	공중기동기	피아지오	P180	3
육군	헬리콥터	아구스타	AB205	60
육군	헬리콥터	아구스타	AB206	27
육군	헬리콥터	아구스타	AB212/412	29
육군	헬리콥터	아구스타	AW109	15
육군	헬리콥터	아구스타	AW129	59
육군	헬리콥터	아구스타	CH-47C/F	14+(16)
해군	전투임무기	보잉	AV/TAV-8B	14/2
해군	공중기동기	피아지오	P180	3
해군	헬리콥터	NH 인더스트리	NH90	3+(53)
해군	헬리콥터	아구스타	AB212ASW	38
해군	헬리콥터	아구스타	SH-3D/F	7
해군	헬리콥터	아구스타웨스트랜드	AW101	22
인도				
공군	전투임무기	HAL	MiG-21bis	262
공군	전투임무기	HAL	재규어 M/S/T	148
공군	전투임무기	HAL	테자스 LCA	1+(59)
공군	전투임무기	HAL/수호이	Su-30MKI	162+(92)
공군	전투임무기	다소	라팔	(126)
공군	전투임무기	다소	미라주 2000H/TH	44/10
공군	전투임무기	미코얀	MiG-29	66
공군	전투임무기	수호이	T-50 PAKFA	(144)
공군	공중기동기	BAe	HS748-100	58
공군	공중기동기	HAL	Do 228-201	40
공군	공중기동기	보잉	C-17	5+(5)
공군	공중기동기	안토노프	An-32	96
공군	공중기동기	일류신	IL-76	17
공군	공중기동기	일류신	IL-78MKI	7
공군	감시통제기	걸프스트림	G-III EW	3
공군	감시통제기	엠브라에르	EMB-145 AEW	(3)
공군	감시통제기	일류신	IL-76 AEW	3
공군	훈련기	BAE 시스템즈	호크 132	65+(60)
공군	훈련기	HAL	HJT-16	81
공군	훈련기	HAL	HJT-36	(16)
공군	훈련기	필라투스	PC-7 Mk II	20+(55)
공군	헬리콥터	HAL	드루브	47+(65)
공군	헬리콥터	밀 헬리콥터	Mi-24	20
공군	헬리콥터	밀 헬리콥터	Mi-26	3
공군	헬리콥터	밀 헬리콥터	Mi-8/17	168+(82)
공군	헬리콥터	보잉	AH-64E	(22)
공군	헬리콥터	보잉	CH-47F	(15)
공군	헬리콥터	아에로스파시알	SA 315	12
공군	헬리콥터	아에로스파시알	SA 316/319	73
육군	헬리콥터	HAL	LCH	(114)
육군	헬리콥터	HAL	SA 315	23+(19)
육군	헬리콥터	HAL	드루브	64+(160)
해군	전투임무기	BAe	해리어 FRS51/T60	8/3
해군	전투임무기	미코얀	MiG-29K/KUB	18+(6)/3

사용자	분류	제작사	항공기	보유현황
해군	전투임무기	투폴레프	Tu-142	8
해군	감시통제기	HAL	Do 228-201	26
해군	감시통제기	보잉	P-8I	3+(17)
해군	감시통제기	브리튼노먼	BN-2	7
해군	감시통제기	일류신	IL-38	5
해군	훈련기	BAE 시스템즈	호크 132	4+(13)
해군	훈련기	HAL	HJT-16	20
해군	헬리콥터	HAL	SA 316	27
해군	헬리콥터	HAL	드루브	8
해군	헬리콥터	웨스트랜드	시킹 Mk42/A/B	27
해군	헬리콥터	카모프	Ka-28	13+(4)
해군	헬리콥터	카모프	Ka-31	9+(5)
일본				
육상자위대	공중기동기	미쓰비시	LR-1 (MU-2)	11
육상자위대	공중기동기	비치크래프트	LR-2 (슈퍼 킹에어)	5
육상자위대	무인기	보잉	스캔이글	1
육상자위대	무인기	야마하	RMAX	미상
육상자위대	무인기	후지	FFOS/FFRS	미상
육상자위대	헬리콥터	미쓰비시	UH-60JA	39
육상자위대	헬리콥터	보잉 헬리콥터	AH-64DJP	11
육상자위대	헬리콥터	엔스트롬	TH-480B	2+(28)
육상자위대	헬리콥터	유로콥터	EC 225LP	3
육상자위대	헬리콥터	가와사키	CH-47J/JA	55
육상자위대	헬리콥터	가와사키	OH-1	4+(34)
육상자위대	헬리콥터	가와사키	OH-6D	90
육상자위대	헬리콥터	후지	AH-1S	73
육상자위대	헬리콥터	후지	UH-1H/J	145
항공자위대	전투임무기	미쓰비시	F/EF/RF-4EJ	80
항공자위대	전투임무기	미쓰비시	F-15J/DJ	153/45
항공자위대	전투임무기	미쓰비시	F-2A /B	62/12
항공자위대	전투임무기	미쓰비시	F-35A	(42)
항공자위대	공중기동기	NAMC	YS-11	12
항공자위대	공중기동기	걸프스트림	U-4 (G-IV)	5
항공자위대	공중기동기	록히드	C-130H	15
항공자위대	공중기동기	록히드	KC-130H	1
항공자위대	공중기동기	보잉	747-47C	2
항공자위대	공중기동기	보잉	KC-767J	4
항공자위대	공중기동기	가와사키	C-1A	26
항공자위대	감시통제기	NAMC	YS-11EA/EB	2/4
항공자위대	감시통제기	노스럽그러먼	E-2C	13
항공자위대	감시통제기	보잉	E-767	4
항공자위대	감시통제기	가와사키	EC-1	1
항공자위대	훈련기	NAMC	YS-11NT	1
항공자위대	훈련기	레이시언	T-400	13
항공자위대	훈련기	가와사키	T-4	203
항공자위대	훈련기	후지	T-7	49
항공자위대	헬리콥터	미쓰비시	UH-60J	37
항공자위대	헬리콥터	가와사키	CH-47J LR	15
항공자위대	공중기동기	NAMC	YS-11T	3

사용자	분류	제작사	항공기	보유현황
항공자위대	공중기동기	록히드	KC-130R	6
항공자위대	공중기동기	리어젯	U-36A	4
항공자위대	공중기동기/훈련기	비치크래프트	LC/TC-90	5/28
해상자위대	감시통제기	신메이와	US-1A	2
해상자위대	감시통제기	신메이와	US-2	5
해상자위대	감시통제기	가와사키	EP/OP/UP-3	5/4/4
해상자위대	감시통제기	가와사키	P-1	4+(76)
해상자위대	감시통제기	가와사키	P-3C	80
해상자위대	훈련기	후지	T-5	50
해상자위대	헬리콥터	미쓰비시	SH-60J/K	97
해상자위대	헬리콥터	미쓰비시	UH-60J	19
해상자위대	헬리콥터	시코르스키	MH-53E	10
해상자위대	헬리콥터	유로콥터	TH-135	10+(5)
해상자위대	헬리콥터	가와사키	CH-101/MCH-101	2/5
해상자위대	헬리콥터	가와사키	OH-6J/D	9
중국				
공군	전투임무기	난창	Q-5	240
공군	전투임무기	선양	J-11A/B	140
공군	전투임무기	선양	J-16	미상
공군	전투임무기	선양	J-8A/B	180
공군	전투임무기	수호이	Su-27SK/UBK	76
공군	전투임무기	수호이	Su-30MKK/MK2	76/23
공군	전투임무기	시안	H-6	120
공군	전투임무기	시안	H-6U/HY-6	10
공군	전투임무기	시안	JH-7/A	72
공군	전투임무기	청두	J-10A/S/B	200
공군	전투임무기	청두	J-7	389
공군	공중기동기	난창	CJ-6	1419
공군	공중기동기	밤버디어	CL601	5
공군	공중기동기	산시	Y-8	59
공군	공중기동기	산시	Y-9	7
공군	공중기동기	스자좡	Y-5	293
공군	공중기동기	시안	MA60H-500	9
공군	공중기동기	시안	Y-7	80
공군	공중기동기	안토노프	An-26	25
공군	공중기동기	일류신	IL-76MD	20
공군	공중기동기	일류신	IL-78	(8)
공군	공중기동기	투폴레프	Tu-154M	8
공군	공중기동기	하얼빈	Y-11	50
공군	공중기동기	하얼빈	Y-12	94
공군	감시통제기	군 연구소	KJ-2000 (IL-76 AEW)	5
공군	감시통제기	산시	KJ-200/Y-8 Recce	7/16
공군	감시통제기	투폴레프	Tu-154R	3
공군	훈련기	HAIG/PAC	L-15	2
공군	훈련기	귀저우	JL-9	2
공군	헬리콥터	CAIC	WZ-10	60
공군	헬리콥터	CAIC	Z-11/W	60/40
공군	헬리콥터	CAIC	Z-8	40
공군	헬리콥터	밀 헬리콥터	Mi-8/17	330

사용자	분류	제작사	항공기	보유현황
공군	헬리콥터	시코르스키	S-70C	16
공군	헬리콥터	아에로스파시알	SA 342	8
공군	헬리콥터	유로콥터	AS 532	6
공군	헬리콥터	하얼빈	Z/WZ-9	210/40
육군	공중기동기	산시	Y-8	10
육군	공중기동기	시안	Y-7	10
육군	헬리콥터	CAIC	WZ-10	74+(10)
육군	헬리콥터	CAIC	Z-11	44
육군	헬리콥터	밀 헬리콥터	Mi-8/17/171	222+(20)
육군	헬리콥터	시코르스키	S-70C	20
육군	헬리콥터	하얼빈	Z/WZ-9	200
육군	헬리콥터	하얼빈	Z-19	48
육군	헬리콥터	하페이 항공/유로콥터	HC120	93+(57)
해군	전투임무기	난창	Q-5	30
해군	전투임무기	선양	J-11BH	24
해군	전투임무기	선양	J-15	16
해군	전투임무기	선양	J-8II	48
해군	전투임무기	수호이	Su-30MK2	23
해군	전투임무기	시안	H-6	14
해군	전투임무기	시안	JH-7A	35
해군	전투임무기	청두	J-10	20
해군	전투임무기	청두	J-7D/E	35
해군	공중기동기	산시	Y-8	12
해군	공중기동기	스자좡	Y-5	3
해군	공중기동기	시안	Y-7-100	9
해군	감시통제기	산시	KJ-200/MPA/ELINT	8/3/5
해군	감시통제기	하얼빈	SH-5	4
해군	훈련기	귀저우	JL-9G	12
해군	훈련기	선양	JJ-5	30
해군	헬리콥터	CAIC	Z-8	26
해군	헬리콥터	밀 헬리콥터	Mi-8	8
해군	헬리콥터	유로콥터	AS 365N	6
해군	헬리콥터	카모프	Ka-28	17
해군	헬리콥터	카모프	Ka-31 AEW	9
해군	헬리콥터	하얼빈	Z-9C	25
캐나다				
국방군	전투임무기	보잉	CF-188A/B (CF-18)	72/31
국방군	공중기동기	드해빌랜드 캐나다	CC-138 (DHC-6)	4
국방군	공중기동기	록히드	CC-130E/H/H-30/T	8/6/2/5
국방군	공중기동기	록히드	CC-130J-30	17
국방군	공중기동기	록히드	CC-177(C-17)	4
국방군	공중기동기	밤버디어	CC-144 (CL600)	6
국방군	공중기동기	에어버스	CC-150/MRTT (A310/MRTT)	3/2
국방군	감시통제기	드해빌랜드 캐나다	CC-115 (DHC-5)	6
국방군	감시통제기	록히드	CP-140/A (P-3)	18/1
국방군	훈련기	BAE 시스템즈	CT-155 (호크 100)	20
국방군	훈련기	밤버디어	CT-156 하바드II (T-6A)	2
국방군	훈련기	캐나데어	CT-114 (CL-41)	25
국방군	무인기	BTE	CU-171 슈퍼 하울러	2
국방군	무인기	IAI	CU-170 헤론	2
국방군	무인기	보잉	스캔이글	1
국방군	헬리콥터	벨 텍스트론	CH-139 (206B)	1
국방군	헬리콥터	벨 텍스트론	CH-146 (412EP)	98
국방군	헬리콥터	보잉	CH-147D/F (CH-47D/F)	6/15
국방군	헬리콥터	시코르스키	CH-124 (SH-3)	27
국방군	헬리콥터	시코르스키	CH-148 사이클론 (S-92)	
국방군	헬리콥터	아구스타웨스트랜드	CH-149 (AW101)	14
터키				
공군	전투임무기	TUSAS	F-16C/D	179/48
공군	전투임무기	맥도넬더글러스	F-4E/RF-4E	90
공군	공중기동기	록히드	C-130B/E	15
공군	공중기동기	보잉	737 AEW&C	(4)
공군	공중기동기	보잉	KC-135R	7
공군	공중기동기	CASA	CN-235	43
공군	공중기동기	트란잘	C-160T	15
공군	감시통제기	걸프스트림	걸프스트림 G550	2
공군	감시통제기	CASA	CN-235 EW/Recce	2
공군	훈련기	SIAI-마르체티	SF.260D	36
공군	훈련기	노스럽	T-38A	55
공군	훈련기	캐나데어	NF-5A/B	12
공군	훈련기	KAI	KT-1	24
공군	무인기	IAI	헤론	10
공군	무인기	TAI	안카	5
공군	무인기	제너럴아토믹스	GNAT 750	22
공군	무인기	제너럴아토믹스	RQ/MQ-1	3+(6)
공군	헬리콥터	벨 텍스트론	UH-1H	63
공군	헬리콥터	유로콥터	AS 532AL/UL	20
육군	공중기동기	비치	슈퍼 킹에어	4
육군	공중기동기	세스나	421	3
육군	훈련기	세스나	T-41	25
육군	헬리콥터	TAI	T-129	4+(55)
육군	헬리콥터	벨 텍스트론	205	69
육군	헬리콥터	벨 텍스트론	206	22
육군	헬리콥터	벨 텍스트론	AH-1P/S/W	32
육군	헬리콥터	벨 텍스트론	UH-1H	86
육군	헬리콥터	보잉	CH-47F	(6)
육군	헬리콥터	시코르스키/TAI	S-70/T-70	55+(37)
육군	헬리콥터	유로콥터	AS 532 쿠거	40
해군	감시통제기	ATR	ATR-72-600 TMPA	(6)
해군	감시통제기	TUSAS	CN-235MP	4
해군	훈련기	소카타	TB.20	7
해군	헬리콥터	시코르스키	S-70B-28 / T-60	24+(6)
해군	헬리콥터	아구스타	AB212ASW	12
페루				
공군	전투임무기	다소	미라주 2000P/DP	10/2
공군	전투임무기	미코얀	MiG-29/SE/SMP/UBP	8/3/6/2

사용자	분류	제작사	항공기	보유현황
공군	전투임무기	세스나	A-37B	12
공군	전투임무기	수호이	Su-25/UB	10/8
공군	전투임무기	KAI	KA-1P	(10)
공군	전투임무기/훈련기	엠브라에르	AT-27 (EMB-312)	18
공군	공중기동기	드해빌랜드 캐나다	DHC-6-300/400	3/12
공군	공중기동기	록히드	L-100-20/C-130E	3/(2)
공군	공중기동기	보잉	737-200/500	2/1
공군	공중기동기	안토노프	An-32B	5
공군	공중기동기	알레니아	C-27J	(2)
공군	공중기동기	필라투스	PC-6	2
공군	공중기동기	하얼빈	Y-12 II	4
공군	감시통제기	록웰	690B 터보코맨더	1
공군	감시통제기	리어젯	리어젯 36A	2
공군	감시통제기	리어젯	리어젯 45XR	1
공군	감시통제기	페어차일드	C-26B	4
공군	훈련기	세스나	T-41D	5
공군	훈련기	아에르마키	MB.339AP	12
공군	훈련기	즐린	Z-242L	14
공군	훈련기	파이퍼	PA-34-200T	2
공군	훈련기	KAI	KT-1P	(10)
공군	헬리콥터	MBB	Bo-105LS	5
공군	헬리콥터	밀 헬리콥터	Mi-17/171Sh	14/3
공군	헬리콥터	밀 헬리콥터	Mi-25D/35P	16/2
공군	헬리콥터	벨 텍스트론	212/412EP	6/1
공군	헬리콥터	슈바이처	300C	5
육군	공중기동기	PZL	An-28	2
육군	공중기동기	비치	B300/1900D	1/1
육군	공중기동기	세스나	208 캐러밴	1
육군	공중기동기	세스나	303 크루세이더	2
육군	공중기동기	안토노프	An-32B	2
육군	공중기동기	파이퍼	PA-31T	2
육군	공중기동기	파이퍼	PA-34T	1
육군	훈련기	세스나	172 스카이호크	2
육군	훈련기	일류신	IL-103	5
육군	헬리콥터	밀 헬리콥터	Mi-17	23
육군	헬리콥터	밀 헬리콥터	Mi-2	6
육군	헬리콥터	밀 헬리콥터	Mi-26	3
육군	헬리콥터	아구스타	A-109K	4
육군	헬리콥터	엔스트롬 헬리콥터	F-28F	4
해군	공중기동기	안토노프	An-32	2
해군	공중기동기	포커	F.60	2
해군	감시통제기	레이시언	200CT	3
해군	훈련기	비치	T-34C-1	2
해군	헬리콥터	밀 헬리콥터	Mi-8T	2
해군	헬리콥터	벨 텍스트론	206B	1
해군	헬리콥터	아구스타	AB212ASW	2
해군	헬리콥터	아구스타	AS-61D	5
해군	헬리콥터	엔스트롬 헬리콥터	F-28	3

사용자	분류	제작사	항공기	보유현황
프랑스				
공군	전투임무기	다소	라팔 B/C	42/45
공군	전투임무기	다소	미라주 2000-5F/B/C/D/N	24/6/20/63/23
공군	전투임무기	다소-브레게	미라주 F1-B/CR	2/17
공군	공중기동기	다소	팰컨 200LX	2
공군	공중기동기	다소	팰컨 900/7X	2/2
공군	공중기동기	드해빌랜드 캐나다	DHC-6-300	5
공군	공중기동기	록히드	C-130H/-30	7/7
공군	공중기동기	보잉	KC-135FR	14
공군	공중기동기	에어버스	A310-300	3
공군	공중기동기	에어버스	A330 MRTT	(12)
공군	공중기동기	에어버스	A330-223	1
공군	공중기동기	에어버스	A340-200	1
공군	공중기동기	에어버스	A400M	2+(48)
공군	공중기동기	CASA	CN-235-200/300	18/9
공군	공중기동기	트란잘	C-160R	36
공군	감시통제기	보잉	E-3F	4
공군	감시통제기	트란잘	C-160G	2
공군	훈련기	SAN	Jodel D.140R	17
공군	훈련기	다소-브레게/도르니에	알파젯 E	86
공군	훈련기	다이아몬드	HK36 슈퍼 다이모나	5
공군	훈련기	소카타	TB.30 입실론	33
공군	훈련기	소카타	TBM 700A	15
공군	훈련기	엠브라에르	EMB-121	23
공군	무인기	EADS	하르팡	4
공군	무인기	제너럴아토믹스	MQ-9 리퍼	2+(10)
공군	헬리콥터	아에로스파시알	SA 330BA	26
공군	헬리콥터	유로콥터	AS 332M1/532UL	10
공군	헬리콥터	유로콥터	AS 555	40
공군	헬리콥터	유로콥터	EC 725 카라칼	12
육군	공중기동기	소카타	TBM 700	8
육군	훈련기	필라투스	PC-6/B2-H4	5
육군	헬리콥터	NH 인더스트리	NH90	7+(61)
육군	헬리콥터	아에로스파시알	SA 330 퓨마	90
육군	헬리콥터	아에로스파시알	SA 342M 가젤	152
육군	헬리콥터	유로콥터	AS 532 쿠거	22
육군	헬리콥터	유로콥터	AS 555 페넥	18
육군	헬리콥터	유로콥터	EC 725 카라칼	8
육군	헬리콥터	유로콥터	타이거	39+(41)
해군	전투임무기	다소	라팔 F1/F3	10/24
해군	전투임무기	다소-브레게	쉬페르에탕다르	24
해군	공중기동기/훈련기	엠브라에르	EMB-121	11
해군	감시통제기	노스럽그러먼	E-2C	3
해군	감시통제기	다소	팰컨 50M	5+(3)
해군	감시통제기	다소	팰컨 10MER	6
해군	감시통제기	다소-브레게	아틀랜틱 II	22
해군	감시통제기	다소-브레게	팰컨 20G Gardian	5
해군	훈련기	머드리	CAP 10B	7
해군	훈련기	시러스	SR20	3

사용자	분류	제작사	항공기	보유현황
해군	무인기	쉬벨	S-100	1
해군	헬리콥터	NH 인더스트리	NH90	9+(18)
해군	헬리콥터	아에로스파시알	AS565 SA 팬더	16
해군	헬리콥터	아에로스파시알	SA 316B/319B	23
해군	헬리콥터	아에로스파시알	SA 365 F-1/N/N3	11
해군	헬리콥터	웨스트랜드	링스 HAS.Mk 4	20
해군	헬리콥터	유로콥터	EC225 SECMAR	2

필리핀

사용자	분류	제작사	항공기	보유현황
공군	전투임무기	록웰	OV-10A/C/M(SLEP)	8
공군	전투임무기/훈련기	아에르마키	S.211	5 (7 보존중)
공군	공중기동기	GAF	N-22B 노매드	3
공군	공중기동기	록히드	C-130B/H, L-100-20	3 (6 보존중)
공군	공중기동기	포커	F.27-200/200MAR/500F	3
공군	감시통제기	록웰	690 에어로코맨더	1
공군	훈련기	세스나	LC-210	1
공군	훈련기	세스나	T-41B/D	29
공군	훈련기	아에르마키	SF.260TP(MP)/FH	20/18
공군	헬리콥터	MD 헬리콥터	MD-520MG	25
공군	헬리콥터	PLZ	W-3A 소코	8
공군	헬리콥터	벨 텍스트론	205A/212/412EP	8/2/3
공군	헬리콥터	벨 텍스트론	UH-1H/V	42
공군	헬리콥터	시코르스키	S-70A-5	1
공군	헬리콥터	시코르스키	S-76A/AUH-76A	10
육군	공중기동기	비치크래프트	퀸에어	3
육군	공중기동기	세스나	172	1
육군	공중기동기	세스나	206	2
육군	공중기동기	세스나	421	2
해군	공중기동기	브리튼노먼	BN-2A-21	6
해군	감시통제기/훈련기	세스나	T-41D	4
해군	훈련기	세스나	172F/N	2
해군	헬리콥터	PADC	Bo-105C	4
해군	헬리콥터	로빈슨	R-22 베타II	1
해군	헬리콥터	아구스타웨스트랜드	AW-109E	3

호주

사용자	분류	제작사	항공기	보유현황
공군	전투임무기	맥도넬더글러스/ATA	F/A-18A/B	71
공군	전투임무기	보잉	F/A-18F/F+	24
공군	공중기동기	록히드	C-130J-30	12
공군	공중기동기	록히드마틴	C-130J-30	12
공군	공중기동기	보잉	737-700BBJ	2
공군	공중기동기	보잉	C-17A	6
공군	공중기동기	밤버디어	챌린저 CL604	3
공군	공중기동기	비치	슈퍼 킹에어 350	8
공군	공중기동기	에어버스 밀리터리	KC-30A (A330 MRTT)	5
공군	감시통제기	록히드	AP-3C/P-3C	19
공군	감시통제기	보잉	E-7A 웨지테일	6
공군	훈련기	BAE 시스템즈	호크 127	33
공군	훈련기	록히드	TAP-3B	3
공군	훈련기	필라투스	PC-9	65
공군	무인기	IAI	헤론1 UAV	3
육군	무인기	AAI	RQ-7B 섀도우200 UAV	8
육군	헬리콥터	NH 인더스트리	MRH-90 (NH90)	22
육군	헬리콥터	NH 인더스트리	MRH-90 (NH90)	6
육군	헬리콥터	대영제국항공(CAC)	206B	41
육군	헬리콥터	보잉 헬리콥터	CH-47D	6
육군	헬리콥터	시코르스키	S-70A-9	35
육군	헬리콥터	유로콥터	EC665 ARH타이거	22
해군	헬리콥터	대영제국항공(CAC)	벨429	3
해군	헬리콥터	시코르스키	MH-60R 로미오 시호크	(24)
해군	헬리콥터	시코르스키	S-70B2	15
해군	헬리콥터	유로콥터	AS 350B	6

- 국가별 군용기 보유 현황은 해당국 사정으로 변동이 있을 수 있으며, 따라서 표의 내용은 실제와 다를 수 있다.

용어 해설

AAM Air-to-Air Missile 공대공미사일

AARGM Advanced Anti-Radiation Guided Missile 발전형 대레이더 유도 미사일

ABCCC Airborne Battlefield Command & Control Center 공중 전장지휘통제센터

ABNCP Airborne National Command Post 공중 국가지휘소

ABU Auxiliary Back Up 예비장비

ACM Air Combat Maneuver 공중전을 위한 전투기동

ACS Aerial Common Sensor 공중공통센서

ACS Armament Control System 무장제어시스템

ACT Additional Centre Tank 중앙증가연료탱크

ADCP Advanced Display Core Processor 개량형 시현 핵심처리장치

ADF Automatic Direction Finder 자동방향탐지기

AEA Airborne Electronic Attack 공중 전자전 공격 (기체)

AESA 레이더 Active Electronically Scanned Array Radar 능동전자주사식 레이더

AEW Airborne Early Warning 공중조기경보기

AEW&C Airborne Early Warning & Command 공중조기경보통제기

AIP Anti-Surface Warfare Improvement Program 대수상작전 능력 강화사업

AMP Avionics Modernization Program 항전장비개수사업

APAR Active Phased Array Radar 능동위상배열 레이더

APU Auxiliary Power Unit 보조동력장치

ARIA Apollo Range Instrumentation Aircraft 아폴로 우주왕복선 통신중계기

ARL-M Airborne Reconnaissance Low-Multifunction 다기능 저고도 공중정찰기

ARM Antiradiation Missile 대레이더 미사일

ARTS Auto Rudder Trim System 자동 러더 트림 장치

ASM Air-to-Surface Missile 공대지미사일

ASMP Air-Sol Moyenne Portee 프랑스의 전술핵미사일

ASP Advanced Signal Processor 음향 신호처리장치

ASPJ Airborne Self Protection Jammer 자체 방호 전파방해장비

ASRAAM 아스람 공대공미사일. 영국에서 개발한 차세대형 영상 적외선 추적 방식의 단거리용 공대공미사일.

ASTOR Airborne Stand Off Radar 공중 원거리 레이더

ASW Anti-Submarine Warfare 대잠수함 작전

ATDS Airborne Tactical Data System 공중전술자료체제

ATF Advanced Tactical Fighter 차세대 전술전투기

ATFLIR Advanced Targeting Forward-Looking Infra-Red 정밀 표적화 전방 적외선 감시장비

AWACS Airborne Warning And Control System 공중조기경보통제체계

BFTS Bomber Fighter Training System 폭격기-전투기 훈련체계

BILL Beacon Illuminating Laser 비컨 조준 레이저

BVR Beyond Visual Range 가시거리 외

BVRAAM Beyond-Visual-Range Air-to-Air Missile 가시거리 외 공대공미사일

BWB Blended Wing Body 날개 동체 혼합형

CAESAR Captor Active Electronically Scanned Array Radar 유로파이터의 능동전자주사식 레이더

CAEW Conformal Airborne Early Warning 일체형 공중조기경보장비

CAS Control Augmentation System 제한수신시스템

CAT Combat Attack Trainer 전투 공격 훈련기

CCV Control Configurated Vehicle 컴퓨터 이용 완전제어 항공기

CEC Cooperative Engagement Capability 협동교전능력

CFRP Carbon Fiber Reinforced Plastics 탄소섬유 복합 플라스틱

CFD Chaff/flare dispenser 채프/플레어 투발기

CFT Conformal Fuel Tank 일체형 연료탱크

CIP Common Integrated Processor 일반 통합프로세서

CNI Communications/Navigation/Identification 통신/항법/적아식별기능

COD Carrier Onboard Delivery 항모함상 수송기

COIL Chemical Oxygen Iodine Laser 화학 산소 요오드 레이저

COTS Commercial Off-The-Shelf 최신상용기술

CP Command Post 지휘소

CTOL Conventional Take Off and Landing 통상 이착륙

CVR Cockpit Voice Recorder 조종실 음성기록장치

D&D Development & Design 개발 및 설계

DARMS Data Annotation and Recording System 정보분석기록장비

DAS Distributed Aperture System 분산형 개구장비

DASS Defensive Aids Sub-System 방어보조 하위시스템

DASH Display and Sight Helmet 헬멧조준장치

DEAD Destruction of Enemy Air Defense 적 방공망 파괴

DEEC Digital Electronic Engine Control 디지털 연료제어장치

DHC de Havilland Canada 드해빌랜드 캐나다

DIFAR DIrectional Frequency And Ranging 지향성 주파수 분석/기록 시스템

DLIR Downward Looking Infra Red 적외선 하방감시 장치

DME Distance Measuring Equipment 거리 측정기

EADS European Aeronautic Defence and Space company 유럽의 통합군수기업

EAM Emergency Action Message 긴급조치전문

ECCM Electronic Count Counter Measures 대 전자대책

ECM Electronic Counter Measure 전자방해대책

EFIS Electronic flight instruments system 전자식 비행계기장치

EHF Extremely High Frequency 극고주파수

ELINT Electronic Intelligence 전자정보

ELS Emitter Location Sensor 송신기 추적장치

EMD Engineering Manufacture Development 선행 양산 개발

EMP Electro Magnetic Pulse 전자기 펄스

EOTS Electro-Optical Targeting System 전자광학표적장치

EPW LGB Enhanced Paveway Laser Guided Bomb 성능향상형 페이브웨이 레이저 유도폭탄

ES(EWS) Electronic Warfare Support 전자전 지원

ESM Electronic Support Measures 전자전 지원책

EW Electronic War 전자전

FAA Federal Aviation Administration 미 연방항공국

FADEC Fully Automated Digital Electronic Control 전자동 디지털 전자제어

FAI Federation Aeronautique International 국제항공연맹

FBW Fly-By-Wire 플라이-바이-와이어

FCS Fire Control System 사격통제시스템

FILAT Forward-looking Infrared and Laser Attack Targeting 전방적외선감시 및 레이저조준

FLA Future Large Aircraft 차기 대형수송기 (유럽의 수송기 국제공동개발사업)

FLIR Forward-Looking Infra-Red 전방적외선감시장비

FOD Foreign Object Damage 외부 물질 흡입 위험

FRP Fiber Reinforced Plastics 섬유강화 플라스틱

FSD Full Scale Development 체계개발

GBTS 지상 훈련용 소프트웨어/시뮬레이터 시스템

GPS Global Positioning System 위성항법장치

GPWS Ground Proximity Warning System 지상 접근 경고장치

GSM Ground Station Module 지상 스테이션 모듈

HARM High-speed Anti Radiation Missile AGM-88. 미국제 고속 레이더 파괴 공대지 미사일

HF High Frequency 단파

HMS Helmet Mounted Sight 헬멧장착조준장치

HOTAS Hands On Throttle and stick 일체형 조종간

HTS HARM Targeting Systems 함 미사일 조준장치

HUD Head-Up Display 전방상향 시현기

ICBM Intercontinental Ballistic Missile 대륙간 탄도미사일

IDS Interdictor/Strike 요격/타격 항공기

IEDS Intergrated Engine Display System 통합 엔진표시장치

IEWS/INEWS Integrated Electronic Warfare System 통합 전자전시스템

IFDL Inter/Infra-Flight Data Link 표적 및 시스템 정보 자동공유장치

IFF Identification Friend or Foe 피아식별

IFR Inflight refueling 비행중 급유

IFTS Internal FLIR Targeting System 통합 전방적외선감시 조준장치

ILS Instrument Landing System 계기 착륙 장치

INS Inertial Navigation System 관성항법 시스템

IRDS Infrared Detecting System 적외선 탐지 장비

IRIS-T InfraRed Imagery Sidwinder-Tail Controlled 단거리 공대공미사일. 스톰섀도우라고도 한다.

IRS Inertial Reference System 관성기준 시스템

IRST Infra-Red Search Track 적외선 탐색 및 추적

ISAR Inverse Synthetic Aperture Radar 역합성개구레이더

ISR Information Surveillance Reconnaissance 정보감시정찰

ITEWS Integrated Tactical Electronic Warfare System 통합전술전자전장비

JCA Joint Cargo Aircraft 통합 화물수송기

JDAM Joint Direct Attack Munition 통합직격탄. 자유낙하폭탄에 GPS/항법장치 키트를 장착하여 사전에 지정한 GPS 좌표에 정확히 떨어지는 스마트폭탄

JHMCS Joint Helmet Mounted Cueing System 통합 헬멧장착시현장치

JPATS Joint Primary Aircraft Training System 통합 초등훈련체계

JSF Joint Strike Fighter 3군 통합타격기

JSOW Joint Stand-off Weapon 통합 원거리용 무기

JSSAM Joint Air-to-Surface Stand-off Missile 통합 공대지 장거리 무기

JTIDS Joint Information Distribution System 통합전술정보 배분 시스템

LAIRCM Large Aircraft Infrared Countermeasures 대형기 적외선 대응책

LAPES Low Altitude Parachute Extraction System 저고도 낙하산 투하 시스템

LANTIRN Low Altitude Navigation and Targeting Infrared for Night 야간 저고도 항법 및 적외선을 통한 목표추적장비, 랜턴.

LDT Location Determination Technology 위치확인기술

LERX Leading-Edge Root Extension 앞전 뿌리 확장장치

LGB Laser Guided Bomb 레이저유도폭탄

LIFT Lead-In Fighter Training 전술훈련입문 기체

LLLTV Low Light Level Television 저조도 TV

LO Low Observable 저관측성

LORAN Long Range Navigation 장거리 항법시스템

LRF Laser Range Finder 레이저 거리측정기

LRMTS Laser Rangefinder/Marked-Target Seeker 레이저 거리측정/조준기

LRS Laser Reconnaissance System 레이저 정찰 시스템

LRS Long Range Surveillance 장거리 타격

LWS Laser Warning System 레이저 경보기

MAD Magnetic Abnormal Detector 자기탐지장치

MAPO Moscow Aircraft Production Organization 모스크바 항공기 생산협회

MAWS Missile Approach Warning System 미사일 접근 경보기

MBT Main Battle Tank 주력 전차

MER Multiple Ejector Rack 다중 폭탄장치

MESA Multi-role Electronically Scanned Array 다기능 위상배열 레이더

MFD Multi-Function Display 다기능 시현기

MFIDS Multi-Functional Information Distribution System 다중기능 정보분배시스템

MFTS Military Flight Training System 군용기 훈련시스템

MIDS Multifunctional Information Distribution System 다기능 정보분산시스템

MMA Multi-mission Maritime Aircraft 다목적 해상작전기

MMR Multi Mode Radar 다기능 레이더

MPRS Multi-Point Refueling System 다중급유장비

MRCA Multi Role Combat Aircraft 다목적 전술기

MSIP Multinational Staged Improvement Program 다단계 성능향상 프로그램

NAVFLIR Navigation Forward Looking Infrared 적외선 전방감시장치

NCA National Command Authority 국가지휘권한

NCCT Network Centric Collaborative Targeting 네트워크 중심 표적선정

NCTR Non-Cooperative Target Recognition 독립 표적식별

NEACP National Emergency Airborne Command Post 국가비상공중지휘소

NGT Next-Generation Trainer 차기 훈련기

NTDS Naval Tactical Data System 해군 전술자료 체계

NVG Night Vision Goggle 야시장비

OBOGS On-Board Oxygen Generating System 탑재형 산소발생장치

OBS Observation aircraft 관측항공기

OLS Optical Locator System 광학 탐지장치

OPEVAL Operational test and Evaluation 작전능력시험평가

OSF Optronique Secteur Frontal 전면 광학탐지장비

PACSS Post Attack Command & Control System 핵보복공격 지휘통제체계

PATS Primary Aircraft Training System 초등 훈련 시스템

PE Precision Engagement 정밀교전

PFD Primary Flight Display 주요항목 시현기

PGM Precision Guided Munition 정밀유도탄

PIRATE Passive Infra Red Airborne Tracking Equipment 수동 적외선 공중추적장치

PMD Pilot' s Mission Display 조종사 임무시현기

PMU Power Management Unit 전원관리장치

PSP Programmable signal processor 프로그램식 신호처리기

RAM Radar Absorbent Material 레이더 흡수재료

RCS Radar Cross Section 레이더 반사면적

RCSS Remote Control Surveillance System 원격조종 감시체계

RDF Rapid Deployment Force 신속배치군

RDM Radar Doppler Multifunction 다기능 도플러 레이더 (프랑스)

RDI Radar Doppler a Impulsions 요격용 도플러 레이더 (프랑스)

RDY Radar Doppler Multicibles 다중목표 도플러 레이더 (프랑스)

RF Radio Frequency 무선 주파수

RFP Require For Proposal 제안요구서

RHAW Radar Homing And Warning 레이더 호밍 및 경고 (수신기)

RMPA Replacement Maritime Patrol Aircraft 대체용 해상초계기

RRITA Rapid-Response Intra-Theater Airlifter 즉응 전역간 수송기

RS/AGS Remote Sensing/Airborne Ground Surveillance 원격탐지/공중지상감시

RSIP Radar System Improvement Program 레이더 체계 향상사업

RWR Radar Warning Receiver 레이더 경고 수신기

SAC Strategic Air Command 전략공군사령부

SALT Strategic Arms Limitation Talks 전략무기 감축협상

SAR Synthetic Aperture Radar 합성개구레이더

SARH Semi Active Radar Homing 반능동 레이더 호밍

SAR-MTI Synthetic Aperture Radar-Moving Target Indicator 합성개구레이더-이동목표 지시기

SATCOM Satellite Communication 위성통신

SDB Small Diameter Bomb 소구경 폭탄

SDC Situation Display Console 상황시현콘솔

SEAD Suppression of Enemy Air Defense 적 방공망 제압

SENSO Sensor Operator 음향 센서 조작원

SIGINT Signal Intelligence 비밀정보수집

SINCGARS Single Channel Ground and Airborne Radio System 단일채널 지상 및 항공통신체계

SIVAM System for Vigilance of the Amazon 아마존 감시체계

SLAMMR Side-Looking Airborne Modulated Multimode Radar 측방감시 멀티모드 레이더

SLAR Side-Looking Airborne Radar 측방 감시 공중 레이더

SMA Special Mission Aircraft 특수임무기체

SRA Surveillance Reconnaissance Aircraft 정찰감시용 항공기

SSIP Sensor System Improvement Program 센서체계 개선사업

STOL Short Takeoff and Landing 단거리이착륙

STOVL Short Take Off Vertical Landing 단거리이륙/수직착륙

T/RIA Telemetry/Range Instrumented Aircraft 원격거리측정 항공기

TACAMO Take Charge and Move Out 해군 공중 통신중계기

TACAN Tactical Air Navigation System 전술항법장치. 타칸

TACCO Tactical Coordinator 전술운영요원

TARDIS Tornado Advanced Radar Display and Information System 토네이도 레이더 시현장비

TARPS Tactical Airborne Reconnaissance Pod System 전술 공중정찰 포드 시스템

TCAR Transatlantic Cooperative AGS Radar AGS용 레이더

TCAS Traffic Collision Avoidance System 운항 경보 및 충돌방지시스템

TELINT Telemetry Intelligence 원격 측정정보

TEREC Tactical Electronic Reconnaissance (Sensor) 전술전자정찰 센서

TEWS Tactical Electronic Warfare System 전술전자전 시스템

TFX Tactical Fighter Experimental 차기 전술기

TIALD Thermal Imaging Airborne Laser Designator 열영상 레이저조준장치

TILL Track Illuminating Laser 목표추적 레이저

TISEO Target Identification System Electro-Optical 전자광학 표적 식별장비

TRAC-A Total Radiation Aperture Control Antenna 재밍, 즉 전파교란에 강력한 저항력을 가진 안테나

TTTS Tanker/Transport Training System 급유기/수송기 훈련체계 사업

TWT Traveling Wave Tube 고주파 전력원 생성 장치

UHF UltraHigh Frequency 극초단파

UHF-DF UltraHigh Frequency Direction Finder 극초단파 탐지기

USB Upper Surface Blown 배기가스를 아래쪽으로 내보내 양력을 높이는 방식

VHSIC Very High Integrated Circuits 초고속 통합회로

VLF Very Low Frequency 초저주파

VMAQ Marine tactical electronic warfare squadron 해병 전술전자전 비행대대

VOR Visual Omni-Range 가시 전영역

VOR VHF Omni-directional Range 초단파 전방향 무선표식

VTOL Vertical Takeoff and Landing 수직이착륙

WAC Wide Area Communications 광역통신

WAS Wide Area Surveillance 광역감시

WARP Wing Aerial Refueling Pod 주익장착식 공중급유 포드

WDNS Weapon Delivery Navigation System 무장투하 항법시스템

WSIP Weapon System Improvement Program 무기체계 향상사업

WSO Weapon System Officer 무장관제사

WVR Within Visual Range 가시거리 내

가변익 可變翼 비행 중에 후퇴각, 면적, 붙임각 등을 변화시킬 수 있는 날개

격추교환율 擊追交換律, exchange ratio 아군기의 격추대수 대비 피격대수를 가리키는 말로 승률이라고 할 수 있다. 높을수록 우수한 조종사 또는 전투기라 할 수 있다.

공격기 攻擊機, attacker 육상이나 수상 목표를 수색, 발견, 공격, 파괴하는 군용기

글래스 콕핏 glass cockpit 디지털화된 조종실

노즈 랜딩기어 nose landing gear 전방동체의 착륙장치, 바퀴나 플로트(float)

노즈콘 nosecone 비행기나 미사일의 원추형 두부

데이터링크 data link 자료 연결

데이터버스 data bus 서로 데이터를 주고받을 수 있도록 규격화된 데이터가 진행하는 통로. 양방향으로 진행이 가능하므로 흔히 '양방향 버스'라고도 한다.

델타윙 delta wing 삼각형 날개

뒷전 trailing edge 날개 뒤쪽 가장자리

드래그 러더 drag rudder 항력 방향타

드래그 슈트 drag chute 활주거리 단축용 낙하산

드론 drone 가상 적 표적 역할을 하는 무인비행체

디코이 decoy 레이더 탐지 방해체

러더 트림 rudder trim 러더 중립위치를 조정하는 장치

러더 페달 rudder pedal 방향타 페달

러더베이터 ruddervater 승강타와 방향타를 겸한 타면

런처 launcher 발사대

레이돔 radome 레이더의 외부 안테나 덮개

레진 resin 합성수지

로터돔 rotodome 회전식 레이돔

롤아웃 roll-out 출고

룩다운 look down 아래 방향 탐지

리드인 파이터 lead-in fighter 전술입문 훈련기

리프트 노즐 lift nozzle 수직이착륙을 위한 분사구

리프트팬 liftpan 수직이착륙을 위한 팬

매핑 mapping 레이더로 지도를 만드는 것

물방울형 캐노피 bubble canopy 비스듬하게 경사가 져 있어 시야가 잘 확보되는 물방울 모양의 캐노피

베이 bay 격실, 격납실

벤트럴 핀 ventral fin 비행기의 동체 후부 밑에 있는 기체 방향 · 좌우 안정 조정 장치. 도설핀은 동체 상부에 있는 것을 말한다.

볼텍스제너레이터 vortex generator 와류 발생용 소형 평판

브림스톤 Brimstone 영국제 대전차미사일

블렌디드 윙 보디 Blended wing body 날개 동체 혼합형

블록 block 사용자의 일정한 요구에 따라 특정한 사양으로 생산하는 항공기의 생산단위

사이드와인더 Sidewinder AIM-9. 미국제 적외선 유도 방식에 의한 공대공 미사일. AIM-9X는 슈퍼 사이드와인더로 불린다.

사이드 인테이크 side intake 동체 측면에 붙은 공기흡입구

사이드 로브 side lobe 부돌출부

사이드 슬립 side slip 회전시 회전 중심축 쪽으로 미끄러지는 현상

세미 모노코크 semi-monocoque 준일체화

소노부이 sonobuoy 음파탐지기부표

소티 sortie 일정기간에 출격한 횟수

솔리드스테이트 solidstate 진공관 대신에 트랜지스터나 아이시 따위의 반도체로 회로를 구성하는 방식

슈퍼크루즈 super cruise 후부 연소기 없이 이루어지는 초음속 순항

슈퍼크리티컬 익형 supercritical airfoil 고속항공기용 저(低)저항 익형(翼型)

슛다운 shootdown 아래 방향 공격

스로틀 throttle 가속장치

스탠드오프 stand off 장거리 폭격기능

스패로 Sparrow AIM-7 공대공미사일. 반능동 레이더 호밍(자동추적) 방식으로 적기를 추적한다.

스포일러 spoiler 주날개 상면 · 상하 양면 또는 날개 안에 장치되어 양력과 항력을 조절하는 제동장치

슬롯 slot 가늘고 긴 구멍, 혹은 홈

슬롯플랩 slot flap 날개와 플랩 앞전 사이에 간격이 있는 플랩

안티스키드 브레이크 antiskid brake 미끄럼방지 브레이크

암람 AMRAAM; Advanced Medium-Range Air-to-Air Missile AIM 120 공대공미사일. 가시거리 외 교전을 위해 만든 미군의 주력 중거리 공대공미사일

앞전 leading edge 날개 앞쪽 가장자리

애프터버너 afterburner 후부 연소기

애스펙트비 aspect ratio 날개의 가로세로비

어레스팅 후크 arresting hook 항공기를 거는 일종의 갈고리

에어브레이크 air brake 플랩, 스포일러 등과 같이 항력을 증가시키고 양력을 줄여 기체의 속도를 줄이는 제동장치

에어스테어 air stair 기체 고정식 승강용 계단

에일러론 aileron 비행기 날개 뒤 가장자리에 있는 작은 조종용 날개판

엘러본 elevon 타익(舵翼). 비행기의 승강기(elevator)와 보조날개(aileron)를 결합한 말

여압 pressurization 기내에 공기의 압력을 높여 지상에 가까운 기압 상태를 유지하는 일

오버홀 overhaul 분해 및 점검

와류 votex 비행시 항공기의 날개 주변에 치는 기류의 소용돌이

위상배열 레이더 phased-array radar 고속으로 이동하는 복수 목표에 대응할 수 있는 레이더

윈드쉴드 wind shield 조종석 앞의 바람막이용 유리

윙렛 winglet 날개 끝에 부착된 또 하나의 작은 날개

윙팁 wingtip 날개끝, 익단

익면하중 翼面荷重 비행기의 무게를 날개 면적으로 나눈 무게. 작을수록 비행능력이 좋다.

재머 jammer 방해전파 발신기

제로제로 사출좌석 지상에 정지한 상황(고도 0, 속도 0)에서도 안전한 탈출을 보장하는 사출좌석

채프 chaff 상대편의 레이더 탐지를 방해하기 위해 공중에 뿌리는 알루미늄 따위의 금속조각

추력편향장치 thrust vectoring system 엔진 추력의 방향을 능동적으로 바꿀 수 있는 장치

카나드 canard 귀날개

캐노피 canopy 조종석 유리덮개

캐터펄트 catapult 화약 · 증기 · 압축공기 등의 동력을 이용해 함선으로부터 항공기를 발진시키는 장치

캠버 camber 날개 단면 중심선이 위로 크게 휘어 부풀어 오른 부분

컨베이어 conveyor 운반장치

컴프레서 compressor 압축기

클러스터 폭탄 cluster bomb 산탄 폭탄

클로즈드 커플드 델타 closed coupled delta 델타주익에 카나드를 조합한 복합델타형식

클러터 clutter 레이더 스크린상의 목표 물체 이외의 간섭 에코

탠덤 tandem 좌석이 앞뒤로 나란히 붙어 있는 것

탭 tab 일종의 플랩으로 주조종날개면 뒤가장자리에 붙어 있는 소형의 가동식 날개

테스트베드 항공기 testbed aircraft 시험용 항공기

테이퍼드 윙 tapered wing 날개 뿌리에서 끝으로 갈수록 두께가 작아지는 날개

테일콘 tail cone 기체 꼬리부의 원추형 구조물

파워 플랜트 power plant 발전장치, 엔진

파일런 pylon 고정장치

페이로드 payload 항공기의 승객 · 수하물 · 화물 등 중량의 합계

페일 세이프 fail safe 체계의 일부에 고장이나 잘못된 조작이 있어도 안전장치가 반드시 작동하여 사고를 방지하도록 하는 것

프로브 probe 탐침

프로토타입 prototype 원형, 시제기

플라이-바이-와이어 fly-by-wire(FBW) 조종간이나 러더 페달을 조작하면 컴퓨터가 이것을 전기신호로 변환하여 각각의 날개에 이를 전달해 움직이는 방식

플래퍼론 flaperon 플랩과 에일러론을 합한 조종용 날개판

플랩 flap (일반적으로) 날개 뒤쪽에 붙어 있는 보조면

플레어 flare 적의 열추적 미사일을 교란하는 섬광탄

하드포인트 hardpoint 무장장착대

하푼 Harpoon 미국 맥도넬더글러스 사가 개발한 대함미사일

항전장비 航電裝備, avionics 비행컴퓨터나 레이더처럼 항공기에 탑재되는 전자장비. 항공전자장비라고도 한다.

해브퀵 Have Quick 비화 무전기

험비 HMMWV 미 군용 다목적 수송차량

저자 소개 | **양욱(인텔엣지 대표이사)**

서울대학교 법과대학을 졸업한 후 줄곧 국방 관련 분야에 종사해왔다. 중동지역에서 군 특수부대를 훈련시키는 민간군사요원으로 활동했으며, 아덴 만 지역에서 대해적 업무를 수행하기도 했다. 현재 KODEF 선임연구위원이자 밀리터리 칼럼니스트로서 여러 권의 서적을 출간했으며, 군사 관련 컨설팅과 교육, 훈련 등 민간군사서비스(Private Military Service)를 제공하는 인텔엣지(주)의 대표이사다. 영화 〈쉬리〉의 군사자문을 맡았으며, 뉴스매체의 전문 인터뷰를 제공하면서 해외의 군사 다큐멘터리와 드라마를 번역하는 등 군사 관련 전문지식의 문화적 전용에도 관심이 많다. 저서로 『그림자전사, 세계의 특수부대』, 『아름다운 프로페셔널』, 『하늘의 지배자 스텔스』, 『2002 한국군 장비연감』(공저), 『대한민국의 경찰특공대』, 『신의 방패 이지스, 대양해군의 시대를 열다』(공저) 등이 있으며, 소설 『그린베레』를 번역했다.

MILITARY
AIRCRAFT
ALMANAC
KODEF 군용기 연감
2014~2015

초판 1쇄 인쇄 2014년 2월 14일
초판 1쇄 발행 2014년 2월 20일

지은이 양욱
펴낸이 김세영

펴낸곳 도서출판 플래닛미디어
주소 121-894 서울시 마포구 월드컵로 8길 40-9 3층
전화 02-3143-3366
팩스 02-3143-3360
블로그 http://blog.naver.com/planetmedia7
이메일 webmaster@planetmedia.co.kr
출판등록 2005년 9월 12일 제 313-2005-000197호

ISBN 978-89-97094-47-9 03390

대한민국을 지키는 가장